Mechtild und Wolfgang Opel

Eisbären

Wanderer auf dünnem Eis

MANA

Inhalt

Biologisches – Fakten und Forschung 149

Eisbären in der Kunst 231

Eisbären in Werbung und Kampagnen......................257

Reisen zu Nanook 271

Auf dünnem Eis – Gefahren für Nanook 303

Danksagung

Dieses Buch wäre nicht möglich gewesen ohne die Unterstützung von vielen Freunden und der Hilfsbereitschaft von uns teilweise zuvor noch unbekannten, großzügigen Menschen. Allen voran danken wir unserer Freundin Dr. Shoshanah Jacobs, die uns nicht nur auf zwei Reisen in die Wunderwelt der Arktis einführte und mit einem Textbeitrag und Fotos zum Gelingen des Buches beitrug, sondern durch ihre Kontakte in die Welt der Meeresbiologie viele Türen öffnete, u.a. zu Polar Bears International und vielen Wissenschaftlern, die uns uneigennützig reiches Bildmaterial zur Verfügung stellten, wodurch erst eine sinnvolle Illustration des Erzählten möglich wurde.

Unser besonderer Dank gilt Bob Wilson von Polar Bears International für den substanziellen Anteil an Fotomaterial, den er uns auf zuvorkommende Weise zur Verfügung stellte, sowie unseren Interviewpartnern: dem Ehepaar Winkler vom Zirkusarchiv Winkler und dem Ehepaar Schaaff, die uns über die Zeiten der Eisbärendressur im Zirkus berichteten, dem Schauspieler und Umweltaktivisten Hannes Jaenicke, und Noah Emery Nochasak, dem jungen Inuk aus dem Norden Labradors, der uns von seinem Leben zwischen den Traditionen der Inuit und den heutigen Herausforderungen und auch von seiner Eisbärenjagd erzählte.

Eine unschätzbare Quelle für unsere Arbeit waren die bedeutenden wissenschaftlichen Arbeiten und Bücher der Professoren Dr. Savva Uspenski, Dr. Nikita Ovsyanikov, Dr. Ian Stirling und Dr. Andrew Derocher.

Moki Kokoris danken wir für wichtiges Material über die Bedeutung der Eisbären im traditionellen Leben der Inuit, Lois Suluk-Locke für aktuelle Berichte über die „belagerte" Inuit-Gemeinde Arviat, Prof. Dr. Yoshikazu Sato und dem „Ininkari Brown Bear Cooperative Study Project" für wissenschaftliche Informationen und das Foto des überaus seltenen „weißen" Ininkari-Bären, Klaus Pommerenke für ein höchst interessantes Gespräch und das Foto vom „Spirit Bear", dem Zoo Osnabrück für Fotos des ungewöhnlichen Hybridbären und Alanda Lennox für einen speziellen Hinweis zur aktuellen medizinischen Forschung. Ohne die uneigennützige Hilfe von Maria Wildenhain hätten wir wichtige Quellen der nordischen Mythologie und Geschichte nicht gefunden, und auch Igor Delgado Martin, der extra für das Buch seine musikalische Laufbahn mit einem mehrstündigen Einsatz als Event-Fotograf in London unterbrach, sei besonders gedankt.

Ein herzliches Dankeschön an Anne Franzkowiak von der Stiftung Stadtmuseum Berlin, an Prof. Dr. Russell Potter, Judith Varney Burch (www.arcticinuitart.com) und Steffen Bohl für wichtige Kontakte; und an die Maler Chelsea Lehmann (http://chelsealehmann.com), Olaf Rammelt (www.atelier-rammelt-hadelich.de), Ullrich Wannhoff (www.ullrich-wannhoff.de) für ihre Eisbärendarstellungen. Dank auch all den anderen, die so wunderbar mit Bildmaterial zu diesem Buch beigetragen haben: Uwe Anders, Dave Anderson, David Bridges, Fam. Dr. Günther Dietz, Henrik Egede-Lassen (www.zoomedia.dk), Petra Glardon, Barbara Jannasch, Zacharias Kunuk, Neven Luck, Prof. Dr. Roderick MacKinnon, Sebastian Menze, Katja Neumann, Siegfried Nicklas, Dr. Thomas Opel, Uwe Rüppel, Susan Travers, Peter Wilson, Irina Yakshina (Lenadelta-Reservat) und George Sirk, der neben Fotos sogar eigene Zeichnungen beisteuerte, Gunn Sissel Jaklin und Audun Igesund vom Norwegian Polar Institute für eine informative Arktis-Karte, sowie den folgenden Institutionen: Zoologischer Garten Rostock, Museumslandschaft Hessen-Kassel, Museum of Civilization (inzwischen Canadian Museum of History), Kanada; New Bedford Whalers Museum, USA und World Wide Fund for Nature.

Mechtild und Wolfgang Opel

Prolog

Zur Situation der Eisbären

„Die Auffassungen, dass Eisbären vom Aussterben bedroht sind, kommen meistens von Europäern. Die Europäer haben in der Vergangenheit schon viele Tierarten ausgerottet. Ihre Sorge um unsere Umwelt ist gut, aber sie wissen nicht so viel wie die Ureinwohner von den Bedingungen hier im Norden. Sie wissen nicht genug, um uns Anweisungen zu geben, wie wir jagen sollen."
Noah Nochasak, Inuk, Arktisreisender, Jäger

„Tatsächlich stehen Eisbären für eine Erfolgsgeschichte von Schutzmaßnahmen. Ihre Anzahl ist seit 1973 sprungartig angestiegen, es gibt jetzt viel mehr Eisbären als vor 40 Jahren".
Susan Crockford, kanadische Zoologin, Spezialgebiet Archäozoologie und frühe Domestizierung von Hunden, Klimawandel-Skeptikerin

Die Eisbären leben heute in einer sich stark verändernden Umwelt. Die Auffassungen über ihre Zukunft unterscheiden sich erheblich. „Derzeitige Prognosen weisen darauf hin, dass bis Mitte des Jahrhunderts zwei Drittel der Eisbären verschwunden sind, wenn die globale Erwärmung nicht gestoppt werden kann", meint Andrew E. Derocher, Professor für Biologie an der University of Alberta, der seit über 20 Jahren in der Arktis über Eisbären forscht. Dieses und die anderen Zitate (→ Kästen) geben einen Eindruck von der Komplexität der aktuellen Auseinandersetzungen und teilweise erbittert geführten Diskussionen um ein außergewöhnliches und beeindruckendes Tier – den Eisbären.

Wie die meisten Europäer kannten wir Eisbären nur aus dem Zoo, mancher kennt sie vielleicht auch noch aus dem Zirkus. Selbst für Kinder war das unterschiedliche Verhalten der Zoo-Eisbären im Sommer und im Winter auffällig. Während sie sich im Winter zwischen dem gelegentlich zugefrorenen Wassergräben und den Felsen offensichtlich wohl fühlten, irritierten sie uns in der warmen Jahreszeit häufig mit kurzen monotonen Schrittfolgen und ständigem Schaukeln und Schwingen des Kopfes.

Auf unserer ersten Reise in die Arktis, nach Spitzbergen, stellten wir schnell fest, dass fast alle Mitreisenden Eisbären in der freien Natur beobachten wollten. Leider warteten wir damals vergeblich auf den König (und die Königin) der Arktis. Was war schief gelaufen? Wo waren die Eisbären? Mit solchen und anderen die Eisbären betreffenden Fragen, beschäftigen wir uns nun seit 15 Jahren. Es vergingen 11 Jahre, bis wir endlich die ersten Eisbären in der freien Natur zu Gesicht bekamen.

In dem vorliegenden Buch begeben wir uns auf Spurensuche in ganz unterschiedliche Bereiche – zunächst in die „Kulturgeschichte" der Eisbären. Wir verfolgen ihre Begegnungen mit Europäern, die fast zu ihrerVernichtung geführt hätten. Wir erkunden, welche Vorstellungen sich mit dem weißen Pelz des Königs der Arktis verbanden und wie unsere Vorfahren über die Jahrhunderte in Menagerien, im Zirkus und im Zoo mit Eisbären bekannt wurden.

Die Inuit und andere indigene Völker der Arktis haben hingegen schon seit langem eine ganz besondere und über viele Jahrhunderte gewachsene Beziehung zu den Eisbären. Wir stellen die nur scheinbar unwirtliche Arktis vor, erzählen vom Leben der Inuit nördlich des Polarkreises, von ihrer Kultur, ihren Mythen, ihrer Abhängigkeit von der Jagd und wie „Nanook", der Eisbär, ihnen eine Art Partner im Alltag und auch im spirituellen Leben war. Wir berichten von den gewaltigen kulturellen Umwälzungen in der Arktis, und von manchen Konflikten mit den Menschen im Süden, die sich etwa in unterschiedlichen Ansichten zu Methoden der Wissenschaft, zur Jagd und zum Halten von Eisbären im Zoo zeigen.

Eisbären unterscheiden sich nicht nur durch die Farbe ihres Fells von ihren Verwandten im Süden, den Schwarz- und Braunbären, sondern in vielerlei Hinsicht: Neben Äußerlichkeiten wie Größe, Körperform, Tatzenbehaarung etc. bestimmen die Fähigkeiten und Fertigkeiten, die Verbreitung sowie die Lebensweise das Wesen ihrer Spezies. Der Biologie dieser ungewöhnlichen Tiere, ihrer Anpassung an das Leben nördlich des Polarkreises, ihrer Entwicklungsgeschichte und ihrem Verhalten, mitsamt neuen Erkenntnissen aus der Verhaltensforschung, ist ein ausführliches Kapitel gewidmet.

Zeichnerische Darstellungen illustrierten schon die frühen Berichte der Reisenden, später wurden auch Skulpturen geschaffen. Nicht nur in der abendländischen Kunst haben Eisbären ihren Platz gefunden. Bei den Völkern des Nordens sind sie schon seit über 2000 Jahren Motiv für Handwerker und Künstler, und auch in der zeitgenössischen Kunst der Inuit nimmt Nanook einen bedeutenden Platz ein. Mit der Verbreitung von Fotografie und Film bekamen immer mehr Men-

---

Zur Situation der Eisbären

„Was in der Vergangenheit geschah, ist irrelevant. Durch die globale Erwärmung verschwindet das Habitat der Eisbären. Selbst die sorgfältigsten Regulierungsmaßnahmen vor Ort nützen nichts, wenn den Eisbären ihr erforderliches Habitat nicht zur Verfügung steht."
Dr. Steven C. Armstrup, Leitender Wissenschaftler des Eisbärenprojekts der United States Geological Survey

„Fakt ist, und das ist wissenschaftlich nachgewiesen, dass die Lebenserwartung von Eisbären zurückgegangen ist, dass die Sterblichkeit angestiegen ist, sie zunehmend unterernährt sind, die Weibchen nicht mehr genug Milch produzieren, dass die Milch zunehmend vergiftet ist."
Hannes Jaenicke, Umweltaktivist und Schauspieler, in einem Interview für das vorliegende Buch (S. 328)

Schwimmender Eisbär

schen eine genauere Vorstellung vom Eisbären. Heute wird er in allen Bereichen der Werbung und sogar der Propaganda für verschiedenste Zwecke genutzt – und instrumentalisiert.

Schon vor über hundert Jahren gab es einen auf Eisbären gerichteten Tourismus – damals spielte die Jagd und die Aussicht auf ein dekoratives Eisbärenfell eine wesentliche Rolle. Die Trophäenjagd gibt es selbst heute noch, doch auch einen sanften Tourismus. In unserem Buch erzählen wir von Reisen zu den Eisbären in den vergangenen Jahrhunderten, den Möglichkeiten in der heutigen Zeit und geben eigene Reiseeindrücke wieder.

Für viele Menschen ist Nanook, der Eisbär, heute ein Symbol: für das Leben im hohen Norden, für die Erwärmung der Arktis, für die Bedrohung der arktischen Tierwelt durch Umweltverschmutzung und den Raubbau an Rohstoffen.

Extreme Positionen prallen aufeinander – manchmal mit einer solchen Vehemenz, dass ein Konsens unmöglich erscheint. Dabei geht es nicht nur um die Vorbehalte und Widerstände von Tierrechtlern und Tierschützern gegenüber der Jagd auf Eisbären und andere Tiere. Dahinter steht auch der Zweifel daran, dass ein Klimawandel, der bei der übergroßen Mehrheit der Wissenschaftler als sicher gilt, überhaupt stattfindet und dass er, wenn er denn als Tatsache akzeptiert wird, von uns Menschen verursacht ist. Es bestehen auch unterschiedliche Positionen hinsichtlich der Überlebenschancen der Eisbären in einer sich erwärmenden Arktis. Eine Annäherung zwischen vielen Inuit einerseits und der Mehrheit der Wissenschaftler andererseits scheint schwierig zu sein. In der unübersichtlichen Konfliktsituation spielen auch die Interessen der Rohstoffindustrie eine erhebliche Rolle, denn eine Klimaerwärmung könnte für sie von Vorteil sein.

Wir versuchen in unserem Buch ein möglichst umfassendes Bild von den Eisbären im Sinne von „fast alles, was man über Eisbären wissen sollte" zu geben – wohl wissend, dass das unmöglich ist, genauso, wie eine exakte Prognose über die Zukunft der Eisbären; wir stellen aber die unterschiedlichen Positionen vor und diskutieren die Auswirkungen unserer wirtschaftlichen Aktivitäten „im Süden" auf die Polarregionen, auf die Eisbären und die sie umgebende arktische Natur.

Auch wenn es manchmal an die Kämpfe von Don Quijote erinnert, sollten wir die Empfehlungen von Wissenschaftlern und Umweltschützern ernst nehmen, unser persönliches Handeln überprüfen und entsprechend ändern.

Eisbären: Symbol für den hohen Norden und dessen Veränderung durch den Klimawandel

Kapitel 1
Erste Erlebnisse mit Nanook

Von Spalten durchzogene Eisflächen sind ideale Jagdreviere für Eisbären

Erste Erlebnisse mit Nanook

Nanook an der Küste Labradors: erste Bärenbegegnungen

Dieser Tag hatte schon ungewöhnlich begonnen: Ich wurde viel zu früh wach, und bevor ich mich gleich auf die andere Seite der Koje drehen würde, um weiterzuschlafen, wollte ich nur mal ganz kurz aus dem Bullauge schauen. Und was sah ich da? Das Schiff bewegte sich in einiger Entfernung vor einer gewaltigen Felswand, die direkt aus dem Meer hunderte Meter in die Höhe stieg. Sie wurde vom ersten Licht der aufgehenden Morgensonne angestrahlt.

Dieses Leuchten! In einem warmen Rot erglühten die Felsen. An Schlaf war nun nicht mehr zu denken, ich konnte nicht anders, ich musste das mit der Kamera festhalten. An diesem Morgen waren wir dann kaum mehr von Deck zu bekommen, nur der Hunger trieb uns zwischendurch kurz an den Frühstückstisch. Wie wir später feststellten, hatten wir die Kaumajet Mountains vor uns. Diese Berge sind zwischen 700 und 1200 Meter hoch. Der Name „kaumajet" stammt aus dem Inuktitut, der Sprache der Inuit, und bedeutet „leuchtend"!

Wir genießen den Vormittag im strahlenden Sonnenschein auf Deck und beglückwünschen uns zur Entscheidung für diese Schiffsreise, die uns nun entlang der Küste Labradors nordwärts, in arktische Gefilde bringen wird. Ein schöner, unregelmäßig geformter Eisberg taucht auf, begleitet von vereinzelten Eisschollen. Im Laufe der nächsten Stunden kommt noch mehr Eis dazu, zumeist flache Schollen, die sich zum Horizont hin verdichteten. Plötzlich ein lauter Ruf, und alle Passagiere drängen sich nach Backbord an die Reling, schauen fasziniert zu einer Eisscholle in über hundert Meter Entfernung, auf der sich etwas bewegt: „Polar Bear!" Es ist der erste, den wir auf unserer

Ein schöner, unregelmäßig geformter Eisberg taucht auf

16

Reise zu sehen bekommen, und alle an Bord sind aufgeregt und begeistert. Das Schiff hat den Kurs nicht geändert, es fährt weiter parallel zur Küste, kommt dabei aber allmählich näher an die Eisscholle heran.

Wir versuchen, auszumachen, was da links vor dem Eisbären liegt. Ein schmales Bündel, auf der hellen Scholle wirkt es in dem vom Eis reflektierten, grellen Sonnenlicht zunächst blassgrau – kann das vielleicht seine Beute sein, eine tote Robbe? Zunächst ist selbst mit dem Fernglas noch nichts Genaues zu erkennen. Der Bär läuft ein paar Schritte zur Seite, dann kommt er zurück und stupst mit der Schnauze gegen das Bündel. Wieder geht er ein ganzes Stück weg, vielleicht 20 Meter, läuft dann immer wieder hin und her; er wirkt unruhig und etwas nervös.

Und dann plötzlich bewegt sich das Bündel. „Look at this", ruft die Frau neben mir aufgeregt, und alle Kameras klicken, denn das Bündel erhebt sich nun, da steht etwas auf seinen vier Beinen – ein Bärenjunges! Die Bärenmutter läuft zurück zu dem Kleinen, entfernt sich aber umgehend wieder. Das Kleine steht still, wirkt erst unentschlossen, dann läuft es schließlich langsam auf die Mutter zu. Die berührt es nur kurz, dreht sich weg, steigt ins Wasser, schwimmt, und nach kurzem Zögern tut das Kleine es ihr nach. Haben sie das Schiff bemerkt, flüchten sie? Oder wollten sie nur zufällig gerade woanders hin? Wir werden es nicht erfahren. Sie entfernen sich schnell, zwei kleine Punkte im Wasser. Mit bloßem Auge wären sie nun kaum noch zu erkennen, wüsste man nicht genau, was da schwimmt, und bald sind sie verschwunden.

Wir sind gerührt und regelrecht beglückt von dieser Mutter-Kind-Szene bei unserer ersten Sichtung des Königs der Arktis (eigentlich

Watchman Island vor der Küste Labradors

war es eine Königin!). Und auch der Großteil der anderen Passagiere ist gerührt von diesem kleinen Schauspiel, das, wie wir später feststellen, vielen zur bleibenden Erinnerung wurde. An Bord ist George Sirk, ein Biologe, der uns erklärt, dass das Bärenjunge wahrscheinlich im Dezember oder Januar geboren wurde; im späten März oder Anfang April haben die beiden die Geburtshöhle verlassen. Um das Junge durchzubringen, musste die Bärenmutter alle drei bis vier Tage eine Robbe fangen, von der sie anfangs hauptsächlich den Speck und die fettreiche Haut fraß, der Rest wurde verschmäht. Jetzt im Sommer, wenn das Eis knapp wird, kann die Jagd jedoch schwierig werden, so dass sie nun wahrscheinlich alles frisst, was sie bekommen kann.

Wir wenden uns wieder nach vorn, gehen zum Bug des Schiffes, genießen die Sonne, das Licht, das von Meerwasser und Eis reflektiert wird, und den Anblick der Eisgebilde, von denen immer mehr um das Schiff herum schwimmen. Und immer wieder heben wir das Fernglas und suchen nach Nanook. Vielleicht hat auch der Entdecker John Cabot, als er Ende des 15. Jahrhunderts entlang dieser Küsten segelte, Eisbären erblickt? (→ Exkurs in die Kulturgeschichte). Obwohl es damals in Labrador wahrscheinlich sehr viele dieser Tiere gegeben hat, waren sie bereits im 19. Jahrhundert nahezu verschwunden. Erst seit wenigen Jahren hat ihre Zahl wieder zugenommen. George Sirk erzählt, dass Wissenschaftler den Bestand hier in Labrador auf mittlerweile 65-85 Stück schätzen, die Tendenz ist steigend.

Ein paar Jahre zuvor waren wir im Sommer an der Küste Spitzbergens entlang gesegelt und hatten täglich Landausflüge gemacht. Eines Tages wollten wir gerade einen schneebedeckten Hang hinabsteigen, um zurück zum Boot zu kommen, als unser Führer seltsame Spuren im Schnee entdeckte. Er zeigte uns die riesigen Abdrücke der Eisbärentatzen – und eine Rutschspur, die geradewegs den Hang hinunter führte.

18

„Dieser Eisbär ist Schlitten gefahren – auf seinem Hinterteil!" Die Spuren waren aber schon einige Tage alt. Einen lebendigen Eisbären hatten wir auf der Tour damals nicht zu sehen bekommen; die Bären heute auf der Eisscholle sind unsere ersten Eisbären in der freien Natur!

Wir sind begierig darauf, noch weitere Eisbären zu entdecken, und unsere Augen „scannen" geradezu die Eisschollen. Die vielfältigen Formen des Eises sind faszinierend. Beim

Die heute unbewohnte Missionsstation Hebron

Abschmelzen von kleinen Eisbergresten wie auch von mehrjährigen Schollen sind Vertiefungen und Höhlen entstanden; das Eis wurde von Wind und Wellen ausgeschliffen und poliert; es glitzert weiß im Sonnenlicht, einige Eiskörper schimmern hellblau, und unter dem Wasser leuchtet es hellgrün. Das Schiff nähert sich wieder der bergigen Küste, und wir suchen nun auch die vorgelagerten Inseln und Halbinseln mit dem Fernglas ab. Im Graubraun der Felsen sind neben ausgedehnten Schneefeldern und -kehlen immer auch kleine weiße Flecken auszumachen, doch das sind Reste des Winterschnees, der sich im Schatten und in Vertiefungen besonders lange hält. „You have to look for the vanilla-icecream-coloured spots", rät uns George, der Biologe, der die ganze Zeit durch sein Fernrglas späht. Wir suchen also nun nach Flecken in der Farbe von Vanilleeis, finden auch hin und wieder einen. Doch beim Blick durch das Fernglas erweist sich der vermeintliche Eisbär stets als ein heller Stein, der unbeweglich auf seinem Platz ruht.

Das Schiff nähert sich der Bucht vor Hebron, und in der Ferne ist das alte, leerstehende Missionsgebäude auszumachen, das im 19. Jahrhundert durch die Missionare der Brüdergemeine aus Herrnhut/Oberlausitz errichtet wurde. Hebron zu besuchen, war einer der Gründe, die uns überhaupt zu unserer Labrador-Reise gebracht hatten. Dieser Ort war die Heimat vieler Inuit-Familien, bis er 1959 durch Regierungsmaßnahmen aufgegeben und seine Bewohner umgesiedelt wurden. Heute leben hier schon lange keine Menschen mehr. Als sich das Schiff dem Ufer nähert, haben wir Glück. Zwei vanilleeisfarbene Punkte, die sich bewegen! Mit dem Fernglas sind sie deutlich als Bären zu erkennen, die in Ufernähe herumstreifen, ein großer und ein etwas kleinerer. Der Biologe identifiziert sie als Muttertier mit einem etwa anderthalbjährigen Jungen, alt genug, um bereits selbst Jagdversuche zu machen. Leider ist der Abstand viel zu groß für ein brauchbares Foto – durch die Kamera sieht man nicht viel mehr als nur zwei helle Flecken in Bärenform. Wir kommen auch nicht mehr dichter heran, denn das Schiff lässt nun den Anker fallen, und wir werden unter Deck zu einem Filmvortrag über Hebron gerufen.

Diese beiden Eisbären sollten für uns nicht mehr als entfernte, sich bewegende vierbeinige Flecken bleiben, denn während wir uns nach dem Film auf unseren Landgang vorbereiteten, wurde eine Bärenpatrouille vorausgeschickt – Sicherheit geht vor. Als wir dann endlich selbst an Land kamen, waren die Eisbären längst vertrieben; auf den Hügelkuppen standen die „Bear monitors" unseres Expeditionsteams mit dem Gewehr und hielten Wache, damit wir ohne Risiko besichtigen und erkunden konnten, was noch von Hebron übrig ist.

Die nächsten Tage verbrachten wir in den Torngat Mountains. Dieses malerische Gebirge soll einer der wenigen Orte der Welt sein, an denen man Schwarzbären und Eisbären antreffen kann. Zum Schutz der einzigartigen Wildnis wurde hier vor einigen Jahren ein Nationalpark eingerichtet, der wegen der großen Entfernung von bewohnten Gebieten schwer erreichbar ist und daher nur sehr geringe Besucherzahlen hat.

Das Schiff war noch spätabends in einen tiefen Fjord gefahren. Der nächste Morgen bescherte uns einen spektakulären Anblick. Die Sonne schien aus einem wolkenlosen Himmel, und das Wasser wurde zum silbernen Spiegel, der die majestätischen Berge eindrucksvoll reflektierte. „It's paradise", sagte Zippie, ein Mitglied der Expeditionscrew, und die großartige Umgebung bei diesem prächtigen Wetter ließ uns ihre Begeisterung gut verstehen. Einst durchstreiften Zippies Vorfahren als Jägernomaden diese Berge, sie jagten und fischten hier und zollten den Bären Respekt, wie auch den Geistern, die man hier vermutete. Das Inuktitut-Wort „Torngat" bedeutet „Ort der Geister".

Im Saglek-Fjord (Northwest Arm)

Leider mussten wir dieser schönen Aussicht erst einmal den Rücken kehren. Eine Lautsprecherdurchsage rief uns unter Deck, „Mandatory Polar Bear Safety Briefing", eine Pflichtbelehrung zur Eisbären-Sicherheit im Nationalpark, war angesagt. Wir wollten eigentlich gar nicht mehr von der Reling weg, aber unser Expeditionsteam sorgte energisch dafür, dass wirklich alle unten erschienen – Pflicht ist Pflicht. Parks Canada, die für den Nationalpark verantwortliche Behörde, hat Sicherheitsstandards eingerichtet – und das aus gutem Grund: Wenn man sich in unberührter Natur bewegt, wo wilde Tiere zuhause sind, die dem Menschen sehr gefährlich werden können, ist es angebracht, Verhaltensregeln zu kennen und Gruppendisziplin zu wahren.

Der Inuit-Elder Tivi Etok, daneben der „Polar Bear Monitor"

Der Torngat-Mountains-Nationalpark ist als Gebiet klassifiziert, in dem für Menschen eine extreme Gefährdung durch Eisbären besteht. Hier, wo es keine Straßen und keine Orte gibt, ist die Einwirkung der Menschen auf das Habitat minimal; die Tiere streifen im Normalfall ungestört und unbehelligt durch die Landschaft. Schusswaffen dürfen lediglich die Inuit tragen, die im Parkgebiet begrenzte Jagdrechte haben. Die große Anzahl der Bären bereitet der Parkverwaltung zunehmend Kopfschmerzen, Sicherheit ist ein Problem. Die jährliche Besucherzahl ist bisher nur dreistellig, und die Mehrheit sind Kurzzeitbesucher von kleineren Kreuzfahrtschiffen, die nur für wenige Stunden an Land gebracht werden. Die Besucher kommen überwiegend im Hochsommer – und sind dann unerwartete Eindringlinge im Bärenland. Als Ausgangspunkt für Mehrtagesbesucher wurde 2007 das „Basecamp" in einer Hafenbucht namens Kangidluasuk – früher St. John's Harbour – nahe der Nationalparkgrenze eingerichtet. Hier sorgen die *Inuit Bear Guards*, ein Elektrozaun und weitere Maßnahmen für den ruhigen Schlaf der Touristen, die sich im Übrigen im eigenen Interesse streng an die Verhaltensmaßregeln im Bärenland halten sollten. Zwei Tage später, im schönen Nachvak-Fjord, hatten wir selbst diese Regeln anzuwenden. Wir waren an Land gegangen und mit einer Gruppe von etwa dreißig Touristen dabei, eine mit niedrigen Erlenbüschen bestandene Flussniederung zu durchqueren, um einen Hügel zu erreichen, als das Funkgerät unseres Führers ansprang. Wir konnten zwar nicht verstehen, was er da zu hören bekam, aber er ordnete dann die sofortige Rückkehr an, und forderte uns dringlich auf, dicht beieinander zu bleiben.

Ein Eisbär am Nachvak Fjord

Zurück an der Landestelle sahen wir die beiden Inuit, die dort Bärenwache hielten. Der eine hatte das Gewehr schussbereit in der Hand;

Der Eisbär Fram ist der Held in einem alten rumänischen Kinderbuch

der andere deutete hinüber zum Strand auf der anderen Seite des Flusses. Wir erfuhren, dass zwei Eisbären aufgetaucht waren, sich aber inzwischen etwas zurückgezogen hatten. Der eine schwamm nun im Wasser des Fjordes, der andere hatte es sich am gegenüberliegenden Ufer bequem gemacht und rastete. Wir beeilten uns, zurück aufs Schiff zu kommen, von wo aus wir die bessere Sicht auf diese beiden Bären hatten.

Später haben wir auf unserer Küstenfahrt noch zwei weitere Eisbären gesehen – insgesamt acht, also rund 10% der Subpopulation in Labrador! Es war faszinierend, diese Tiere in ihrem natürlichen Lebensraum zu beobachten. Scheinbar unbeeindruckt von uns, von der menschlichen Präsenz in ihrer unmittelbaren Nähe, gingen sie ihren Verrichtungen nach – wahrhafte Könige der Arktis. Mit jeder Sichtung verstärkte sich unsere Neugier, wir wollten mehr über diese Tiere erfahren und sie nach Möglichkeit auch aus noch kürzerer Distanz betrachten – ohne dafür natürlich unnötige Risiken einzugehen.

Mein erster Eisbär

Mein erster Eisbär hieß Fram. Er lebte zwischen den Seiten eines rumänischen Kinderbuches. Dort erlebte ich ihn zunächst im Zirkus, wo er seine Kunststücke zeigte. Als Märchenfigur war *Fram der Eisbär* ein Wunder-Bär, der nicht nur die Menschen gut kannte und verstand, sondern auch menschlich dachte und empfand und sich sogar wie ein Mensch benehmen konnte. Er liebte besonders die Kinder, die den Zirkus besuchten; er war intelligent, sanftmütig und tat keinem etwas zuleide. Und damit war er natürlich Hauptattraktion und Publikumsliebling im Zirkus.

Bis er eines Tages schwermütig wurde, alle seine Kunststücke vergaß und in eine andere Geisteswelt trat. Er lag nur noch bewegungslos im Käfig, döste und träumte von der Region, aus der er kam. In diesem märchenhaften Kinderbuch von Cezar Petrescu sorgen dann wohlmeinende Menschen dafür, dass Fram wieder in die Arktis zurückgebracht wird.

Daher konnte ich Fram bald in der Arktis erleben – wie er sich zwar in den ersten Momenten am Ziel seiner Sehnsüchte fühlte, dann aber eigentlich nicht fähig war, dort „eisbärengerecht" zu leben. Nicht nur, weil er es nie gelernt hatte – er wäre wohl clever genug gewesen, solche Fähigkeiten noch zu trainieren – sondern weil er es wegen seiner menschenähnlichen Empfindungen gar nicht schaffte, das eigentlich Notwendige zu tun: Robben zu töten und Rivalen zu bekämpfen. Stattdessen nervt er Letztere mit seinen Zirkuskunststücken, bis sie sich verwirrt trollen und ihm somit ihre begonnene Mahlzeit hinterlassen. So kann er seinen Hunger stillen. Clever, wie er ist, perfektioniert Fram dieses Verhaltensmuster und bekommt auf diese Weise immer wieder Nahrung, ohne dafür töten zu müssen. Alles kein bisschen realistisch. Wirklich märchenhaft.

Im Zirkus ist Fram unglücklich und wird deshalb in die Arktis zurückgebracht

Aus dem gleichen Kinderbuch erfuhr ich in einem anderen Erzählungsstrang dennoch viel Realistisches – nämlich über das Namensvorbild des Eisbären, das Expeditionsschiff Fram, und über die schwierige und gefahrvolle Reise von Frithjof Nansen bei der Erforschung der Nordpolarregion.

Und an einer Stelle wurde deutlich, dass das Buch in einem Land der „sozialistischen Staatengemeinschaft" erschienen war, damals ein treuer Vasall der Sowjetunion. Einer der Helden des Buches, ein Professor im Ruhestand und Buchliebhaber, bietet einem halbwüchsigen Jungen, der schon die meiste „Nordpol-Literatur" verschlungen hat, ein neues Buch an. Der fragt: „Handelt es von Eisbären und Polarexpeditionen?" „Freilich. … Nur dass es weit interessanter ist, als alle anderen Bücher, die du bisher gelesen hast. Es berichtet von den großen russischen Forschern und Gelehrten, die zum ersten Mal in den endlosen Weiten des hohen Nordens gewesen sind". Auf der folgenden Buchseite werden die „kühnen russischen Forscher" weiter gepriesen. Ein kleines Zugeständnis des 1961 verstorbenen Autors an den stalinistisch geprägten Zeitgeist?

Wie auch immer – schließlich wendet sich die Geschichte wieder dem Eisbären Fram zu, der am Ende, clever wie er ja eigentlich ist, freiwillig seinen Weg zurück in die Zivilisation findet; ob er wohl wieder im Zirkus landet, bleibt offen. Ein sehr unnatürlicher Bär eben.

Kapitel 2
Exkurs in die Kulturgeschichte

Aus „Getreue Abbildungen naturhistorischer Gegenstände" von Johann Mathäus Bechstein, 1793

Exkurs in die Kulturgeschichte des Eisbären

Vor vielen Jahren sah ich an einem warmen Sommertag am Alten Strom von Warnemünde einen Eisbären. Er posierte dort in der Nähe der Lotsenstation, zum Schrecken der Kinder und zur Gaudi der Erwachsenen, und war natürlich kein echter, lebendiger Eisbär, sondern ein in einem riesigen Eisbärenfell versteckter Mensch. Wahrscheinlich war das Fell nicht einmal echt, sonst wäre die darunter steckende Person wohl an dessen Gewicht und durch Hitzestau in arge Schwierigkeiten gekommen. Realistisch an diesem Eisbären war allein die bloße Größe des Fotomotives, denn als solches hatte ich es nach einem ersten kurzen Erschrecken erkannt.

Ganz anders dagegen die kleineren Kinder, die häufig nur mit vor Angst verzerrten Gesichtern oder sogar schreiend von ihren amüsierten Eltern dem Monster direkt in die pelzigen Arme übergeben wurden. Der Schrecken währte jedoch nicht lange, denn der zum „Eisbären" gehörende Fotograf war geschickt in seinem Fach und verkürzte die qualvolle Prozedur der Ablichtung auf das notwendige Mindestmaß. Da ein Eisverkäufer gleich in der Nähe stand – vielleicht war er ja auch der Dritte im Bunde – wurde das weinende Kind sogleich nach der Aufnahme mit einem „Eis am Stiel" beruhigt, und die bereitwillig ihren Obolus entrichtenden Eltern freuten sich auf hoffentlich gut gelungene Urlaubsfotos. Die älteren Jugendlichen hatten mit dem „schrecklichen" weißen Tier natürlich überhaupt gar kein Problem. Die in Strandnähe nur leicht bekleideten Mädchen begaben sich bereitwillig mit gekünsteltem Gekreisch in die sie umfassenden Arme und mit langen Klauen versehenen Hände des „Königs der Arktis". Die Jungs standen grinsend daneben und gaben ihre spöttischen und anzüglichen Kommentare.

Eisbär am Strand

Nanook, Eisbär oder Weißer Bär?

Zum besseren Verständnis des nachfolgenden historischen Abrisses zunächst einige Bemerkungen zu den unterschiedlichen Bezeichnungen und Einordnungen der Spezies Eisbär, wie sie in verschiedenen Sprachen und Ländern Verwendung finden. Eisbären sind in der gesamten Arktis, der den Nordpol umschließenden Region, auf den Kontinenten Amerika, Europa und Asien vertreten sowie auf dem arktischen Ozean. Ihr Verbreitungsgebiet dehnt sich auf den einzelnen Kontinenten unterschiedlich weit in Richtung Süden aus. Nach Norden ist es „unbegrenzt", denn sie wurden sogar schon unmittelbar am Nordpol gesichtet.

Der Eisbär wurde 1774 von Constantine Phipps (1744-1792), einem englischen Entdeckungsreisenden im Dienst der königlichen Marine, kurz beschrieben und als *Ursus maritimus* („Seebär") gemäß dem Linnéschen *Systema Naturae*, einer von dem schwedischen Naturforscher Carl von Linné (1707-1778) entwickelten Klassifikation zur Beschreibung von Tieren, Pflanzen und Mineralien, eingeordnet. Phipps verwendete entsprechend dem Verbreitungsgebiet gleichzeitig den Begriff *Polar bear* („Polarbär"), der bis heute im englischen Sprachraum üblich ist (→ auch Kapitel Biologisches – Fakten und Forschung).

Im Dänischen, Norwegischen und Isländischen wird er *Isbjørn*, also Eisbär genannt, im Russischen und Französischen ist es Белый медведь bzw. *ours blanc*, also „Weißer Bär". In den Sprachen der Inuit wird er als *Nanook*, bei den Yupik *Nanuq* (Alaska) bzw. *Nanuuk* (Sibirien) und bei den Cree First Nations in Kanada wieder als „Weißer Bär" – *Wâpask* oder anglisiert *Wapusk* – bezeichnet.

Damit sind gleichzeitig auch auf die wesentlichen Verbreitungsgebiete der Eisbären benannt: der Norden Russlands, Alaskas und Kana-

```
A P P E N D I X.                          185
URSUS Maritimus. Linn. Syst. Nat. 70. 1.
    Polar Bear. Penn. Syn. Quadr. p. 192. T. 20. F. 1.
Found in great numbers on the main land of Spitsbergen;
as also on the islands and ice fields adjacent.  We killed
several with our musquets, and the seamen ate of their
flesh, though exceeding coarse.  This animal is much
larger than the black bear; the dimensions of one were
as follows:
                                          Feet.  Inches.
Length from the snout to the tail,       -    7     1
Length from the snout to the shoulder-bone,   2     3
Height at the shoulder,       -      -   -    4     3
Circumference near the fore legs,     -  -    7     0
Circumference of the neck close to the ear,   2     1
Breadth of the fore paw,   -    -    -   -    0     7
Weight of the carcass without head, skin
    or entrails,   -    -    -    -   -      610 lb.
```

Die Beschreibung des Eisbären von Constantine Phipps (1744-1792)

das, Grönland und Spitzbergen. Es handelt sich also beim Eisbären um einen weißen (eher weißgelben) Bären, der in den polaren Gegenden im Wesentlichen auf dem Eis und im Meer lebt. Der Eisbär hält sich aber auch weiter südlich auf, so im Nordosten der kanadischen Provinz Ontario im Gebiet der James Bay, dem südlichsten Verbreitungsgebiet des Eisbären, und er erreicht gelegentlich sogar Island und Neufundland, die nicht gerade zu den polaren Regionen der Welt gehören. Mehr dazu dann in den folgenden Kapiteln (→ Biologisches – Fakten und Forschung).

Frühe Kontakte Mensch – Eisbär

Die ersten Menschen, die mit Eisbären in Kontakt kamen, waren die frühen Bewohner der arktischen Regionen, die vor ca. 5000 Jahren von Sibirien aus begannen, die Arktis zu besiedeln. Über ihre Begegnungen mit dem König der Arktis gibt es natürlich keine schriftlichen Zeugnisse, jedoch sind viele aus Elfenbein geschnitzte Figuren erhalten, die sehr detailliert Eisbären und einige ihrer typischen Verhaltensweisen zeigen (→ auch Kapitel Kunst).

Der vermutlich älteste Bericht über einen „weißen Bären" stammt schon aus dem Alten Ägypten aus der Zeit des Pharaos Ptolemaios II. (308-246 v. u. Z.). Der Grieche Athenaios zitiert in seinem Werk *Deipnosophistai* – zu deutsch Gastmahl der Gelehrten – um 300 u. Z., also über 500 Jahre später, aus einer verloren gegangenen Schrift über die Geschichte Alexandrias, seitenlange Berichte von einer gewaltigen Prozession, die Ptolemaios II. zu Ehren des Dionysos ausgerichtet hatte. Bei dieser prächtigen Parade wurde neben Statuen von Göttern und Alexander dem Großen, allerlei Reichtümern aus Gold, Elfenbein und Ebenholz, sowie außergewöhnlichen Tieren ein weißer Bär mitgeführt.[1]

Ob es sich bei diesem Bären tatsächlich um einen Eisbären oder eher um einen sehr hellen Braunbären handelte, ist natürlich nicht mehr aufzuklären. Diese Geschichte über einen Eisbären im fernen Ägypten vor über 2000 Jahren gefiel einem der renommiertesten Eisbärspezialisten, dem Kanadier Fred Bruemmer, so sehr, dass er sie in seinem Buch *World of the Polar Bear*[2] zitierte. Wie so ein Eisbär aber aus der Arktis bis nach Ägypten gelangt sein könnte, darüber kann man nur spekulieren, auch Bruemmer hatte dafür keine echte Erklärung.

Büste des Pharaos Ptolemaios II., (308-246 v.u.Z.). Unter seiner Regentschaft wurde bei einem Umzug zu Ehren des Dionysos ein weißer Bär präsentiert

Der römische Dichter Titus Calpurnius Siculus, der im ersten Jahrhundert zur Zeit Neros lebte, berichtete von Kämpfen eines Bären mit Seehunden in einem Amphitheater. Vermutlich handelte es sich bei diesen Seehunden um Mönchsrobben aus dem Mittelmeer. Auch hier sind wohl Zweifel angebracht, ob er tatsächlich von einem Eisbären berichtete, wie manchmal vermutet wurde. Allerdings dürften Braunbären aus der Mittelmeerregion wenig Interesse an Robbenfleisch gehabt haben, oder vielleicht doch? Denn auch Grizzlys wurden schon beim Fressen von Robbenkadavern angetroffen.

Auch aus Asien gibt es sehr frühe Berichte über weiße Bären. Die Schriftensammlung *Nihonshoki*, das zweitälteste japanische Geschichtswerk, früher auch als *Nihongi* bezeichnet, ist eine Zusammenfassung verschiedener Texte, die sich mit japanischen Schöpfungsmythen und der Genealogie der Kaiser, der Tennos, beschäftigt. Das Werk gilt als wichtige Quelle zur frühen japanischen Geschichte und wurde Ende des 19. Jahrhunderts erstmalig ins Englische und später auch in Auszügen ins Deutsche übersetzt. Der Engländer William George Aston (1841-1911) fertigte die erste englische Übersetzung des *Nihonshoki* an, die dann 1896 in London erschien. Aston benutzte an zwei Stellen den Begriff *Polar Bear* (Eisbär), einmal für das Jahr 658 u. Z., als der Kaiserin Kōgyoku zwei lebendige Eisbären präsentiert wurden, und für 659 u. Z., als sich ein Maler mit dem Namen Komaro siebzig Eisbärenfelle auslieh, um sie seinen Gästen als Sitzunterlage anzubieten. Die aber waren davon so beschämt und erstaunt, dass sie vor dieser Ehrbezeugung davonliefen. Es muss also etwas ziemlich Besonderes gewesen sein, sich auf ein so ungewöhnliches, seltenes und auch sehr kostbares Fell zu setzen. Aber auch hier sind sich die Übersetzer nicht einig, ob im Text wirklich von Eisbären oder nur von großen und weißen Bären die Rede ist. Anders als im Fall Ägyptens besteht jedoch hier eine reale Möglichkeit, dass es sich um Eisbären gehandelt haben könnte, denn ähnlich wie in anderen Regionen der Erde gelangten sie auch hier gelegentlich mit der Eisdrift bis weit nach Süden, vermutlich sogar bis zu den Kurilen oder nach Hokkaido. Allerdings gibt es auf den Kurilen auch eine weiße Varietät des Braunbären, den Ininkari-Bären. Im Gegensatz dazu ist der Kermode-Bär, der in geringer Zahlen in den Regenwäldern von British Columbia vorkommt, ein weißer Schwarzbär. Die Wissenschaftler sind sich ei-

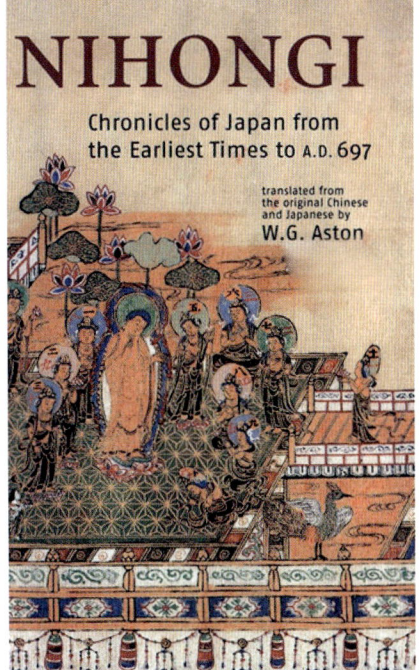

Die erste englische Übersetzung der japanischen Chronik Nihonshoki, auch Nihongi genannt, von William George Aston (1896)

nig, dass weder der Ininkari-Bär noch der Kermode-Bär Albinos sind (→ Kapitel Biologisches – Fakten und Forschung).

In einem der Schöpfungsmythen der Ainu, der Ureinwohner Japans, wird der Eisbär als der Urahn des Volkes bezeichnet; es ist der „Große weiße Hund aus dem Himmel". Auch die Samen in Nordeuropa bezeichnen den Bären als „Gottes Hund". Ob die Samen damit wirklich den Eisbären oder aber einen Braunbären meinen, ist unklar. Man darf sich allerdings auch nicht durch den Begriff „Hund" irritieren lassen, schließlich gehört der Eisbär in der Systematik der Säugetiere zu den *Canoidea*, den „Hundeartigen". Die Ainu, die einen starken Haar- und Bartwuchs aufweisen, führen diese Besonderheit auf ihren langhaarigen Urahnen zurück.[3]

Bis heute praktizieren die Ainu, wenn auch nur zu touristischen Anlässen, rituelle Vorführungen in Erinnerung an ihren einstigen traditionellen Bärenkult, in dem der „heilige" Bär, ein Bärenjunges, bis zu seiner rituellen Tötung gefüttert und dann „zurück zu den Vorfahren" gesandt wurde. Solche und ähnliche Rituale gab es auch bei anderen Völkern, wie bei den Samen in Nordeuropa oder den Niwchen auf Sachalin.

Wikinger und Eisbären

Íslendingur, ein Nachbau des Schiffes des Amerika-Entdeckers Leif Eriksson

Als wir 1993 zum ersten Mal Island bereisten, waren gerade wieder einmal Nachrichten über eine der seltenen Eisbärensichtungen im Norden Islands durch die Presse gegangen. Obwohl wir gelegentlich auch an abgelegenen Orten in der Nähe der Küste zelteten, machten wir uns eigentlich keine Sorgen, plötzlich einem durch eine lange Reise entkräfteten und deshalb hungrigen Eisbären gegenüber zu stehen. Wenngleich es auf Island, soweit heute bekannt, nie eine eigene Eisbärenpopulation gegeben hatte, waren über die Jahrhunderte verteilt immerhin mehr als 600 Eisbären beobachtet worden; allein im Jahr 1881 waren es 73 Tiere gewesen. Und es waren die vor mehr als 1130 Jahren auf Island beim heutigen Blönduós gefangenen Eisbären, eine Mutter mit zwei Jungen, die bis heute als die ersten glaubhaft nachgewiesenen Eisbären gelten, die mit Europäern in Kontakt kamen. Damals wurde der Eisbär in Island noch als *Hvítabjörn*, also „Weisser Bär" und nicht als Eisbär bezeichnet. Unter diesem Namen findet man ihn auch im isländischen *Landnámabók*, dem Landnahmebuch oder Buch der Besiedelung Islands, verzeichnet, und die Geschichte geht so:

„Ingimundur fann beru og húna tvo hvíta á Húnavatni. Eftir það fór hann utan og gaf Haraldi konungi dýrin; ekki höfðu menn í Noregi áður séð hvítabjörnu. Þá gaf Haraldur konungur Ingimundi skip með viðarfarmi." (zitiert aus dem Sturlubók)

„Ingimund fand eine Eisbärin mit zwei Jungen auf dem Hunavatn, das bedeutet Jungbärensee. Danach fuhr er nach Norwegen und schenkte König Harald die Tiere; man hatte in Norwegen vorher noch nie weiße Bären gesehen. Da schenkte König Harald Ingimund das Schiff Stigandi mit einer Fracht Holz."

Das *Landnámabók* beruht auf mündlicher Überlieferung der Geschehnisse auf Island seit der Ankunft der ersten Siedler um 870 u. Z. und wurde erst um 1100 niedergeschrieben. Das Original des *Landná-*

Das „Landnama Bok" in einer gedruckten Ausgabe

mabók blieb nicht erhalten, es existieren jedoch verschiedene Abschriften, Bearbeitungen und Variationen aus den folgenden Jahrhunderten. Die älteste, das sogenannte *Sturlubók*, stammt vom Ende des 13. Jahrhunderts. Man geht heute davon aus, dass es sich beim *Landnámabók* um eine im wesentlichen verlässliche Quelle handelt. Besonders wenn man das ungewöhnliche Interesse der Isländer an ihrer Geschichte, an der Herkunft ihrer Familien und die ihnen zugeschriebene sprichwörtliche „Lese- und Schreibsucht" berücksichtigt, kann man von einem hohen Wahrheitsgehalt der erzählten Geschichten ausgehen. Die genealogische Neugier der Isländer führte dazu, dass es heute eine nahezu vollständige und nicht immer ganz freiwillig entstandene Gendatenbank aller Isländer gibt, eine weltweit wohl einzigartige Situation. Der Kapitän des Wikingerschiffes Íslendingur, das anlässlich des tausendsten Jahrestages der Landung der Wikinger auf Neufundland die Schiffsreise von Island nach Amerika wiederholte, ist übrigens ein Nachfahre von Leif Eriksson, der heute als der Entdecker Amerikas gilt, wenn man von den ersten Besiedlern des Kontinents absieht, die schon vor mehr als 10 000 Jahren Beringia, die natürliche Landbrücke zwischen Asien und Amerika, überquert hatten. Nur wenige Menschen können heute noch ihre Vorfahren über einen Zeitraum von tausend Jahren verfolgen; die meisten von ihnen werden wohl Isländer sein.

Mit einer weiteren tausend Jahre alten Geschichte um einen Eisbären ist der Name Ísleifur Gissurarson verbunden. Ísleifur soll einige Jahre, von 1021 bis 1028, in Deutschland an der Klosterschule in Herford verbracht haben und dort nach seiner Ausbildung zum Priester geweiht worden sein. Über seine folgenden Jahre ist wenig bekannt, bis er 1056 wieder nach Deutschland kam und Kaiser Heinrich III. traf, angeblich, um ihm einen in Grönland gefangenen Eisbären als Geschenk zu übergeben, ein für die damalige Zeit ungeheuer wertvolles und einem Kaiser gemäßes Geschenk. Ísleifur reiste weiter nach Rom zu Papst Viktor II. und wurde noch im gleichen Jahr, am 26. Mai 1056, von Erzbischof Adalbert von Bremen und Hamburg zum ersten Bischof Islands und Grönlands geweiht. Ísleifur fuhr dann zurück nach Island und begründete dort den Bischofssitz in Skálholt, der bis heute als Sitz eines Weihbischofs fortbesteht. Ob Ísleifur jemals wieder mit Eisbären in Kontakt kam, ist jedoch unbekannt.

Ein anderer Bremer, der Theologe und Chronist Adam von Bremen und nicht mit Adalbert zu verwechseln, sah 1064, nur wenige Jahre später, einen lebendigen Eisbären bei König Estrithson im dänischen Roskilde. Es soll sich dabei um den Eisbären gehandelt haben, den der Isländer Audun angeblich aus Grönland mitgebracht hatte, um ihn dem dänischen König als Geschenk zu überreichen. Ob es sich bei Audun und seinem Eisbären um ein reales Ereignis oder um eine der berühmten isländischen Kurzgeschichten des 13. und 14. Jahrhunderts handelt, ist jedoch nicht eindeutig zu beantworten:

Audun aus den Westfjorden fährt nach Grönland, wo er einen Eisbären erwirbt, den er dem dänischen König Estrithson schenken will. Audun begibt sich nach Dänemark. Bei einem Zwischenaufenthalt in Norwegen erfährt der dortige König Harald von dem Bären und ist interessiert, dieses seltene und wertvolle Tier zu erwerben. Doch Audun will den Bären weder für den doppelten Preis verkaufen noch ihn dem König schenken, da er ihn dem König von Dänemark als Geschenk überreichen möchte. König Harald, der von der selbstbewussten Haltung Auduns überrascht ist, lässt ihn ziehen. König Estrithson nimmt den Bären gern als Geschenk an und entlohnt Audun mit Silber, als dieser eine Pilgerreise zum Papst nach Rom antreten möchte. Auf dem Rückweg von Rom macht Audun wieder in Dänemark halt, wo der König den abgemagerten und schäbig gekleideten Audun aber kaum erkennt. Beeindruckt von der Zielstrebigkeit und Einfachheit Auduns bietet er ihm eine Stelle als königlicher Mundschenk an, die Audun mit der Begründung ablehnt, er müsse jetzt zurück nach Island fahren, um sich dort um seine arme Mutter zu kümmern. Der König schenkt ihm daraufhin ein Schiff, ein Säckchen Silber und einen goldenen Ring als zusätzliche Entlohnung für den Eisbären. In Norwegen trifft Audun wiederum auf König Harald, dem er von seinen Erlebnissen und besonders von der Großzügigkeit König Estrithsons berichtet. Dann überreicht er ihm aus Dankbarkeit seinen goldenen Ring, denn es hätte in König Haralds Macht gestanden, ihm den Eisbären und sogar sein Leben zu nehmen; er hatte ihn jedoch in Frieden weiterziehen lassen. Harald nimmt den Ring in Freundschaft entgegen und übergibt Audun im Gegenzug wertvolle Geschenke, mit deren Hilfe er noch im gleichen Sommer nach Island zurückkehren kann. Audun gewinnt mit seiner Bescheidenheit und seinem Mut nicht nur den Respekt zweier Könige, auch das Glück stand während der langen und weiten Reise immer auf seiner Seite.

Die Geschichte von „Audun von den Westfjorden", *Auðunar þáttr vestfirska*, findet sich in verschiedenen Variationen in mehreren isländischen Handschriften. Es gibt sie aber auch in abgewandelter oder verkürzter Form in anderen Sprachen, wie zum Beispiel in der mittelhochdeutschen Fassung *Schrätel und Wasserbär*, die Heinrich von Freiberg zugeschrieben wird, einem bekannten Dichter vom Ausgang des 13. Jahrhunderts, der auch das Fragment des Tristan-Epos von Gottfried von Straßburg vollendet hatte.

Schrätel und Wasserbär variiert die Fahrt Auduns nach Dänemark, wo er dem dänischen König einen zahmen Wasserbären übergeben will: „Um Euch die Wahrheit nicht vorzuenthalten: es war der weißen einer, ein großer, kein kleiner." Aus Audun war ein namenloser, aber wegekundiger Mann aus dem Norden geworden, der in einem Gasthof übernachten wollte, der aber von einem Schrätel, einem zottigen Waldgeist oder auch Waldschrat, in Besitz genommen war, der alle Bewohner aus dem Haus vertrieben hatte. In der Nacht kam es dann zur Auseinandersetzung zwischen dem Schrätel und dem Eisbären. Zunächst drangsalierte der Schrätel den schlafenden Eisbären, der, als er wach geworden war, den Schrätel ganz furchtbar verprügelte, so dass dieser das Gasthaus fluchtartig verließ. Am folgenden Morgen zogen Mann und Bär unbeschadet weiter. Als der Schrätel den Gastwirt nach der ganz schrecklichen weißen Katze befragte, die ihm in der Nacht so zugesetzt hatte, erklärte dieser, dass diese Katze in der Nacht fünf Junge bekommen hätte. Als der Schrätel das hörte, rannte er schreiend davon und ward nie mehr gesehen, so dass die Familie des Gastwirtes glücklich wieder ihr Haus beziehen konnte.

Interessant an dieser in Form eines Gedichtes verfassten Geschichte ist zunächst das frühe Entstehungsdatum, um ca. 1280 u. Z., weiterhin die Adaption der Audun-Erzählung, die also von Island bis nach Deutschland gelangt war, und drittens der verwendete Begriff „Wasserbär", der ein Vorgriff auf den 500 Jahre später vergebenen wissenschaftlichen Namen Ursus maritimus war. Auf jeden Fall ein weiterer Hinweis darauf, dass der Eisbär zu dieser Zeit bereits in Deutschland bekannt war. Eisbärenfelle waren im Mittelalter eine begehrte Handelsware und nicht nur in Herrscherhäusern beliebt, sondern auch in Kirchen. Hier dienten die Felle nicht nur zur Dekoration, sondern auch als Teppiche, die während langwieriger Predigten gegen aufsteigende Kälte schützen sollten.

Um 1250 entstand in Norwegen ein Text, der als Königsspiegel, in altnorwegisch *Konungs skuggsjá*, bekannt geworden ist. Dabei handelt es sich um eine Art Enzyklopädie, die in der Form eines Dialoges zwischen Håkon IV., auch als Håkon der Alte bekannt (1204-1263), und seinem Sohn, Magnus VI. Håkonsson (1238-1280), detailliertes Wissen über Geografie, Politik und Moral vermittelt. Neben Abschnitten über Norwegen, Irland und Island sind zu dieser Zeit auch die „Wunder Grönlands" ein wichtiges Thema. Und zu diesen Wundern gehört natürlich der Eisbär:

„Es gibt auch Bären in dieser Gegend, sie sind weiß und die Leute denken, dass sie dorthin gehören, weil sie sich in ihrem Verhalten sehr von den schwarzen Bären unterscheiden, die in den Wäldern leben. Diese töten Pferde, Rinder und andere Tiere, um sie zu fressen. Der Bär von Grönland wandert dagegen die meiste Zeit auf dem Eis des Meeres, jagt Robben und Wale und frisst davon. Er ist auch ein erfahrener Schwimmer wie jede Robbe oder jeder Wal. In Beantwortung deiner Frage, ob das Land auftaut oder mit Eis bedeckt bleibt wie das Meer, kann ich dir sagen, dass nur ein kleiner Teil des Landes taut, während der Rest vom Eis bedeckt bleibt. Niemand weiß jedoch, ob das Land groß oder klein ist, weil alle Gebirgszüge und Täler eisbedeckt sind und noch niemand einen Ausgang daraus gefunden hat."

Auch hier handelt es sich wieder um eine ziemlich genaue Beschreibung des Eisbären und der grönländischen Landschaft, wie sie nur durch Berichte von aufmerksamen Reisenden möglich wurde. Es muss also einen regen Verkehr zwischen Norwegen, Island und Grönland gegeben haben, wie ja auch in vielen isländischen Schriften berichtet wird.

Nicht unerwähnt bleiben sollen die Handelswege der Wikinger nach Nahost entlang der Wasserstrassen im heutigen Russland, auf denen auch Pelzwaren bis nach Arabien und Ägypten kamen. Man kann nur darüber spekulieren, ob hier auch lebendige Eisbären oder nur deren Pelze gehandelt wurden. Der Handelsreisende Ibn Fadlän berichtete schon 922 u. Z. in einem erst 1823 entdeckten Bericht an seinen Herrn, den Kalifen al-Muqtadir von Bagdad, über Handelsreisende aus dem Norden, deren Lebensweise und Handelswege bis dahin unbekannt waren. Er war offensichtlich mit Wikingern (Rus) aus Nordeuropa zusammengetroffen, denn er berichtete detailliert über ihr Aussehen (groß wie eine Palme, blond und weiß), ihre Kleidung, Tätowierungen (von Kopf bis Fuß) und ausführlich über die Zeremonie nach dem Tod eines Häuptlings, der in einem Schiff, gemeinsam mit einem geopferten Mädchen und Tieren verbrannt worden war.

Auch Ibn Said, ein weitgereister Geograf und Historiker aus dem 13. Jahrhundert, beschäftigte sich mit dem Norden Europas. Er verfasste 1250 ein geografisches Werk, das *Kitab al-Jughrafiya*, in dem er Island erwähnte und Folgendes schrieb: „Bei ihnen ist der weiße Bär, der ins Meer hinausgeht und schwimmt und Fischen nachjagt…Die Felle dieser Bären sind weich; sie werden als Geschenk nach den ägyptischen Ländern gebracht."[4]

Eisbären in den Herrscherhäusern

Eisbären gelangten auch auf höchst offiziellen Wegen in den Süden. Der deutsch-römische Kaiser Friedrich II. (1194-1250) führte in den Jahren 1228 und 1229 den, je nach Zählung fünften oder sechsten, Kreuzzug an, der mit dem Frieden von Jaffa endete. Er gilt heute als der einzige friedliche und vielleicht auch deshalb erfolgreiche Kreuzzug. Friedrich war es gelungen, mit den Brüdern Sultan al-Kamil und Sultan al-Aschraf einen Ausgleich der unterschiedlichen Interessen auszuhandeln. Teile Jerusalems gelangten wieder unter den Einfluss der Christen, während der Tempelberg mit der al-Aqsa-Moschee und dem Felsendom den Muslimen zugeteilt wurde, allerdings mit einem Besuchsrecht für die Christen. Friedrich II. beanspruchte auch den Titel König von Jerusalem, zog sich aber nach Italien zurück und setzte die neu gewonnenen Beziehungen zu den Sultanen durch gelegentlichen Austausch von Gesandtschaften und Geschenken fort. Unter diesen Geschenken sollen sich seltene Tiere wie weiße Pfauen, aber auch Eisbären und andere nordische Tiere für die Tiergärten der Sultane befunden haben. Im Gegenzug soll der Kaiser eine Giraffe – andere Quellen sprechen von einem Elefanten – und Handelsprivilegien erhalten haben, was für ihn wohl von größerer Bedeutung gewesen wäre.[5]

Als sicher gilt, dass zur Regierungszeit von Heinrich III. (1207-1272) im Tower von London ein Eisbär gehalten wurde. Es war nicht das erste „wilde" Tier, das dort sein Dasein fristen musste. Heinrich hatte schon anlässlich seiner Hochzeit drei Leoparden von Friedrich II., dem römisch-deutschen Kaiser, als Geschenk erhalten. Vom norwegischen König Haakon IV. (1204-1263) bekam er dann um das Jahr 1252 einen Löwen und einen „Weißen Bären", wie in den Annalen berichtet wird. 1255 folgte dann noch ein Afrikanischer Elefant als Gabe von Frankreichs König Ludwig IX. (1214-1270). Es gab also schon vor 750 Jahren unter den noblen Herrschern der damaligen Welt einen Austausch seltener Tiere zur Demonstration ihrer Macht und ihres Reichtums. Angeblich war der Londoner Eisbär an ein langes Seil gebunden, das bis hinunter zur Themse reichte, wo sich der Bär an den damals noch vorhandenen Fischen gütlich tun konnte. Welch ein Spektakel muss das für die Zuschauer gewesen sein, einem Eisbär beim Fischen zusehen – wenn sich denn die ganze Sache wirklich so zugetragen hat. Zum Gedenken an diesen damals in Europa noch seltenen weißen Bären befindet sich seit kurzem im Londoner Tower die lebensgroße Skulptur eines angeketteten und stark abgemagerten Eisbären, ein Werk des Bildhauers Kendra Haste. Von diesem stammen auch zwei Löwen, ein

Eisbärenskulptur im Londoner Tower

Pavian und ein Elefant, ebenfalls alle lebensgroß, die hier zur Erinnerung an die königliche Menagerie im London des 13. Jahrhunderts für zehn Jahre ausgestellt sind.

Noch zur Lebenszeit des Londoner Eisbären wurde Marco Polo (ca. 1254-1324) geboren, der bis heute für die meisten Menschen als der Reisende schlechthin gilt. 1271 begann seine große Reise als Begleiter seines Vaters und seines Onkels nach China, wo sie mehrere Jahre am Hof von Kublai Khan, dem Kaiser von China und Enkel von Dschingis Khan, gelebt haben sollen. 1295 kehrten sie nach Venedig zurück. Erst um 1300 erschien Marco Polos Reisebericht. Ob er ihn selbst verfasst oder aber in genuesischer Gefangenschaft einem Mithäftling diktiert hatte, ist bis heute umstritten. Unstrittig sind allerdings die vielen Details des Berichtes über den Aufenthalt in China und von den Orten seiner Reise, ob nun von Marco Polo selbst beobachtet und erlebt oder aus Berichten anderer entnommen. Bis heute gilt dieser Reisebericht über „Die Aufteilung der Welt" als der Beginn der intensiven Beschäftigung der Europäer mit den Kulturen und Landschaften des fernen Ostens. Obwohl Marco Polo wohl nie in den Norden Asiens gereist war, berichtete er in seiner Schilderung auch von den „nördlichen Tataren". Sie lebten nicht von der Landwirtschaft, sondern von der Milch und dem Fleisch ihrer Tiere, sie hätten auch viele domestizierte Tiere wie Kamele, Pferde, Schafe u. a. Das sei das Land, wo die großen weißen Bären und wundervolle Pelztiere lebten. Einige ihrer Häuser seien unterirdisch oder halb in den Boden gegraben, auch nannte man einen Teil des Landes „Land der Dunkelheit". Selbst wenn Marco Polo dieses Land der „Tartaren" nie selbst gesehen hat, müssen ihm doch seriöse Berichterstatter – vermutlich Handelsreisende auf der Suche nach wertvollen Pelzen – zur Verfügung gestanden haben, denn die Gebiete und die Bewohner im Norden Sibiriens sind treffend beschrieben.

Der Venezianer Pietro Querini war vermutlich der erste Südeuropäer, der auf einer Reise in den Norden bis zu den Lofoten segelte. Hier wurde sein Schiff bei der Insel Røst zerstört, aber er und zehn Mann seiner Besatzung wurden von den Bewohnern der Insel gerettet. Nach einiger Zeit machte er sich mit den anderen Überlebenden wieder auf den Weg in Richtung Süden. Fridtjof Nansen (1861-1930) berichtete in seinem 1911 erschienen Buch „Nebelheim" über die Entdeckung und Erforschung der nördlichen Länder und Meere, dass Querini bei einem Aufenthalt in Trondheim ein Eisbärfell gesehen haben soll, das zu Füßen des Bischofsstuhls der St. Olaf Kirche gelegen hätte. So gelangten neben der Kunde von den Fischfangplätzen im

Präpariertes Eisbärenfell

Norden Norwegens auch Berichte über Eisbären nach Italien; zudem war diese Reise der Beginn des Handels mit Stockfisch zwischen Norwegen und Italien.

Eisbärenfelle waren auch in Island wertvolle und nur für besondere Anlässe verwendete Pelze. Im 13. und 14. Jahrhundert soll fast jede Kirche in Island Eisbärenfelle besessen haben, sowohl für die Pfarrer, damit sie sich nicht während der langen Predigten verkühlten, als auch für die Büßer, die barfuss vor der Kirche warten mussten. 1396 soll allein die Kirche in Holar acht Eisbärenfelle besessen haben. Als das aber später den königlichen Beamten bekannt wurde, verfügten diese 1563, dass grundsätzlich jedes Eisbären- und Fuchsfell und alle Walrosszähne zunächst der Krone zum Verkauf angeboten werden mussten, ehe eine andere Verwendung in Frage kam.[6]

Der Eisbär in der frühen Kartografie

„Behaims Erdapfel", der älteste erhaltene Globus mit dem seltsamen Namen, wurde in den Jahren 1492 und 1493 unter Anleitung von Martin Behaim (1459-1507), einem Tuchhändler und Reisenden aus Nürnberg, von verschiedenen Handwerkern angefertigt und später um ein Gestell mit einem Horizontring erweitert. Behaim stammte vermutlich aus Böhmen und starb 1507 in Lissabon. Zum ersten Mal überhaupt wurde auf dem „Erdapfel" – denn dass die Erde eine Kugel

ist, wusste man damals schon lange – eine Darstellung der arktischen Gebiete versucht, die aus einer Fortsetzung des europäischen Kontinents (Lappland), zweier größerer und einiger kleinerer Inseln und dem „gefrorenen" arktischen Meer besteht. Der Globus zeigt neben kartografischen Angaben, wie dem erstmalig definierten Polarkreis, viele schriftliche Erläuterungen und bildliche Darstellungen, die dem damaligen Wissen – oder auch „Nichtgenau-Wissen" – über die Gestalt der Erde vor den Entdeckungsreisen nach Amerika entsprachen. Ungewöhnlich ist auf jeden Fall eine Jagdszene, die auf einer der arktischen Inseln zu sehen ist und einen Bogenschützen zeigt, der auf einen Eisbären anlegt. Das dürfte eine der ersten bildlichen Darstellungen eines Eisbären sein und auf Erzählungen von Island- bzw. Grönlandreisenden zurückgehen, denn Behaim war zwar für die damalige Zeit weitgereist, aber nie selbst in Island oder Norwegen gewesen.

1539 veröffentlichte der schwedische Geograf und Geistliche Olaus Magnus (1490-1557), der übrigens in Rostock studiert hatte, seine Karte von Nordeuropa *Carta Marina*, die erst 1886 in der Münchener Hof- und Staatsbibliothek wiederentdeckt wurde. Diese Karte ist erstaunlich detailliert und enthält viele uns heute wohl bekannte Details selbst abgelegener Gegenden, wie zum Beispiel Islands: den Vulkan Hekla, den Gletscher auf der Halbinsel Snæfellsnes, den Bischofssitz Skálholt (→ oben) und selbst Solfataren in Südwestisland. Was an der Karte besonders auffällt, ist die Abbildung dreier Eisbären, hier als *Ursi Albi* (lateinisch für Weiße Bären) bezeichnet. Einer ist im Norden Islands in einer Art Höhle zu sehen, die beiden anderen befinden sich auf Eisschollen südöstlich von Island, einer von ihnen hat einen großen Fisch im Maul. Auch wenn man heute die Eisfelder mehr im Norden Islands platzieren würde, denn die Eisbären kommen ja mit dem Eis aus Grönland, ist es ein eindeutiger und korrekter Hinweis auf das gelegentliche Vorkommen von Eisbären auf Island. Übrigens sind auch ein weißer Falke (*Falco Albi*) und ein weißer Rabe (*Corvi Albi*) dargestellt, vermutlich ein Hinweis auf die für europäische Herrscherhäuser wichtigen Handelswaren.

Obwohl die Wikinger schon um das Jahr 1000 in das heutige Kanada kamen, folgten ihnen die sogenannten „Entdecker Amerikas" erst mehr als 500 Jahre später. Der erste von ihnen war John Cabot, eigentlich Giovanni Caboto (ca. 1450 - ca. 1498) aus Norditalien, der 1497 von Bristol aus mit seinem Schiff „Matthew" nach Westen fuhr und dort fischreiche Gewässer und neues Land fand. Es gibt nur Dokumente aus zweiter Hand, die über Cabots Reise und seine Ankunft in der Neuen Welt berichten; trotzdem reklamieren heute sogar zwei Gemeinden, eine in Nova Scotia und die andere in Neufundland, dass die Entdeckung des nordamerikanischen Kontinentes gerade bei ihnen stattgefunden hätte.

Von einer weiteren Reise im Jahr 1498 kehrte John Cabot allerdings nicht mehr zurück, und auch über den Verbleib seiner Schiffe ist nichts bekannt. 1843 fand man in Deutschland eine Karte, die sich auf Cabots Reise bezieht und den 24. Juni 1497 als Tag der Landung in Nordamerika benennt. Das neu gefundene Land, das auf der Karte als Prima Vista – „zum ersten Mal gesehen" – benannt ist, wird wie folgt beschrieben: „Die Erde ist felsig und es gibt viele weiße Bären und Hirsche groß wie Pferde und viele andere Tiere...". Um diese Aussage zu ergänzen, zeichnete man einen Bären in die Karte, er ähnelt allerdings, zumindest seiner Statur nach, eher einem Braun- oder Schwarzbären als einem Eisbären. Die meisten Geografen sind nach Analyse der vollständigen Texte überzeugt, dass „Prima Vista" für die Küste Labradors oder eventuell auch Neufundlands steht. Anders als die Wissenschaftler haben sich die Politiker Großbritanniens und Kanadas schon auf Neufundland geeinigt, und am Cape Bonavista eine Statue zum Gedenken an John Cabot errichten lassen. Ein Nachbau seines Schiffes kann in der nahegelegenen Ortschaft Bonavista besichtigt werden. Wenn die „Matthew" wirklich so klein wie diese Replica gewesen ist, möchte man eigentlich nicht mit ihr über den stürmischen Nordatlantik gesegelt sein, immer bedroht von dem Zusammentreffen mit einem Eisberg.

Die Franzosen reklamierten die Entdeckung des heutigen Kanada natürlich zu Gunsten ihres Helden Jacques Cartier (1491-1557). Dieser war laut dem englischen Geografen Richard

Hakluyt im Jahre 1534 bei Funk Island vor der Küste Neufundlands erstmalig auf Eisbären getroffen. Hakluyt berichtete über Cartiers Reise: „… die Bären, groß wie eine Kuh, weiß wie ein Schwan, schwammen dort im Wasser, um Riesenalke zu jagen."[7] Der Riesenalk, auch Pinguin des Nordens genannt, war ein flugunfähiger Vogel, der größte aus der Familie der Alke. Wegen seiner begrenzten Bewegungsmöglichkeiten an Land war er ein leichte Beute für hungrige Seeleute, die die Riesenalke zusammentrieben und einfach mit dem Knüppel erschlugen. Mit ihrem geschätzten Gewicht von 5 kg boten sie eine reichhaltige Mahlzeit. Wie manch andere Tiere wurden auch die Riesenalke bis zu ihrem endgültigen Verschwinden gejagt. Die letzten Riesenalke fielen in Island der Leidenschaft von Wissenschaftlern und Sammlern zum Opfer, die noch schnell ein Präparat und Eier dieses merkwürdigen Vogels ihrer Sammlung einverleiben wollten. Bis heute kann man Präparate von Riesenalken in verschiedenen Naturkundemuseen, auch in Deutschland, sehen.

Cartier fand bei seiner Weiterfahrt in den Sankt-Lorenz-Golf auch auf der zur Gruppe der Magdalenen-Inseln gehörenden kleinen Insel Brion weiße Bären, Riesenalke und Walrosse. Das wäre damit das südlichste Vorkommen von Eisbären – wenn es sich bei den von Cartier erwähnten Bären wirklich um Eisbären gehandelt hat, wie u. a. der bekannte kanadische Autor Farley Mowat in seinem Buch *Sea of Slaughter* meint. Heute lebt die südlichste Eisbärpopulation mindestens 500 km weiter nördlich an der James Bay in der kanadischen Provinz Ontario.

Funk Island war damals ein beliebter Stopp, um nach der Überquerung des Atlantiks die Lebensmittelvorräte aufzufrischen. Schon zwei Jahre nach Cartier landete der englische Kaufmann Richard Hore auf der Insel. Der Bericht über diese Reise stammt ebenfalls von Richard Hakluyt: „Sie sahen viele Bären, sowohl schwarze als auch weiße und töteten einige davon, was keine schlechte Nahrung für sie bedeutete." Der Bericht enthält auch weniger angenehme Abschnitte – nämlich Hinweise auf Kannibalismus unter hungrigen Seeleuten, die bei einem Landgang auf Labrador nicht genügend Wild für ihren Bedarf finden konnten. Sie zogen angeblich Lose, um das jeweilige Opfer unter ihnen zu bestimmen. Nur ein Seemann soll es schließlich zurück zum

Schiff geschafft haben, um davon zu berichten, oder sagt man besser, es zu beichten?! Dieser Teil der Reise ähnelte dem Schicksal der Expedition von Sir John Franklin zur Entdeckung der Nordwestpassage rund 300 Jahre später. Franklin und seine Mannschaft kehrten allerdings nie mehr nach England zurück, und vom Kannibalismus und dem Tod der Seeleute konnten nur noch die Inuit be-

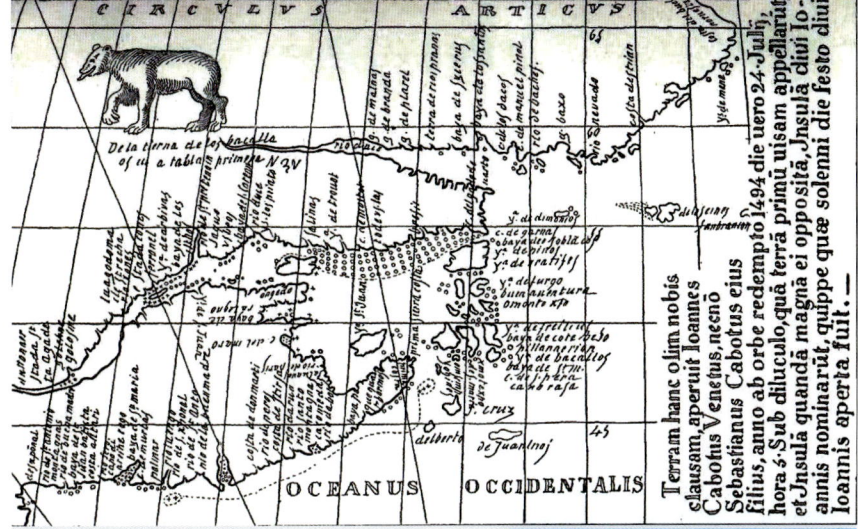

Eine mit einem Eisbären verzierte Karte von Labrador und Neufundland, die sich auf die letzte Reise John Cabots (1497) bezieht

richten, was die Engländer und besonders Charles Dickens empörte, der ein böses Pamphlet gegen die „Märchen der Wilden" verfasste, denn „Engländer essen keine Engländer". Dass die moderne Wissenschaft inzwischen Dickens widerlegte, ist nur eine kleine Genugtuung für die damals von den allermeisten weißen Europäern geringgeschätzten, ausgenutzten und infolge eingeschleppter Krankheiten stark dezimierten Ureinwohner des arktischen Nordens.

Eisbären und Walfänger im Norden Europas

Nach Cabot und Cartier verloren die Europäer zunächst das Interesse an der nordamerikanischen Arktis und konzentrierten ihre Aktivitäten auf den östlichen Nordatlantik, die Barentssee, Spitzbergen und Grönland, um eine nordöstliche Passage nach Asien zu finden. Aber auch hier scheiterte man am Eis und der noch unbekannten Landschaft. Willem Barents (1550-1597) gilt heute als der erste Westeuropäer, der 1594 mit seiner Mannschaft die Zwillingsinseln Nowaja Semlja (Neues Land) betreten hat. 1596 erreichte er dann als erster die

Die Mannschaft von Willem Barents trifft auf Eisbären

weiter westlich gelegene Bäreninsel und Spitzbergen. Man geht aber davon aus, dass die Pomoren, russische Siedler an der Küste des Weißen Meeres, bereits lange vor Barents Nowaja Semlja und Spitzbergen erreicht, und auch die Wikinger schon die Bäreninsel und Spitzbergen entdeckt hatten. Barents und seine Leute trafen auf ihren drei Reisen in diese Region oft auf Eisbären. Besonders tragisch endete eine Auseinandersetzung mit einem Bären während der zweiten Reise. Zwei Männer starben, einer wurde, wie Barents schrieb, in den Kopf gebissen und der andere in Stücke gerissen. Barents selbst starb während seiner dritten Reise bei der Überwinterung infolge der Überanstrengungen. In einem Bericht über die Expeditionen, der von dem Schiffszimmermann Gerrit de Veer gleich nach dessen Rückkehr nach Holland veröffentlicht wurde, finden sich auch Details und Abbildungen zu den tödlichen Auseinandersetzungen mit den Eisbären.

In den folgenden Jahren zog es immer mehr Schiffe, nicht nur aus Holland, sondern auch aus Deutschland und später aus England, zum Walfang in Richtung Spitzbergen. Ganze Siedlungen entstanden, wie das fast am 80. Breitengrad gelegene Smeerenburg. Es wurde alles gefangen, geschossen, zerlegt und zu Öl verarbeitet, dessen man habhaft werden konnte. Noch heute, 400 Jahre später, kann man auf Spitzbergen auf der Insel Amsterdamøya die Reste von Tranöfen aus der Zeit des massenhaften Abschlachtens von Walen, Walrossen und Robben sehen. Lebende Jungbären und die Felle der erschossenen Muttertiere waren damals nur unwesentlicher „Beifang".

Eine frühe Reisebeschreibung

Eine der wichtigen frühen Quellen, die Aufschluss über den Walfang und die Kenntnis der arktischen Tierwelt im 17. Jahrhundert geben, ist das Buch mit dem ausführlichen Titel: *Friderich Martens vom Hamburg / Spitzbergische oder Groenlandische Reise Beschreibung gethan 1671. Aus eigner Erfahrunge beschrieben / die dazu erforderte Figuren nach dem Leben selbst abgerissen.* Das Buch erschien im Jahr 1675 in Hamburg und wurde „auff Gottfrieds Schultzens Kosten gedruckt". Von Friederich Martens sind weder Lebensdaten noch Werdegang bekannt, man weiß nur, dass er als Schiffsarzt mehrere Reisen unternahm, auf denen er ausführliche Studien anfertigte, die er schließlich als Reisebeschreibungen veröffentlichte. Der Spitzbergen- und Grönlandbericht wurde ins Italienische, Niederländische, Englische und Französische übersetzt, ein deutlicher Hinweis auf die Bedeutung des Buches für seine Zeit. 1925, also erst 250 Jahre nach dem ersten Buch, wurde noch ein zweites und bis dahin völlig unbekanntes Werk veröffentlicht: Friederich Martens: *Hispanische Reise Beschreibung De Anno 1671.*

Der erste Bericht enthält neben der Schilderung der Schiffsreise und der geografischen Gegebenheiten von Wasser, Eis und Luft Spitzbergens (so die Hauptkapitel) die erste umfangreiche Beschreibung der arktischen Tier- und Pflanzenwelt. Außer von arktischen Vögeln berichtet Martens unter anderem vom „Hirsche den man Rehe nennet", vom Weißen Bären, Seehund und Walross. Es folgen Beschreibungen von Krebsen und Fischen, und er erwähnt auch das *Einhorn* (Narwal), den *Sägenfisch* und den *Hay.* Dem *Wallfisch,* seinem Fang und der Verarbeitung widmet er jeweils eigene umfangreichere Kapitel. Im Anhang des Buches befinden sich Zeichnungen von Pflanzen und Tieren, unter anderem von einem Eisbären, die Friederich Martens Beobachtungsgabe und sein zeichnerisches Talent zeigen.

Da Martens die erste gründliche und sehr detailreiche Beschreibung des Eisbären überhaupt gegeben hat, soll sie hier in der originalen Schreibweise wiedergegeben werden.

Weisser Bär.

Diese Bären sind von Gestalt viel anders / als die in unsern Ländern gesehen werden. Denn sie haben einen länglichten Hundskopf / und einen langen Hals / schreyen wie heiserige Hunde. Und die übrige gantze Gestalt ist viel anders denn der unserigen / sind auch viel geschicklicher von Leibe / weil sie geschwinder sind.

Ihre Häuter werden zu uns gebracht / und seynd bey Winters=Tagen den Reisenden angenehm.

Sie richten die Häute in Spitsbergen also zu / sie machen Sägspäne heiß / zertreten die Häute damit / damit ziehet die Feiste / und das Fell wird trucken / wie man mit seinen Lein / Fettflecken aus den Kleidern macht / so mans gegen die Sonne hält. Von Farben sind etliche ganz weiß / etliche gelblicht / die fürnehmlich bey des Walfisches Aaß (oder Krenge) sich finden. Von der Größe sind sie als ander Bären / klein und groß. Das Haar ist lang / gelinde wie Wolle. Die Nase und das Maul sind fornen schwartz. Die Klauen sind auch schwartz.

Das Fett unten am Fusse wird ausgeschmelzt / und wird gebraucht zu den Glieder Schmertzen. Wird auch gebraucht den schwangern Weibern / die Frucht fort zu treiben / treibt auch stark den Schweiß. Das Fett unter den Füssen ist schwammig / gantz gelinde anzugreifen / ist besser daselbst alsobald ausgebraten / denn ich habe es biß hierher bewahren wollen / ward aber faul und heßlich stinkend. Meines Erachtens halte ich vor gut / wenn man das Fett mit Iniß Wurtzel brate / bleibet es desto länger bey gutem Geruch.

Das ander aber ist wie ein Unschlit / wann es ausgeschmoltzen wird / ist es dünne wie Walfischs Fett oder Trahn. Diese Fett aber ist an Kräfften dem andern Fette nichtes gleich / wird allein gebraucht in den Lampen / stinckt aber nicht so heßlich wie Walfischs Fett oder Trahn. Es wird von den Schiff=Leuten auch dar gekocht und anhero gebracht / und an statt des Trahns verbrannt.

Ihr Fleisch ist weißlich und feist / wie Schaf=Fleisch / sein Geschmack aber wolt ich nicht versuchen / dann ich mich befürchte / frühzeitig grau zu werden / wie daß die Schiff=Leute davor halten / daß/ wer davon isset / bald grau wird.

Sie saugen ihre Jungen mit Milch groß. Die Milch aber war gantz weiß und fett / wie ich gesehen da eine alte saugende Bärinne auffgeschnitten wurde.

Man saget von den unserigen Bären / daß sie ein schwach Haubt haben / an den Spitsbergischen aber befunde ich es viel anders / denn wir schlugen sie mit dicken Stecken auff die Köpffe / daß sie nichtes achten / da man wol einen Ochsen in einem Schlag todt schlagen sollte.

Wollten wir sie tödten/ so mußten die Lantzen das beste thun.

Sie schwimmen von der einen Eißschollen zu der andern. Tauchen auch unter Wasser / wenn wir sie auff die eine Seite von der Slupen hatten / tauchten sie unter die Slupen durch / zu der andern Seite. Sie lauffen auch auff dem Lande.

Ich habe sie nicht so brummen gehöret / wie unsere Bären / sondern schreyn wie heiserige Hunde / als schon gesaget.

Die jungen Bären konten wir von den alten nicht unterscheiden / als bey den zweyen fordern langen Zähnen / die inwendig bey den jungen Bären hol waren / bey den alten aber fest und dichte / wann die Zähne gebrannt / in Pulverweise eingenommen / zertheilen sie geronnen Geblut.

Die jungen Bären halten sich stets zu den alten / wir haben gesehen / daß zwey junge Bären und eine alte einander nicht verlasen wollten / wann gleich einer wich / und der ander das Geschrey hörete / kehrete er wiedr umb / als wollte er den andern helffen. Die Alte lieff zu den Jungen / und die Jungen zu den Alten / und liessen sich also mit einander tödten. Ihre Nahrung ist Walfisches Aas / (wie es die Schiff=Leute nennen Krenge) dabey sie auch am meisten gefangen werden. Auch wol lebendige Menschen / wann sie die bekommen können. Wühlen die Steine von den Gräbern weg / öffnen die Särge / und fressen die todten Menschen / welches von vielen gesehen / welches man auch daher schliessen mag / weil man die Todten Beinen ausserhalb der offen gemachten Särgen findet. Sie fressen auch wol Vögel / und ihre Eyer.

Man schiesset sie mit Büchsen / oder wie man sie bekommen mag.

Wir haben hier drey gefangen / davon einer nach dem Leben abgerissen den 13. Julii.

Wo diese Bären sampt Fuchsen Winterzeit bleiben / weiß ich nicht / Sommerszeit haben sie an etlichen Orten wenige Monate lang Nahrung genug / hernach gantz schlecht / als Winterzeit wann die Felsen und Steinklippen mit Schnee bekleidet sind / weil aber die Rehen vermuthlich wie gedacht sich auch des Winters dar auffhalten / als sollte ich auch dergleichen von diesen Thieren sagen.

Darstellung von Eisbär (unten) Fuchs und Rentier in der Reisebeschreibung von Friedrich Martens (1675)

Das ganze Buch von Friederich Martens und nicht nur dieser Abschnitt über die Eisbären ist trotz des ungewohnten Stils auch heute noch gut zu lesen und gibt einen schönen Einblick in das Zeitalter des Walfangs in der Arktis. Das Buch ist glücklicherweise online im Internet verfügbar![8]

Ein erfundener Held

Viele frühe Berichte von Begegnungen mit Eisbären sind heute nur noch schwer auf ihren Wahrheitsgehalt zu überprüfen, und so bleibt einem bei ihrer Bewertung nur mehr oder weniger gut begründete Spekulation. Umso bereitwilliger vertraut man „echten" und „wahren" Zeugnissen, wie Tagebüchern, Berichten und bildlichen Darstellungen von Personen des sogenannten „öffentlichen Lebens". Der bekannte englische Maler Richard Westall (1765-1836) verfertigte nach dem Tode von Admiral Horatio Nelson (1758-1805), der in der berühmten

Nelson's Adventure with a Bear. 1773

Reale Begebenheit oder kritiklose Heldenverehrung? Horatio Nelson, der spätere Admiral, greift als 14-Jähriger einen Eisbären an, Gemälde von Richard Westall (1765-1836)

Schlacht von Trafalgar das Leben für seinen König und das Vereinigte Königreich gab, eine Reihe von Gemälden, die das Leben des berühmten Admirals illustrieren. Eines davon zeigt Nelson als jungen Mann, wie er unerschrocken in einer blauen Uniform, die einem Ausgehanzug für einen Spaziergang in London ähnelt, im Packeis der Arktis einem ziemlich großen Eisbären mit erhobenem Gewehr gegenübertritt, um ihm einen mächtigen Schlag mit dem Gewehrkolben zu verpassen. Eine Szene, deren Dramatik noch von einem imposanten Himmel verstärkt wird. Nelson war auf dieser Reise mit der HMS Carcass mit seinen kaum 14 Jahren noch kein „richtiger" Mann, und auch als Erwachsener nicht besonders groß. Die HMS Carcass gehörte zur britischen Arktisexpedition von 1773, die unter dem Kommando von Constantine Phipps stand, der in seinem Bericht über diese Reise „A Voyage towards the North Pole undertaken by His Majesty's Command 1773" unter vielem anderen eine erste wissenschaftliche Einordnung des Eisbären anfertigte (→ oben und Kapitel Biologisches …).

Das Gemälde von Richard Westall wurde als Darstellung einer realen Begebenheit im Leben Nelsons interpretiert, passte sie doch zum weiteren Leben Nelsons als überragender und erfolgreicher Admiral und Gewinner der Seeschlacht von Trafalgar, von der noch heute die Nelson-Säule am Trafalgar Square in London kündet. Nur einem kritisch nachfragenden Historiker ist zu verdanken, dass sich die dem Gemälde angeblich zugrunde liegende Begebenheit 200 Jahre später als ein echter „Fake" herausstellte, wie man heute sagen würde. Der Historiker und Autor Huw Lewis-Jones machte sich die ungeheure Mühe und arbeitete sich durch Tagebücher, Reisedokumente, Briefwechsel, Archivmaterialien, Zeitschriften und eine Vielzahl von Büchern und sonstigen Dokumenten, um herauszufinden, dass es für die dargestellte Heldentat des jungen Nelson nicht den allergeringsten Nachweis gibt – zumindest bis heute …[9]

Wieder im Blickfeld: Labrador

Als das Meer zwischen Spitzbergen und Ostgrönland nahezu leer gefischt war, richtete sich das Augenmerk der Walfänger wieder auf die Gewässer zwischen Grönland und Nordamerika. Nachdem der Krieg um die Kolonien in Nordamerika zwischen Großbritannien und Frankreich mit dem Pariser Frieden von 1763 beendet war, brauchte man einen tüchtigen Gouverneur, der sich intensiver und mit mehr Ausdauer um Neufundland kümmerte, als seine Vorgänger, die es selten länger als ein Jahr in dieser abgelegenen Gegend Amerikas ausgehalten hatten. Für diese Aufgabe fand man 1764 mit Sir Hugh Palliser (1723-1796) einen erfahrenen Seemann und Offizier, der sofort einen jungen Mann mit der Anfertigung einer Karte Neufundlands beauftragte: James Cook (1728-1779), ein

White Bear, gezeichnet von John Webber, eigentlich Johann Wäber (1751-1793)

exzellenter Kartograf und in den folgenden Jahren ein erfolgreicher Entdeckungsreisender. Auf der letzten Reise Cooks zur Auffindung der Nordwestpassage war auch der junge Maler John Webber, eigentlich Johann Wäber (1751-1793), der deutsch-schweizer Herkunft war, an Bord. Von ihm stammt die Zeichnung eines Eisbären, die darauf hinweist, dass es Cook bis an den Rand des Packeises zwischen Amerika und Asien geschafft hatte, wo er dann umkehren musste; später fand er auf Hawaii in Auseinandersetzungen mit den Einheimischen den Tod.

1766 kam ein anderer junger Mann im Gefolge seines Bruders, der bereits in Pallisers Diensten stand, nach Neufundland. George Cartwright (1739-1819) wurde bald zu einem anerkannten Händler in der britischen Kolonie, der sich insbesondere im Interesse seines Geschäftes um gute Beziehungen zu den Einheimischen, den Beothuk, den Innu und den Inuit in Labrador bemühte. Von 1770-1786 war er hauptsächlich im Bereich der Sandwich Bay tätig, woran bis heute der Ortsname Cartwright erinnert. Nachdem Cartwright wieder nach England zurückgekehrt war, veröffentlichte er sein Tagebuch über die Zeit in Labrador, in dem er an vielen Stellen auf das Vorkommen von Eisbären und speziell auf das (aus unserer heutigen Sicht sinnlose) Töten der Bären zu sprechen kommt. Stolz berichtete er, dass er an einem einzigen Tag sechs Eisbären geschossen hätte. Er war jedoch mit seinen Leuten gar nicht in der Lage, alle Bären auszunehmen und zu häuten. Was für ein zweifelhafter Jagderfolg, was für eine Verschwendung von Naturressourcen! Glücklicherweise war Cartwright die Munition ausgegangen, denn insgesamt hatte er 32 Eisbären gesehen, die an dem Fluss Lachse fischten. Zum Schluss war er sehr enttäuscht, dass er „an diesem herrlichsten Jagdtag, den er jemals sah", nur ein Fell mit nach Hause nehmen konnte.[10]

Der Bericht enthält eine Lithografie als Frontispiz, die Cartwright in zeitgenössischer britischer Jagdkleidung in einer Winterlandschaft zeigt, das Gewehr, laut Bildbeschreibung ein deutsches, über der Schulter und einen Jagdhund an der Leine. An den Füßen hat er Schneeschuhe. In gewisser Entfernung kann man am linken Bildrand einen (noch) lebendigen Eisbären erkennen. Im April 1776 berichtete Cartwright, dass einer seiner Leute die Spuren von 100 Eisbären gesehen hatte, die erst kurz zuvor die Sandwich Bay überquert hatten. Einer der Flüsse, die in diese Bucht münden, trägt übrigens noch heute den Namen White Bear River.

Obwohl es damals in Labrador und auch an der Küste Neufundlands sehr viele Eisbären gegeben hatte, waren sie laut Farley Mowat, dem bekannten kanadischen Autor, bereits Mitte des 19. Jahrhundert nahezu verschwunden.[11] Vielleicht spielten dabei klimatische Veränderungen eine Rolle, sicher ist aber, dass, während der Walfang im Nordatlantik seit dem Ende des 18. Jahrhunderts zurückging, Walfänger, Fischer und Jäger verstärkt Jagd auf den Eisbären machten. Auch der Bestand der Hauptnahrung der Eisbären – der Robben – nahm stetig ab. Auch die Labrador-Inuit, die unter dem Einfluss der Herrnhuter Missionare, die seit 1771 in Labrador tätig waren, zunehmend sesshaft wurden, jagten Robben nun nicht mehr nur für den Eigenbedarf, sondern dank Feuerwaffen und Fangnetzen viel größere Stückzahlen, um Felle und Tran gegen Handelsgüter wie Tee, Zucker, Mehl, Fanggeräte und Waffen einzutauschen.

In den Schriften der Herrnhuter, in Labrador *Moravians* genannt, finden sich kaum Hinweise auf Eisbären, ein Anzeichen dafür, dass sich offenbar nur noch sehr wenige in der Umgebung der Missionsstationen aufhielten. In der Nähe der ersten Missionsstation Nain wurde 1771 unter großen Schwierigkeiten ein Eisbär getötet, der den Fluss Elbe hinunter schwamm.[12] Ein anderes Mal hatte man drei Eisbären, vermutlich eine Mutter mit zwei Jungen, in einem Schneehaus entdeckt. Zwei der Bären wurden von Messerstichen durch das Schneedach getötet, der dritte im Wasser, als er vermutlich fliehen wollte.[13]

Seit Beginn des 19. Jahrhunderts muss wohl fast jeder in Labrador und Neufundland gesichtete Eisbär erschossen worden sein, denn ab 1850 gab es dort kaum noch welche. Allerdings künden bis heute Ortsnamen wie White Bear River, White Bear Islands und White Bear Sound mit White Bear Harbour von der früheren Anwesenheit von Eisbären in der Gegend um Cartwright. Etwas weiter südlich bei Battle Harbour liegt eine White Bear Bay, und bei Charlottetown gibt es einen White Bear Arm. In Nordlabrador findet man White Bear Bight, südöstlich von Makkovik und White Bear Island nördlich von Cape Mugford; auch Little Nanuktut Island liegt dort in der Nähe, und der Name Big White Bearskin Island, nördlich des Nachvak Fiords gelegen, lässt schon den Verwendungszweck des Eisbären als Teppich vor dem Kamin der besser gestellten Europäer und Amerikaner aus

Captain Cartwright viewing his Fox-traps

George Cartwright, ein passionierter Eisbärenjäger, in den 1760er Jahren

Cape Mugford; nördlich davon liegt White Bear Island, die Insel des weißen Bären

südlicheren Gegenden erkennen. Selbst im Süden Neufundlands bei Burgeo kommt der Eisbär in Ortsnamen vor, so gibt es sowohl einen White Bear Lake, einen White Bear River als auch die White Bear Bay. Hier lebte übrigens lange Zeit der international bekannte Autor Farley Mowat, bis er im Streit mit Nachbarn wegen der Jagd auf Wale den Ort verließ.

Forscher und die Jagd auf Eisbären

Wie bereits bei Barents, Martens, Phipps und Cartwright angedeutet, sind die frühen Veröffentlichungen über die Arktis keine wissenschaftlichen Berichte im heutigen Sinne, sondern Reiseberichte mit naturwissenschaftlichen, historischen oder auch handelstechnischen Bemerkungen, was ihren Wert natürlich nicht schmälert. Erst mit den Entdeckungsreisen zum Ende des 18. und Beginn des 19. Jahrhundert änderte sich das. Man suchte die Offiziere nun nicht nur nach ihrer nautischen, sondern auch, wenigstens teilweise, nach ihrer wissenschaftlichen Qualifikation aus und heuerte Zeichner, später auch ausgebildete Künstler an, um die neuentdeckten Landstriche, ihre Bewohner und ihre Flora und Fauna besser dokumentieren zu können. Zusätzlich führten die Bordbibliotheken neben nautischer, religiöser und unterhaltender Literatur, immer mehr wissenschaftliche Arbeiten, Reiseberichte und Lexika mit, die Studien- und Vergleichszwecken dienten. Man darf jedoch nicht davon ausgehen, dass diese Expeditionen ausschließlich wissenschaftlichen Zielen dienten, denn die Kapitäne und ihre Offiziere hatten immer auch politische, militärische und kommerzielle Order zu erfüllen. Deshalb waren an Bord Persönlichkeiten willkommen, die zugleich exzellente Nautiker, durchsetzungsfähige Militärs und in gewissem Sinne auch geistige Führer waren, zudem über reiches juristisches und naturwissenschaftliches Wissen verfügten.

William Scoresby (1789-1857), ein englischer Kapitän und Walfänger, war so ein „Alleskönner". Er bezeichnete sich selbst als Erforscher der arktischen Regionen, und das nicht zu unrecht, war er doch an zwanzig Arktisreisen beteiligt, auf denen er diverse wissenschaftliche Untersuchungen anstellte: Neben dem Walfang beschäftigte er sich mit der „Kommunikation" von Atlantik und Pazifik, der Eisbildung auf dem offenen Meer, sogar mit den Temperaturverläufen im

Ozean und er beschrieb die arktische Tierwelt. Er vermaß als Erster Teile der grönländischen Ostküste und erreichte als Erster die nördliche Breite von 81° 30'. Für die damalige Zeit, 1806, eine ungeheure Leistung, denn noch heute, 200 Jahre später, ist das Überschreiten des 80. Breitengrades trotz der Erwärmung der Arktis nicht selbstverständlich, und wird von den Schiffsbesatzungen noch immer gebührend gefeiert. In Anerkennung seiner umfangreichen Erfahrungen und Kenntnisse wurde Scoresby in die noblen Kreise der britischen Wissenschaft aufgenommen, indem man ihn in die Royal Society of Edinburgh wählte – ungewöhnlich für einen Walfänger.

Johann Matthäus Bechstein (1757-1822): Der Eisbär

In seinem 1820 erschienenen Werk *The Arctic Region and the Northern Whale-Fishery* fasst Scoresby die Erkenntnisse seiner zwanzigjährigen Polarerfahrungen zusammen. Immerhin acht der 192 Seiten widmet er dabei Ursus maritimus, dem Eisbären. Man merkt seiner Beschreibung eine regelrechte Begeisterung für das mächtige Tier an. Anders als die meisten Berichterstatter, die den Eisbären als Killer, Menschenfresser und gefährliches Biest beschrieben und in jedem Fall für jagdbar und tötenswert hielten, bewunderte Scoresby seine Präsenz als Souverän der Arktis, die feinen Sinne des Eisbären, besonders seinen Geruchssinn, und die Selbstverständlichkeit, mit der er sich an Land, auf dem Eis und im Meer bewegt. Scoresby beschrieb den Bären detailliert, von seinen Maßen bis zu den Eigenschaften von Fleisch und Fell, er diskutierte sein Verhalten bei der Aufzucht der Jungen und unter Jagdbedingungen, und er bemerkte richtig, dass der Verzehr der Bärenleber für den Menschen ungesund ist. Er berichtete auch von den Schwierigkeiten bei der Jagd auf Bären, von ihrem Überlebenswillen und ihrer Fähigkeit, sich auch in schwierigen Situationen vor den Verfolgern in Sicherheit zu bringen. Von Scoresby stammt auch die beinahe lustige Geschichte von einem Seemann, der von einem Eisbären verfolgt wird und sich nur in die Sicherheit des Schiffes retten kann, indem er sich Stück für Stück seiner Kleidung entledigt und sie dem Bären überlässt, der in seiner Neugier Jacke, Hut und Halstuch

auf Essbares untersucht und erst dann die Verfolgung des Flüchten-
den wieder aufnimmt. Auf dieser Anekdote Scoresbys beruht wahrscheinlich eine immer wieder gern erzählte und weit ausgeschmückte
Geschichte von dem Seemann, der bereits vollständig nackt mit Mühe
und Not die Bordwand seines Schiffes erklettern will, als der Eisbär
ihn endlich erreicht. Auch dieser Seemann überlebte angeblich, denn
der von der wilden Jagd ebenfalls erschöpfte Bär wollte nur seine Hand
lecken. Man kann diese Variante der Geschichte getrost in die Schub-
lade für das Seemannsgarn stecken, denn wie wir später noch zeigen
werden, ist der Eisbär trotz des erheblich erweiterten Wissens über
sein Verhalten auch heute noch ein für den Menschen äußerst gefährliches Tier, das man nur aus sicherer Entfernung beobachten sollte.

Nach der endgültigen Niederlage Napoleons in der Schlacht von
Waterloo am 18. Juni 1815 übernahmen die Briten die Rolle als führende Seefahrtnation. Frankreich war empfindlich geschlagen und
verlor in den folgenden Jahren weiter an Einfluss, auch in Nordamerika. Die Briten hatten nun nach dem Fall des mächtigen Gegners einen
völlig überdimensionierten Militärapparat, der dem Staat ungeheure
Kosten verursachte. Einerseits versuchte man die Aufwendungen zu
reduzieren, indem man Soldaten entließ und Offiziere in den Ruhestand versetzte, andererseits suchte man dringend nach neuen Aufgaben für sonst überflüssiges Personal. Es war Sir John Barrow (1764-

Eisbärschädel

1848), der zweite Sekretär der
Admiralität, der eine neue
Verwendung für die beschäf-
tigungslosen Marineoffiziere
sah. Mit dem Einständ-
nis der Krone organisierte
er während seiner Amtszeit
zahlreiche Entdeckungsreisen in die verschiedensten
Regionen, von Afrika bis in
die Arktis. Die Suche nach
der Nordwestpassage zu den
Reichtümern Asiens fand
neuen Auftrieb. John Ross
(177-1865) war der Erste, der
eine größere Expedition in
die Arktis leitete, ihm folgten

Somerset Island in der Nord-westpassage

in den nächsten 20 Jahren William Parry (1790-1855), John Franklin (1786-1847), James Ross (1800-1862) und andere. Obwohl jede der Expeditionen neue Erkenntnisse über die arktischen Regionen beisteuern konnte, blieb die kurze Passage nach China unentdeckt. 1845 sollte dann unter Leitung von John Franklin der entscheidende Durchbruch gelingen, das Vorhaben endete jedoch im Fiasko. Franklin und seine Leute verschwanden in der Arktis und wurden nie wieder lebendig gesehen. Es dauerte Jahre, bis wenigstens Teile des Schicksals der Expedition aufgeklärt werden konnten. Den größten Anteil daran hatten Dr. John Rae (1813-1893) und Francis Leopold McClintock (1819-1907). Die Ehre der Entdeckung der Nordwestpassage wurde schließlich Robert McClure (1807-1873) zuteil, obwohl bis heute manche Forscher mit der Entscheidung nicht einverstanden sind. Es würde zu weit führen, hier auf die komplizierte Geschichte der Entdeckungsreisen in der Arktis einzugehen, deshalb sei auf die umfangreiche Literatur verwiesen. Aber natürlich fanden auf diesen Reisen erwähnenswerte Begegnungen mit dem König der Arktis statt, die für diesen zumeist tragisch ausgingen, allerdings nicht ohne dass manche der Seeleute und Forschungsreisenden in Angst und Schrecken versetzt wurden. Viele Reiseberichte und Tagebücher der Kommandeure, Kapitäne und Mitreisenden erwähnen solche Vorkommnisse, wir wollen uns hier aber auf einige der bemerkenswertesten Berichte über Eisbären beschränken.

Einer davon stammt von dem sorbischen Missionar der Herrnhuter Brüdergemeine Johann August Miertsching (1817-1875), der während seiner Missionstätigkeit in Labrador die Sprache der Inuit gelernt hatte und deshalb gebeten worden war, sich der Suche nach der verschwundenen Franklin-Expedition anzuschließen. Nach der erfolgreichen Entdeckung der Nordwestpassage durch die Mannschaft der HMS Investigator unter Kapitän McClure, zu der auch Miertsching gehörte, und nach der vierten Überwinterung in der Arktis befand sich die Mannschaft auf dem Rückweg in Richtung Heimat, als sich am 25. April 1854 gemäß Miertschings Tagebuch Folgendes ereignete:

„Auch fehlt es nicht an so manchen obwohl nicht allemal angenehmen so doch intressanten Vorkommenheiten ja man kann sagen Abenteuern, die wenn sie vorüber sind viel Stoff zur Unterhaltung geben u. die Langeweile vertreiben. So z.B. passierte es in Mr. Omaney's Zelt, daß nach dem Abendsegen sich ein jeder in seinen Schlafsack zum schlafen anschickte u. man vergessen hatte das Zeltthor zuzuschnüren, ein Eisbär den Kopf durch diese Öffnung in's Zelt steckte; der Officier, welcher allein dies bemerkte, ergriff seine in der Zeltecke stehende Flinte, während er dieselbe anlegt geht sie von selbst los – wahrscheinlich durch einen unvorsichtigen Druck mit den Fingern auf den Drücker - die Kugel geht anstatt in das Thier durch's Zelt und trifft die Zeltleine; das Zelt fällt um u. bedeckt die darinliegenden u. zum Theil auch den Eisbär. Ein Glück war es das hier drei Zelte waren, denn durch den Schuß u. Geschrei wurde man aufmerksam gemacht. Sprangen auf u. schoßen den Eisbär nieder. Dieses ganze Trauerspiel währte nicht so lange als ich dieses schreibe. – Nur ein paar Tage zuvor war es, als unser Koch das Zelt nachlässig zugeschnürt hatte, welches der Wind durch das beständige Bewegen des Zeltes geöffnet hatte; wir hörten Fußtritte um das Zelt herum, dachten aber es ist jemand von dem nächsten Zelt, u. steckten ruhig bis über dem Kopf in unsern Schlafsäcken; wir hören ein merkwürdiges Schnarchen, u. kaum das Gesicht halb aus unsern Säcken, sehen wir den Kopf u. langen Hals eines Bären über uns im Zelt, schnarchend u. brummend; hier war guter Rath theuer; wir lagen in dem kleinen Zelt einer am andern wie die Heeringe, u. noch dazu in Säcken ohne uns bewegen zu können; ein Matrose hatte den glücklichen Einfall, sein großes Messer zu ziehen, u. mit einem Arme aus dem Schlafsack hinaus langend, schnitt er eine Öffnung in die Seite des Zeltes, u. in wenigen Sekunden waren wir alle mit samt unsern Säcken durch diese aus dem Zelt hinaus, ergriffen die auf den Schlitten

nahe dabei liegenden mit Kugel geladenen Flinten, u. nach einer gegebenen Salve lag unser unwillkommene Besuchende todt zu unsern Füßen. So unangenehm und ungewünscht auch solche Vorkommenheiten sind, so sind sie doch, besonders wenn alles glücklich abläuft, intressant u. geben viel Stoff zur Unterhaltung u. manche ächte Matrosenwitze erheitern die müden Reisenden."

Auch wenn in den von Miertsching beschriebenen Fällen alles ohne Schaden für Leib und Leben ablief, ist dies nicht selbstverständlich. Bis heute enden solche unerwarteten und unerwünschten Begegnungen nicht immer nur schlecht für die Bären. Fast jedes Jahr wird von Fällen berichtet, in denen Einheimische, aber auch Touristen oder Wissenschaftler von hungrigen, neugierigen und zumeist jungen Eisbären attackiert werden. Meistens geht das für den Eisbären tödlich aus, manchmal aber auch für die betroffenen Menschen (→ Biologisches …).

Das Fleisch der Bären diente der Ernährung der Reisenden und auch der Hunde, die oft einen entscheidenden Anteil am Jagderfolg hatten. Für die wertvollen Felle hatte man geeignete Verwendung. Francis Leopold McClintock war ein erfahrener Arktisreisender, der sich schon zwischen 1848 und 1854 während der Suchexpeditionen ausgezeichnet hatte, die den Verbleib John Franklins, seiner Mannschaften und der Schiffe Erebus und Terror aufklären

Überraschung beim Zerlegen einer Robbe: Illustration aus dem Bericht „Die Reise der ,Fox' in die arktischen Gewässer" von Leopold McClintock (1859)

sollten Er führte 1857-1859 eine weitere Expedition mit der Fox, einem Dreimastschoner mit zusätzlicher Dampfmaschine, die von Franklins Ehefrau, Lady Jane Franklin (1791-1875), privat finanziert wurde. So war es nur selbstverständlich, dass das Fell eines großen männlichen Eisbären, der seinen Jägern lange widerstand, ehe er von McClintock erschossen wurde, als Geschenk für Lady Jane Franklin bestimmt wurde. Ein weiteres Bärenfell wurde dem Museum der Royal Dublin Society übergeben und befindet sich noch heute mit dem Hinweis „Geschossen von dem irischen Entdecker

Leopold McClintock" im Dubliner Naturhistorischen Museum. Selbst das Einschussloch am Kopf soll noch gut zu erkennen sein. In dem Bericht von McClintock über *Die Reise der ‚Fox‘ in die arktischen Gewässer* befindet sich eine interessante Illustration nach einer Zeichnung von Kapitän May, die eine Jagdszene auf dem Eis zeigt, bei der ein Inuk beim Zerlegen einer Robbe durch einen Eisbären gestört wird. McClintock schreibt, dass die Grönländer das Fleisch von Eisbären sehr mögen und bemerkt weiter, dass in Grönland noch nie jemand von einem Bärenangriff auf einen Menschen gehört hätte. In Anbetracht der Berichte vieler anderer Walfänger und Forscher klingt das unwahrscheinlich, und trotzdem vertreten auch heute viele Inuit und Eisbärforscher die Ansicht, dass Angriffe vermieden werden können, wenn man den Bären nur genügend Raum gibt.

Schon früher machten Arktisreisende unangenehme, manchmal auch tödliche Erfahrungen beim Verzehr der Eisbär-Leber, die übrigens auch von den Inuit verschmäht wird. Elisha Kent Kane (1820-1857) war Leiter der nach ihrem Finanzier, dem US-amerikanischen Reeder Henry Grinnell, benannten „2. Grinnell-Expedition" von 1853-55, die zur Suche nach dem Verbleib der Franklin-Expedition ausgeschickt worden war. Kane berichtete in seinem Reisebericht *Arctic explorations: The second Grinnell expedition in search of Sir John Franklin, 1853,54,55*, der in den USA zu einem regelrechten Bestseller wurde, über sein Erlebnis mit einem Eisbären:

Eisbär jagt Walross: Möglicherweise wird dem Bären hier zu viel Witz zugetraut. Illustration aus dem Buch von Charles Francis Hall, Life Among the Esquimaux, 1864

> „Aus der Leber des jungen Bären habe ich mir ein Abendessen bereiten lassen; doch es bekam mir schlecht: Es zeigten sich Symptome von Vergiftung, Schwindel, Durchfall und was dazugehört. Die gleichen Erfahrungen hatten wir schon bei einigen früheren Gelegenheiten gemacht, und ich sah nunmehr ein, dass der allgemeine Glaube an die Giftigkeit der Bärenleber mehr als bloßes Vorurteil war."

56

Ungebetener Gaſt.

Carl Koldewey (1837-1908), Leiter der beiden deutschen Polarexpeditionen von 1868 und 1870 schrieb über die Nutzung eines gerade geschossenen Bären:

„Am 4. April überfiel uns ein Bär morgens im Zelt, büßte seine Frechheit mit dem Leben ein und lieferte eine Kanne Fett (Brennmaterial für vier Tage) und viel Fleisch, von dem wir sogleich roh genossen."

Auch hier findet sich, wie schon im Bericht von Johann August Miertsching, ein Hinweis auf die erhebliche Neugier und die Unerschrockenheit der Eisbären, die auch vor engsten Kontakten zu Gruppen mit mehreren Personen nicht zurückschrecken. Während der österreichisch-ungarischen Nordpolexpedition von 1872 bis 1874 beobachteten die Seeleute eine neugierige Bärin mit ihren beiden Jungen, und man amüsierte sich prächtig über die Tiere, bis man sich doch entschloss, die Bärin zu töten, um die beiden putzigen Jungen mit nach Europa zu nehmen. Als die beiden in einem Fass eingesperrten Jungen sich das nicht länger gefallen ließen, änderte man jedoch

POLAR BEAR 9 FT. SPREAD
ESKIMO-SKIN BOAT
CALLED A KYAK.
"READY FOR THE
WALRUS HUNT

IVORY TUSKS OF
PREHISTORIC
MAMMOTH, OR
ELEPHANTS THAT
LIVED IN ALASKA
30.000 YEARS AGO.

Ein Trophäenhändler in den zwanziger Jahren

seine Meinung, wie Julius Payer (1842-1915), der bei der Expedition als „Kommandant an Land" diente, in seinem Expeditionsbericht schrieb:

> „Sie fraßen alles was man ihnen gab, Brot, Sauerkraut, Speck u. dgl. Eines Morgens aber hatten die kleinen Uebelthäter die Wache überlistet und sich geflüchtet. Allein sie wurden eingeholt, getötet, und gebraten erschienen sie auf dem Mittagstisch."

Einer der bekanntesten und zu Recht umstrittensten Arktisreisenden war Robert E. Peary (1856-1920), ein von ungeheurem Ehrgeiz getriebener und dadurch oft rücksichtsloser Entdecker, dessen größter für sich reklamierte Erfolg, als Erster den Nordpol erreicht zu haben, bis heute von vielen Experten bestritten wird – wenn man nicht sogar

Photo by Brown Brothers
THE DRAWING ROOM AT MRS. STUYVESANT FISH'S HOME ON EAST SEVENTY-EIGHTH
STREET, NEW YORK

seinen Anspruch als Betrug bezeichnet. Peary beutete um des angeblich höchsten Zieles willen, nämlich den Nordpol zu erreichen, nicht nur sich und seine Gesundheit aus, sondern nutzte seine Familie, seine Mannschaften, viele Inuit – die er nur äußerst dürftig oder gar nicht für ihre Dienste bezahlte –, seine Sponsoren und seine Unterstützer aus Wissenschaft, Politik und Öffentlichkeit in egoistischer Weise für seinen alleinigen Ruhm aus. Ernest Thompson Seton (1860-1946), ein bekannter Autor und Unterstützer der amerikanischen Pfadfinderbewegung, fand in seinem Buch *Lives of game animals* (Leben des Jagdwildes) deutliche kritische Worte über solche „wildgewordenen" Arktisreisenden:

„Seit Jahrhunderten war es für die Arktisreisenden selbstverständlich, jeden Eisbären zu schießen, den sie erreichen konnten. Es war egal ob

sie die getöteten Tiere nutzen konnten oder nicht. In den letzten Jahren hat sich dieses sinnlose Abschlachten noch verstärkt, da immer mehr Reisende nordwärts fahren und die Waffen immer perfekter wurden. Ein Forscher erzählte mir, dass er persönlich 200 Eisbären getötet und nur wenige für sich selbst behalten hatte." [14]

Farley Mowat[15] schätzte, dass allein bei Pearys Expeditionen mindestens 2.000 Eisbären getötet wurden. Nur der geringste Teil dieser Bären dürfte aus Gründen der Selbstverteidigung ihr Leben gelassen haben. Die meisten wurden vermutlich zur Fütterung der Hunde geschossen, die besten Fleischstücke behielten Peary und seine Männer für sich und die Felle wurden nach der Rückkehr im Süden verkauft, um die Expeditionskasse zu füllen. Im neu entstehenden Klein- und Bildungsbürgertum in Amerika und Europa fanden sich bereitwillige Kunden, denn gerade Eisbären waren als Kaminvorleger beliebt und gaben dem abendlichen Whisky im Herrenzimmer ein angenehm gruseliges Ambiente. Eisbärenfelle mit Kopfpräparat kosteten damals nur wenige Dollar, jetzt bezahlt man etwa 25.000 € dafür. Es ist heute also ein viel profitableres Geschäft als zu Pearys Zeiten – das erklärt auch, warum allein 2011 in den arktischen Regionen Québecs zwölf mal so viele Eisbären wie im Durchschnitt der vergangenen Jahre geschossen wurden. Es ist kaum anzunehmen, dass dabei die Inuitjäger den größten Profit machten.

Doch nicht jeder betrieb seine Arktisreisen mit dem generalstabsmäßigen Aufwand wie Robert Peary. John Rae, der 50 Jahre zuvor die entscheidenden Entdeckungen zur Aufklärung des Franklin-Desasters gemacht hatte, reiste mit minimalem Gepäck nach Art der Inuit. Er nutzte ihre traditionelle Kleidung und bewährten Transportmittel und lebte wie sie vom Land, das heißt von der Jagd und vom Fischfang. Dieser minimalistische Stil schwebte auch dem Dresdner Lehrer Bernhard Adolph Hantzsch (1875-1911) vor, als er seine Reise in die Arktis vorbereitete. Sein Ziel war es, während einer Durchquerung von Baffin Island (1910-1911), geografische, ornithologische und anthropologische Studien durchzuführen, was bisher niemandem gelungen war. Zuerst wollte er nach seiner Ankunft auf der Insel die Sprache der Inuit lernen, um nicht von Übersetzern abhängig zu sein, wie die meisten Forscher vor ihm. Von seiner Reise nach Labrador im Sommer des Jahres 1906 wusste Hantzsch bereits, dass nur enge persönliche Kontakte zu den Inuit-Familien ihm optimale Bedingungen boten, um seine hochgesteckten Forschungsziele zu erreichen. Hantzsch war bereit, sich vollständig der Lebensweise der Inuit anzupassen, vor allem was Kleidung, Nahrung und Transport anging, und er schloss sogar eine eheliche Beziehung zu einer Inuitfrau nicht aus. Auch damit unterschied sich Hantzsch – selbst wenn es zu dieser Beziehung nicht kam – von anderen wie Peary, dessen „Diener" Matthew Henson (1866-1955), wie auch der in Kanada geborene Vilhjálmur Stefánsson (1879-1962) und viele Seeleute und Walfänger, saisonale Beziehungen zu Inuitfrauen eingingen - obwohl zu Hause ihre Ehefrauen warteten - und Kinder zeugten, diese aber nie offiziell anerkannten. Hantzsch schrieb in seinen Planungsunterlagen für die bevorstehende Reise über sein Verhältnis zu den Inuit:

„Durch den engen Verkehr, in den ich mit den Eingeborenen zu treten gedenke, dürften eingehende Kenntnisse für deren Sprache, Ueberliefe-rung, Lebensanschauung, Lebensweise usw. gewonnen werden, obgleich die ideale Hoffnung leider gering ist, für die gutmütigen und in den ark-tischen Regionen so bedeutsamen Menschen, denen ich meine warme Sympathie entgegenbringe, irgendwelche Möglichkeit aufzufinden, ihren Untergang zu verzögern oder gar völlig zurückzuhalten.“

Hantzsch zeigt hier seine vorurteilsfreie Sicht auf die Inuit, ganz im Gegensatz zu anderen Forschern seiner Zeit, allerdings vertrat auch er die damals allgemein verbreitete Auffassung der Wissenschaftler vom Verschwinden der sogenannten Naturvölker durch Assimilation bzw. durch deren einseitige Anpassung an die europäisch-amerikanische Lebensweise.

Der Dresdner Lehrer Bernhard Adolph Hantzsch (1875-1911) mit Parka und Kapuze

Ohne hier näher auf die weiteren Umstände und den Verlauf der Reise von Hantzsch und seinen Begleitern einzugehen, sollen die Umstände von Hantzschs Tod an der Küste des Foxe Basins ange-sprochen werden, da dieser indirekt durch einen Eisbären verursacht wurde. Nach ungeheuren Anstrengungen bei extremen Witterungsbe-dingungen und unzureichender Ernährung aufgrund des unerwartet spärlichen Jagderfolgs gelang es kurz vor ihrem Verhungern einem der Inuit, einen Eisbären zu schießen. Das Fleisch wurde sofort zubereitet und gegessen. Man weiß nicht, ob es trichinös war, ob es roh oder un-genügend gekocht war oder ob Hantzsch auch von der Leber gegessen hatte. Er erkrankte jedenfalls schwerer als die Inuit und verstarb nach nur wenigen Tagen Ende Mai oder Anfang Juni 1911. Dank seiner Begleiter, die Hantzsch in der Nähe des letzten Camps bestattet hat-ten, gelangten seine Tagebücher und Unterlagen letztendlich bis nach Deutschland und blieben zumindest inhaltlich im wesentlichen erhal-ten. Infolge der Auswirkungen des 1. Weltkrieges auf die wirtschaft-liche Situation des Landes unterblieb die geplante Veröffentlichung seines Reisebuches. Befreundete Kollegen schrieben einige Artikel, doch der Großteil seiner Schriften über die Reise nach Baffin Island wurde in Deutschland nie veröffentlicht; nur in Kanada erschien 1977 eine englische Übersetzung seines „Reisewerkes“ mit ergänzenden Auszügen aus den Tagebüchern.

Der in Schottland geborene US-Amerikaner John Muir (1838-1914) war in vielen Fachgebieten zu Hause. Er war Naturwissenschaftler, Buchautor und vor allem ein engagierter Naturschützer. Muir war

1892 Mitgründer der noch heute existierenden Organisation Sierra Club, einer Naturschutzorganisation, die in den USA nach eigenen Angaben 1,4 Millionen Mitglieder hat. In Kanada gibt es eine eigenständige, wenn auch viel kleinere Schwesterorganisation. John Muir war ein konsequenter Tierschützer und Tierrechtler, der sich mit dem Sierra Club besonders um die Schaffung von Nationalparks bemühte, um Tieren und Pflanzen ihren natürlichen Lebensraum zu erhalten. Im Jahr 1881 gelangte er an Bord der Motoryacht SS Corwin, die auf der Suche nach der vermissten deLong-Expedition war, auf die nordostsibirische Wrangel-Insel,[16] die von der Expeditionsleitung für die USA reklamiert wurde. Aus Muirs Tagebüchern und verschiedenen Artikeln entstand nach seinem Tod ein lange Zeit nicht verfügbares Buch *Die Reise der Corwin*, in dem er mit Entsetzen über das rücksichtslose Jagdgebaren seiner Mitreisenden bei der Tötung dreier schwimmender Eisbären berichtete:

„Der erste [vom Schiff] überholte Bär wurde unverzüglich mit dem zweiten Schuss getötet, der direkt durch das Gehirn ging. Die anderen zwei wurden von fünf Spaß-, Pelz- und Ruhmsüchtigen mit schweren Hinterladern ungefähr vierzig mal beschossen bevor sie tot waren. Vier bis sechs Kugeln durchschlugen ihre Hälse und Schultern bevor die letzten Schüsse durch die Gehirne die Qual der Bären beendeten … Es war eine unnötig verlängerte blutige Höllenqual, so ungeschickt und herzlos wie sie nur sein konnte, mit Ausnahme für den ersten Bären, der nicht wusste, was ihm geschah.“

Neben den von Muir beschriebenen brutalen, gedanken- und rücksichtslosen Trophäenjägern gab es natürlich auch Forschungsreisende wie zum Beispiel Knud Rasmussen, Peter Freuchen und andere, die in Anlehnung an die Lebens- und Jagdgewohnheiten der Inuit dem Eisbären mit Respekt begegneten, die akzeptierten, dass der Mensch, insbesondere der Nicht-Inuit, in der Arktis zu Gast ist und im Interesse des eigenen Überlebens den Tieren ihren Raum geben muss.

Es sollten jedoch noch einige Jahrzehnte vergehen, ehe dem sinnlosen Abschlachten von Eisbären Einhalt geboten wurde. Zunächst ging es „lustig“ weiter. Die Jagdmethoden wurden immer effektiver, besser gesagt perfider. Man erfand Selbsttötungsmaschinen für die Bären, man lockte sie unter Ausnutzung ihres ungewöhnlich gut entwickelten Geruchssinns an, indem man Walfleisch oder einfach nur

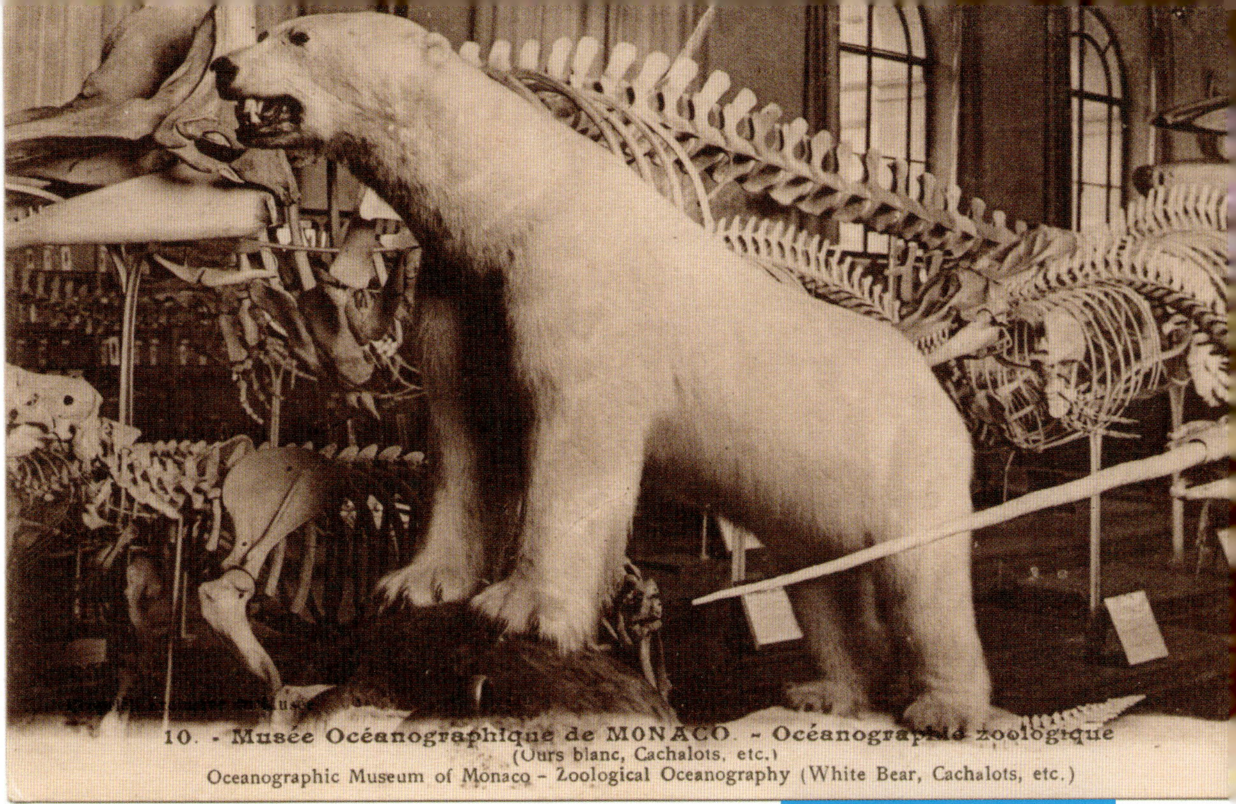

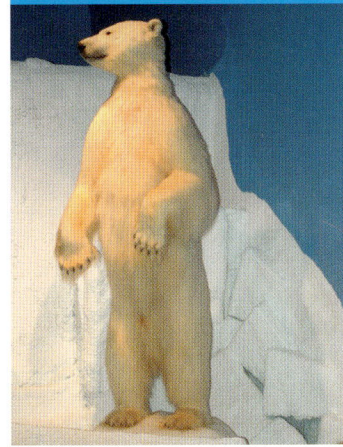

10. - Musée Océanographique de MONACO. - Océanographie zoologique
(Ours blanc, Cachalots, etc.)
Oceanographic Museum of Monaco - Zoological Oceanography (White Bear, Cachalots, etc.)

Präparierte Eisbären im Musée Océanographique de Monaco und im Rossignol Museum Liverpool (Nova Scotia), aufgenommen im Abstand von rund 100 Jahren

Öl oder Diesel verbrannte und die in großer Stückzahl herbeieilenden Bären aus sicherem Abstand vom Schiffsdeck herunter abknallte. Man jagte sie sogar per Flugzeug und Hubschrauber, bis man feststellte, dass die Zahl der Eisbären stark zurückging. In nahezu letzter Stunde wurde 1956 die Jagd auf Eisbären in der damaligen Sowjetunion verboten, seit 1972 ist in Alaska die Jagd nur noch indigenen Jägern gestattet, Norwegen folgte 1973 mit dem generellen Verbot der Bärenjagd auf Spitzbergen. In Grönland und Kanada wurde die Jagd durch Quoten und Regeln limitiert (→ auch Kapitel Biologisches … und Kapitel Auf dünnem Eis). Welchen Einfluss diese Beschränkungen haben, ist schwer zu sagen, da die Populationen nur geschätzt werden können und besonders in der Vergangenheit kaum zuverlässige Daten vorlagen, die als Vergleichszahlen herangezogen werden können. Man kann jedoch mit Sicherheit sagen, dass moderne Fahrzeuge, Waffen und Kommunikationstechnik die Jagd auf Eisbären einfacher und risikoärmer macht und nur eine Begrenzung der Abschusszahlen die Existenz der Eisbären langfristig sichern wird.

Kapitel 3
Eisbären in Zoo und Zirkus

Doris Arndt-Schaaff und ihre Eisbärengruppe auf einem Werbefoto für den Film „The Big Show", 1961

Eisbären in Zoo und Zirkus

Hetzgarten, Menagerie und Zoo

Bereits vor 5000 Jahren wurden sowohl in Ägypten als auch in China Tiere in Menagerien gehalten. Ob sie nur den Herrschenden zugänglich waren oder öffentlich zur Schau gestellt wurden, ist nicht bekannt. Eine der ersten europäischen Menagerien befand sich seit dem frühen 13. Jahrhundert im Londoner Tower. Dort wurden hauptsächlich Bären und Raubkatzen, aber auch Elefanten gezeigt und sogar, wie schon erwähnt, um 1252 ein Eisbär (→ Kapitel Kulturgeschichte). Seit 1420 war die Menagerie gegen ein Eintrittsgeld zu besichtigen, man kann also in London auf fast 600 Jahre öffentlicher Tierpräsentation zurückblicken. Im Jahr 1828 stellte man die Schau im Tower ein und übergab die Tiere dem neu eröffneten Zoo.

Der erste europäische Zoo, der Tiergarten Schönbrunn in Wien, wurde 1752 zunächst als private kaiserliche Menagerie eingeweiht, dann aber ab 1778 schrittweise für das Publikum geöffnet, und er besteht bis heute. Weitere Zoos wurden in Madrid (1775), Paris (1795) und in Kasan (Russland 1806) gegründet. Der älteste deutsche Zoo ist der 1844 eröffnete Zoologische Garten in Berlin, der erste amerikanische Zoo wurde 1874 in Philadelphia eingerichtet. Heute gibt es allein in Deutschland rund 400 zoologische Gärten, Wildgehege und Parks mit Tierhaltungen.

Berlin war, als man dort den ersten Eisbären besichtigen konnte, noch eine Kleinstadt mit ungefähr 40.000 Einwohnern. Kurfürst Friedrich III. (1657-1713), der sich 1701 selbst zum König Friedrich I. von Preußen krönte, hatte mit seiner Hauptstadt Großes vor, und so begann man Ende des 17. Jahrhunderts mit der Planung und dem Bau von neuen Vorstädten und Gebäuden zu Repräsentationszwecken. Viele dieser Bauten wurden unter der Leitung oder zumindest unter dem Einfluss des Baumeisters Johann Arnold Nering (1659-1695) er-

Menagerie in Versailles zur Zeit Ludwigs XIV.

richtet. Der Vorort Friedrichstadt, heute Teil des Berliner Stadtzentrums, gehörte ebenso dazu wie die Anlage des Gendarmenmarktes, eines der schönsten Plätze Europas, die Erweiterung des Schlosses Charlottenburg und der Bau des Zeughauses in der Straße Unter den Linden.

Von einem anderen Bauwerk Nerings sind allerdings schon seit langem keine Spuren mehr vorhanden. Der Berliner Hetzgarten war eine von Nering konzipierte und dem Kolosseum in Rom nachempfundene Arena, in der Friedrich I. seiner Leidenschaft zur „Tierhatz" frönen konnte. Zu einer solchen Veranstaltung waren nicht nur die königliche Familie, der Hofstaat und der Adel geladen, es gab auch „billige" Plätze für die Bürger der Stadt, die sich den Eintritt leisten konnten. Was man sich unter einem Hetzgarten vorzustellen hat, ist in Zedlers Großem Universallexikon von 1735 nachzulesen:

Wenceslaus Hollar (1607 -1677): The Tower of London

Hetz-Garten, Hetz-Hauß, Hetz-Platz. Ist derjenige Ort, in welchem die wilden Thiere mit Hunden gehetzet werden: Es ist solcher Platz der Gestalt in die Runde, wie zu Berlin, oder ins Viereck, wie das so genannte Fecht-Hauß in Nürnberg eingerichtet, daß etliche tausend Zuschauer gar bequem und trocken die Hetze zusehen können, als welche unten in dem freyen Platze geschiehet, um welchem rundherum die Behältnisse derer wilden Thiere zu finden seyn, welche mit starken Fall-Thüren der Gestalt eingerichtet, daß wenn solche eben aufgewunden werden, das Thier hernach heraus lauffen, und auf gleiche Manier durch Herunterlassung der Fall-Thüre verschlossen werden kann. In der Mitten eines solchen Amphitheatralischen Hetz-, Fecht- oder Kampf-Hauses, ist der Orchestra, oder Herren-Sietz, auf welchem die hohe Landes- oder Stadt-Obrigkeit der Hetze bequem und sicher zusehen kan. In Teutschland behält der Berlinische Hetz-Garten vor allen den Preiß, theils weil er in Form des alten zu dergleichen Schau-Spielen bestimmten Römischen Amphitheatro, oder des noch aus seinem ruderibus (Schutt) zu erkennenden Colisaei (Kolosseum) erbauet, als auch, weil in demselbigen allerhand Arten wilder und grimmiger Thiere sonderlich aber 3 grosse und starcke Löwen, weisse und schwartze Bären, etliche Tyger, wilde Auer-Ochsen, und hauende Schweine aufbehalten werden.

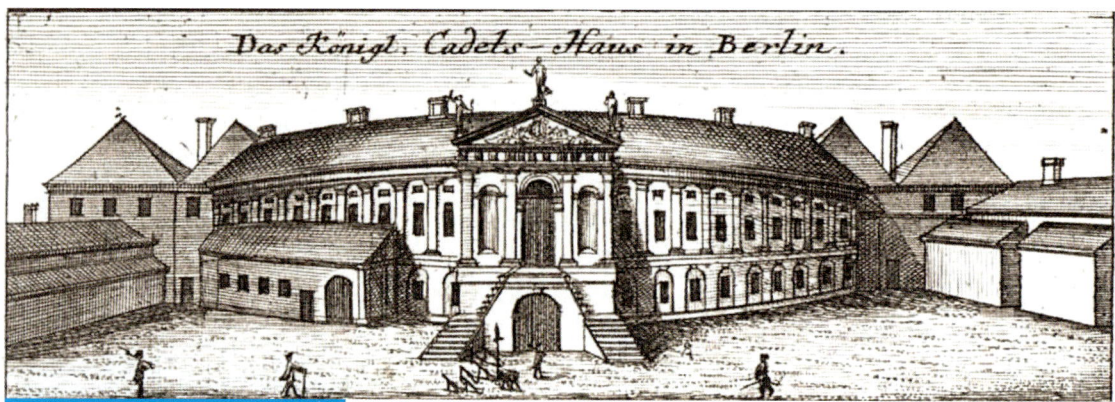

Das Königl. Cadets-Haus in Berlin.

Der Berliner Hetzgarten wurde auf Anordnung von Friedrich I. bereits 1712 geschlossen. Sein Sohn und Nachfolger Friedrich Wilhelm I. (1688-1740), später als Soldatenkönig bekannt, ließ ihn umbauen – natürlich zu einer Kadettenanstalt. Nach mehreren Umgestaltungen und Erweiterungen wurde die Arena 1777 abgerissen. Heute befindet sich hier, in der Littenstraße, das Landgericht Berlin. Man kann es sich kaum vorstellen, dass genau hier in der Mitte Berlins vor über 300 Jahren sogenannte wilde Tiere aufeinander gehetzt und zum Vergnügen der Zuschauer getötet wurden – unter ihnen eine unbekannte Anzahl von Eisbären, wie man in Zedlers Lexikon nachlesen kann.

Mit der Schließung des Hetzgartens war jedoch das Sammeln und die Zurschaustellung seltener und für Europäer ungewöhnlicher Tiere nicht beendet. Auf dem 3,4 mal 6,5 Meter großen Gemälde „Thierstück" des Malers Johann Melchior Roos (1663-1731) von 1729 sind ungefähr 80 Tiere aus dem Bestand der Menagerie des Landgrafen Karl von Hessen-Kassel (1654-1730) zu sehen. Neben einem zentral angeordneten Löwen sieht man damals in Europa unbekannte Tiere wie einen Mandrill, einen Vielfraß, einen Leoparden und eben auch einen Eisbären. Nicht alle dargestellten Tiere sollen sich im Besitz des Landgrafen befunden haben, erkennbar ist dies vermutlich daran, dass die Größenverhältnisse nicht immer korrekt dargestellt sind. Der am linken Bildrand angeordnete Eisbär ist aber so wirklichkeitsgetreu gemalt, dass der Maler zumindest einen lebendigen Eisbären gesehen und studiert haben muss.

Der Anatom, Zoologe und Anthropologe Johann Friedrich Blumenbach (1752-1840) war ein geachteter Professor an der Göttinger Uni-

versität, der mit vielen bedeutenden Gelehrten seiner Zeit in persönlichem Kontakt stand, unter ihnen auch der leitende Wissenschaftler der ersten Cook-Expedition Sir Joseph Banks. Am 11. April 1793 wurde Blumenbach in London als einer der bedeutenden Forscher seiner Zeit in die Royal Society aufgenommen und nutzte, wie wir es von einem renommierten Gelehrten erwarten, seinen Aufenthalt zu Studienzwecken. So berichtete er in einem Brief an den Schweizer Theologen und Naturforscher Jacob Samuel Wyttenbach (1748-1830) über seinen Besuch der „Menagerie für exotische Tiere" von Thomas Clark:

Unter den merkwürdigen lebendigen Thieren die ich da gesehen waren ein Kaenguruh von Botanybay. ein Kaenguruh-rat eben daher. ein Armadill ... ein asiatisch rhinocer. ein Grönländischer weißer Bär. Ein braun schwarzes Pantherthier aus Bengalen ... [1]

Die Haltung von exotischen Tieren aus verschiedenen Klimazonen in Menagerien war jedoch nicht problemlos. Schon der Transport nach Europa war mit hohem Risiko verbunden, nicht nur für die Tiere, sondern auch für das Begleitpersonal. Mancher Menageriebesitzer unterschätzte sowohl die finanziellen Fallstricke als auch die Gefahren für die Unversehrtheit der Ausstellungsbesucher. In Paris muss es jedenfalls einige Schwierigkeiten bei der Haltung von exotischen Tieren gegeben haben, denn am 3. November 1793 beschloss die Stadtverwaltung, dass Löwen, Leoparden und andere auf den Straßen von Paris in Käfigen ausgestellte Tiere eine Bedrohung für die öffentliche Sicherheit und eine „Verletzung republikanischer Empfindlichkeiten" darstellten. Die Polizei erhielt den Auftrag, die Tiere zu konfiszieren und an den Botanischen Garten zu überstellen. Die Professoren des dazugehörigen Museums mussten am nächsten Morgen voller Überraschung feststellen, dass die Polizei mit einem Eisbären, einem Panther, einer Zibetkatze und einem Affen vor den Toren stand, begleitet von deren ehemaligen Besitzern, die eine Entschädigung für die beschlagnahmten Tiere verlangten. Am folgenden Tag soll dann nochmals ein Eisbär, nebst weiteren Tieren, eingeliefert worden sein.

Im Jahr 1800 waren die ersten Eisbären im Wiener Tiergarten Schönbrunn zu sehen. Im frühen 19. Jahrhundert muss es bereits viele Eisbären in europäischen Menagerien und Tiergärten gegeben haben, denn Berichte in Zeitungen und Magazinen über die Haltung von Eisbären nahmen zu. Am 29. September 1812 berichtete zum Beispiel *The Scots Magazine* über die Ankunft eines jungen „Weißen Bären (*Ursus maritimus*)" im schottischen Leith, der von dem Walfänger William Scoresby aus West-Grönland mitgebracht worden war. Die Zeitung erwähnte gleichzeitig, dass zur selben Zeit zwei oder drei weiße Bären in der Pariser

The Menagerie at Exeter Exchange, nach 1773

National-Menagerie gehalten wurden. Auch die Zurschaustellung eines Eisbären auf dem Königsplatz in Königsberg im Sommer des Jahres 1820 ist belegt. Dass es in Berlin zwischen der Schließung des Hetzgartens und der Gründung des Zoologischen Gartens im Jahre 1844 Eisbären zu sehen gab, konnten wir nicht nachweisen, es ist aber durchaus vorstellbar, denn immer wieder brachten Walfänger aus den Fanggebieten um Grönland und Spitzbergen Jungbären nach Europa, die sie gleich nach der Ankunft an Schausteller und Menagerie-Betreiber verkauften – falls die Tiere nicht schon auf der strapaziösen Reise umgekommen waren.

Der ehemalige Geflügelhändler Anthonys van Aken (1753-1826) aus Rotterdam besaß eines der zu Beginn des 19. Jahrhunderts bekanntesten Menagerieunternehmen. Seine fünf Kinder setzten später das Werk des Vaters mit eigenen Menagerien fort. 1830 war in der Wandermenagerie seines Sohnes Hermann van Aken (1797-1834) neben Löwen, Antilopen, einem Tiger, Affen, Schlangen und Kängurus ein Eisbär zu sehen. Auch Johann Wolfgang von Goethe war in Jena bei van Aken zu Gast. Schon 1826 hatte Goethe in einem Schreiben an den österreichischen Naturwissenschaftler Karl von Schreibers (1775-1852) den Wunsch geäußert, selbst einen Eisbärenschädel für seine Studien zu besitzen. In der Beschreibung der Goetheschen Kunstsammlung findet sich der Schädel eines Eisbären, mit beschädigten Eckzähnen, allerdings ohne Hinweis, ob er ihn von van Aken, von Karl von Schreibers oder auf einem anderen Wege erhalten hatte.

1832 berichtete die Allgemeine Forst- und Jagdzeitung über den Tierbestand in den europäischen Menagerien und nannte dabei heute kaum vorstellbare Zahlen: 225 Löwen, 280 Tiger, 302 Leoparden, 270 Panther, 67 Elefanten, 10 Nashörner und – neben vielen anderen Tieren – 1400 Bären. Leider wurde nicht zwischen den Bärenarten unterschieden, so dass wir nicht wissen, wie viele Eisbären es waren.

Ein zu seiner Zeit sehr bekannter und präsenter Schausteller und Menageriebesitzer war der aus Thüringen stammende Gottlieb Christian Kreuzberg (1810 oder 1814-1875), der einen Teil der van Aken'schen Menagerien übernommen hatte und damit seit 1837 durch Deutschland zog. Zu seinem Bestand gehörte neben einem Eisbären, einem Löwen, einem Krokodil, einem Panther und einem Elefanten auch ein ungewöhnliches Tier – ein Hybrid von einem Löwen und einer Tigerin. 1865 verkaufte Kreuzberg sein Unternehmen an den Tierhändler Hagenbeck, auf den wir gleich noch eingehen werden.

In der Mitte des 19. Jahrhunderts waren Eisbären für das Publikum in den größeren Städten Europas kein ungewöhnlicher Anblick mehr. Fast jeder Zoo und jede bekannte Menagerie besaß mindestens einen Eisbären. Die Haltung war aber nicht problemlos, denn immer wieder wurde von verendeten Eisbären berichtet. So starb 1862 ein Exemplar im Dresdner Zoo an einem Bandwurm und 1865 ein anderes im Kölner Zoo angeblich an der Gicht. Die Aufzucht von fortpflanzungsfähigen Eisbären im Zoo erwies sich als schwierig; allerdings soll schon 1874 in Halle die Züchtung von Eisbär-Braunbär-Hybriden gelungen sein. Aus dem Kölner Zoo wurde 1889 die Geburt zweier Eisbären gemeldet, allerdings gelang deren Aufzucht nicht, da die Bärin nicht wusste, was sie mit den Neugeborenen anfangen sollte.

Die Hamburger Familiendynastie Hagenbeck

Eine der bis heute bekanntesten und erfolgreichsten Zoo- und Zirkus-Dynastien ist die der Familie Hagenbeck aus Hamburg. Der Fischhändler Gottfried Claes Carl Hagenbeck (1810-1887) betrieb neben seinem Fischgeschäft eine kleine Tiermenagerie, die 1852 durch den Ankauf eines Eisbären den entscheidenden Anschub bekam. Ein neues Geschäftsfeld tat sich auf, Hagenbeck bezog erweiterte Ausstellungsräume am Spielbudenplatz in der Hamburger Vorstadt St. Pauli. Weitere Tiere wurden angeschafft, nicht nur für die eigenen Ausstellungen, sondern auch zum Weiterverkauf an Zoos und Menagerien. Aus dem kleinen örtlichen Fischhandel war bald ein Handelsunternehmen hauptsächlich für exotische Tiere geworden.

1866 übergab Hagenbeck die Geschäfte an seinen Sohn Carl Gottfried Wilhelm Heinrich Hagenbeck (1844-1913), der mit seinen gerade einmal 22 Jahren neue Geschäftsfelder für das wachsende Unternehmen erschließen wollte. Zunächst wurden Tierfänger und Transportbegleiter eingestellt, um die Nachfrage nach exotischen Tieren bedienen zu können. Hagenbeck schickte jedes Jahr mehrere Expeditionen aus, zunächst nach Afrika und später in die ganze Welt. Das Interesse der überall entstehenden Zoos an attraktiven und seltenen Tieren muss groß gewesen sein, denn Hagenbeck war bald der erfolgreichste Tierhändler Deutschlands. Wieder wurden die Geschäftsräume zu klein und so gründete er 1874 auf einem Gartengrundstück am Neuen Pferdemarkt in St. Pauli *Carl Hagenbeck's Thierpark*, obwohl es zu dieser Zeit schon einen Zoo in Hamburg gab. Hagenbecks Tierpark bedeutete aber nicht das Ende des Tierhandels, sondern er beförderte ihn sogar. Interessierte konnten nun die einzelnen Tiere selbst auswählen und erwerben.

Ein völlig neues Geschäftsfeld entdeckte Hagenbeck 1875 fast beiläufig: die Völkerschau. Bei jedem Ankauf von Tieren bestand das Problem der kompetenten Betreuung auf dem Transport; Verluste infolge unsachgemäßer Behandlung mussten so gering gehalten werden wie möglich. So kam man beim Erwerb von Rentieren in Lappland auf die Idee, gleich eine Gruppe von Lappen, heute als Samen bezeichnet, zu verpflichten, die den Transport der Tiere überwachten und sie im Tierpark am Neuen Pferdemarkt weiterhin betreuten. Das wurde

Carl Hagenbeck (1844-1913)

vom Publikum überraschend gut aufgenommen, so dass Hagenbeck beschloss, Tiere und Betreuer gemeinsam auf Tournee zu schicken.

Die Kassen müssen geklingelt haben, denn diese sogenannten Völkerschauen wurden in den folgenden Monaten mit Tieren und Menschen anderer Regionen fortgesetzt. Auch die Ausstellungen mit „Nubiern" und grönländischen „Eskimos" verliefen erfolgreich. Unter tragischen Umständen endete dagegen 1880/81 die Völkerschau mit „Eskimos" aus Labrador, denn bereits nach wenigen Wochen waren alle Teilnehmer an den Pocken verstorben. Man hatte einfach vergessen, sie bei ihrer Ankunft in Hamburg zu impfen. An ihren sinnlosen Tod erinnern heute nur noch das in einer Übersetzung vorliegende Tagebuch des Inuit Abraham aus Hebron, wenige nachgelassene Briefe und Dokumente in verschiedenen Archiven und einige in Hamburg angefertigte Fotografien. Ihre Gräber in Darmstadt, Krefeld und Paris sind längst eingeebnet. Einige Hinterlassenschaften und etwas Geld wurden den Verwandten in Labrador übergeben. Führende Anthropologen sicherten sich noch schnell den „wissenschaftlichen" Zugriff auf Gehirne und Gebeine, bevor die Leichname auf den Friedhöfen verwesten. Eine Praxis, die bis in die 1930er Jahre fortgesetzt wurde. Heute fordern Vertreter indigener Völker mit Recht die Rückführung von Gebeinen ihrer Vorfahren aus Museen und wissenschaftlichen Sammlungen, um diese würdig in der Heimat zu bestatten und so begangenes Unrecht zu heilen.

Nach einer gewissen Pause des Bedenkens setzte Hagenbeck die Völkerschauen jedoch fort und fand Nachahmer, in Deutschland sogar bis weit in die fünfziger Jahre, als die Hawaiischau auf dem Oktoberfest 1959 dieser Art von Exotik ein Ende setzte. Auffällig war, dass Hagenbeck bei den Tourneen mit den Inuit auf die Präsentation von publikumswirksamen Eisbären verzichtete. Dagegen legte er viel Wert darauf, dass die Zuschauer Einblick in die heimischen Lebensumstände der Schausteller bekamen, auch indem er ethnographische Objekte ausstellte und sie später Wissenschaftlern überließ, und verband auf diese Weise mit seinen Schauen einen gewissen Bildungsanspruch, der allerdings, so manche Kritiker, dazu beigetragen habe, kolonialzeitliche Denkmuster hinsichtlich der Unterlegenheit außereuropäischer Völker zu festigen. Das Geschäft mit dem Tierhandel lief indessen weiter und sicherte gleichzeitig die Finanzierung neuer Vorhaben. Interessant ist, wie die Preise sowohl die Seltenheit und die Attraktivität der Tiere als auch den Beschaffungsaufwand widerspiegeln.

Darstellung von Inuit, die 1880/81 an der Labrador-"Eskimo"-Schau teilnahmen

Plakat zur Samen-Völkerschau 1893/94 in Sankt Pauli

Hier sind einige Angaben aus einer Preisliste Hagenbecks vom Herbst 1881:

1 großer blauer Mandrill, 4 Fuss hoch, männlich	*3000,- Mark*
1 Rhesusaffe, männlich, ausgewachsen	*75,- Mark*
1 Paar Zebra, der Unterart Burchell, 18 Monate alt	*5000,- Mark*
1 Paar weisse Kamele, 3-5 Jahre alt	*2500,- Mark*
1 Indischer Elefant, 8 Fuss hoch	*10000,- Mark*
1 Afrikan. Rhinoceros, 2 Hörner, 5 Jahre alt, männl.	*10000.- Mark*
1 Paar Nubische Löwen, 7 Jahre alt	*5500,- Mark*
1 Paar Königstiger, 3 Jahre alt	*6000,- Mark*
1 Waschbär	*30,- Mark*

und zum Vergleich:
1 Paar Eisbären, 1 Jahr alt   *2000,- Mark.*

Eine Mark von 1881 entspricht heute, bezogen auf die Kaufkraft, einem Gegenwert von 6,40 €! Auf der Preisliste Hagenbecks standen 1881 ungefähr 400 Tiere mit Preisen zwischen 10 und 10.000,- Mark.

Ansichtskarte des „Nordmeer-Panoramas" in Hagenbeck's Tierpark (1907), in dem seltsamerweise Pinguine aus der südlichen Hemisphäre zu sehen waren

Man kann leicht abschätzen, welches Kapital hier gebunden war und welches finanzielle Risiko damit im ganzen Unternehmen steckte. Kein Wunder, dass Hagenbeck immer wieder nach neuen Möglichkeiten suchte, auf bequemere Weise Geld zu verdienen. Das führte 1887 zur Gründung von Hagenbeck's Zoologischem Circus, galt es doch, Ressourcen und Kompetenzen besser auszunutzen und sich damit im Wettbewerb mit zahlreichen Konkurrenten Vorteile zu verschaffen. Hagenbeck hatte in den Jahren seit seinem Eintritt in das Geschäft des Vaters viele Erfahrungen im Umgang mit

exotischen Tieren gesam-
melt. Ihm war insbesonde-
re klar geworden, dass man
bessere Dressurergebnisse
nur durch die Beobachtung
des natürlichen Verhaltens
der Tiere, durch die Aus-
nutzung ihrer Neugier und
ihres Spieltriebes und vor
allem durch Belobigung
statt durch Bestrafung
mit der Peitsche erzielen
konnte. Diese neue Art der
„sanften" Dressur stand
im Gegensatz zu den Me-
thoden vieler Dompteure,
die meinten, man müsse
den Willen der Tiere bre-

Die Dressurgruppe „Schilling" in
Hagenbeck's Tierpark, 1904

chen, um erfolgreich einen neuen Trick einzuüben. Andere setzten
gerade auf aggressive Reaktionen insbesondere der Raubtiere, um den
Nervenkitzel für die Zuschauer zu erhöhen. Manche Menageriebesitzer hetzten Eisbären auf andere Bären oder auf Löwen und Tiger.
Im Gegensatz zur Bekanntheit des Hagenbeckschen Tiergartens und
der Völkerschauen ist über die Aktivitäten seines Zirkus relativ wenig
überliefert, aber man weiß, dass dort auch Eisbärendressuren gezeigt
wurden. 1905 verkaufte Hagenbeck den Zirkus an das amerikanische
Unternehmen B.E. Wallace Circus. Aber das war nicht das Ende der
Hagenbeckschen Zirkusgeschichte. Carls Sohn Lorenz gründete 1916
einen neuen Zirkus mit demselben Namen, der bis in die sechziger
Jahre erfolgreich war.

1896 meldete Carl Hagenbeck ein Patent für ein „Naturwissenschaftliches Panorama" an, dessen Grundidee die Gestaltung von Zoos und
die Präsentation von Tieren drastisch verändern sollte und bis heute
nachwirkt. Als Prototyp eines solchen Panoramas diente das Eismeer-
Panorama der Berliner Gewerbeausstellung von 1896. Aus der Sicht
der Zuschauer waren die verschiedenen Tierarten scheinbar in einer
gemeinsamen Anlage zusammengefasst. Man hatte die Illusion einer
räumlich unbegrenzten arktischen Winterlandschaft, in der sich Eisbären, Robben, Rentiere – und merkwürdigerweise auch Pinguine –

Willy Hagenbeck führt eine Eisbären-Nummer in der Manege auf

frei bewegen konnten. Erreicht wurde der Effekt durch eine langsam, scheinbar bis zum Horizont ansteigende Landschaft, die vorn durch ein Wasserbecken von den Zuschauern abgetrennt und im Innern durch weitere versteckte Gräben und Zäune in Areale für die einzelnen Arten unterteilt war. Dieses Prinzip der naturnahen und großflächigen Gestaltung der Tiergehege gilt bis heute als die herausragende Leistung Hagenbecks und findet sich, nach einer ersten vehementen Ablehnung durch die Zoos, heute in allen größeren Tiergärten in ähnlicher Form wieder.

Carl Hagenbeck's Neffe Willy Hagenbeck (1884-1965) wurde als Eisbärendompteur berühmt und besaß einen eigenen Zirkus, namens Willy Hagenbeck. Die Art und Weise, wie er den Namen auf Plakaten präsentierte – Willy sehr klein, Hagenbeck sehr groß – war in den fünfziger Jahren Anlass zu gerichtlichen Auseinandersetzungen mit seinem Vetter Lorenz, inzwischen Seniorchef des Großunternehmens Carl Hagenbeck. Willy Hagenbeck gehörte wohl eher zur harten Truppe der Dompteure. Um seine riesige Gruppe von siebzig (!) Eisbären dirigieren zu können, benutzte er eine lange Peitsche, mit der er seine Hiebe zentimetergenau setzen konnte. Er zögerte nicht, Knüppel oder eine große hölzerne Forke einzusetzen, falls sich seine Bären nicht wunschgemäß verhielten. Inwiefern sich diese Methoden von den „zahmen" Mitteln seines Onkels oder den heutigen Vorstellungen von einem tiergerechten Training unterschieden, kann man aber mit dem Abstand der Jahre nicht mehr feststellen. Es bleibt in jedem Fall seine ungewöhnliche Leistung als Dompteur, so viele dieser eigenwilligen, schönen und auch gefährlichen Tiere in einem für den Zuschauer attraktiven Rahmen präsentiert zu haben.

Für Carl Hagenbeck selbst war die Gründung seines Zoos im Hamburger Vorort Stellingen im Jahr 1907 der Höhepunkt seines Lebens als Tierhändler und Zirkus- und Zoounternehmer. Bis heute, mehr als 100 Jahre nach der Gründung, ist dieser einzige privat geführte Tierpark Deutschlands eine Attraktion für die Einwohner und Besucher Hamburgs. 2012 wurde das neue, in Anlehnung an das frühere Nordlandpanorama konzipierte Eismeer-Areal eröffnet, das als moderne Weiterentwicklung den Tieren bessere Lebensbedingungen bietet, dem Zuschauer intensivere Einblicke in das Leben der Tiere ermöglicht und nach Aussagen des Tierparks ein neues ökologisches Energie- und Ressourcenkonzept umsetzt.

Gedenktafeln

Als wir im Frühjahr 2012 mit einer Inuit-Freundin aus Labrador auf den Spuren der in Europa auf so tragische Weise verstorbenen Mitglieder der Völkerschau-Gruppe von 1880/81 auch Hamburg besuchten, gehörte der Tierpark in Stellingen mit zum Programm (obwohl er nichts mit dem alten Tiergarten am Neuen Pferdemarkt zu tun hat, wo 1880 die Völkerschau der Labrador-Inuit gezeigt wurde). Leider befand sich bei unserem Besuch das Eismeer-Areal, anders als angekündigt, noch im Bauzustand. Trotzdem konnte man sich auch anhand der anderen Gehege einen Eindruck von den Verbesserungen der Tierhaltung machen, die Carl Hagenbeck initiiert hat. Wir waren jedoch überrascht, von unserer Freundin zu hören, wie sehr sie doch ihr Bild von einem Tierpark revidieren müsse, denn Geschichten von Eisbären in Käfigen und „Eskimos" in europäischen Zoos hätten sie doch sehr verunsichert. Wie schön wäre es jedoch, wenn ähnlich wie im Pariser Jardin d'Acclimatation, wo einige der Hagenbeckschen Völkerschauen zu sehen waren, auch hier bei Hagenbeck in Hamburg Gedenktafeln an die Darsteller der Völkerschauen und deren teils tragische Schicksale erinnerten. Geeignetes Bildmaterial befindet sich in den Archiven Hagenbecks und des Hamburger Museums für Völkerkunde, wo allerdings die Teile des Archivs, die die Dokumente zur Völkerschau der Labrador-Inuit beherbergen, seit über 20 Jahren wegen der „momentanen" Arbeit an der "fachgerechten Erschließung" nicht für Recherchen zur Verfügung stehen.

Tierrechtler und Eisbären im Zoo

Seit einigen Jahren wird von Tierrechtlern, insbesondere von PETA (People for the Ethical Treatment of Animals), die Haltung von Eisbären in Tiergärten generell in Frage gestellt, da nach ihrer Auffassung auch die vermeintlich besten Bedingungen in großen Freigehegen keine artgerechte Haltung ermöglichen. Begründet wird diese Position mit dem viel zu geringen Auslauf der Tiere im Verhältnis zu einem Leben in ihrer grenzenlosen natürlichen Umgebung. Dazu kommen die fehlenden Jagdmöglichkeiten, der Hitzestress im Sommer und die eingeschränkten sozialen Kontakte zu anderen Bären. Ausdruck solcher Mängel sind die auffälligen Verhaltensstörungen, die die Zoobesucher an vielen Eisbären beobachten können. Wissenschaftler und Tierpfleger halten dagegen, dass es in den Tiergärten kaum noch Eisbären aus Wildfängen gibt. 2013 lebte in Deutschland nur noch ein in der Wildnis gefangener Bär im Zoo: Tosca, die 1986 vermutlich in der kanadischen Arktis geboren wurde, ist die Mutter des Medienstars Knut. Die anderen „deutschen" Eisbären, insgesamt 34, stammen aus Nachzuchten in verschiedenen Tiergärten. Die 35 Eisbären verteilten sich im Herbst 2013 auf 12 Tiergärten und Zoos: Zoologischer Garten Berlin (3), Tierpark Berlin (4), Bremerhaven (2), Gelsenkirchen (5), Hagenbeck (2), Hannover (3), Karlsruhe (3), München-Hellabrunn (2), Nürnberg (4), Rostock (3), Stuttgart (2) und Wuppertal (2). Der Zoologische Garten in Rostock führt übrigens seit 1981 das internationale Zuchtbuch für Eisbären.

Inwieweit die im Zoo geborenen und im ständigen Kontakt zu Menschen lebenden Eisbären

Von O. Rammelt gezeichnete Impression aus dem Rostocker Zoo

wirklich unter der Haltung in künstlichen Gehegen leiden, lässt sich nur schwer abschätzen. Sicher ist jedenfalls, dass keiner dieser Bären in der Arktis ausgewildert werden könnte, wie das gelegentlich mit Tieren anderer Arten gemacht wird. Diese Tiere würden mit den Lebensumständen dort nicht zurechtkommen und jämmerlich zugrunde gehen. Erschreckend sind Äußerungen, es sei für die Tiere besser, sie zu töten, als sie weiter in den Zoos zu quälen. Eine Diskussion wert wäre vielleicht die Option, keine Nachzuchten mehr zuzulassen. Allerdings setzen gerade einige verantwortungsbewusste Biologen auf die ihrer Ansicht nach im Zoo günstigen Bedingungen zur Verhaltensforschung – insbesondere bei der Beobachtung von Geburten und der Aufzucht der Jungtiere in den ersten Monaten –, um auf diese Weise Erkenntnisse über die Überlebensmöglichkeiten der Eisbären in der Arktis zu gewinnen und damit auch Rückschlüsse für geeignete Schutzmaßnahmen ziehen zu können.

Der Zoo in Toronto arbeitet zum Beispiel eng mit vielen Universitäten, Forschungseinrichtungen und Wissenschaftlern zusammen, darunter der bedeutende Eisbärenforscher Dr. Ian Stirling, sowie mit der Organisation zum Schutz der Eisbären *Polar Bears International* (PBI), die mit einer Vielzahl von Fotografien auch dieses Buch unterstützt hat.

Es soll hier jedoch nicht verschwiegen werden, dass es auch in den Tiergärten und Zoos gelegentlich, wenn auch sehr selten, zu Unfällen mit schweren Verletzungen oder gar mit tödlichem Ausgang für Menschen und Eisbären kommt. Die genauen Zahlen sind schwer zu ermitteln, da weder die Tiergärten noch die Polizei öffentlich zugängliche Statistiken führen. Die häufigsten Unfallursachen sind leichtsinniges Eindringen in die Gehege, nicht selten unter Einfluss von Alkohol oder Drogen, sowie Nachlässigkeiten der Tierpfleger, insbesondere durch nicht regelgerechtes Verschließen der Sicherheitstüren bei der Reinigung der Anlagen.

Allerdings können auch die besten Sicherungsanlagen und Überwachungsmethoden nicht verhindern, dass sich Besucher absichtsvoll selbst in Gefahr begeben, wie es am 13. April 2009 im Berliner Zoologischen Garten geschah, als im Beisein von vielen Zuschauern eine junge Frau plötzlich über das Geländer in das Schwimmbecken des Eisbären-Geheges sprang. Sie wurde daraufhin von einem der Eisbären angegriffen und schwer verletzt. Dank glücklicher Umstände und dem Einsatz der herbeigeeilten Wärter und eines Arztes überlebte die durch Bisse verletzte Frau ihr unerklärliches Verhalten.

Das kurze Leben von Knut

Viel, fast zu viel, wurde schon über Knut, den Eisbären aus dem Berliner Zoologischen Garten, geschrieben und trotzdem kommt man nicht umhin, ihn hier zu erwähnen und auch die Ursachen und Auswüchse des Kultes und des Medienrummels um den kleinen Bären zu besprechen (→ Kapitel Eisbären in der Werbung ...). Zunächst ging es nur um den Versuch des Berliner Zoos, die beiden kleinen Bären, die von ihrer Mutter Tosca nicht angenommen wurden, zu retten, denn schon seit dreißig Jahren war im Berliner Zoo keine Aufzucht von Eisbären mehr geglückt. Die beiden Jungen wurden von der Mutter getrennt und von nun an in einem Brutkasten intensiv betreut. Da nach vier Tagen das erste Jungtier starb, wollte man unbedingt das Überleben des zweiten Bären sichern; der Pfleger Thomas Dörflein übernahm deshalb die Aufgabe, ihn intensiv persönlich zu betreuen. Nach mehr als drei Monaten wurde der kleine Eisbär, inzwischen neun Kilogramm schwer, am 23. März 2007 zum ersten Mal öffentlich präsentiert. Einen Tag später begann der in den nächsten Jahren nicht abreißende Strom der Besucher zum Eisbärengehege. Obwohl der kleine Bär natürlich größer wurde und mit der Zeit seine Niedlichkeit verlor, hielt der Zustrom vier Jahre lang an, bis zum 19. März 2011, als Knut plötzlich unter den Augen der Zuschauer begann, sich um die eigene Achse zu drehen und dann ins Wasser fiel, wo er starb. Bis heute werden täglich an einer Plastik frische Blumen zur Erinnerung an Knut, das Lieblings-Zootier vieler Berliner, abgelegt.

Auch andere Tiergärten versuchten nun, neugeborene Tiere als Medienstar zu etablieren, wie z. B. der Nürnberger Tiergarten die Eisbärin Flocke, die ein Jahr nach Knut geboren wurde. Sie erreichte aber nie die Popularität Knuts und wurde 2010 gemeinsam mit einem anderen Jungbären an einen Themenpark in Frankreich gegeben.

Der Tierpfleger Thomas Dörflein und Knut am 31. Mai 2007, Knut im Alter von vier Jahren, Skulptur v. Josef Tabachnyk

Eisbären im Zirkus

Der Zirkus, wie wir ihn kennen, ist kaum 150 Jahre alt, die Geschichte der Tierdressur, abgesehen von der Pferdedressur, kaum 100 Jahre alt. Ein historisch gerechtes Bild von der Tierdressur im Zirkus kann man sich nur machen, wenn man die zeitgeschichtlichen Umstände seit dem frühen 20. Jahrhundert und auch noch in den fünfziger und sechziger Jahren berücksichtigt.

Das Fernsehen war bekanntlich erst in den sechziger Jahren weiter verbreitet, und auch im Kino wurden nur selten farbige Dokumentarfilme über Tiere und Landschaften gezeigt. Über lange Zeit waren Bücher und Zeitschriften mit zumeist schwarz-weißen, relativ kleinen und unscharfen Bildern die einzige Möglichkeit, sich mit den Tieren anderer Regionen zu beschäftigen. Dieser Mangel wurde von Zoo und Zirkus ausgeglichen. Nur hier war es für den Durchschnittsbürger

Amerikanisches Zirkusplakat aus den dreißiger Jahren

möglich, lebendige Tiere fremder Länder und Klimazonen zu erleben, auch wenn sie sich nicht in ihrem natürlichen Umfeld bewegten. Safaris in fernen Ländern konnten sich nur die wenigsten leisten und selbst Reisen ins benachbarte Ausland waren für weite Bevölkerungskreise noch nicht alltäglich. Die meisten mussten sich mit Verwandtschaftsbesuchen oder Wanderungen in der näheren Umgebung begnügen und waren froh, wenn sie Rehe, Wildschweine oder Vögel beobachten konnten.

Gedanken darüber, ob die Haltung exotischer Tiere in Zoos, Tiergärten und im Zirkus artgerecht war, machte sich damals kaum jemand, denn sie unterschied sich ja nur geringfügig von dem, was man vom heimatlichen Bauernhof kannte, auf dem wenige Kühe, Schweine, Hühner und Kaninchen im Stall und auf der Koppel lebten. Die Massentierhaltung mit allen ihren Problemen ist eine Auswirkung der Industrialisierung der Landwirtschaft, die sich in Europa überwiegend in der Zeit nach dem 2. Weltkrieg etablierte, und der kritische Blick darauf hat sich erst in den letzten Jahrzehnten entwickelt. Natürlich waren die Zirkus- und Zoobetriebe kommerzielle Unternehmungen, die den Eigentümern und ihren Angestellten wie Tierpflegern, Dompteuren, Artisten, Verkäufern, Monteuren und anderen ihr Einkommen sicherten.

Diese kurzen Vorbemerkungen sind nötig, um den Blick auf die Vergangenheit nicht gleich mit moralischen Argumenten und dem Wissen von heute zu verstellen. Dass wir viele Dinge, die für unsere Großeltern noch alltäglich und selbstverständlich waren, heute ganz anders und kritischer sehen und beurteilen, ist unser Vorteil und vielleicht sollten wir daher versuchen, unsere Gewohnheiten einmal kritisch aus dem möglichen Blickwinkel unserer Kinder und Enkelkinder zu betrachten.

Doch zurück zum Zirkus und zu den Eisbären. In England eröffnete Sir Edward Moss im Jahr 1900 sein Hippodrom, eine zirkusähnliche Einrichtung in einem festen Gebäude. Hier wurde, anders als in den meisten Tiergärten, der Schwerpunkt auf Unterhaltung gelegt und nicht auf die naturwissenschaftliche Bildung breiter Massen. Es ging um Show, Spektakel und Kommerz. Man erfand Rahmenhandlungen, wie „Vulkan", „Taifun", „Erdbeben", „Flut" und andere, in die mehr oder weniger geschickt artistische Darbietungen, Clownerien und Tierdressuren eingebunden wurden. Hier soll übrigens auch Charlie Chaplin einige seiner ersten Auftritte gehabt haben, bevor

Carl Hagenbeck's neueste Dressurgruppe.
(Dompteur Dudak.)

„Carl Hagenbeck's neueste Dressurgruppe (Dompteur Dudak)", Postkarte vermutlich von 1905

Mademoiselle Aurora und ihre Eisbären, 1898

er nach Amerika zog und zum Weltstar wurde. Das Hippodrom verfügte über ein hydraulisch absenkbares großes Becken, das mit tausenden Litern Wasser gefüllt und mit einem Fußboden abgedeckt werden konnte. In einem Programm mit dem damals sehr aktuellen Titel *Der Nordpol* wurde die Suche nach einem vermissten Polarforscher, wohl à la John Franklin, inszeniert, den seine Braut, die ihn noch nicht aufgegeben hat, mit allen Mitteln retten will. Natürlich gibt es noch einen anderen Mann, der in die junge Frau verliebt ist und alles versucht, um die beabsichtigte Rettung zu verhindern. In einem dramatischen Schlussakt der Show wurde eine vermeintliche Panik infolge des Auseinanderbrechens einer virtuellen Eisdecke inszeniert, und sage und schreibe siebzig echte Eisbären rutschten vermutlich mit heftigen Spritzern in das Wasserbecken. Das ganze Durcheinander endete in einer wilden „Eisbärenjagd". Wer von den beiden Herren zum Schluss die junge Dame bekam, konnten wir leider nicht ermitteln, vermutlich ging das auch alles in dem allgemeinen Chaos beim Einfangen der badenden Eisbären unter. Das Spektakel und die Eisbären waren letztendlich wichtiger als die Dramaturgie der an den Haaren herbeigezogenen Geschichte.

Die Bedeutung von Willy Hagenbeck für die Eisbärendressur wurde bereits erwähnt. Hier sollen aber noch einige andere bedeutende Dompteure genannt werden, die in Deutschland weniger bekannt sind, obwohl sie eine wichtige Rolle bei der Dressur von Eisbären im Zirkus spielten. John Dudak, Trainer bei Hagenbeck und später bei Hagenbeck-Wallace (s. o.), zeigte eine große Eisbärengruppe, deren Tiere von Willy Hagenbeck übernommen worden waren. Clyde Beatty und Theodor Schroeder arbeiteten mit verschiedenen Eisbären-Gruppen für mehrere Zirkusse in den USA, und Boris Eder war viele Jahre Dompteur im Moskauer Staatszirkus und führte dort Eisbären-Dressuren vor. Es gab auch Frauen, die Eisbären präsentierten. Zwei von ihnen, Mademoiselle Aurora und Mademoiselle Gavett, arbeiteten bereits vor mehr als hundert Jahren für Bostock's Menagerie. Von beiden gibt es sogar frühe Postkarten, auf denen sie mit ihren Eisbären zu sehen sind.

Eisbärendressur – vielleicht doch eine Domäne der Frauen?

Als wir mit der Recherche zu Eisbärendressuren anfingen, stellte sich heraus, dass es seit über zehn Jahren zumindest in Westeuropa keine Dressuren mehr gibt. Wo sollte man anfangen? Der einzige uns bekannte Name war der von Ursula Böttcher, dem Star des DDR-Staatszirkus. Sie trat mit ihrer Dressur in der ganzen Welt auf, alleine fünf Jahre in den USA im Zirkus Ringling Bros. and Barnum & Bailey. Zu Hause oder im Fernsehen war sie jedoch nur selten zu sehen. Wir suchten zunächst nach Büchern und Zeitschriften, versuchten Leute zu kontaktieren, die sie gekannt hatten, doch vergebens. Entweder lebten sie nicht mehr oder wir fanden keinen geeigneten Weg zur Kontaktaufnahme. Dann erhielten wir durch eine Freundin einen Tipp, im Zusammenhang mit der Recherche zur Hagenbeckschen Völkerschau mit den Labrador-Inuit von 1880/81: „Es gibt private Zirkusarchive in Berlin, versuch es doch dort einmal!" Als wir einen weiteren Hinweis auf das Zirkus-Archiv Winkler erhielten, nahmen wir Kontakt auf und wurden gleich vielfach fündig.

Ursula Böttcher, der Star des DDR-Staatszirkus, mit ihrem Zirkus-Oscar

Interview mit Gisela und Dietmar Winkler

Im April 2013 trafen wir uns mit Gisela und Dietmar Winkler vom Zirkusarchiv Winkler (www.circusarchiv.de) zu einem Gespräch:

F: Sie haben Frau Böttcher aus vielen Jahren der Zusammenarbeit gut gekannt. Wie haben Sie sie als Mensch und Dompteurin erlebt?
A: Uschi hat eigentlich für ihre Bären gelebt, sie hat sich nur um ihre Bären gekümmert, zusammen mit ihrem Lebensgefährten Manfred Horn und zwei Tierpflegern. Die Eisbärdressur hat sie voll gefordert, aber den Zirkus auch sehr viel Geld gekostet. Die Pflege und Dressur der Bären war wahnsinnig aufwendig, sie wurden aber auch viel älter als im Zoo. Sie mussten täglich mit Wasser abgespritzt werden, der Wasserverbrauch war enorm, aber deshalb waren sie auch immer so schön weiß. Andere Zirkusbären sahen manchmal gelb aus. Es wurden immer Weichholzsägespäne eingestreut, nachdem die Bären abgespritzt waren. Andere Sägespäne färben das Fell. Wenn wir ins Ausland gingen und es gab dort keine, hat Uschi dafür gesorgt, dass welche mitgenommen wurden. Die Bären haben natürlich auch viele Medikamente gebraucht, zum Beispiel für Wurmkuren und alles, was da immer wieder bei Bären gemacht werden muss, und dann natürlich Unmengen an Lebertran. Auch der musste importiert werden, Lebertran gab es ja nicht in großen Mengen, sondern nur in kleinen Fläschchen in der Apotheke, und wir brauchten ihn ja fassweise. Was Futter angeht, waren die Bären relativ anspruchslos. Die Tierpfleger haben gekocht: Reis und Nudeln und fettes Fleisch. Aber die andere Betreuung war relativ aufwendig, die Käfigwagen und die Kühlwagen für das Fleisch und die beiden Wohnwagen, das war schon ein kleiner Zirkus, der da auf Reisen ging. Aber es war eben die Star-Nummer des Staatszirkus.

F: Wie war das Verhältnis zu anderen Dompteuren und Darbietungen des Staatszirkus, gab es da Wettbewerb oder sogar Neid?
A: Nicht direkt, aber unter der Hand schon: „Die Böttchern kommt immer ins Ausland und wir nicht", aber darauf hatten wir ja keinen Einfluss, sie wurde eben nun mal von den Zirkusdirektoren angefragt. Wir konnten ja niemanden zwingen, bestimmte Nummern zu nehmen, und natürlich waren die Eisbären immer am gefragtesten. Deshalb war sie ja auch fünf Jahre in Amerika.

F: Warum gab es so wenige Eisbären-Dressuren?
A: Bären sind schwieriger zu trainieren als Katzen, denn ihnen ist nicht anzusehen, dass sie im nächsten Moment angreifen. Beim Löwen und Tiger kann der Dompteur das erkennen, aber nicht beim Bären. Und gerade Eisbären sind besonders schwierig zu dressieren. Man kann sie anders als Braunbären nicht an die Longe nehmen und in der Gruppe sind sie sehr problematisch. Durch ihre Größe kommt dazu, dass Unfälle sehr schlimm ausgehen können. In anderen Ländern hat es tödliche Unfälle gegeben. Auch Frau Böttcher war schon erwischt worden, hatte im-

Ursula Bottcher

Brilliant Baroness of the Bears!

Since its illustrious beginnings 110 years ago, *The Greatest Show on Earth* has brought to America the greatest, most memorable Circus acts and attractions from every corner of the world.

That noble tradition continues season after season, and is this year perfectly personified by the extraordinary Miss Ursula Bottcher and her polar bears, one of the world's most celebrated wild animal presentations.

From the German Democratic Republic, Miss Bottcher was awarded one of the Circus world's highest honors, the coveted Ernst Renke-Plaskett award, in 1974. When you see her courage and skill in action, you'll surely agree that the prestigious Circus "Oscar" was well deserved!

Into the giant steel cage, Miss Bottcher brings ten enormous polar bears — six males and four females. Some of these giant animals reach 12 feet in height and weigh in at nearly 1600 pounds! With their three-inch, non-retractable claws, great size, speed and totally unchanging facial expressions, polar bears are considered the most dangerous of all performing wild animals.

"I'm not afraid of them," says the five-foot blonde trainer. "I've been working with polar bears since 1964 and understand just how they think."

Miss Bottcher adds that if one of the bears decides to attack, the

Ursula Böttcher beim berühmten Eisbärenkuss in einem Prospekt von Ringling Bros. Barnum & Barley (s. auch S. 87)

Ursula Böttcher mit ihrem
Eisbären Alaska

mer mal Kratzer abbekommen oder wurde gebissen, das ließ sich nicht ausschließen. Die Arbeit ist auch sehr schwer, es sind zum Beispiel massive Postamente in der Manege zu bewegen; sie war ja eine kleine Frau, daher brauchte sie immer Helfer in der Manege, auch um die Bären ein bisschen zu beaufsichtigen. Die Tierpfleger waren anfangs nicht mit im Käfig, erst als Manfred Horn, Uschis Lebenspartner, der bei einer Dressur von Kodiakbären angefallen, schwer verletzt wurde und an den Folgen gestorben war, ist einer der Pfleger mit im Käfig gewesen.

F: Warum hatte Frau Böttcher keine Angst vor den Eisbären?
A: Sie war eben speziell, irgendwie müssen solche Leute ein bisschen verrückt sein. Sie wollte unbedingt in den Zirkus und hat ja mit den Löwen angefangen. Erst 1961 kamen die Eisbären. Die Direktion hatte die Idee, dass es besser aussieht, wenn eine Frau sie vorführt, und sie hat sich getraut. Sie hätte genauso sagen können: „Nein, das mach ich nicht".

F: Gab es neben der von Frau Böttcher noch andere bekannte Eisbärendressuren?
A: Eine so große Eisbärengruppe gab es sonst nur noch im Zirkus Krone, geleitet von Doris Arndt, das war in den fünfziger, sechziger Jahren, noch vor Frau Böttcher. Dressuren sind teilweise auch wieder verkauft worden und gingen manchmal durch mehrere Hände, dadurch gab es manchmal auch Unfälle. Nur vor dem 2. Weltkrieg bestanden noch andere große Gruppen. Die Idee der Eisbärendressur beim DDR-Staatszirkus kam vom Generaldirektor. Eine Dressurgruppe aus Schweden

hatte hier gastiert, sie wurde dann ge-
kauft, war aber überaltert und musste aufgefrischt werden. Da kam die
Idee, dass Frau Böttcher das machen
sollte. Einige der Eisbären, die Frau
Böttcher hatte, waren Wildfänge, sie
wurden über Tierhandlungen bestellt
und erworben. Das war immer eine
Devisenfrage. In der Regel musste es
über den Außenhandel „Nahrungs-
mittel" beantragt werden, wegen der
Devisenbewilligung. Es gab auch Aus-
tausche der Zoos untereinander und
auch Zoogeburten – einer der Bären
kam ja aus Rostock. Wenn von dort
Tiere übernommen wurden, musste
das vom Minister veranlasst werden,
die Zoos gaben sie nicht gern ab, da sie
selten waren.

*Ursula Böttcher mit gemischter
Gruppe*

F: Hatten die Tiere im Zirkus Bademöglichkeiten und Auslauf?
A: Wir haben mal versucht, einen Badewagen für die Bären zu nutzen,
im Winterquartier war ja außen am Käfig ein Badebassin. Das war
ziemlich primitiv damals, heute müssten das riesige Anlagen sein, das
kann man im Zirkus gar nicht mehr machen. Wie groß der Auslauf sein
muss, ist schwer zu sagen. Wenn der Bär das Futter vor die Schnauze
bekommt, bewegt er sich natürlich nicht unnötig. In der Natur sind die
Tiere auf der Suche nach Futter oder nach einem Partner unterwegs,
aber nicht, um sich „auszulaufen". Satte Löwen ruhen oder schlafen ja
auch vorwiegend. Natürlich ist es schlecht, wenn sie immer im Käfig
sind, aber viele der Tiere im Zoo nutzen ihre Freigehege gar nicht! Das
ist vermenschlichend, immer mehr Auslauf zu fordern – Tiere haben ja
nicht per se einen „Laufdrang".

F: Wie war die Zeit für Frau Böttcher in Amerika?
A: Da war sie ein Star. Sie hat ihr DDR-Gehalt weiter bekommen und in
Amerika die Spesen und natürlich hat sie für die damaligen Verhältnisse
sehr gut verdient.

Zitat aus dem Prospekt von Ringling Bros. and Barnum & Bailey
über „Ursula Bottcher – Brilliant
Baroness of the Bears": Fräulein
Böttcher bringt zehn enorme
Eisbären in den gigantischen
Stahlkäfig - sechs männliche
und vier weibliche Bären. Einige
dieser riesigen Tiere erreichen
eine Höhe von rund 3,70 Metern
und wiegen ungefähr 725 kg. Mit
ihren acht Zentimeter langen
nicht einziehbaren Klauen, ihrer
riesigen Größe, ihrer Geschwindigkeit und ihrem sich nie
verändernden Gesichtsausdruck
sind Eisbären die gefährlichsten
Wildtiere im Zirkus. (Abb. S. 85)

F: Wäre sie in einem westdeutschen Zirkus besser bezahlt worden?

A: Im Gegenteil. Es gab ja schon damals kaum noch Zirkusse, die eigene Raubtierdressuren hatten, die gehörten fast alle den Dresseuren selber. Ein Dompteur im Westen musste seine Tierpfleger selber bezahlen, sich seine Zugmaschine, Wagen, etc. selber beschaffen und unterhalten; und bei uns wurde ihnen das alles abgenommen, bis hin zum Kostüm. Dazu kam, dass die Lebenshaltungskosten in der DDR viel geringer waren. Sie hatten ihr Gehalt, und bei diesen Auslandsgastspielen kamen die Spesen in der jeweiligen Landeswährung hinzu. Davon konnten sie eigentlich ganz gut leben, und viele haben ja auch ein bisschen gespart. Einige hatten noch Nebenjobs wie Programmhefte verkaufen oder ähnliches. Uschi Böttcher aber nicht, dazu hatte sie keine Zeit. Das ist eigentlich für alle ganz gut gelaufen und darum ist auch kaum einer der Zirkuskünstler im Westen geblieben. Die sozialen Bedingungen im DDR-Zirkus waren ideal. Diejenigen von unseren Leuten, die nach der Wende versucht haben, selbständig mit eigenen Tiergruppen zu arbeiten, haben das ganz schnell wieder aufgegeben, weil sie damit überhaupt nicht zurecht gekommen sind, weder, was die Finanzen, noch, was den Aufwand angeht, weil sie sich auf einmal um alles selbst kümmern mussten. Darum gab es in den späteren Jahren im Westen auch keine Eisbärendressuren mehr. Auch unsere Nummer (Frau Böttchers Eisbärendressur) war im Prinzip unrentabel. Die Erträge, selbst wenn es Devisen waren, haben natürlich die Kosten für die Dressurnummer nicht gedeckt. Aber für den DDR-Zirkus war das eine Prestige-Angelegenheit.

F: Wie war ihr Gehalt bemessen?

A: Sie hatte ein höheres Gehalt als andere, aber es blieb im Rahmen – wir hatten ja einen Rahmenkollektivvertrag, und da waren die Gehaltsspannen festgelegt „von bis", und sie hatte natürlich zusammen mit dem Chefdompteur das höchste Gehalt. Es war nicht nur der Verdienst, es kamen auch noch Sonderzahlungen dazu, zum Beispiel die sogenannten Überspiel-Gagen. Man musste mehr Vorstellungen geben als im Rahmenkollektivvertrag mit der Gewerkschaft stand, und alles das wurde zusätzlich vergütet. Und dann gab es noch alle möglichen Zusatzprämien – Teilnahme am Finale oder so – pro Abend zwei oder drei Mark, es kam also schon eine ganze Menge zusammen. Und die Unterkunft war frei, die Wagen wurden gestellt, und wer wollte, bekam für drei Mark am Tag Vollverpflegung in der Betriebsküche – das kam ja alles noch dazu!

F: Welche Vorkehrungen mussten getroffen werden, um mit der Eisbärengruppe ins Ausland zu reisen?

A: Ich hab hier ein CITES-Papier [CITES: Washingtoner Artenschutzübereinkommen], das brauchten wir, wenn wir ins Ausland gefahren sind. Wir mussten nachweisen, woher die Tiere kamen, nach der Wende ein Riesenaufwand, denn die Dokumente mussten jedesmal beim Bundesamt für Naturschutz in Bonn angefordert werden, dann musste man auf die Genehmigung zur Ausfuhr warten. Hinzu kam, dass wir auch immer noch einen Tierarzt an der Grenze zur Abfertigung brauchten. Dr. Armin Kuntze hat die Bären tierärztlich betreut, flog notfalls auch ins Ausland, wenn es sein musste.

F: Können Sie noch etwas zu Frau Böttcher privat sagen – sie war ja wohl sehr auf ihre Eisbären und später auf die Beziehung zu ihrem Lebensgefährten Manfred Horn fokussiert?
A: Er war praktisch ihr Assistent, mit dem sie auch zusammengelebt hat, und als damals der tödliche Unfall passierte, war das natürlich ein schwerer Schlag für sie. Aber am meisten getroffen hat sie dann die Auflösung der Gruppe [1999 durch die Treuhand]. Dass die Eisbären so sukzessive wegkamen, hat sie bis zum Schluss nie verwunden, sie sprach immer davon, wenn wir mal telefoniert haben, und auch, wenn wir sie in Dresden hin und wieder getroffen haben.

F: Ging die Abwicklung durch die Treuhand, wie im Buch[2] beschrieben, ohne Vorwarnung von statten, gab es nur das Kündigungsschreiben?
A: Ein Freizeitpark in Spanien wollte die Dressur übernehmen, mit Frau Böttcher und ihrem Tierpfleger, sie wollten auch einen Pool bauen, aber die Treuhand lehnte das mit der Begründung ab, es sei dort zu warm – was Blödsinn war, denn die Eisbären passen sich gut an, und die letzten endeten ja in Mexiko! Laufende Verträge wurden einfach gekündigt. Der Zirkus Busch-Roland hat gerichtlich durchgesetzt, dass sie doch noch auftreten konnte, und sie ist auch wieder „rausgegangen", aber dann hat die Treuhand die Zirkusse mit viel Geld gelockt, – Geld spielte keine Rolle – sie freizugeben. Sie kam also wieder zurück. Eine Beraterin aus dem Berliner Zoo hat dann versucht, die Bären unterzubringen. Sie wurden aufgeteilt – zwei nach Frankreich, zwei hier in den Zoo, davon einer später nach Neumünster. Die restlichen alten, die kein Zoo haben wollte, gingen nach Mexiko zu einem Zirkus. Uschi wusste nichts davon, sie kam ahnungslos im Hoppegartener Bärenquartier an und sah, wie die beiden jungen Eisbären gerade davongefahren wurden – Uschi ging nie wieder in den Zoo, um sie zu sehen.

F: War das eine „Anti-Ost"-Geschichte?
A: Um Geld ging es jedenfalls nicht, die Spanier hätten bezahlt, doch nun wurden die Bären verschenkt – es ging wirklich um die Zerschlagung. Und es gibt zu denken, dass die beiden zuchtfähigen Weibchen Maika und Tosca in den Berliner Zoo kamen, der Deal war also nicht ganz interessenunabhängig. Und der Zoo hat ja mit Knut, dem Sohn von Tosca, mächtig davon profitiert. Die Eisbären, die in Mexiko waren, wurden von Tierschützern beim Gastspiel des Zirkus in Puerto Rico herausgeholt, jetzt sind sie in San Diego im Zoo. Maika war nur kurz im Berliner Zoo und kam dann nach Neumünster.

F: Haben Sie Frau Böttcher in der ganzen Zeit jemals in einer schwierigen Phase erlebt – mit Angst oder Zweifeln?
A: Nie, sie war immer optimistisch. Sie hatte ja auch den sogenannten Zirkus-Oscar in Spanien bekommen, aber nur einen der Sonderpreise in Monaco; es gab da wohl unterschiedliche Interessen in der Jury. Das hat sie schon geärgert. Es werden allerdings auch heute noch Entscheidungen über Preisvergaben getroffen, über die man den Kopf schüttelt.

Interview mit Doris Arndt-Schaaff und Martin Schaaff

Doris Arndt begann 1948 eine Lehre als Tierlehrerin und trat schon ein Jahr später mit einer Gruppe von Tigern im Zirkus Barlay auf. Später übernahm sie eine Eisbärengruppe im Zirkus Krone, mit der sie große internationale Erfolge feiern konnte (Zirkus-Oscar-Preisträgerin). 1963 beendete sie ihre Zirkuslaufbahn mit einer gemischten Löwen-Tiger-Gruppe und heiratete den Pfarrer und Zirkusenthusiasten Martin Schaaff.

Im Mai 2013 hatten wir die wunderbare Gelegenheit, Doris Schaaff kurz nach ihrem 83. Geburtstag gemeinsam mit ihrem Mann, bei guter Gesundheit schon 103 Jahre alt, in ihrem Haus zu besuchen, das nicht nur das persönliche Archiv von Frau Schaaff, sondern auch das von Martin Schaaff verwaltete Archiv des Zirkus Busch beherbergt, und viele Fragen zur Dressur von Eisbären stellen zu können.

F: Haben Sie eine richtige Berufsausbildung als Eisbärendompteur absolviert oder lernte man quasi nebenbei von Kollegen?
A: Ich habe eine richtige Ausbildung bei einem Tigerdompteur gehabt, mit Lehrvertrag und Zeugnis, aber nicht speziell für Bären. Heute gibt es das überhaupt nicht mehr. Die Tierschützer haben ja unseren Beruf kaputtgemacht. Es gibt nicht mehr viele gute Dompteure und die übrig gebliebenen bilden keine jungen mehr aus; man kann ja diese ganzen Auflagen nicht mehr erfüllen. Man muss außer den Wagen ein großes Gehege haben, dabei gibt es gar keine Plätze mehr für einen Zirkus, die für ein großes Freigehege groß genug sind. Löwen sind im Freigehege einfach zu halten, die kommen raus, gucken einmal in die Sonne, legen sich hin und schlafen, außer junge Tiere, die spielen herum. Bei Bären muss man wahnsinnig aufpassen, die krabbeln hoch und wollen oben drüber, weil sie in die Freiheit wollen.

F: Wo kamen denn damals so kurz nach dem Krieg Ihre Bären her?
A: Das waren alles Wildlinge. Die Zoos haben ja damals noch nicht gezüchtet. Und wenn sie Junge hatten, haben sie sie nicht abgegeben. Ich hatte 12 Tiere, die wurden alle in der Arktis gefangen. Auf dem Schiff schrien sie nach der Mutter, die ja erschossen worden war. Sie hatten erst einmal Angst vor den Menschen, das ist ja klar. Aber sie bekamen dann allmählich Vertrauen. Man muss sie natürlich auch aneinander gewöhnen, sie sind ja gar nicht gewöhnt, „in der Masse" zu leben.

F: Wie sind Sie zu der Eisbärennummer bekommen? Sie haben ja vorher andere Tiere gezeigt.
A: Ich habe vorher eine gemischte Bärengruppe gehabt, und angefangen hatte ich mit Tigern. Der Tiger ist für mich eigentlich das schönste Tier in der Manege. Er ist auch am leichtesten zu führen, weil man an seiner Mimik und seinen Bewegungen sehen kann, in welcher Stimmung er ist; was man beim Bären eben nicht kann. Als ich zu den 12 Eisbären kam, damals im Zirkus Krone, sahen alle gleich aus: weiß mit drei schwarzen Punkten im Gesicht. Aber jeder hatte einen anderen

Charakter! Nun hatte ich noch zwei Kragenbären dabei, die haben wir aber nachher rausgeworfen, weil der eine so böse auf die anderen war. Und das ist auch ganz gut so gewesen, es war dann eine schöne Gruppe, eine sehr schöne Gruppe. Es waren riesengroße Tiere.

F: Hatte das Geschlecht der Eisbären einen Einfluss auf die Dressur?
A: Die Großen waren ja alle kastriert. Und die letzten drei, die ich hatte, waren zwei Weibchen und ein Männchen. Und die zusammenzubringen, das war sehr schwierig, denn das kleine Männchen – es war so groß wie ein Bernhardiner – hat mir meine großen Bären, die drei Meter hoch waren, wenn sie standen, an der Nase durch den ganzen Käfig gezogen – und da mussten wir ihn auch kastrieren.

Doris Arndt auf einem Bild von
H. Fischer (Ausschnitt)

F: Wie lange dauert es, bis sich ein Bär in die Gruppe einordnen lässt, bis er seine Aufgaben übernimmt?
A: Das geht schnell. Wenn man eine fertige Gruppe hat, muss man die Tiere natürlich zuerst ein bisschen auseinander halten. Bären sind am schwierigsten, glaube ich. Sie sind sehr intelligent, sie können jede Schraube lösen oder ein kaputtes Blech in ihrem Wagen. Katzentiere machen das nicht so, nein. Ich habe eine Bärin gehabt, die war 32 Jahre alt, in der Freiheit werden sie nie so alt. Sie benahm sich genau wie ein alter Mensch. Sie konnte mit ihren steifen Knochen nicht mehr aufs Postament. In dem Bassinwagen versuchten die anderen, diese Bärin unterzutauchen. Alles was krank und schwach ist, merzen sie aus. Das ist nun mal beim Raubtier so. Aber einer war dabei, der hat sie beschützt. Da saß sie in der Ecke, und er hat sich immer davor gestellt.

F: Das scheint komplexes soziales Verhalten zu sein …
A: Ja, ja. Aber jeder einzelne Charakter ist anders . Wir hatten auch einen, der war wirklich richtig böse, den haben die andern vorher ein bisschen garstig angefasst, und dann hat der die Augen zugemacht und ist auf sie losgegangen. Also ein Bär ist wie ein Traktor, der geht einfach drauf.

F: Wie war das, als Sie zum ersten Mal in den Käfig mit den Bären kamen? Waren Sie schon so souverän, dass Sie wussten, da passiert nichts?
A: Das erste Mal war eigentlich gut, obwohl – passieren kann immer etwas. Ich hatte bei Franz Althoff die Bärengruppe, das waren nur sechs Tiere. Eine Bärin hat mir hier den Muskel durchgebissen, aber das war auch mein Fehler, denn ich hatte das Männchen vor der Arbeit von den

Doris Arndt in der Manege des
Zirkus Krone

Weibchen getrennt, und das hat sie mir übelgenommen. Beim „Kompliment machen" [Verbeugung vor dem Publikum] kam sie jedes Mal ein bisschen dichter ran, das habe ich erst gar nicht gemerkt. Und dann hatte sie mich unter sich, und sie hat sich wohl gesagt „Du bist jetzt dran". Das war ein ulkiges Gefühl, ja, dann kamen die anderen alle und wollten mich auseinanderreißen. Ich lag auf der Erde und sah, wie sie alle – also wenn da nicht ein Kollege gekommen wäre und mir geholfen hätte – da wäre nichts mehr von mir übrig gewesen. Und das bei nur sechs Bären, nicht? Es ist immer riskant. Einer ist mal von der Rutsche heruntergefallen, weil sie sich geschubst hatten, da musste ich auch raus, weil er, als er wieder aufgestanden war, wohl dachte, ich wäre daran schuld, und dann auf mich los wollte.

F: Haben Sie nach diesem Unfall Angst gehabt, wieder in die Manege zu gehen?
A: Ja – das werde ich Ihnen sagen, das war eigentlich meine schwerste Entscheidung. Diese Bärengruppe habe ich geliebt, damals. Und ich bin, als ich nach drei Wochen ungefähr wieder gesund war, wieder reingegangen. Da lief es mir kalt den Rücken runter, denn ich wusste genau: Wenn der Bär das einmal gemacht hat, dann tut der das wieder. Und es war auch noch mein bester Bär, der intelligenteste in der Gruppe. Darum hab ich gesagt, ich mach's nicht mehr. Aber bei Krone habe ich eine neue Gruppe übernommen, die wussten, dass ich frei war, und engagierten mich.

F: Sie sind sogar einmal in einem Hollywood-Film aufgetreten!
A: Der Film hieß „The Big Show" mit Esther Williams und Cliff Robertson. Da habe ich als Double zusammen mit meinen Bären gearbeitet. Das war mal nett, da reinzuriechen [siehe auch Fotos S. 64 und S. 248].

F: Wie ist es Ihnen dann später im Zirkus Krone ergangen?
A: Ich habe jedes zweite Jahr für Krone im festen Bau in München gearbeitet und dazwischen bin ich mit den Bären europaweit umher gereist. In München kam immer dasselbe Publikum. Deshalb habe ich irgendwann die Postamente anders gestellt, damit Abwechslung rein kam. (Sie zeigt Bilder) Und das hier war in Spanien. Da habe ich den Oscar gekriegt.

F: Wer vergab die Zirkus-Oscars?
A: Der ist damals – darauf war ich eigentlich sehr stolz – vom Publikum vergeben worden. Den Pokal habe ich immer noch, ich gebe ihn auch nicht her (lacht; dann zeigt sie uns das Bild mit dem „Eisbärenkuss").

F: Macht das Spaß? Warum küsst man einen Eisbären?
A: Nee, das macht keinen Spaß. Ist nur fürs Publikum. Ich habe es auch gemacht. Der Bär hatte leider nur ein Auge, und das war gefährlich, weil, wenn man von hinten kam, wusste man nicht, wie er reagiert, es war aber ein guter Bär. Einmal hatte ich seine Zähne an meinen gespürt, das war der Punkt, wo ich gesagt habe: „Jetzt ist Feierabend, das machst Du nicht mehr."

F: Aber sonst hatten Sie auch Freude beim Dressieren?
A: Oh, das macht richtig Spaß! Man freut sich natürlich, wenn ein Trick geklappt hat. Es ist Arbeit, es ist richtige Arbeit, aber es macht auch Freude, wenn man sieht, dass das Tier es begriffen hat.

F: Wurden die Bären gefüttert, bevor sie in die Manege kamen?
A: Nein. Ein sattes Tier wird träge. Die werden alle nach der Vorstellung gefüttert. Und wenn mal einer ausgerückt ist – das kam ja auch mal vor – dann ist er immer in den Wagen gegangen, weil er wusste, dass es da jetzt Futter gibt.

F: Was bekommen die Tiere als Belohnung nach dem Trick?
A: Entweder gekochtes Fleisch, oder Kekse und so was. Keinen Zucker. (Sie zeigt ein Bild) Dieser Bär hier, der auf der Kugel läuft, wollte eigentlich nur mit dem Bären da oben spielen, und ging deshalb auf die Kugel. Das hat er von ganz alleine gemacht. Das Publikum hat gerast, das war `ne tolle Sache. Und ich hab ihn natürlich danach belohnt und dann machte er es immer wieder. Die Kunst ist, herauszufinden, was sie gerne machen.

F: Muss man den Bären das Laufen auf den Hinterbeinen antrainieren?
A: Ja, das muss man, obwohl sie ja auch in der Freiheit stehen. An dem Stock, den der Dompteur vor ihnen erhebt, ist anfangs eine Leckerei, der sie auf zwei Beinen nachlaufen. Wenn sie es dann können, nicht mehr. Man dressiert nur mit Geduld und Futter, nicht mit dem Knüppel. Wenn sie von hinten geschlagen werden, denken sie, sie wurden gebissen, drehen sich herum und wollen zurückbeißen. Darum bin ich ja damals von dem Bären freigekommen. Der andere Dompteur hat weiter nichts gemacht, als den Bären in den Hintern getreten und darum hat er losgelassen. Tja, mit solchen Schwierigkeiten hatte man zu kämpfen.

Das Ehepaar Schaaff bei unserem Gespräch

Herr Schaaff: Also ich muss sagen, meine Frau hatte einen tollen Kutscher. So nennt man die Raubtierhelfer, der stammte aus dem Bayrischen Wald, wie der mit den Tieren umgegangen ist …

Frau Schaaff: Von meinen Bären kam keiner schmutzig in die Manege. Die waren alle sauber, schneeweiß. Der Kutscher hat sie vor der Arbeit saubergemacht. Er hat sie umgedreht, ran ans Gitter und dann wurden die nassgemacht, abgeschrubbt und zum Schluss mit weißem Sägemehl bestreut.

Herr Schaaff: Aber so weiß wie die Bären waren, so schmutzig war der Kutscher (er lacht).

Frau Schaaff: Es ist so wie mein Lehrmeister damals gesagt hat: „Du musst mit sauberen Schuhen hereinkommen, wie du herauskommst, ist egal."

Kapitel 4

Bewohner der Arktis –
Nanook und die Inuit

Die Jagd auf Eisbären ist heute noch Teil der Inuit-Kultur, Foto von Frank Kleinschmidt, 1924

Bewohner der Arktis – Nanook und die Inuit

Am Rande der bewohnbaren Welt

Wer im gemäßigten Klima Mitteleuropas aufgewachsen ist oder gar in noch wärmeren Gebieten der Erde gelebt hat, kann sich schwerlich vorstellen, dass man es in den kalten Regionen zwischen dem Polarkreis und dem Nordpol nicht nur aushalten kann, sondern dass es Menschen, Tiere und Pflanzen gibt, die sich dort sogar ausgesprochen wohl fühlen.

Die Bezeichnung „Arktis" ist vom griechischen Wort árktos (ἄρκτος = Bär) abgeleitet und bedeutet demnach so viel wie „Land unter dem Bären", d. h. unter dem Sternbild des Kleinen Bären, zu dem auch der Polarstern gehört). Heute versteht man darunter ein Gebiet von über 20 Millionen Quadratkilometern – etwa doppelt so groß wie Europa –, dessen Grenzen durch seine klimatischen Bedingungen definiert sind. Die Abgrenzung nach Süden kann anhand verschiedener Kriterien bestimmt werden, der Polarkreis spielt dabei die geringste Rolle; er ist eher eine astronomische Größe, nämlich der Breitengrad (66° 33' 44"), an dem die Sonne zur Sommersonnenwende gerade nicht untergeht. Hingegen werden oft die 10° C-Isotherme, also die Linie, bis zu der die durchschnittlichen Lufttemperaturen im Juli 10°C nicht überschreiten, und die Baumgrenze als Kriterien herangezogen; seltener auch die Verteilung des Permafrostbodens, außer in Asien, denn dort hat er eine weit nach Süden ausgreifende Verbreitung.

Geht man von der Baumgrenze als Südgrenze der Arktis aus, dann beginnen die arktischen Gebiete an der Westküste des amerikanischen Kontinents bereits südlich des Polarkreises, nämlich etwa am 62. Breitengrad; in östlicher Richtung verschiebt sich die Grenze zunächst etwas nach Norden, um dann unter dem Einfluss der Hudson Bay wiederum sehr weit nach Süden – bis etwa zum 58. Breitengrad – zu

Im Bereich der Baumgrenze (Nördliches Québec, Kanada)

rücken, und nahe der kanadischen Atlantik-
küste, in Labrador, erreicht die südliche
Ausdehnung sogar 53° N, das entspricht
der geografischen Breite von Bremen!
In Europa und in Asien hingegen
liegen sowohl die Baumgrenze als
auch die 10° C-Isotherme überwiegend nördlich des Polarkreises, in Russland sogar bis
zu mehreren hundert Kilo-
metern weit; eine Ausnahme
bildet hier nur der äußerste
Westen Sibiriens.

Im Meer lässt sich die
Grenzlinie zur Arktis dort an-
setzen, wo das kalte und salz-
ärmere Wasser des Nordens auf
das wärmere, salzhaltigere Wasser
des Südens trifft – im Bereich des
Golfstroms nahe West- und Nordeuropa ist das etwa am 80. Breitengrad
der Fall, um Grönland hingegen bereits bei
65° N.

In den wärmsten Sommermonaten werden in
der Arktis Durchschnittstemperaturen zwischen 0° und
15° C gemessen. Dabei können in manchen arktischen Gebieten im
Landesinneren von Sibirien, Alaska und Kanada gelegentlich Tempe-
raturspitzen von 20° C und mehr erreicht werden.

Im Winter beträgt die durchschnittliche Lufttemperatur in der Arktis -34° C. Die kälteste Region liegt im nordöstlichen Sibirien, wo Temperaturen bis zu -69° C aufgezeichnet wurden.

Das Zentrum der Arktis, gewissermaßen ihr großes Herz, ist das
zu überwiegenden Teilen vom Land umgebene Nordpolarmeer. Seine
Verbindungen zu den Ozeanen liegen zwischen Alaska und Sibirien,
zwischen dem kanadischen Archipel und Grönland sowie im Bereich
des Golfstroms zwischen Grönland und Nordskandinavien. Ein gro
ßer Teil des Nordpolarmeers, mit dem Nordpol als Zentrum, ist ganzjährig von Eis bedeckt, das mit dem Wechsel der Jahreszeiten vorrückt
und sich wieder zurückzieht.

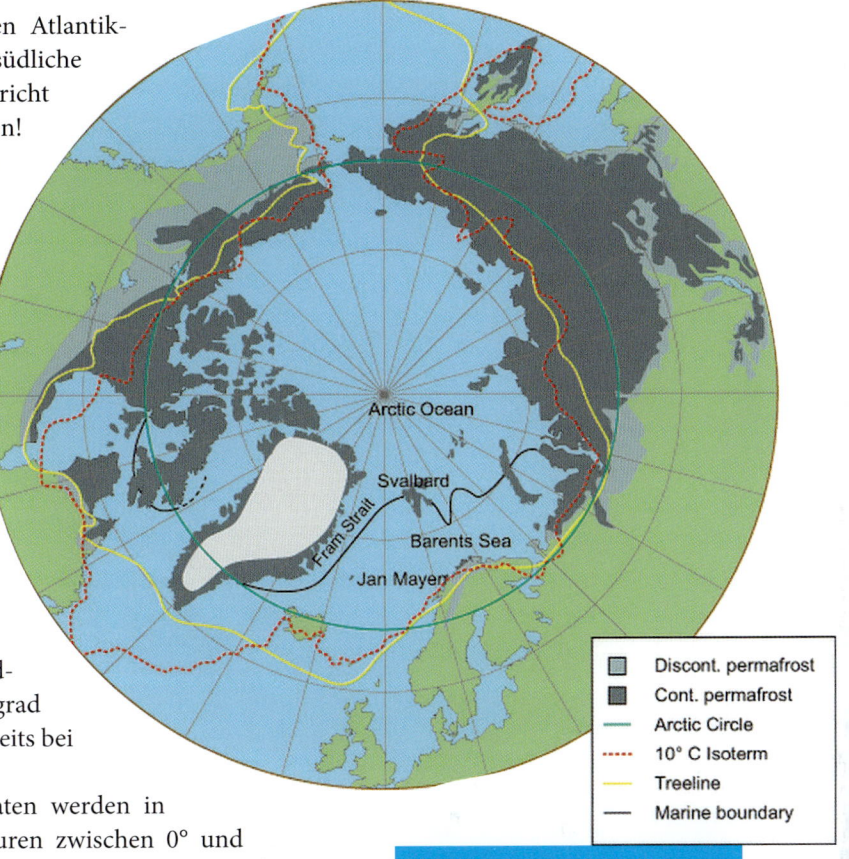

Legende:
- Discont. permafrost
- Cont. permafrost
- Arctic Circle
- 10° C Isoterm
- Treeline
- Marine boundary

Zur Abgrenzung der Arktis:
Dunkelgrau: stetiger Permafrost
Hellgrau: sporadischer Permafr.
Linien:
Türkis: Polarkreis
Rot: 10° C-Isotherme
Gelb: Baumgrenze
Schwarz: Grenze des offenen
Meeres
(Audun Igesund, Norwegian
Polar Institute)

Wissen über Meereis

Wir alle kennen das Eis des europäischen Winters, das wir auf Pfützen, gefrorenen Tümpeln, Seen oder an den Rändern von Fließgewässern antreffen. Dieses Süßwassereis hat mit dem Eis in der Welt des Eisbären jedoch wenig gemeinsam. Denn das Nordpolarmeer – ein Ozean mit seinen Randmeeren – trägt eine bewegliche Eisdecke. Meeresströmungen, Gezeiten und Wind beeinflussen die Bewegungen des Eises und damit seine Beschaffenheit, Salzwassereinschlüsse im jungen Meereis wirken sich auf seine Elastizität aus: Wo dünnes Süßwassereis einfach zerspringt, wenn ein Mensch oder ein großes Tier darüber läuft, biegt sich das genauso dünne Meereis unter dem Druck der Schritte zwar durch, vielleicht spritzt dabei auch etwas Meerwasser nach oben, aber es trägt wesentlich besser.

Die durchschnittlichen Wassertemperaturen im arktischen Eismeer liegen sogar im Sommer nur bei etwa -1,5° C. Schon bei geringer Abkühlung beginnt das Salzwasser zu gefrieren (bei -1,78° C). Es bilden sich zunächst kleine Eiskristalle, die sich bei anhaltend niedrigen Temperaturen in verschiedenen Formen zusammenfügen. Je nach Stadium und Größe der Zusammenballungen unterscheidet man das nadelförmige **Frazil-Eis**, den **Eisschlamm**, dessen Anblick an eine Fettschicht erinnert, und das aus fast kreisförmigen flachen Einzelstücken von bis zu 70 cm Dicke und fünf Meter Durchmesser bestehende **Pfannkucheneis**, aus dem sich **Eisschollen** formen, die schließlich **Packeis** bilden. An der Unterseite bilden sich bei entsprechenden Temperaturen ständig weitere Eiskristalle, so dass das Eis innerhalb eines Jahres eine Stärke von bis zu zwei Metern erreichen kann. Während des Sommers schmilzt das einjährige

Eis, oder es wird im nächsten Winter zu mehrjährigem Eis, das übrigens nahezu salzfrei ist – denn beim Gefrieren entsteht Salzlauge, die sich in schmalen Solekanälen zwischen den festen Wassereiskristallen anreichert und allmählich in die Tiefe sinkt.

Das Meereis ist nur sehr selten gleichförmig. Durch Wind, Strömungen und Gezeiten wird es ständig verformt und aufeinander getrieben und kann dadurch im Laufe von zwei oder mehr Jahren bis zu drei Meter Dicke erreichen; auf der kanadischen Seite der Arktis werden aufgrund der Wind- und Strömungsverhältnisse sogar bis zu sechs Meter Dicke gemessen. Die Oberfläche des Eises ist nur selten eben und glatt, man sieht Furchen und Aufbrüche, Erhebungen, Presseishügel und -rücken, die bis zu zehn Meter dick sein können.

Die Fläche des arktischen Meereises schwankte, über Jahrzehnte gemittelt, zwischen etwa 9,2 Millionen km² im Sommer und 15 Millionen km² im Februar/März; Letzteres entspricht der anderthalbfachen Fläche von ganz Europa. In den letzten Jahren allerdings lagen die Werte im Sommer konstant weit unterhalb des Durchschnitts, nämlich bei ca. 7 Millionen km² – das ist nur noch die Hälfte der Winterausdehnung (→ Kapitel Auf dünnem Eis).

Neben dem driftenden Eis findet sich an den Küsten auch sogenanntes Festeis, stabiles Eis, das durch Zusammenstöße mit driftendem Packeis nicht selten zu meterhohen Blöcken aufgetürmt wurde.

Die Landschaft auf dem Festland und den Inseln der Arktis ist vielfältig. Zwischen dem Atlantik und den nördlichen Rocky Mountains wie auch an der Nordküste Sibiriens und auf manchen Inseln des arktischen Archipels finden sich weite, oft kahle Ebenen. Mancherorts aber ragen steile Berge schroff aus dem Meer, und teilweise vergletscherte Gebirgszüge machen das Land unpassierbar. Oft liegt es monatelang unter einer tiefen Schneedecke, und schwere Stürme führen zu gewaltigen Schneeverwehungen. Im Sommer taut nur die obere Bodenschicht auf, und der Permafrostboden verhindert das Abfließen von Schmelz- und Regenwasser nach unten, sodass sich viele Tümpel und morastige Senken bilden. Man findet dichtbewachsene Tundra, aber auch vegetations- und niederschlagsarme Schuttwüsten. Die Küstengebiete werden über einen langen Zeitraum des Jahres vom Eis beherrscht.

Die Wintersonnenwende leitet eine Zeit des Zwielichts und der langen Dämmerungen ein. Direkt am Polarkreis geht die Sonne für einen Tag nicht mehr auf, weiter nördlich fehlt sie für Wochen oder gar Monate. In großen Teilen der Arktis erleben Menschen, Tiere und Pflanzen fast völlige Dunkelheit, in der das blasse Mondlicht die hellste Lichtquelle ist – und das nur bei klarem Wetter. Die Sommersonnenwende bringt den Wechsel: Am Polarkreis geht die Sonne für mindestens 24 Stunden, weiter nördlich sogar Wochen und Monate, nicht mehr unter. Die dann – zumindest bei wolkenlosem Himmel – lang andauernde Sonneneinstrahlung ermöglicht in den kargen und vermeintlich öden Tundren die fast explosionsartige Entfaltung eines unvermuteten biologischen Reichtums, wenn auch regional – entsprechend der jährlichen Lichtmenge und den jeweiligen Durchschnittstemperaturen, Boden- und Niederschlagsverhältnissen – in sehr unterschiedlicher Ausprägung. Wer querfeldein in der Tundra wandert, kann zwischen Kies und Schottergestein, grauen Felsrücken und braunen Grasblüten eine reiche Farbwelt entdecken. Auf den Steinen oder Felsen haben sich nicht nur graue und schwarze, sondern auch grünliche und leuchtend orangefarbene Flechten festgesetzt. Der vorwiegend sandige oder geröllartige Grund hat zwar kaum humosen Boden, doch sind hier verschiedene Flechtenarten mit bescheidenen Ansprüchen, die sogenannten Rentierflechten, weit verbreitet. Sie dienen den Karibus und Moschusochsen als Nahrung. In Bodenvertiefungen und an geschützten Stellen zwischen größeren Steinen wachsen verschiedene Gräser, Kräuter und Stauden, die manchmal üppige Tupfen von grün, gelb, rot, violett oder weiß ins Graubraun setzen. In feuchten Niederungen finden sich auch größere Grasflächen, und in Tälern und in windgeschützten Boden-vertiefungen wächst sogar Gestrüpp aus Zwergbirken und Polarweiden, die trotz nur daumendicker Stämme über 100 Jahre alt sein können.

Der aufmerksame Beobachter kann noch andere Zeichen des Lebens ent-decken: vielleicht einen Tierknochen, einen Rest Wolle von Moschusochsen, Losung von Schneehasen oder Tierfähr-ten. Größere Vegetationspolster weisen oft auf vergangene Ereignisse hin: Wo einst ein Tierkadaver lag, oder wo ein Falke auf einem Felsen regelmäßig seine Beute verspeist, ist genug organisches Material abgelagert worden, um ein reicheres Pflanzenwachstum zu ermög-lichen, das sich recht deutlich von dem spärlichen Bewuchs der Umgebung ab-hebt.

Wer sich Zeit nimmt, entdeckt viel-leicht auch Spinnen, Käfer, Raupen, einen Singvogel oder sogar Pilze; wer Glück hat, sieht in einiger Entfernung einen Schneehasen, ein Karibu, einen Moschusochsen – oder gar einen Eis-bären. Man stößt in den Weiten der Tundra auch auf andere Zeichen von Leben: Ringe von Steinen, mit denen einst Inuit ihr Zelt beschwert haben, oder Steinfundamente von Häusern, in denen die Menschen der Thule- und Dorset-Kultur vor hunderten oder tau-senden von Jahren lebten. Viele davon sind bis heute nicht von Archäologen entdeckt und erforscht.

Frühe Arktisbewohner in Kanada

Die kanadische Arktis wurde vor knapp 5000 Jahren besiedelt. Die vermutlich über das Wintereis der Beringstraße eingewanderten Jägernomaden aus Asien, die man heute als Paläo-Eskimos bezeichnet, verteilten sich relativ schnell über die kanadische Hocharktis bis nach Grönland. Sie waren gut an das Leben an der Eismeerküste angepasst: Sie benutzten Fischspeere und jagten Robben mit Harpunen. Mit Pfeil und Bogen oder mit Stoß- und Wurflanzen erlegten sie Vögel, Schneehasen, Karibus und Moschusochsen – selbst Eisbären. Ihre Projektile bestanden großenteils aus Geweihknochen und Elfenbein; Messerklingen, Schaber und andere Werkzeuge wurden aus Steinen hergestellt.

Später, um ca. 500 v. u. Z., benutzten die Jäger des Nordens bereits Kajaks, und sie verwendeten Gefäße und Tranlampen aus Speckstein zur Heizung und Beleuchtung. Diese sogenannte Dorset-Kultur wurde nach einem der Ausgrabungsorte wichtiger Funde aus dieser Zeit, Cape Dorset, benannt (in der Nähe der heutigen gleichnamigen Gemeinde auf einer kleinen Insel vor der Foxe Peninsula, die zu Baffin Island gehört). Die halbunterirdischen Winterbehausungen der „Dorset-Eskimos" hatten Wände aus Felsbrocken und Grassoden; das Dach bestand aus Treibhölzern oder Walknochen, die mit Walrosshäuten bedeckt wurden. Die Dorset waren erfolgreiche Jäger nicht nur von Robben, sondern auch von größeren Meeressäugetieren wie Walrossen und Beluga-Walen. In den Mythen und Erzählungen der Inuit erscheinen die Dorset als „Tunnit", mit übernatürlichen Kräften ausgestattete Riesen: „sie konnten ein Walross ebenso leicht über das Eis ziehen, wie wir das nur mit einer Robbe schaffen". Erstaunlicherweise fertigten diese „Riesen" winzig-kleine Kunstwerke aus Walknochen, Walross-Elfenbein, Stein oder Treibholz – zierliche Figuren und Masken, Bären und Vögel.

Als zwischen 1000 und 1500 u. Z. von Alaska her die sogenannten Thule-Inuit[1] – wahrscheinlich Nachkommen der dortigen Paläo-Eskimos – einwanderten, verschwand die Dorset-Kultur allmählich. Die Thule-Inuit verfügten über sehr effiziente Methoden für die Jagd auf große Meeressäuger. Ihre Harpunen waren mit Schwimmblasen und Zugseilen ausgestattet, sodass sie die getroffene Jagdbeute leichter aus dem Meer bergen konnten. Außer den wendigen Kajaks verfügten sie auch über große, offene Boote, Umiaks, die zum Fracht- und

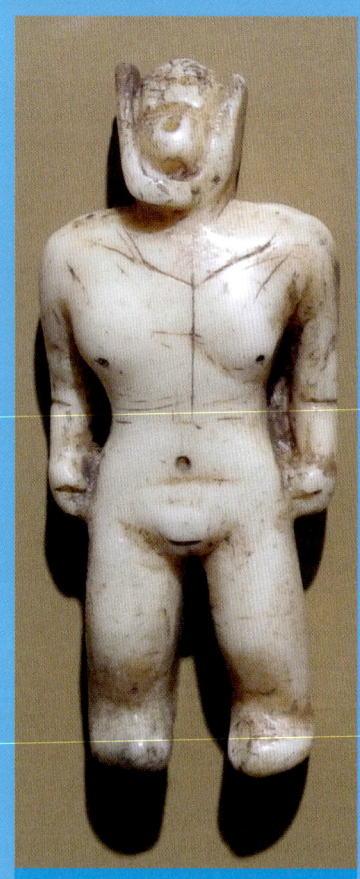

Figur, Saqqaq-Kultur, Grönland (ca. 2400- 800 v.u.Z.)

Thule-Behausung, Somerset Island

Personentransport und zur Waljagd eingesetzt wurden. Im Winter nutzten sie Hundeschlitten zur schnellen Fortbewegung. Zur Jagd und zur Verarbeitung der Tiere taten sich Familien zeitweise in größeren Gruppen zusammen. Das im Sommer erjagte Fleisch wurde für den Winter in mit Steinen gesicherten Depots gelagert. Die Thule-Inuit bauten ebenfalls Winterhäuser, die in die Erde eingegraben wurden. Für den Fußboden, die Schlafplattformen und die Wände verwendeten sie große Steinplatten. Das Dach aus Walknochen oder Treibholz wurde mit Fellen überspannt. Hinein gelangte man durch einen niedrigen Tunnel, der sich unterhalb des Niveaus der Schlafflächen befand. Damit erreichte man, dass die mit den Walspecklampen erzeugte Wärme im Haus blieb.

Die regelmäßigeren Jagderfolge sorgten dafür, dass die Thule-Kultur sich rasch über die gesamte kanadische Arktis verbreiten konnte und bereits nach kurzer Zeit die Dorset-Kultur verdrängte. Man betrachtet die Thule-Inuit als die Vorfahren der heutigen Inuit.

Menschen der Arktis - Hauptberuf: Jäger

Die Inuit wie die anderen indigenen Völker der arktischen Regionen – ob Samen, Nenzen, Ewenken, Tschuktschen, Yupik oder andere – sahen die Ebenen, Senken, Hügel, Berge und Eisflächen der Arktis niemals als Ödland oder unbelebte Wildnis an. Sie boten ihnen Nahrung und Obdach, sie waren ihr Zuhause. Mit dieser ihrer natürlichen Umwelt waren sie in materieller und in spiritueller Hinsicht zutiefst verwoben, und der Himmel, die Landschaft und die Lebewesen in ihr inspirierten ihre Kultur und ihre Kunst. Das ist großenteils auch heute noch so.

Die langen und scheinbar endlosen arktischen Nächte boten Gelegenheit, viele Märchen, Mythen und Legenden zu erzählen und an die kommenden Generationen weiterzugegeben, Spiele zu spielen und sich anderen Freizeitaktivitäten zu widmen, wie Trommeltanz und Kehlkopfgesang. Es ging dabei um die Tiere der Arktis, die Erscheinungen der Natur, wie etwa die Nordlichter, um die Jagd, das Leben von Familie und Gemeinschaft, Alltagsverrichtungen und besondere Erlebnisse – etc. Die Inuit und die anderen Völker des hohen Nordens entwickelten über mehrere tausend Jahre ein in den Überlieferungen bewahrtes kollektives Wissen, besondere Fähigkeiten und Strategien. So ist es ihnen möglich, unter den uns so unwirtlich anmutenden Bedingungen der Arktis nicht nur zu überleben, sondern die Ressourcen von Land und Meer optimal zu nutzen. Bei Strafe des Untergangs mussten sie auf Schwankungen von Klima und Nahrungsverfügbarkeit reagieren und auch ihre Austausch- und Handelsbeziehungen entsprechend anpassen.

Mit Ausnahme der Rentierzüchter unter ihnen – etwa der Samen in Finnland und der Rentiernomaden in Sibirien – waren sie in erster Linie Jäger. Sie kannten es nicht anders, denn sie hatten auch keine Wahl: außer einigen wenigen Beerenarten – wie Moltebeeren, Arktischen Himbeeren, Preiselbeeren, Krähenbeeren und Alpinen Bärentrauben – und essbarem Seetang bietet die Arktis keinerlei pflanzliche Nahrung; dass ein Anbau von Getreide, Gemüse etc. in diesem Klima unmöglich ist, wird jedem einleuchten. Alle Arktisbewohner waren daher primär Fleischesser und deckten ihren Vitamin-C-Bedarf hauptsächlich über die mit Speck besetzte Haut von Beluga- und Narwal, und die Leber von Karibu und Robbe.

Die Inuit-Aktivistin und Geschichtenerzählerin Aaju Peter

Warum die Sterne am Himmel sind

Für die Inuit sind die Sterne nicht nur am Himmel, um Licht zu spenden oder den Reisenden zu leiten. Sie sind lebende Wesen, die durch Wechselfälle des Schicksals dazu gebracht wurden, für immer am Himmel zu wandern und nie von ihren Pfaden abzuweichen. Eines dieser Wesen, die die Erde verlassen haben und nun am Himmel leben, war Nanook der Bär.

Eines Tages wurde Nanook von einer Meute wilder Eskimohunde aufgespürt. Er wusste nur zu gut, dass mit diesen Hunden nicht zu spaßen war, und versuchte, ihnen zu entwischen. Schneller und schneller rannte er über das Eis, doch die Hunde blieben ihm dicht auf den Fersen. In wilder, schrecklicher Verfolgungsjagd kamen sie immer näher an den Rand der Welt, aber weder Nanook noch seine Verfolger bemerkten es. Schließlich purzelten sie kopfüber in den Himmel und verwandelten sich in Sterne. Für Europäer sind das die Plejaden, in der Konstellation von Taurus, dem Stier. Aber die Inuit sehen sie immer noch als Nanook, den Eisbären, mit der Meute wilder Hunde, die sein Blut wollen.

Oben am Himmel direkt über ihrem Kopf sehen die Inuit ein riesiges Karibu, das für uns der große Bär (oder Wagen) ist. Auf der anderen Seite des Himmels erkennen sie eine Öllampe, von uns Kassiopeia genannt. In den Sternen am Horizont zwischen der Lampe und dem Karibu erblicken die Inuit eine aus Schneestufen gearbeitete Treppe von der Erde zum Himmel, eine Konstellation, die wir als Orion, den großen Jäger, kennen. Manchmal, in den dunkelsten Nächten, kommen die verstorbenen Vorfahren der Inuit zum Tanz heraus. Die Sterne beleuchten die Tanzdiele. Dann glüht Gulla über den Himmel – das schimmernde Muster von Aurora Borealis, dem Nordlicht. Die Wikinger nannten das Bifröst, die Brücke von unserer Welt zu Asgard, dem Heim der Götter.

Aber von allen Sternen der beliebteste und wunderbarste für die Menschen im Fernen Norden ist die Sonne. Sie betrachten sie als ein junges Mädchen von berückender, blendender Schönheit. Im kurzen arktischen Sommer ist sie Tag und Nacht da, denn das ist die Zeit der Mitternachtssonne, wenn ihr Bruder Aningan, der Mond, sie immer um den Nordpol herum jagt, so dass sie nicht unter den Horizont entkommen kann. Aningan, der Mond, ist ein großer Jäger, und genau wie seine Schwester jagt auch er die Tiere. Er hat eine zuverlässige Meute von Hunden, die ihm helfen. Manchmal werden die Hunde von der Freude der Jagd übermannt, sie springen über den Rand des Himmels und rennen die Treppe des Orion bis zur Erde hinunter. Dann gibt es Sternschnuppen.

(*Nacherzählt nach den Tagebüchern von Knud Rasmussen*)

Die Inuit jagten nicht nur, um zu essen. Auch die Herstellung wichtiger Gebrauchsgegenstände hing von tierischen Rohstoffen ab.

Die Winterkleidung wurde zumeist aus Karibuhäuten gefertigt. Der Kapuzenrand der Parkas war nach Möglichkeit aus dem Fell von Wolf oder Vielfraß, weil sich darin die Eiskristalle der Atemluft nicht verfangen. Robbenhäute lieferten das Material für die leichtere, aber wasserfeste Sommerkleidung; sie wurden mit Sehnen zusammengenäht, die bei Feuchtigkeit aufquollen und so die Nähte wasserdicht machten. Aus Robbengedärm fertigte man wasserdichte Regenkleidung (z. B. den Anorak). Wasserdichte Stiefel wurden ebenfalls aus Robbenfell genäht, die Sohlen meist aus der festeren Haut der Bartrobben. Um sich im Schnee besser anschleichen zu können, versah man die Sohlen manchmal mit Eisbärenfell. Letzteres verwendete man auch für besonders warme Hosen und Stiefel.

Die Sehnen von Tieren dienten außer als Nähgarn auch als Schnüre sowie als Bogensehnen. Aus den Häuten wurden Seile und Leinen für die Schlittengespanne und die Hunde

Wandbehang „Polar bear hunt" von Mary Yuusipik, Privatsammlung

geschnitten. Das Gelenkfett der Karibus benutzte man zum Einfetten der Bogensehnen bei eisigen Temperaturen. Fischhäute boten Material für wasserdichte Taschen und Beutel. Aus dem biegsamen Horn der Moschusochsen wurden Zinken für Fischspeere gefertigt; die sehr harten Knochen von Eisbären fanden als Werkzeugspitzen Verwendung. Schlittenkufen machte man aus Treibholz oder Karibuknochen; war beides nicht verfügbar, war man erfinderisch und benutzte unter anderem sogar frisch gefangene Fische, nachdem sie – fest in trockener Robbenhaut eingewickelt – hartgefroren waren.

Da die Jagd Grundlage für das Überleben war, genossen gute Jäger hohes Ansehen bei ihren Mitmenschen. Das Bewusstsein, mit erfolgreicher Jagd die Familie und das Camp gut zu ernähren, erfüllte sie mit Stolz. Bereits kleinere Kinder versuchten sich spielerisch in der Jagd; aber stellte sich der erste Jagderfolg ein – vielleicht ein Vogel oder ein Schneehase – wurde das in der Gruppe als Fest gefeiert. Es war nicht ungewöhnlich, dass Kinder im Alter von 10 bis 15 Jahren, manchmal auch noch jüngere, bereits ihre erste Robbe oder ihr erstes Karibu erlegt hatten. Das Erlernen von Jagdtechniken war sehr wichtig für das Überleben. Da die Inuit in der Regel in Kleinstgruppen zusammenlebten, mussten manchmal bereits Heranwachsende die ganze Familie ernähren, falls ältere Familienmitglieder durch Krankheit oder Unfälle nicht mehr dazu fähig waren.

Überleben konnten die arktischen Jägervölker nur, weil sie eine tief verwurzelte Beziehung zu ihrer Umwelt hatten – einschließlich des Wissens um ihre Abhängigkeit von der Existenz der Robben, Walrosse, Wale, Eisbären, Karibus, Moschusochsen, Vögel und anderer essbarer Tiere. Eine sinnlose Jagd, das Töten von mehr Tieren, als sie benötigten, war ihnen zumeist fremd. Die Tiere, die ihnen Nahrung, Kleidung und Material für Werkzeuge und Geräte lieferten, besaßen stets auch eine spirituelle Bedeutung für sie. Die Inuit verstanden sich immer als Teil der Natur, mit der sie im Gleichgewicht zu leben hatten; sie wollten die Natur nicht gestalten oder gar ausbeuten. Verbreitet war die Vorstellung, dass alle Erscheinungen der Natur, alle Gegenstände und alle Tiere geistige Wesen sind. Das Fleisch, die Felle und andere Teile der Tiere wurden als Geschenke betrachtet, im Gegenzug verspürten die Inuit den Tieren gegenüber eine Art Dankbarkeit und ethische Verpflichtung zu tiefem Respekt, die sich auch in Opfergaben ausdrückte.

Fellkleidung, wie sie im Museum von Cambridge Bay gezeigt wird

Die Inuit sahen sich selbst als gleichwertige Partner aller Tiere in ihrem Territorium, aber bestimmte Arten wurden in einem eher spirituellen Sinn verehrt, weil man glaubte, dass sie übernatürliche Kräfte besitzen. Robben standen für Intelligenz und Freundschaft, Wale symbolisierten Weisheit und Glück, und Karibus wurden mit dem Regen in Verbindung gebracht. Aber wie die Legenden, Jagdrituale, religiöse Zeremonien und die Kunst der Inuit zeigen, ist es der Eisbär, dessen Eigenschaften wie Kraft, Mut und Ausdauer am höchsten bewertet werden.[2]

Arnat Uluit
a. *Ulu*, pilakaarutauvaktut niqinik.
b. *Kimalik*, pilakaarutauvaktuq amirnut. CMC IV-D-232, 220
Women's Knives
a. *Ulu*, used for cutting meat.
b. *Kimalik*, used for cutting and trimming skins. CMC IV-D-232, 220

12

Ulu (Frauenmesser) im Museum von Cambridge Bay

Drei Komatiks auf dem Dach eines Schuppens

Geniale Erfindungen der Inuit

Einige der „Erfindungen" der Inuit – in zumeist schlichtem, eleganten und immer funktionellen Design – wurden vom Rest der Welt aufgegriffen, modifiziert und fanden ihren Einzug in unser Alltagsleben, ohne dass uns immer bewusst ist, woher sie stammen. Dazu gehört das Kajak, heute weltweit verbreitet als Freizeit- und Sportgerät; auch der Parka und der Anorak sind als Wetterbekleidung nicht mehr wegzudenken. Die Form des Iglus findet sich in den sturmsicheren Zelten von Wanderern und Bergsteigern wieder. Das Ulu – ein Universalmesser, manchmal auch Frauenmesser genannt, das sich hervorragend zum Säubern von Fisch, zum Zerlegen von Fleisch und zum Bearbeiten von Häuten eignet, wird immer häufiger von Profiköchen benutzt und findet derzeit zunehmend Verbreitung; in der Abwandlung als „Wiegemesser" zum Zerkleinern von Kräutern ist es schon seit langem in vielen Küchen zuhause. Der Lastschlitten der Inuit, „Komatik" genannt, brach selbst bei schweren Lasten und harten Stößen im unwegsamen Gelände nicht auseinander, weil kein Nagel und keine Schraube verwendet wurde – alle Teile waren geschickt durch Riemen miteinander verbunden und das Ganze damit höchst flexibel. In allen arktischen Regionen – auch in der Antarktis – werden heutzutage Varianten des Komatik als Transportmittel für Expeditionen genutzt.

Inuit und Eisbären in der Geschichte

Eisbären als Jagdwild

Eigentlich spielten die Eisbären als Jagdwild nicht die wichtigste Rolle. Für die Inuit an den Küsten war es lebensnotwendig, ausreichend Robben zu fangen, um sich und ihre Schlittenhunde zu ernähren, um warme Kleidung und Beleuchtung (Robbentran) für den Winter zu haben, und um die nötigen Schnüre und Leinen anzufertigen. Für die Inuit im Landesinneren war eine erfolgreiche Karibu-Jagd von ähnlicher Bedeutung; ihr Leben war auf die jährlichen Wanderungen dieser Tiere ausgerichtet. Denn war die Karibu-Jagd nicht erfolgreich, drohte im Winter unvermeidlich eine Hungersnot – und auch der Tod durch Erfrieren, weil man keine geeignete Kleidung hatte. Bedeutsam war zudem der Handel zwischen den verschiedenen Inuit-Gruppen, bei dem beispielsweise Karibufelle gegen Robbentran getauscht wurden.

Robben und Karibus waren also von größter Wichtigkeit, aber andere erreichbare Tiere wurden natürlich nicht verschmäht; ihr Fleisch bereicherte den Speiseplan, und auch ihre Knochen und Felle ließen sich verarbeiten und nutzbar machen. Eisbären, die man relativ selten sichtete, waren hochgefährlich, besonders in den Zeiten, als es noch keine Feuerwaffen gab, und deshalb keine reguläre, wiewohl sehr geschätzte Jagdbeute. Sie lieferten eine große Menge Fleisch – sehr wichtig für Menschen, deren Ernährung total von einer erfolgreichen Jagd abhängt, zudem war das Töten eines Eisbären mit einem enormen Prestigegewinn für den Jäger verbunden. Wer einen Eisbären erlegte und dem Camp das Fleisch zur Verfügung stellte, wurde damit zum Inummarik – einem „richtigen Inuk".

Eisbärenfell an einem Haus in Upernavik, Grönland

Wenn die Inuit also Fleisch benötigten und die Jäger auf Bärenspuren trafen, folgten sie ihnen, notfalls mehrere Tage lang. Man untersuchte aber zuvor die Spuren, um beurteilen zu können, wie frisch sie waren und wie groß der Eisbär sein könnte, und ob sich die Verfolgung lohnte. Am häufigsten erlegte man Eisbären zwischen Dezember und Mai auf dem Meereis, wenn sie ebenfalls bei der Robbenjagd waren. Das Jagdrisiko wurde etwas gemindert, wenn die Inuit Schlittengespanne dabei hatten. War der Eisbär nicht mehr weit entfernt, ließen sie mehrere Hunde los, die ihn verfolgten und stellten. Der von mehreren Seiten attackierte Bär konnte nicht alle Hunde gleichzeitig abwehren und war noch mit ihnen beschäftigt, wenn die Jäger den Ort des Kampfes erreichten. So ergab sich eine Chance, den Bären mit einem Speer oder einer Harpune zu töten. Nicht selten aber trugen die Jäger schwere Verwundungen davon oder wurden getötet. Auch heute noch, in der Zeit der modernen Jagdgewehre und Schneemobile, können Hunde eine wichtige Rolle bei der Eisbärenjagd spielen, indem sie den Bären ablenken und so seine Flucht verhindern.

Bei den Inuit in der zentralen kanadischen Arktis war es vor allem in der Zeit, als sie noch nicht über Jagdgewehre verfügten, üblich, Eisbären in ihren Höhlen zu überraschen, darunter auch Eisbärenmütter mit ihren Jungen, bevor sie die Geburtshöhle im Frühjahr verließen (eine für die Inuit nicht ganz so risikoreiche und damit sehr effiziente, leider aber nicht nachhaltige Jagdmethode, die daher mit den Regulierungen seitens der kanadischen Regierung 1967 verboten wurde)[3]. Die Bären wurden mit dem Speer, mit einer Harpune oder mit dem Messer getötet und mit Hilfe der Schlittenhunde aus der Höhle gezogen. Wenn eine Gruppe von Jägern auf einen Eisbären traf – oder ein Eisbär auf eine Gruppe von Jägern – wurde oft demjenigen unter ihnen, der noch nie einen Eisbären erlegt hatte, die erste Chance gegeben, damit auch er Inummarik werden konnte. Wer als erster mit seinem Speer oder seiner Harpune den Eisbären getroffen hatte, bekam normalerweise auch das Fell des Tieres (mancherorts war es auch üblich, dass ein junger Jäger das Fell danach der Frau präsentierte, die bei seiner Geburt seine Nabelschnur durchtrennt hatte, also zumeist einer Verwandten seiner Mutter oder einer Art Hebamme).

Alles in allem war die Jagd auf Nanook die größte Herausforderung für einen Jäger. Das Erlegen des Tieres bot nicht nur die höchste Selbstbestätigung, sondern sicherte die Bewunderung und Anerkennung durch die Gemeinschaft. Für einen jungen Mann bedeutete das Töten eines Eisbären so etwas wie der endgültige Schritt zum Erwachsensein. Eine solche Sichtweise ist auch heute noch verbreitet.

Die Verwertung des Eisbären

Das Fleisch wurde nach traditionellen Regeln geteilt. Die beteiligten Jäger erhielten die Hauptanteile, die Alten und Respektspersonen die besten und zartesten Stücke und in der ganzen Gemeinschaft wurden kleinere Stücke an Bedürftige verteilt. Da man relativ selten Eisbären-

Sammelkarten aus den zwanziger Jahren

fleisch bekam, wurde es von vielen als Abwechslung geschätzt, besonders das zarte Fleisch jüngerer Eisbären. Das der älteren Tiere musste man lange kochen, um es genießbar zu machen, und die besonders zähen Teile sehr alter Tiere fanden noch als Futter für die Hunde Verwendung, denen man auch die Eingeweide überließ.

Nur die Leber wurde verschmäht und entweder ins Meer geworfen oder vergraben; denn die Inuit wussten, dass selbst die Hunde davon ernsthaft krank werden können. Diese Kenntnis besaßen viele unerfahrene Arktisreisende aus dem Süden oder aus Europa nicht, und manche mussten dafür mit dem Leben bezahlen. Heute weiß man, dass die Ursache der schweren Gesundheitsstörungen nach einer Lebermahlzeit in der sehr hohen Vitamin A-Konzentration – bis zum hundertfachen des Tagesbedarfs – zu sehen ist, die zu akuter Hypervitaminose führt.

Wenn die Inuit auf Wanderungen unterwegs waren und Hunger, aber keine Gelegenheit zum Kochen hatten, aßen sie das Eisbärenfleisch auch roh, entweder frisch oder in hauchdünn geschnittenen, tiefgefrorenen Stücken. Dabei bestand allerdings die Gefahr, an Trichinose zu erkranken – auch dies wurde manchen Arktisreisenden zum Verhängnis.

Das Fell des Eisbären war als wärmende Unterlage oder Schlafdecke in Winterhütte oder Iglu sehr beliebt und, zu warmen und sehr haltbaren Hosen verarbeitet, besser als jedes andere Fell geeignet, jene Jäger vor der eisigen Kälte zu schützten, die im Winter stunden- und tagelang unterwegs waren. Auch weiche Kamiks, warme Fellstiefel, stellte man gern aus Eisbärenfell her, gelegentlich auch Handschuhe. Ein durchschnittliches Eisbärenfell bot Material für mindestens drei Hosen und ein Paar Kamiks. Fellstücke dienten auch als Sitzunterlagen und als Fußmatten für den Jäger, der stundenlang in Schnee und Eis auf das Auftauchen der Robbe bei ihrem Atemloch wartete; manche benutzten ein Fellstück beim Anschleichen an eine Robbe, da man damit gut über das Eis rutschen konnte. Gelegentlich wurden aus dem wasserundurchlässigen Fell Schwimmer für Fischernetze angefertigt. Gern nahm man ein Stück Eisbärenfell auf Schlittenreisen mit; da es nur wenig Wasser aufnimmt und gleich wieder abgibt, eignete es sich hervorragend zum Befeuchten und Abreiben der Schlittenkufen, um einen Eisfilm aufzubringen, damit der Schlitten besser gleiten konnte. Und wenn das Wetter im Frühling zu warm wurde oder wenn jemand kein Material für einen Schlitten hatte, wurde kurzerhand ein ganzes Eisbärenfell zum Schlitten umfunktioniert.[4]

In neuerer Zeit wurde das Eisbärenfell vor allem als wertvolles Handelsgut geschätzt. Man konnte es tauschen oder verkaufen und dafür Munition, Tabak und andere begehrte Güter erwerben. Seit der Mitte des 20. Jahrhunderts werden die Eisbären auch bei den Inuit weniger wegen des Fleisches, als wegen des Fells gejagt. Gerade das dichte Winterfell war und ist im Süden und auf dem europäischen Markt sehr begehrt, das Sommerfell mit seiner dünneren Behaarung wurde hingegen meist zu Leder verarbeitet. Rohe Häute fanden auch für die Herstellung von Instrumenten (Trommeln) Verwendung, andere Teile wurden als Ausrüstungsstücke für Schamanen benutzt.

Die Knochen von Nanook wurden angespitzt und für Werkzeuge, wie Fleischgabeln, Speer- oder Pfeilspitzen verwendet. Aus den Kieferknochen konnte man Schaber zum Reinigen von

Robben- und Karibuhäuten anfertigen. Eckzähne benutzte man als Angelhaken. Zähne und Klauen des Eisbären wurden darüber hinaus aus weniger praktischen Gründen als wertvoll betrachtet: Sie dienten als Schmuck oder als Amulett, denn sie symbolisierten die Stärke des Eisbären.

Eisbären im kulturellen Leben der Inuit

Traditionell wurde der Eisbär von den Inuit wie auch von den anderen indigenen Völkern des Nordens niemals nur als materielle Ressource gesehen. Er spielte in ihrem kulturellen und spirituellen Leben – verglichen mit den so wichtigen Jagdtieren Robbe oder Karibu – eine überragende Rolle. Kein Wunder: Das größte und mächtigste Raubtier in der Arktis, das selbst für uns moderne Menschen ein unvergleichliches „Charisma" besitzt und zum Symboltier, gar zum Botschafter der Arktis wurde, wie etwa in den Kampagnen von Greenpeace, wurde in den Jahrtausenden seiner Koexistenz mit den Menschen der Arktis von diesen stets als gleichartiges Lebewesen mit ähnlichen Eigenschaften und Merkmalen wie sie selbst betrachtet.[5]

Viele Inuit glaubten, der erste Eisbär sei eigentlich ein Mensch gewesen, der nur eine Bärenhaut angelegt hätte, um sich zu tarnen. Ein abgehäuteter Bär ähnelt in seiner Form sehr der Gestalt eines Menschen, und man nahm an, dass Eisbären auch wie Menschen leben können. Deshalb gab es die Regel, das Fleisch eines getöteten Bären, demgegenüber man merkwürdige Gefühle empfand, nicht zu essen. Weil der Eisbär so ein kraftvolles Tier sei, sollten kranke Menschen besser kein Eisbärenfleisch essen, denn das könne die Krankheit verschlimmern.

Die Inuit-Jäger betrachteten Nanook auch als weise. Durch genaue Beobachtung lernten sie sogar von ihm: Sie übernahmen seine Techniken der Robbenjagd auf dem Eis ebenso wie seine Ausdauer und Geduld. Genau wie der Eisbär bewegten sie sich auf Reisen in gemessenem, gleichmäßigem Tempo. Von Forschern, die Inuit als Führer anheuerten, wurden sie dafür manchmal zu Unrecht als faul und bequem kritisiert, aber nur diese Methode erlaubte ihnen, extrem lange und beschwerliche Wanderungen über große Entfernungen durch unwegsames Terrain durchzustehen. Übrigens benutzten die Inuit gern die Wanderpfade der Eisbären, denn stets erwiesen sie sich als die praktischsten und gangbarsten Wege durch schwieriges Gelände.

Das besondere Verhältnis der Arktisvölker zum Eisbären findet seinen Ausdruck auch in der Sprache. Ein Wort reicht nicht aus, um den König der Arktis zu benennen.

Im Dialekt der Netsilik in der zentralen kanadischen Arktis wird ein trächtiges Eisbärweibchen *arnaluk* genannt, die neugeborenen Jungen *hagliaqtuq*, und auch die folgenden Stadien des Heranwachsens haben eigene Namen. Das Junge, das die Größe seiner Mutter erreicht hat, heißt *namiaq*, ein erwachsener weiblicher Eisbär ohne Nachwuchs heißt *tattaq*, ein ausgewachsenes männliches Tier *anguraq*.[6]

Ähnlich differenziert werden die Eisbären auch anderswo in der Arktis bezeichnet: Bei den Tschuktschen gibt es über 20 verschiedene Bezeichnungen, die die jeweiligen Lebenszusammenhänge der Tiere beschreiben. „*Nenenel'yn* heißt die säugende Eisbärmutter, *turk'liketyl'yn* ein jung-erwachsener, dreijähriger Bär, *ymel'yn* ist der Eisbär, der über Land wandert, wohingegen *al'ek'atyl'yn* sich im Wasser bewegt, *nygsek* sagt man zu einem erwachsenen männlichen Tier mit weißen Eckzähnen, und *mervel'yn* ist der hungrige, dünne und erschöpfte Eisbär"[7].

Das mächtigste Raubtier der Arktis

Von einem Eisbären getötet zu werden, wurde nicht nur als ein tragisches Unglück gesehen; manche betrachteten es auch als ein dem Eisbären zukommendes Opfer.

Einen Eisbären zu töten, war ein bedeutendes Ereignis, das eine anschließende zeremonielle Versöhnung mit dessen Geist erforderte. Legenden besagen, dass der Geist eines getöteten Eisbären, der vom Jäger angemessen und sehr höflich behandelt wird, den anderen Eisbären davon berichtet, sodass diese begierig sind, ebenfalls von ihm getötet zu werden, sich hingegen von solchen Jägern fernhalten, die ihnen den Respekt verweigern.

Natürlich gab es in den verschiedenen Regionen und kulturellen Gruppen der Arktis unterschiedliche Nuancen in der Ausübung solcher Rituale und Zeremonien.

Beispielsweise wurde dem erjagten Eisbären – eigentlich seinem „Geist" oder seiner „Seele" – Respekt erwiesen, indem das Fell für einige Tage einen Ehrenplatz in der Behausung erhielt. War es ein männliches Tier, bot der Jäger ihm Werkzeuge dar, wie vielleicht Messer oder Bogenbohrer; die weibliche Bärenseele hingegen wurde mit Fellschaber oder Nadelbehälter geehrt. Manchmal wurde behauptet, dass der Eisbär sich freiwillig töten ließ, um zu solchen Werkzeugen zu kommen, die ihm nützlich sein könnten, wenn er (sein Geist) menschliche Gestalt annimmt.

Waren die für dieses Ritual vorgeschriebenen Tage vergangen, wurden die Geschenke für die Eisbärenseele auf dem Fußboden verstreut, und die Kinder mussten sie so schnell wie möglich aufheben; wer am meisten davon eingesammelt hatte, würde bald ein guter Eisbärenjäger werden.

Ein anderer Brauch bestand darin, oberhalb des Eisbärenschädels direkt über der Nase ein Seil mit einer Harpune, etwas Speck und Fleisch und einem Stück Fell aufzuhängen – alles für die Seele des Bären, die sich nun auf die Wanderung begab. Erst nach fünf Tagen durfte das „Arrangement" entfernt werden. Zudem mussten die Knochen des Bären, nachdem das Fleisch verzehrt worden war, gesammelt und beim Schädel des Tieres aufgehäuft werden. Der Schädel musste am Fenster liegen, Augen und Nase nach innen gerichtet. In anderen Regionen wurde er mit der Nase nach oben aufgehängt. Während einer wenige Tage andauernden Tabuzeit nach dem Erlegen des Tieres waren wichtige Arbeiten, wie das Nähen neuer Fellkleidung, verboten, nur die notwendigsten Tätigkeiten durften verrichtet werden.

Wie Ausgrabungen auf den St. Lawrence-Inseln (Alaska) gezeigt haben, muss es in einer alten Kultur des Beringmeeres zu Beginn unserer Zeitrechnung üblich gewesen sein, dem Jäger Schädel und Knochen von Eisbären mit ins Grab zu geben, ein Zeichen für den hohen ideellen Wert solcher Trophäen. Bei den Inuit ist es heute noch Sitte, dass ein junger Jäger den Schädel seines ersten Eisbären jahrelang aufbewahrt; in manchen Fällen wird er auch einem besonders verehrten Familienangehörigen geschenkt.

Bei den Tschuktschen war die Eisbärenjagd bereits reguliert, bevor die Regierungen entsprechende Gesetze und Regeln erließen. Da die Tschuktschen glaubten, dass sie und die Eisbären gemeinsame Geister haben, durfte kein Bär ohne Genehmigung des ältesten Jägers der Gruppe getötet werden. Schon vor der Jagd waren verschiedene Rituale nötig, und nachdem der Eisbär erlegt war, durfte von den Bewohnern der Siedlung eine gewisse Zeit lang kein anderer Bär ge-

CHUKCH BONE-CARVINGS.
The two largest figures represent bears.

tötet werden, und dem Geist des Bären wurde noch einige Monate lang die Ehre erwiesen. Falls der Bär auf dem Eis getötet wurde, sollte er stets mit dem Kopf in Richtung Küste liegen, damit sein Geist dorthin zurückkehren und dabei den Jägern Glück bringen konnte. Um die Seele des Eisbären nicht zu beleidigen, hatten die Yupik in Nordostsibirien ein besonderes Ritual: Sofort nachdem der Eisbär erlegt war, richteten sie seinen Kopf nach Osten, und der Jäger kniete sich nieder und sprach zu dem Tier: „Du gehst jetzt zurück nach Hause. Der Weg zu meinem Haus ist sehr schlecht, bitte besuche uns erst später." Dann gab er dem Bären einen Schluck frisches Wasser, dazu Stücke von Rentierfleisch, Brot und manchmal Süßigkeiten während er sprach: „Dies ist unsere Wegzehrung auf dem Weg in die Höhere Welt". Anschließend bat der Jäger den Eisbären um Verzeihung und erklärte ihm, dass man seinen Körper nicht zum Vergnügen getötet habe, sondern, um zu essen und sich zu kleiden.

Erst danach wurde das Fleisch unter den Einwohnern der Siedlung verteilt. Weil man es für respektlos gegenüber dem Eisbären hielt, große Bissen in den Mund zu nehmen, sollte es mit dem Messer erst in sehr kleine Stücke geschnitten werden.

Am zweiten Tag brachten die Männer des Dorfes den Schädel des Eisbären zum traditionellen Opferplatz und bedeckten ihn mit Steinen, um ihn vor den Hunden zu schützen. Ein Ältester oder ein Schamane dankte dem Geist des „besonderen Gastes" dafür, dass er den Jäger, der das Wohlergehen seines Dorfes so geschickt und respektvoll gesichert hatte, bei der Jagd nicht verletzt hatte. Andere Mitglieder der Zeremoniengruppe trommelten und sangen, um die Seele des Tieres zu erfreuen, während sie Szenen der Jagd nachstellten.

ESQUIMAUX HUNTERS CAPTURING A POLAR BEAR.—Drawn by D. Smith.

Auch bei den Netsilik in der östlichen Arktis Kanadas gab es solche Tabus und Rituale. Ausgehend von der Annahme, dass die Seele des Eisbären besonders mächtig und gefährlich war, mussten stets besondere Maßnahmen ergriffen werden, um ihre Rache zu vermeiden. Versäumte man das, hatte man es plötzlich mit einem übelwollenden, blutdürstigen Monster zu tun. Da man den Bären nicht nur für intelligent hielt, sondern auch für allwissend, hütete man sich, laut von einer erwünschten oder bevorstehenden Eisbärenjagd zu sprechen, und es wurden auch niemals Witze über einen Eisbären gemacht. Viele glaubten, manche Menschen seien anfällig dafür, von Eisbären angegriffen zu werden; andere dagegen würden niemals angegriffen, ja nicht einmal von ihnen bemerkt, und hätten nichts zu befürchten.

Zwei Inuit-Legenden nach Aufzeichnungen von Knud Rasmussen

Die Geschichte von Kunik

Vor langer Zeit lebten in einer Siedlung an den fernen Küsten der eisigen Arktis Menschen, die man als Inuit kennt. Eine alte Frau lebte dort allein. Sie hatte keinen Ehemann und keine Söhne, die für sie jagten oder fischten, und obwohl ihre Nachbarn das Essen mit ihr teilten, wie es der Brauch war, fühlte sie sich einsam. Oft lief sie allein an der Küste entlang, schaute hinaus auf das Meer und bat die Götter, ihr einen Sohn zu senden.

An einem kalten Wintertag erblickte sie einen winzigen Eisbären am Strand, der allein auf dem festen Eis saß. Sie fühlte sich mit ihm tief verbunden, weil er genauso einsam wirkte wie sie. Seine Mutter war nirgends zu sehen. Jemand musste sie getötet haben. Sie lief auf das Eis, hob das Tierchen auf und schaute in seine Augen. „Du wirst mein Sohn sein", sagte sie und nahm es mit nach Hause; sie nannte es Kunik. Auch in der Siedlung hatte man Kunik gern. Nun war die Frau nie mehr einsam, denn ihr Sohn, der Bär, und alle Kinder im Dorf leisteten ihr täglich Gesellschaft. Gewöhnlich stand sie bei ihrem Iglu und lächelte, wenn Kunik und die Kinder sich im Schnee rollten und auf dem Eis schlitterten. Kunik war sanft zu den Kindern, als wären es seine Brüder und Schwestern.

Kunik wurde größer und klüger. Die Kinder brachten ihm bei, Fische zu fangen. Im Frühling konnte er bereits allein fischen, und jeden Nachmittag kam er mit frischem Lachs für seine Mutter nach Hause. Die alte Frau war nun die Glücklichste im ganzen Dorf. Sie hatte reichlich zu Essen und einen Sohn, den sie von ganzem Herzen liebte. Sie war so stolz auf ihren kleinen Bären, dass sie jedes Mal, wenn er nach Hause kam, zu den Leuten in der Nähe sagte: „Er ist der beste Fischer im ganzen Dorf!" Es dauerte aber nicht lange, und die Leute fingen an, zu flüstern. Sie wussten, dass der Bär der geschickteste Fischer der Siedlung war, und wurden eifersüchtig. „Was sollen wir tun?", fragten sie einander. „Dieser Bär bringt die fettesten Robben und die größten Lachse nach Hause." „Man muss ihn aufhalten", sagte einer der Männer, „er blamiert uns". Nur zögernd stimmten sie zu, denn obwohl sie eifersüchtig waren, wussten sie auch, wie sehr die alte Frau den Bären liebte. „Wir müssen ihn töten, er ist viel zu groß geworden", sagte ein Mann. Einer nach dem anderen stimmte zu, denn in ihrer Eifersucht wurden sie dumm und gemein. „Ja", sagten sie, „er ist eine Gefahr für unsere Familien."

Ein kleiner Junge hatte dem Gespräch der Männer zugehört. Er rannte zum Haus der alten Frau und erzählte ihr von dem schlimmen Plan. Als sie das hörte, schlang sie die Arme um ihren Eisbären und weinte. „Nein", sagte sie, „sie dürfen meinen Sohn nicht töten." Und sie begann, jedes Haus im Dorf aufzusuchen. Sie bat jeden Mann, ihren schönen Bären doch am Leben zu lassen. „Tötet mich stattdessen", weinte sie, „er ist mein Kind. Ich liebe ihn sehr." „Er ist fett", sagten manche der Männer des Dorfes. „Das würde ein großer Festschmaus für das ganze Dorf sein." „Er ist eine Gefahr für unsere Kinder", sagten andere, „wir können ihn nicht am Leben lassen." Sie eilte nach Hause und setzte sich zu ihrem Sohn. „Dein Leben ist in Gefahr, Kunik. Du musst weg. Lauf davon und kehr nicht um, mein Kind." Sie weinte und hielt ihn fest, während sie zu ihm sprach. „Lauf davon, aber geh nicht so weit weg, dass ich dich nicht mehr finden kann", flüsterte sie und schickte sie ihn weg, obwohl es ihr das Herz brach. Mit Tränen in den Augen befolgte er den Wunsch seiner Mutter.

Viele Tage lang beklagten die alte Frau und die Kinder ihren Verlust. Aber eines Tages erhob sich die alte Frau im Morgengrauen und war entschlossen, Kunik zu finden. Sie lief und lief und rief laut seinen Namen. Nach vielen Stunden, als sie schon befürchtete, sie würde ihn niemals finden, sah sie ihren Eisbären auf sich zulaufen. Er war dick und stark, und sein Fell schimmerte weiß. Sie umarmten sich, und die alte Frau flüsterte: „Ich hab dich lieb." Kunik merkte, dass seine Mutter hungrig war, und er beeilte sich, ihr frisches Fleisch und Fische zu bringen. Mit Tränen in den Augen schnitt die alte Frau die Robbe auf und gab ihrem Sohn die besten Stücke des Specks. Sie versprach, am nächsten Tag wiederzukommen, und begab sich nach Hause, die Hände voller Fleisch und das Herz voller Freude. Am nächsten Tag kam sie wieder, um ihren Sohn zu besuchen. Mutter und Sohn trafen sich nun jeden Tag, und stets brachte er ihr frisches Fleisch und Fische.

Nach einiger Zeit begannen die Dorfbewohner zu verstehen, dass die Liebe zwischen der Frau und dem Bären stark und wahrhaftig war. Und von dieser Zeit an erzählten sie voller Stolz und Achtung die Geschichte der ungebrochenen Liebe zwischen der alten Frau und ihrem Sohn.

Das Haus mit den Eisbären

Eine Frau war von zuhause weggelaufen, weil ihr Kind gestorben war. Auf ihrem Weg kam sie an ein Haus, an dessen Öffnung die Felle von mehreren Eisbären lagen. Als sie hinein ging, stellte sich heraus, dass die Leute in dem Haus Bären in menschlicher Gestalt waren. Trotzdem blieb die Frau bei ihnen.

Eine große Eisbärin ging gewöhnlich auf die Jagd, um Nahrung für alle zu finden. Sie legte ihr Fell an, ging hinaus und blieb für lange Zeit weg. Jedes Mal kam sie mit gutem Fang zurück. Eines Tages bekam die Frau Heimweh und die Eisbärin sprach zu ihr: „Sage ihnen nichts von uns, wenn du zu den Menschen zurückgehst." Denn sie fürchtete, ihre beiden Jungen könnten von Menschen getötet werden. Bald nachdem die Frau nach Hause zurückgekehrt war, gab sie ihrem Drang nach und erzählte ihrem Mann, wass sie erlebt hatte: „Ich habe Bären gesehen …".

Es dauerte nicht lange, und bald fuhren viele Jäger mit ihren Schlitten los. Als die Eisbärin sie zu ihrem Haus kommen sah, taten ihre beiden Jungen ihr so leid, dass sie sie lieber tot biss, als sie den Männern in die Hände fallen zu lassen. Dann stürmte sie los, um die Frau zu finden, die sie verraten hatte. Sie brach in ihr Haus ein und biss sie tot. Als sie wieder heraus kam, umringten sie jedoch die Hunde und fielen über sie her. Die Bärin schlug nach ihnen, und plötzlich wurden sie alle wunderbar hell und erhoben sich als Sterne zum Himmel. Das ist es, was wir Qilugtussat nennen: die Sterne, die wie Hunde aussehen, die einen Bären anbellen (die Konstellation der Plejaden). Seit damals haben die Menschen gelernt, sich vor den Eisbären zu hüten, denn diese hören, was Menschen reden.

Helfende Geister, Szene aus dem Film „The Journals of Knud Rasmussen" des Inuit-Filmemachers Zacharias Kunuk, 2006 © www.isuma.tv/ fastrunnertrilogy

In manchen Legenden wird von merkwürdigen Eisbär-Menschen erzählt, die in Iglus lebten, aufrecht gingen und sprechen konnten. Die Inuit glaubten, diese Wesen legten ihr Eisbärenfell ab, wenn sie allein in der Behausung wären, und sie waren von der Möglichkeit überzeugt, dass Eisbären und Menschen sich wechselseitig ineinander verwandeln. So ist es erklärlich, wenn sie, Legenden, Träume und Wünsche vermengend, sich manchmal sehr enge Beziehungen zu Eisbären vorstellten. Das konnte selbst sexuelle Handlungen einschließen, zumal sie ohnehin selten monogam lebten und Promiskuität für viele selbstverständlich war. Es wird sogar von vereinzelten Fällen praktizierter Zoophilie – mit erlegten Eisbären – berichtet.

Die Gemeinsamkeiten von Menschen und Eisbären bis hin zum Tausch der Rollen durchziehen nicht nur die alten Legenden, sondern werden auch heute von Inuit-Künstlern wieder aufgegriffen. So zeigt eine Skulptur von Joseph Suqslak einen Eisbären mit einer Harpune vor einer gerade erlegten Robbe, ganz wie ein Mensch, auf den Knien mit aufgerichtetem Oberkörper; eine andere Skulptur zeigt einen Eisbären als Tänzer, der die Trommel schlägt.

Für die Kommunikation der Inuit mit den geistigen Kräften in den

Naturerscheinungen und den Tieren bedurfte es besonderer Anstrengungen, zu denen nicht jeder in der Lage war. Man nahm an, dass ärgerliche Geister Krankheit hervorrufen könnten, wohlgesinnte Geister aber dem Jäger das Wild zuführen würden. Ein Angakkuq (oder Angakoq, ein Mann oder eine Frau mit „schamanistischen" Kräften) hatte die Fähigkeit, eine besondere Beziehung zu den Geistern aufzubauen und als Vermittler aufzutreten. Der Schamane brachte sich durch besondere Rituale in einen Trancezustand, in dem, wie man glaubte, seine Seele den Körper verlassen und in das Land der Geister fliegen könne. Hier könne er mit ihnen reden und sie vielleicht überzeugen, der hungrigen Gemeinschaft ein Tier zu senden oder einem Kranken seine Seele zurückzugeben. Manchmal fände er spirituelle Partner, sogenannte „Helfende Geister", die ihn auch später immer wieder unterstützten, auf Fragen und Probleme Antworten fänden und Rat gäben. Nicht selten waren Eisbären die Verkörperung solcher „Helfenden Geister". Viele glaubten, dass es zwischen dem Geist des *Angakkuq* und dem des Eisbären einen Austausch gäbe, und dass sich der eine vorübergehend in den anderen verwandeln könne.

In manchen der Geschichten von Kiviuk[8] (auch Kiviung), dem ewigen Wanderer der Inuit, der eine Art von Odyssee durch die Arktis unternimmt, hat dieser Held, der selbst übernatürliche Kräfte besitzt, mächtige helfende Geister. Einer davon ist die kleine Schneeammer, ein anderer der Regenpfeifer, ein dritter der

Eine Eisbärlegende der Tschuktschen

Es war in einem Jahr des Mangels, als viele verhungerten und nur noch zwei Familien einer Gruppe überlebt hatten: ein Vater mit seinem Sohn, und eine alte Frau mit ihrer Tochter und einem Pflegesohn. Sie beschlossen, gemeinsam in eine Hütte zu ziehen und einander zu helfen, um zu überleben. Jeden Tag zogen Vater und Sohn auf die Jagd, aber sie kamen stets mit leeren Händen zurück, und schließlich war vom Fleischvorrat nur noch ein kleines Stück übrig. Vor Hunger und Erschöpfung schafften sie es kaum noch, sich auf die Jagd zu begeben. Aber die alte Frau kochte eine Suppe aus Robbenhaut, und so konnten sie ihren Hunger notdürftig stillen. Am nächsten Morgen machten sie sich wieder auf den Weg, um zu jagen. Plötzlich tauchte nahe der Hütte eine Eisbärenmutter mit zwei Jungen auf. Der Pflegesohn hatte sich gerade nach draußen begeben und stand nun plötzlich der Eisbärin gegenüber. Da begann diese zu sprechen: Sie sei hungrig und brauche dringend Futter für ihre Jungen, die sonst verhungern würden. Der Junge holte das letzte Stück vom Fleischvorrat und gab es der Bärin, die schnell damit verschwand.

Als die Jäger am Abend zurückkamen, bemerkten sie die Spuren der Bären im Schnee. Sie baten die alte Frau, das letzte Stück Fleisch zu kochen, damit sie am nächsten Tag kräftig genug wären, um die Eisbären zu jagen. Die Frau aber konnte das Fleischstück nicht finden, und alle – außer dem Pflegesohn – glaubten nun, die Bären hätten das Fleisch gestohlen. Der Pflegesohn getraute sich nicht, zu sagen, dass er das Fleisch weggegeben hatte.

In der Nacht hörte der Pflegesohn draußen seltsame Geräusche, und er ging hinaus. Wieder stand er der Eisbärin gegenüber. Sie hatte von den Geistern erfahren, dass sie das letzte Stück Fleisch der Familie bekommen hatte, und wollte ihnen nun helfen. Sie brachte eine große fette Ringelrobbe, die sie gerade gefangen hatte. Der Junge rannte in die Hütte und erzählte den anderen, was er getan hatte, und von dem Geschenk der Eisbärin. Seit dieser Zeit verstehen die Tschuktschen, dass sie und die Eisbären gemeinsame Geister haben, und dass die Eisbären daher als gleichwertig behandelt werden sollten.

(Ähnliche Legenden gibt es auch bei anderen Arktisvölkern.)

Aus einer Schöpfungsgeschichte, in der der Rabe die Tierarten erschafft:

... Sie blieben stehen und der Rabe sagte: „Hier ist der Boden des Meeres." Der Mensch atmete ganz leicht und der Rabe erklärte ihm, dass der Nebelschleier ringsum durch das Wasser entstanden sei; dann sagte er: „Ich werde hier einige neue Tierarten schaffen; du darfst aber nicht herumgehen, leg dich nieder und wenn du müde bist, so dreh dich auf die andere Seite."

Der Rabe ließ den Menschen nun lange liegen. Als der erwachte, fühlte er sich sehr müde und wollte sich einfach umdrehen, was ihm aber nicht gelang. Der Mensch dachte: „Oh, könnte ich mich doch umdrehen!" In diesem Moment konnte er sich ohne weiteres wenden, dabei bemerkte er aber erstaunt, dass er am ganzen Körper mit langen weißen Haaren bedeckt war. An seinen Fingern waren lange Krallen gewachsen. Umgehend fiel er wieder in Schlaf. Er erwachte noch dreimal und schlief jedes Mal gleich wieder ein. Als er zum vierten Mal erwachte, war der Rabe zurückgekehrt. Er sagte: „Ich habe dich in einen Eisbären verwandelt; wie gefällt dir das?" Als der Mensch antworten wollte, konnte er keinen Laut von sich geben.

Der Rabe schwang nun seine Zauberflügel über ihm. Jetzt konnte er antworten. Er sagte, dass es ihm nicht gefalle. Er müsse nun am Meer leben, während sein Sohn auf dem Land leben könne, und dies mache ihn unglücklich. Da schlug der Rabe mit seinen Flügeln, und das Bärenfell fiel vom Menschen ab und blieb am Boden liegen. Der Mensch stand wieder in seiner natürlichen Gestalt da. Der Rabe nahm nun eine seiner Schwanzfedern und steckte sie als Rückgrat in das Bärenfell, machte einige Flügelschläge darüber – und ein Eisbär stand da. Die beiden gingen dann weiter; seit dieser Zeit aber sind am zugefrorenen Meer Eisbären zu finden.[9]

Eisbär. Dieser steht ihm beispielsweise gegen seine Feindin, die böse Hexe und Menschenfresserin Arnaitiang, zur Seite.

In seinem Film „The Journals of Knud Rasmussen" (2006) greift der Inuit-Filmemacher Zacharias Kunuk ebenfalls auf die Vorstellung helfender Geister zurück. Im Film stellt sich der Älteste einer Inuit-Gruppe, der auch schamanistische Fähigkeiten hat, vergeblich der Auflösung der alten Ordnung durch das trickreiche Wirken der katholischen Missionare entgegen; dabei ruft er wiederholt seine Helfer um Rat an – einer von ihnen ist ein Eisbär.

Viele Inuit glaubten, dass der Große Geist, der die Wanderungen der Karibus steuert, manchmal die Gestalt eines Eisbären annimmt. Nur ein Schamane besitze die Macht, diesen Geist so zu beeinflussen, dass er den Inuit in Zeiten des Hungers Karibus schicke. Umgekehrt könne dieser Geist, auch „Fliegender Bär" genannt, den Schamanen in den Himmel oder ins Meer bringen, wo er Hilfe für seine hungernden Leute einfordern könne. Diese Vorstellung vom „fliegenden Eisbären" hat ihren Niederschlag bereits in frühen künstlerischen Arbeiten der Inuit gefunden (→ Kapitel Die Kunst der Inuit).

Ein Volk in Ostsibirien, die Ket, betrachten den Eisbären sogar als ihren Vorfahren, sie bezeichnen ihn als „bedeutenden Großvater", und in ihrer Kultur ist er ein spiritueller Wächter.

Bei den Nenzen in Nordsibirien wurden die Eckzähne des Eisbären besonders geschätzt; man trug sie als Talisman und benutzte sie als Tauschgegenstand mit den Völkern im Süden. Dort wurden sie in den Waldgebieten als Schutz gegen Braunbären getragen. Man glaubte, der „kleine Neffe" würde nicht wagen, einen Mann anzugreifen, der den Zahn des mächtigen „großen Onkels" trägt.

Die Yupik, ein in Westalaska lebendes Inuitvolk, betrachteten den Eisbären als ihren Vater und riefen seinen Geist oft als Zeuge an, wenn sie Eide ablegten.

Am Eingang der Behausungen wurden Eisbärenklauen aufgehängt, um böse Geister abzuwehren; die Yupik glaubten auch, dass diese Klauen als Medizin wirken und Kopfschmerzen kurieren können.

Bei einigen Inuit war es Tradition, den Griff der ersten Peitsche, die ein Knabe zum Führen eines Hundegespanns benutzt, aus dem Penisknochen eines Eisbären zu fertigen – vielleicht in der Hoffnung auf spätere Macht und Autorität?

Die Inuit in Kanada heute und die Eisbären

Alltagsleben im kulturellen Umbruch

Die Lebensweise und die Kultur der Inuit, wie sie oben geschildert wurde, hat sich unter dem Einfluss dauerhafter Kontakte mit Weißen stark verändert, und dies teilweise mit drastischer Geschwindigkeit. Heute leben in Kanada rund 50.000 Inuit, davon 45.000 verteilt in 54 meist abgelegenen und isolierten Gemeinden im Norden, von denen nur eine einzige – Inuvik – über eine Straßenverbindung mit dem Rest Kanadas verfügt. Etwa 5.000 Inuit leben außerhalb der arktischen Regionen in den Städten des kanadischen Südens.

Alles begann mit dem Handel von Waren, manchmal bereits vor weit mehr als hundert Jahren. Die Inuit machten sich ideenreich neue Materialien und Gegenstände zunutze. Sie bekamen Zugriff auf andersartige Lebensmittel, Werkzeuge, Waffen und Transportmittel. Über längere Zeiträume veränderten sich ihre Gewohnheiten. Die Verfügbarkeit von Alkohol hatte weitreichende und oft negative Folgen.

Von einschneidender Bedeutung ist die massenhafte Benutzung von immer moderneren Jagdgewehren, vor allem seit dem 20. Jahrhundert. Damit wurde die zuvor oft risikoreiche und schwierige Jagd leichter und effizienter, zum anderen wurde damit die Einstellung der Inuit zu den Jagdtieren beeinflusst. Was früher ein risikoreicher Zweikampf mit ungewissem Ausgang war, ist heute in vielen Fällen ein vergleichsweise bequemes Unterfangen mit großen Erfolgsaussichten. Achtung und Respekt vor dem Tier spielten bald nicht mehr die gleiche Rolle wie zuvor. Dazu kam, dass mit Einführung des Warenhandels zunehmend mehr Wild getötet wurde, als man für Essen und Kleidung brauchte, denn die im Austausch gegen Pelze erhältlichen Handelsgüter weckten Begehrlichkeiten. Das hatte auch zur Folge, dass die Wildbestände abnahmen. Wenn die Jagd nicht erfolgreich war, brauchten die Inuit nicht mehr unbedingt zu hungern, aber um ihren Lebensunterhalt zu bestreiten, mussten sie womöglich erstmals Schulden machen – ein großer Einschnitt in ihrem zuvor viel unabhängigeren Leben.

Ein weiterer Umbruch kam mit den Missionaren, als sie in die Arktis zogen und begannen, die Völker des Nordens zum Christentum zu bekehren. In Labrador und Grönland hatten sie sich bereits im 18. Jahrhundert niedergelassen, in Teilen der russischen Arktis und in Alaska waren sie vor allem im 19. Jahrhundert sehr aktiv; die überwiegenden Teile der kanadischen

Zeichen des kulturellen Umbruchs zu Beginn des 20. Jahrhunderts: Inuit in europäischer Kleidung (oben); Inuit-Posaunenchor in Labrador (Bernhard Hantzsch, 1906 ; Hermann Theodor Jannasch)

Arktis, zumeist weit abgelegen, erreichten sie erst um die Mitte des 20. Jahrhunderts. Durch ihr Wirken stülpten sie nicht nur das Alltagsleben der Inuit vollkommen um, sondern entfremdeten sie ihrer ursprünglichen Kultur. Nicht mehr nach dem Wetter und den Zyklen des Jagdwildes richtete sich der Lebensrhythmus nun, sondern nach kirchlichen Feiertagen, Sonntagsgottesdiensten, nach Uhr und Kalender. Die Bekämpfung des „Aberglaubens" und die Orientierung an anderen Wertvorstellungen hatten zur Folge, dass die traditionellen Rituale nicht mehr praktiziert wurden und letztlich auch der Respekt gegenüber der Natur abnahm.

Mit den Weißen kamen auch Krankheiten, denen das Immunsystem der Arktisbewohner nicht gewachsen war. An Epidemien wie Masern und Kinderlähmung starben manchmal ganze Familien. 1919 brachte das Versorgungsschiff „Harmony" von der Herrnhuter Mission die spanische Grippe nach Labrador. Die Siedlung Okak wurde völlig ausgelöscht, und auch ein Großteil der Einwohner von Hebron kam ums Leben.

Als die Tuberkulose in der kanadischen Arktis um sich griff, wurden viele erkrankte Kinder, aber auch Erwachsene, auf Anweisung der Behörden zwangsweise von ihren Familien getrennt und mit dem Schiff, später auch mit dem Flugzeug, in Krankenhäuser gebracht, die meist weit weg im Süden lagen; die Überlebenden kehrten manchmal erst nach Jahren zurück – total entfremdet von ihrer ursprünglichen Kultur.

Von 1955 bis 1957, in der Zeit des kalten Krieges, errichtete das amerikanische Militär in der kanadischen Arktis entlang des 69. Breitengrades die Stationen der sogenannte DEW-Linie (DEW=*Distant Early Warning*) und griff damit sowohl direkt als auch indirekt in die Lebensweise der Inuit ein. Die Habitate vieler Tiere wurden empfindlich gestört, manchmal auch zerstört; Wildbestände und damit traditionelle Jagdgebiete verschwanden. Nebenbei trieben die Militärangehörigen lebhaften Handel mit den Inuit – unter anderem zahlten sie bisher unbekannt hohe Preise für Eisbärenfelle – und so war es eine unvermeidliche Folge, dass sich Zweck und Art der Jagd stark veränderten!

Seit der Mitte des 20. Jahrhunderts kamen, gefördert durch verschiedenartige Regierungsmaßnahmen, immer mehr Inuit dauerhaft in die festen Siedlungen, die um die Handels- und Missionsstationen entstanden waren. Nicht immer auf freiwilliger Basis, aber ziemlich rasch setzte sich die sesshafte Lebensweise durch. Hundeschlittengespanne wurden seit den sechziger Jahren, nachdem Regierungsbeamte unter fadenscheinigen Begründungen viele der Schlittenhunde erschossen hatten, massenhaft durch Motorschlitten (*Ski-doos*) ersetzt, die Stelle von Kajaks und Umiaks nahmen Motorboote ein. Das veränderte die Mobilität, aber auch die Lebenshaltungskosten – denn jetzt musste man Treibstoff kaufen.

Manche der kirchlichen und staatlichen Maßnahmen waren gut gemeint und sollten die „armen Eskimos" zu einem modernen Leben führen, was sie alles in allem betrachtet auch irgendwie taten; aber sie hatten zum Teil verheerende Folgen – denn sie wurden meist irgendwo im Süden ohne ausreichende Kenntnis der lokalen Bedingungen und ohne Anhörung der Betroffenen geplant und waren viel zu oft vormundschaftlich – oder sogar kolonialistisch – ausgelegt. Von den 1950ern bis in die 1970er Jahre wurden die Kinder ohne elterliche Erlaubnis

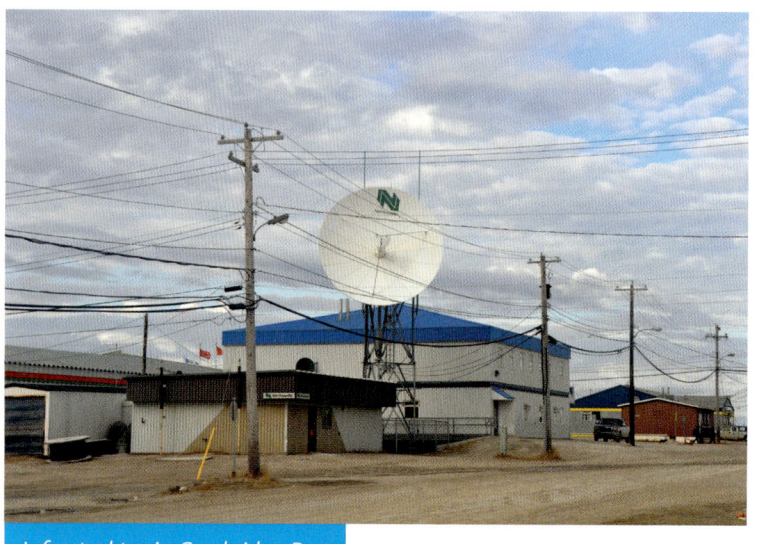

Infrastruktur in Cambridge Bay

in Internatsschulen gebracht, in denen ihre Muttersprache nicht gesprochen wurde, und damit ihren Familien entfremdet; manchmal litten sie auch noch unter schlechter Ernährung, Misshandlungen und sexuellem Missbrauch. Das alles führte zu Brüchen in ihrer sozialen Entwicklung und in vielen Fällen zur totalen Entwurzelung, mit bis in die Gegenwart andauernden gravierenden sozialen Problemen in der heutigen Erwachsenen-Generation. In der Folge sind in manchen Inuit-Gemeinden Alkoholsucht, Drogenkonsum, Eigentums- und Gewaltkriminalität keine Seltenheit.

Auf den ersten Blick mag das Leben der Inuit Kanadas heute dem der Menschen in südlicheren Regionen ähneln. Sie leben in festen Häusern mit Heizung, Wasserleitung und Abwassersystem; sie haben Teil an modernen technischen Errungenschaften wie Elektrizität, Fernsehen, Telefon und sogar Internet – wenn auch mit niedrigen Übertragungsraten. Alle Siedlungen verfügen über eine Infrastruktur, mit Supermärkten, Schulen und Sporthallen, die meist gleichzeitig Veranstaltungs- und Versammlungsorte sind. Es gibt Krankenhäuser mit Ärzten oder Krankenstationen mit medizinisch ausgebildetem Personal, in denen in regelmäßigen Abständen auch Arzt- und Zahnarztsprechstunden abgehalten werden. Man könnte sagen, dass die Inuit binnen 50 Jahren das Nomadenleben mit dem Internetzeitalter vertauscht haben (nur für die Inuit in Labrador und in wenigen anderen Inuit-Gemeinden Kanadas begann dieser Zeitraum etwas früher). Vielfach ohne allmählichen Übergang, manchmal in kürzester Zeit waren die Menschen gezwungen, sich an vollkommen veränderte Lebensumstände anzupassen.

Die Phase des kulturellen Umbruchs dauert heute noch an, denn der Einzug des „neuen Lebens" hat viele Probleme mit sich gebracht. Besucht man die Gemeinden, sieht man, dass die Häuser oft überbelegt sind, es herrscht akuter Wohnungsmangel. Die Menschen haben nur wenige Möglichkeiten, ein Einkommen durch regelmäßige Berufstätigkeit zu erwirtschaften. Arbeitslosigkeit und Abhängigkeit von Sozialhilfe sind weit verbreitet. Das Durchschnittseinkommen ist zu niedrig, insbesondere wenn man es ins Verhältnis zu den Preisen für Lebensmittel und andere Versorgungsgüter setzt, die extrem hoch sind, weil hier die Frachtkosten – durch spärliche Subventionen nur unzureichend abgefedert – zu Buche schlagen. Diabetes, Adipositas und andere Zivilisationskrankheiten sind auf dem Vormarsch.

Das Gebäude der gesetzgebenden Versammlung Nunavuts (Legislative Building) in Iqaluit, Nunavut

Der Großteil der jüngeren Generation von heute (60 % sind unter 24 Jahre alt) kann sich kaum noch mit den alten Dorfbewohnern verständigen, weil sie ihre Sprache nicht verstehen. Die Jugendlichen von heute kennen die alten Mythen und Legenden, die Bräuche und Rituale nicht mehr, dafür aber die neuesten TV-Serien, und sie kommunizieren auf Facebook – sie sind, was das betrifft, längst im modernen Leben angekommen. Da vielen jedoch Orientierung und berufliche Perspektive fehlen, gehen sie nur unregelmäßig zur Schule, verbringen Stunden mit Computerspielen, und nicht wenige träumen gar von Castingshows und dergleichen, was mit ihrem realen Leben nicht sehr viel zu tun hat; und natürlich gibt es auch eine „Szene", die durch Vandalismus und Kriminalität von sich reden macht. Viel zu wenige (etwa ein Viertel) schließen die High School ab; manche bekommen noch im Schulalter eigene Kinder, und nur ein kleiner Prozentsatz geht höhere Bildungsziele an. Zu oft fehlt der Rückhalt in der Familie, denn Eltern und Großeltern, die manchmal selbst entwurzelt und traumatisiert sind, können schwerlich gute Vorbilder sein und ihre Kinder ausreichend motivieren. Die Suizidrate bei Kindern und Jugendlichen liegt um ein Vielfaches höher als im kanadischen Durchschnitt.

Seit den siebziger Jahren wurde unter den Inuit der jüngeren Generation eine kulturelle Rückbesinnung, einer Art Bürgerrechtsbewegung, spürbar – ohne rückwärts gewandtes Festhalten am Überholten, sondern offen für Neues. In den letzten Jahren hat sich der Trend verstärkt. Gebildete Inuit begannen, nach neuen Wegen zu suchen und sich zu organisieren, um die Lebensbedingungen in der Arktis zu verbessern und gleichzeitig die Sprache und wesentliche Momente der traditionellen Kultur zu erhalten. Dieser Prozess führte 1999 zur Gründung von Nunavut – einem Territorium, in dem mehr als die Hälfte der kanadischen Inuit leben. Es ist sechs mal so groß wie Deutschland, und von seinen ca. 33.000 Einwohnern in 28 Gemeinden sind 85 % Inuit, die Nunavut mit eigenem Parlament und eigener Regierung verwalten. Erstmals wurden Jäger zu Politikern – und waren in dieser Profession zunächst noch recht ungeübt. Die jahrzehntelang Bevormundeten begannen, die Regelung ihrer Angelegenheiten wieder selbst in die Hand zu nehmen, allerdings in einer veränderten, modernen Welt. Manche haben das alte Leben weit hinter sich gelassen, andere sind noch zutiefst den Traditionen verhaftet. Viele versuchen, gleichzeitig in zwei Welten zu leben, die Bewahrung der alten Kultur und Lebensweise, die Pflege der Sprache und den Schutz der natürlichen Umwelt mit der wirtschaftlichen Entwicklung und dem Leben im Wohlstand unter einen Hut zu bringen – ein schwieriges Unterfangen. In ihrem Wertesystem aber sind ihre Familien und ihr weites Land mit seiner Natur in einer Weise bestimmend, die wir kaum verstehen können. Die meisten von ihnen finden es nicht erstrebenswert, längere Zeit im Süden zu leben; ihre Auffassungen von Raum und Zeit sind sehr verschieden von den unseren.

Ernährungssicherheit und „Country Food"

Heutzutage gibt es in allen Siedlungen der Inuit so etwas wie Supermärkte. Meistens heißen sie „Northern Store" oder „NorthMart" und gehören der NorthWest Company, einem Ableger der Hudson's Bay Company, deren frühere Handelsposten durch diese modernen Verkaufseinrichtungen ersetzt wurden. In den meisten Gemeinden steht mit ihnen auch noch ein Co-op Store im Wettbewerb. Auf den ersten Blick sind das Supermärkte wie im Süden Kanadas, auf den zweiten Blick fallen gewisse Unterschiede ins Auge. Außer den Regalen mit Lebensmitteln gibt es sehr viele mit praktischen Alltagsgegenständen – Elektronik, Haushaltswaren, Werkzeuge, Wetterkleidung, Campingausrüstung, bis hin zu Motorschlitten, Quads und sogar Munition. Es gibt scheinbar fast ALLES.

Schaut man dann aber noch ein wenig genauer hin, sieht man auch große Lücken, es mangelt an diesem und an jenem, und das nicht nur für wenige Tage. Insbesondere bei frischen Lebensmitteln kann das manchmal ein sehr trauriger Anblick sein. Tritt man näher an die Regale mit Lebensmitteln und Verbrauchsgütern heran, wird man erschrecken und sich fragen, ob hier in der kanadischen Arktis etwa eine andere Währung verwendet wird – oder kann es wirklich sein, dass diese Dinge so sehr viel teurer sind als in den Städten und Dörfern „im Süden"? (→ Tabelle mit Preisvergleichen im Anhang).

Besonders in den nördlichsten Gemeinden, deren Belieferung per Luftfracht wetterbedingt oft verschoben werden muss und die nur ein oder zweimal im Jahr von einem Frachtschiff angelaufen werden, kann die Situation für die einzelnen Haushalte schnell kritisch werden, zumal es keine Alternativen gibt. Man kann eben nicht mal schnell in eine andere Stadt fahren und dort einkaufen – denn dafür müsste man das Flugzeug nehmen! Was tun, wenn die Babywindeln ausverkauft sind? Und wenn es gar an Lebensmitteln fehlt?

Exorbitant hohe Lebensmittelpreise in einem Supermarkt in Nunavik 2010: mehr als 3 € für eine einzige Paprika

Ernährungssicherheit ist in den meisten Inuit-Gemeinden ein Problem. Das hängt nicht nur mit den unsicheren und unregelmäßigen Lieferungen der Lebensmittel zusammen, sondern auch mit den hohen Preisen und dem im Vergleich damit zu niedrigen Einkommen vieler Familien. Laut der Statistikbehörde Kanadas haben mindestens 30 % der Inuit-Kinder zwischen 6 und 14 Jahren bereits ein oder mehrere Male an Hunger gelitten, weil die Lebensmittel zu Hause aufgebraucht waren; die Zahlen in Nunavut und in Labrador lagen nahe an 40 %, in der westlichen Arktis dagegen um 10 %.[10]

Es gibt eine Alternative, und die wird nicht nur von den Inuit, sondern inzwischen auch von der kanadischen Statistikbehörde *Country Food* genannt, denn die weiß zu vermelden, dass in 65 % der Inuit-Haushalte mindestens die Hälfte des verzehrten Fleisches und Fisches *Country Food* ist. Das ist die Kost, die vom Lande stammt, also gejagt oder gesammelt und von den Inuit schon seit Jahrtausenden verzehrt wird und noch heute einen bedeutenden Teil der Ernährung ausmacht. Zu den wichtigsten Komponenten von *Country Food* zählen das Fleisch von Robben, Walen (vor allem Belugas und Narwalen, manchmal auch Grönlandwalen), Karibus, Moschusochsen sowie Fische und Beeren. Und auch Eisbären gehören gelegentlich dazu.

Obwohl es heute nicht mehr für alle selbstverständlich und auch nicht immer einfach ist – weil viele Inuit anderen Berufen nachgehen, und weil das Jagdwild oft erst in weiter Entfernung von den Siedlungen zu finden ist, was zeitaufwändige und wegen der Benzinkosten teure Exkursionen erfordert – gehen die meisten erwachsenen Inuit noch immer auf die Jagd (2005 waren es 68 %), nicht nur Männer, sondern auch Frauen, wobei die Männer leicht in der Überzahl sind.

Nicht nur die Jäger und ihre Familien kommen in den Genuss des

Country Food. Wie in den Jahrtausenden zuvor ist es auch heute üblich, das Erbeutete oder Gesammelte in der Gemeinschaft zu teilen, so dass mindestens 80% aller Haushalte *Country Food* konsumieren.

Wenn es auch, gemessen an mitteleuropäischen Gewohnheiten, eher einseitig wirkt, kann es doch durchaus abwechslungsreich sein. Ein nach erfolgreicher Jagd reich gedeckter „Tisch" (nicht selten bestehend aus einem Stück sauberer Pappe, einer Decke oder einer Plane auf dem Fuß- oder Erdboden) kann ganz verschiedenartige Speisen bieten: Fisch – frisch (iqaluk), luftgetrocknet (pitsik) oder geräuchert (isigitsiak), Karibufleisch (tuktu) – gekocht (tiqtitaq), getrocknet (mikku) oder gefroren und roh, oder Robbenfleisch (natsiq), und Mattaq (oder maqtaq – der äußerst Vitamin-C-reiche Speck des Belugawales). Blaubeeren (kigutangirnaq), Cranberries (kimminaq), Krähenbeeren (paungaq) und Moltebeeren (aqpik) sind beliebte Ergänzungen.

Inzwischen ist es üblich, Fleisch mit Salz und Pfeffer zu würzen sowie dazu frischgebackene Bannocks (eine Art Fladenbrot, in der Pfanne gebacken aus Mehl und Wasser mit viel Backpulver, je nach Möglichkeit angereichert mit Salz, Zucker, Ei) zu reichen. Sehr trockenes Fleisch wird traditionell in Seehundsfett „gedippt"; heute werden rohes Fleisch und roher Fisch auch gern mit Sojasauce, einem modernen Produkt „aus dem Süden", gewürzt. Natürlich werden auch andere zeitgemäße Lebensmittel aus dem Supermarkt verwendet; als Getränke sind neben dem traditionellen Tee nunmehr auch die „Pops": Pepsi oder Coke, Sprite, Ginger Ale und dergleichen, beliebt – leider, angesichts der im Norden zunehmenden Diabetes- und Adipositas-Raten. Und was die Fertignahrung aus dem Supermarkt und ihre Auswirkungen auf die Gesundheit betrifft, so kann man die Inuit zunächst dazu beglückwünschen, wenn sie immer noch auf traditionelle Nahrung schwören. Für eine tatsächlich gesunde Ernährung ist das Country Food, reich an

Country Food: an der Luft trocknender Fisch

Proteinen und ungesättigten Fetten, vielen Omega-3-Fettsäuren, Mineralen und Vitaminen, allemal zu bevorzugen – jedenfalls solange es nicht extrem mit Umweltgiften belastet ist.

Subsistenzjagd heute

Die Jagd zum Lebensunterhalt, im Unterschied zur Jagd um der Trophäen willen als „Subsistenzjagd" bezeichnet, ist also trotz der Supermärkte und der Lebensmittel aus dem Süden auch heute noch von großer Bedeutung für die Ernährung in der Arktis und schon deshalb unverzichtbar. Wenn wir Europäer hungrig sind, kaufen wir Lebensmittel ein, die bereits vorbereitet und abgepackt sind. Wir brauchen nicht darüber nachzudenken, woher sie kommen und wie sie vorher ausgesehen haben. Ähnlich sieht es mit warmen Deckbetten aus, wenn wir frieren – wir denken wohl kaum über die Gänse nach, die ihre Federn dafür gelassen haben. Wir sind gewöhnt an die Verfügbarkeit der notwendigsten Dinge, und daher ist uns das Konzept der Subsistenzjagd fremd; aber wir dürfen es nicht aus Unverständnis verurteilen. Die Inuit waren immer eine Gesellschaft von Jägern, und die meisten von ihnen sind der Überzeugung, dass sie es immer bleiben werden.

Inuit-„Elders" bei einem Walspeck-Picknick

Sie überlebten mithilfe der Tiere, und sie jagen sie immer noch, um damit ihre Existenz zu sichern – das ist ihre Lebensweise. Die Subsistenzjagd ist gelebte Tradition und gehört damit zur Identität der Inuit.

Anders als vor hundert Jahren haben die meisten Jäger heute modernes Gerät. Motorschlitten und Jagdgewehre mit Zielfernrohr gehören zur normalen Ausstattung. Allerdings sind die Wege zum Wild oft viel weiter als früher, so dass trotz der schnelleren

Transportmittel die meisten Jagdausflüge auch heute noch aufwändig sind und mehrere Tage dauern. Und trotz der modernen Technik birgt diese Jagd auch Risiken. Gerade weniger erfahrene Jäger, die die Gefahren von plötzlichen Wetteränderungen, Sturm, Kälte, brüchigem Eis oder unwegsamem Gelände unterschätzen – oder ihre technische Ausrüstung überschätzen, laufen Gefahr, dies mit dem Leben zu bezahlen; ganz abgesehen von möglichen Jagdunfällen oder der Begegnung mit Eisbären.

Nicht alle sind „hauptberuflich" Jäger, die meisten nutzen andere Möglichkeiten, um ein Einkommen zu erzielen, denn auch sie haben Rechnungen zu bezahlen; doch nicht wenige sehen in der Jagd ihre wichtigste Profession.

Um die junge Generation mit der Jagd vertraut zu machen, werden nicht selten Jugendliche oder schon kleine Kinder mitgenommen. Sie wachsen damit auf, dass Tiere getötet werden, damit man sie essen kann. Auch das Ausnehmen und Häuten des Wildes sind ihnen vertraut. Da kommt es selten vor, dass sich jemand ekelt, wenn er Blut sieht, wie das in unserer Gesellschaft so verbreitet ist. Und wenn ein Inuit-Kind eine Robbe oder ein Karibu erblickt, wird es, anders als Kinder bei uns oder in anderen südlichen Breiten, darin wahrscheinlich nicht ein niedliches Streichel-Objekt sehen, sondern etwas Frisches, das gut schmeckt, den Hunger stillt und gesund ist. – Und der Anblick eines Eisbären? Er signalisiert Lebensgefahr.

Aus dieser Perspektive ist den Inuit die Argumentation von Tierschützern, die etwa die Robbenjagd verbieten wollen, unbegreiflich. Sie fragen zu Recht, ob es etwa „humaner" sei, Kühe, Schweine oder Hühner in Großmastanlagen zu halten und anschließend in Schlachthöfen am Fließband umzubringen und zu verarbeiten. Und ein Leben ohne Fleisch, vegetarisch oder gar vegan, ist den wenigsten von ihnen überhaupt vorstellbar, geschweige denn praktikabel, allein wegen der klimatischen Bedingungen und der Versorgungsprobleme.

Immer noch wird die Jagdbeute traditionell in der Gemeinschaft geteilt. Wenn Jäger mit reichlicher Beute heimkommen, wird das manchmal im lokalen Radio durchgesagt, so dass Bedürftige sich aufmachen können, um etwas davon zu bekommen. Früher wurde ganz selbstverständlich allen, die wollten, etwas zugeteilt, wobei es bestimmte Regeln gab, nach denen die aktivsten Jäger auch die besten Stücke bekamen.

Diese Tradition ist allerdings etwas ins Wanken geraten. Es hängt immer von den jeweiligen Jägern ab, von ihrer Haltung wie auch von ihren Einkommensverhältnissen, und von der Menge der Beute. Manche geben das Fleisch nur noch an die alten Leute ab, die sich nicht allein helfen können, und immer häufiger kann man hören, dass die Treibstoffkosten für die Jagd so hoch waren, dass man es sich nicht mehr leisten kann, das Fleisch zu verschenken – es wird stattdessen verkauft.

Gab es sehr reichliche Beute, wird aber immer noch der Community Freezer gefüllt, der der Allgemeinheit zugänglich ist. Das ist in manchen Gegenden eine Art Vorratskeller im Permafrostboden mit natürlicher Kühlung, in südlicheren Gemeinden eine Art Kühlhaus, das mit Elektrizität betrieben wird. Die meisten Familien haben inzwischen darüber hinaus einen privaten Gefrierschrank, den sie nach Möglichkeit mit den Fleischvorräten befüllen.

Bei manchen Jägern – einigen wenigen, hofft man –, besonders in der jüngeren Generation ist zu spüren, dass die Übermittlung des Wissens und der Traditionen der Älteren fehlgeschlagen ist. Da wird der Sinn der Jagd nicht mehr in Subsistenzsicherung gesehen, sondern man vergleicht sich mit Trophäenjägern aus dem Rest der Welt; man ist stolz auf die erfolgreiche Verwendung der modernsten und effizientesten Waffentechnik, orientiert sich dabei an Leitbildern aus merkwürdigen Blockbusterfilmen und findet gelegentlich sogar Spaß am Verbotenen. Wie in unserer modernen Welt gibt es auch im hohen Norden Borniertheit und Übersteigerungen. Man kann nur hoffen, dass sie von besonnenen und klugen Köpfen, und wenn nötig durch Recht und Gesetz, in die Grenzen gewiesen werden können.

Inuit auf Eisbärenjagd heute – zwischen Respekt und Respektverlust

Regulierung

Das Internationale Abkommen zum Schutz des Eisbären (*International Agreement on the Conservation of Polar Bears*) von 1973 beschreibt die Subsistenzjagd von Eisbären als ein exklusives Recht der indigenen Völker der Arktis. „Insbesondere für die Inuit haben Eisbären – und die Jagd auf sie – jahrtausendelang eine identitätsstiftende Wirkung auf die Jäger wie auch auf die gesamte Kultur ausgeübt, was sich auch in der Kunst und den Legenden des Nordens widerspiegelt. Die Eisbärenjagd als traditionelle Handlung, die den kulturellen Zusammenhalt sichert und der Gemeinschaft Nahrung liefert, ist eine Quelle für Ansehen, Erfolg und Stolz – und immer mit tiefem Respekt dem Bären gegenüber verbunden, sogar im Tode", so argumentiert Moki Kokoris, eine Aktivistin für den Schutz der Eisbären wie für die Rechte der indigenen Arktisvölker. „ … Wenn wir den Inuit die Freiheit gewähren, Eisbären so zu jagen, wie sie es immer getan haben, wenngleich innerhalb der festgelegten Quoten, tragen wir dazu bei, dass sie ihre Subsistenzkultur erhalten, und damit vertrauen wir die Zukunft der Eisbären den Menschen an, die ihren Platz in unserer Welt am besten verstehen und sichern können."[11]

Die Subsistenzjagd der indigenen Völker auf Eisbären unterliegt Regulierungen durch die jeweiligen Staaten. Auch kanadische Gesetze garantieren den Inuit das Jagen von Eisbären. Für die einzelnen Distrikte werden jährlich Abschuss-Quoten festgelegt, die in der auf wenige Monate beschränkten Jagdsaison gelten, und auf die einzelnen Inuit-Gemeinden aufgeteilt. Dort wird entschieden, wer eine Jagdlizenz erhält, und unter welchen Bedingungen. In manchen Gemeinden gibt es Wartelisten von Bewerbern, in anderen werden die Lizenzen verlost. In den letzten Jahren wurden in Kanada pro Jahr im Durchschnitt ca. 600 Eisbären legal erlegt, die Tendenz ist allerdings steigend. Eisbärenmütter mit Jungen sind geschützt und von der Jagd ausgenommen.

Die Prinzipien des internationalen *Agreement on Conservation of Polar Bears* erhalten in den Richtlinien[12] von Kanadas nationaler Inuit-Organisation *Inuit Tapiriit Kanatami* (ITK) eine eigene Interpretation. Diese besagt, dass die Jagdlizenzen entsprechend den Quoten exklusiv an Inuit vergeben werden dürften, es den Gemeinden allerdings freistehe, Teile der Quoten für von Inuit geführte Jagdtouren mit Nicht-Inuit-Jägern zu verwenden. – Im Klartext: Die Lizenz kann quasi verkauft werden. Betuchte Jäger aus aller Welt machen von dieser Möglichkeit sehr gern Gebrauch, und für die betreffende Gemeinde und den Inuit-Führer bedeutet das einen beachtlichen Geldfluss – sehr wichtig, weil es wenige andere Einkommensquellen gibt!

Die Richtlinien der ITK geben vor, dass solche Jagdtouren immer von einem Inuit geleitet und in traditioneller Weise ausgeführt werden müssen – d. h. ohne Kleinflugzeuge oder Schneemobile; hier kommen noch Hundegespanne zum Einsatz. Alle Teile des getöteten Eisbären, die der Jagd-Tourist nicht nutzt, sollen in der Gemeinde Verwendung finden.

Schon in den achtziger Jahren versuchte die Regierung der damaligen Northwest Territories, die Inuit-Gemeinden zum Verkauf der Eisbärjagd-Lizenzen zu bewegen, um damit ihre Finanzen zu stärken. Manche Gemeinden haben sich gegen diese Möglichkeit entschieden, und nur knapp 40 % sind regelmäßig Gastgeber für Trophäenjäger; zum einen, weil sich die Jagd aus sportlichen Motiven nur schlecht mit dem traditionellen Respekt für das Tier verträgt; zum anderen weil wegen des „Eisbärmangels" gar nicht in jeder Gemeinde Aussichten auf eine erfolgreiche Jagd bestehen. Dennoch werden heute etwa 20% der in Kanada getöteten Eisbären von Trophäenjägern erlegt.

Die Quoten beziehen sich auf sämtliche durch Menschen hervorgerufene Todesfälle von Eisbären. Das bedeutet, außer den bei der Subsistenzjagd und bei geführten Jagdtouren erlegten Tieren werden – sobald es bekannt wird – auch in Notwehr erschossene oder illegal getötete Eisbären einbezogen.

Dass die sogenannte „Jagd zur Verteidigung von Leben und Besitz", d. h. das Abschießen von Eisbären in Notwehr, tatsächlich immer auf die Quoten angerechnet wird, ist zwar wünschenswert, allerdings nicht immer möglich, insbesondere wenn die Quoten bereits ausgeschöpft sind. Unklar ist auch, ob jeder gemeldete Notfall auch wirklich ein Notfall und nicht etwa gezielte Jagd war.

Noah Nochasak und sein Bär (s. Interview auf der nächsten Seite): Heute gehen die Inuit mit Schneemobilen auf Eisbärenjagd

Heutige Jagdmethoden

Eisbärenjagd findet heute in der Regel mit dem Schneemobil statt. Damit lassen sich in kurzer Zeit weite Entfernungen zurücklegen, und einen gesichteten Eisbären kann man einfach und schnell einholen, schon deshalb weil Eisbären nur kurze Strecken rennen können ohne sich zu überhitzen. Bei der modernen Jagd wird der Eisbär daher in der Regel aus sehr kurzer Distanz mit dem Jagdgewehr erschossen. Die Inuit meinen übrigens, dass das Fleisch eines über längere Zeit verfolgten, gestressten und erschöpften Eisbären nicht gut schmeckt.

Diese heute überwiegend ausgeübte und dabei auch den jungen Inuit vermittelte Art der Jagd hat eine nahezu hundertprozentige Erfolgsquote; andere, traditionellere Jagdtechniken werden kaum mehr angewendet (außer in Grönland, und in Kanada bei geführten Jagdtouren). Und auch die alten Versöhnungsrituale lassen sich heute nur noch selten beobachten.

Interview mit einem Eisbärenjäger

Noah Nochasak mit seinem selbst gebauten Kajak (links)

Wir haben Gelegenheit, mit Noah Nochasak zu sprechen, einem jungen Inuk, etwa 25 Jahre alt, der sehr daran interessiert ist, die traditionelle Kultur seiner Vorfahren, ihre Fertigkeiten und ihre Erfahrungen nicht in Vergessenheit geraten zu lassen. Er will soviel wie möglich darüber erfahren, aber nicht nur theoretisch, sondern „by doing". So hat er bereits das dritte Kajak in traditioneller Art mit seinen eigenen Händen gebaut, wenn auch mit modernem Werkzeug. Damit hat er mehrfach tage- bis wochenlange Touren entlang der Küste Labradors bis weit in den Norden unternommen, manchmal allein, einmal begleitete er Kajaksportler aus dem Süden. Auch Harpunen, Lastschlitten und Steinlampen in der Art seiner Vorfahren hat er bereits selbst angefertigt. Damit ist er eine Ausnahme unter seinen Altersgenossen. Im Winter 2012 durchquerten er und ein Reisegefährte mehrere Wochen lang mit Ski und Lastschlitten das unzugängliche Innere Labradors, über steile Gebirge, Schluchten und schneebedecktes Ödland. Er hat sehr viel von seinem Großvater Paul Nochasak und seinem Vater Levi Nochasak gelernt und versucht immer wieder, seine Fähigkeiten zur traditionellen Lebensweise unter Beweis zu stellen, auch bei der Jagd auf Eisbären.

F: Wie ist die Jagd auf Eisbären in Labrador (Nunatsiavut) geregelt?
A: 2012 gab es 12 Lizenzen, aufgeteilt auf die betreffenden Gemeinden, für Nain drei. Ich habe mich für eine beworben und sie bekommen. Wer sich zuerst meldet, bekommt die erste Gelegenheit. Er hat dann eine Woche Zeit, den Bären zu finden. Schafft er es in dieser Zeit nicht, geht die Lizenz an den nächsten Bewerber in der Liste. Die Provinzregierung hat wegen der wachsenden Zahlen von Eisbären die Zahl erhöht (2010 waren es nur 8). Die Jagd ist ab Februar erlaubt und geht bis Juni. Aber niemand wartet bis Juni, denn nur im Winter hat der Bär das dichtere, wertvolle Fell.

F: Wird das Fell für Kleidung benutzt?
A: Heute macht man das kaum noch, denn es ist extrem schwer, und es gibt heute viel leichtere Funktionskleidung, die auch gut gegen Kälte schützt.

F: Worin bestand die Jagdvorbereitung?
A: Man nimmt das Schneemobil, dahinter hatten mein Vater und ich zwei Komatiks, und natürlich das Jagdgewehr, eine Browning Rifle mit Bushnell Elite Scope und 220-grain-Geschossen.

F: Wie war das Wetter?
A: Es war sonnig, aber sehr kalt und windig. Ich hatte meistens einen Schal vor dem Gesicht.

F: Und wie begann die Jagd?

A: Wir verfolgten anfangs zwei Bären. Der eine zog sich aber auf dünnes Eis zurück, der andere verschwand auf einer großen felsigen Insel. Wir fuhren dann weiter, über das Meereis, in Richtung Koliktalik Island. Immer wieder suchten wir mit dem Fernglas das Gelände ab, bis schließlich aus dem Nirgendwo heraus ein Eisbär auftauchte. Das war am späten Nachmittag, auf Dog Island. Das ist gar nicht so weit weg von der Gemeinde – nur ca. 45 km östlich von Nain.

F: Was passierte, als du den Bären gesehen hast?

A: Wir haben den Eisbären verfolgt, der den Hügel hinauf lief. Als er in einer Entfernung von ca. 45 Metern war, gab ich einen Schuss ab. Daraufhin verschwand der verwundete Bär hinter dem Vorsprung einer Felsklippe. Als ich näher kam, erhob er sich jedoch wieder – und schaute mich an. Daraufhin gab ich noch einen zweiten Schuss ab.

Nachdem ich zweimal getroffen hatte, rannte ich den Hügel hinauf, natürlich mit dem geladenen Gewehr in der Hand, und auch mein Vater kam hinterher. Diese Situation war für uns eigentlich ziemlich ideal, verglichen mit der Situation in den Torngat Mountains, als ich allein war und dort eine Menge Eisbären um mich herum hatte!

Der Bär lag nun am Fuße des Felsens, aber er lebte immer noch. Also habe ich, bevor ich direkt heranging, sicherheitshalber noch einen Schuss abgefeuert.

Mein Vater ging zuerst zum Bären und stieß ihn mit einer Harpune an, um zu sehen, ob er wirklich tot war. Das wäre das perfekte Foto gewesen – denn ein Inuk sieht so klein aus, verglichen mit dem Bären. Und die Harpune wirkte wie ein Zweig!

Wir stellten dann fest, dass der Eisbär unterhalb der rechten Schulter tödlich getroffen war.

F: Wie groß war der Bär?

A: Er war ungefähr 9 Fuß lang, also 8 Fuß 8 Zoll von der Schnauze bis zum Schwanz [ca. 2,70 m].

F: Wie hast du dich gefühlt?

A: Ich hatte großen Respekt und Ehrfurcht. Es ist schon inspirierend, so ein gewaltiges Lebewesen zu sehen. Man wird dazu angespornt, besser zu werden, ein besserer Mensch. Und man begreift, wie das Leben hier an der Nordküste wirklich ist und wie es war. Dazu kommt auch noch alles andere in der Umgebung. Es ist so viel Großartiges da draußen auf dem Land. Es war eine überwältigende Erfahrung, und ich verstehe jetzt auch die Eisbären besser als zuvor. Man muss bedenken: Wir haben den Bären gejagt – aber es hätte auch umgekehrt sein können.

F: Was geschah dann?

A: Wir mussten uns beeilen, denn es wurde rasch dunkel. Der Bär war sehr schwer: 1100 Pfund haben wir später gewogen. Wir konnten ihn erst gar nicht bewegen. Wir haben dann erst einmal die Eingeweide herausgenommen, damit er leicht genug wurde, dass wir ihn überhaupt auf den Schlitten bekommen haben; das haben wir aber nur mithilfe des Skidoo [Schneemobil-Marke] geschafft, mit dem Seil. Und es war so kalt, dass Dampf von dem noch warmen Bären aufstieg! Wir hatten eine Plastikplane auf dem Schlitten. Der Bär war ziemlich blutig. Weil es dann schon stockdunkel war, sind wir zu einer nahegelegenen Hütte gefahren, um uns aufzuwärmen, um zu essen und zu schlafen. Wir haben den Eisbären dann erst am nächsten Tag nach Hause gebracht. Weil die Last so schwer war, mussten wir sehr langsam fahren. Wir haben versucht, alle unnötigen Steigungen zu vermeiden und mit dem Schneemobil möglichst im flachen Gelände zu fahren.

F: Wie wurde Dein Jagderfolg aufgenommen?
A: Besonders von den Älteren in der Gemeinde habe ich große Anerkennung erhalten. Das hat mich gefreut. Denn ich habe versucht, etwas zu tun, was sie früher gemacht haben. Auch von jüngeren Leuten wurde es anerkannt. Aber von den jungen Leuten interessieren sich nicht mehr alle für das traditionelle Leben. Die Welt da draußen, auf dem Land, die ist völlig anders als hier in der Gemeinde, wo alle Fernsehen und Computer haben.

F: Habt ihr das Fleisch des Eisbären gegessen?
A: Man kann Eisbärenfleisch essen, es muss aber lange gekocht werden, etwa 3 Stunden. Es schmeckt dann ähnlich wie Rindfleisch. Die Leute essen aber nicht gern allzu große Mengen davon. Das Bärenfett kann man auch verwenden. Es wurde nicht nur früher, sondern wird auch heute noch zur Hautpflege benutzt, bei den Frauen ist es sehr beliebt. Oft stellt ein Jäger das Fleisch seines Eisbären für die alten Leute der Gemeinde im Community Freezer zur Verfügung. Das Fleisch meines Eisbären war allerdings leider nicht genießbar – es war „grün“. Nach Konsultationen mit der Naturbehörde kam man zu der Meinung, dass der Bär möglicherweise krank war, weil er das Fleisch verendeter Robben gefressen hatte. Denn an den Stränden Labradors waren in letzter Zeit wiederholt Robbenkadaver gesichtet worden, deren Todesursache unklar war – vielleicht hatte sich der Bär da bedient und mit irgendetwas infiziert.

F: Was hast du mit dem Fell gemacht?
A: Das Fell allein hat schon 170 Pfund gewogen, allerdings vor dem Trocknen. Ich habe es eigenhändig gereinigt, mit Hilfe von einigen Ulus [Frauenmessern]. Das war eine sehr anstrengende Arbeit. Schließlich habe ich das Fell verkauft. Ich habe es zur Auktion nach North Bay gesendet. Es wurde vorher noch gestreckt, und auch gebleicht, weil es vom Blut verschmutzt und nicht gerade sauber weiß war, damit es sich besser verkauft. Ich hatte dafür noch einige Aufwendungen zu bezahlen – für Transport, die Endbearbeitung, und die Auktionsgebühr, das hat mich insgesamt über 1000 Dollar gekostet, was den Erlös gemindert hat. Ich habe deutlich weniger für das Fell bekommen, als ich erwartet hatte.

F: Glaubst du, dass der Eisbär vom Aussterben bedroht ist?
A: Diese Auffassungen kommen meistens von Europäern. Die Europäer haben in der Vergangen-

heit schon viele Tierarten ausgerottet. Ihre Sorge um unsere Umwelt ist gut, aber sie wissen nicht so viel wie die Ureinwohner von den Bedingungen hier im Norden. Sie wissen nicht genug, um uns Anweisungen zu geben, wie wir jagen sollen.

F: Glaubst du nicht, dass die Eisbären durch den Klimawandel gefährdet sind?
A: Der Klimawandel ist in Labrador spürbar. Das Wintereis auf dem Meer bildet sich erst Wochen später als sonst. Ungefähr einen Monat später jetzt – anstatt im November kommt es vielleicht erst im Januar. Und es liegt viel weniger Schnee, und es gibt mehr Wind. Dadurch wird das Reisen mit dem Schneemobil recht schwer.
Aber diejenigen Wissenschaftler, die glauben, dass es in Labrador zu wenig Eisbären gibt, die sollen doch mal mit dem Kajak zu den Torngat Mountains fahren. Allein auf meiner Kajaktour im letzten Sommer habe ich dort vom Meer aus sechs Eisbären gesehen.
Früher haben die Inuit noch nichts darüber aufgezeichnet, aber nach dem, was man von den Älteren hört, waren Eisbären an den Küsten Labradors vor 25 Jahren nicht so häufig wie jetzt. Heute aber machen sich die Leute Sorgen. Es ist üblich, im Sommer mit der ganzen Familie auf eine Insel zu fahren und zu campen, um zu fischen und zu jagen. Das wollen aber viele jetzt nicht mehr, weil sie besorgt um ihre Kinder sind, weil es viel zu viele Eisbären gibt.

F: Ist es gefährlich, im Kajak einem Eisbären im Wasser zu begegnen?
A: Ich habe bisher noch von keinem Fall gehört, dass ein Eisbär einen Kajakfahrer getötet hätte – aber wenn er wollte, könnte er natürlich. Die Gefahr wird verstärkt, weil man die Bären nicht früh genug sehen kann. Wenn sie auf Robben aus sind, verstecken sie sich, sie wollen nicht gesehen werden und halten sogar ihre Pranke vor die schwarze Nase. Wenn sie im Wasser schwimmen, halten sie den Kopf manchmal nur so flach aus dem Wasser heraus, dass sie sich fast unbemerkt annähern können.

F: Wann hast du deinen ersten Eisbären gesehen?
A: Als ich neun Jahre alt war. Damals war ich auf einem Fischerboot vor den Kaumajet Mountains unterwegs.

F: Wie gefährlich kann der Eisbär dem Menschen werden?
A: Die Bären verhalten sich sehr unterschiedlich. Viele Bären weichen den Menschen aus. Andere lassen sich aber nicht aus der Ruhe bringen, und manche sind neugierig und kommen näher, sie wollen erforschen, was man tut. Meistens begnügen sie sich dann damit, die Menschen zu verjagen, nur wenige wollen wirklich etwas von einem.
Und wahrscheinlich hat früher sogar die Kleidung aus Seehundsfell die Eisbären angelockt; mit der heutigen Kleidung ist das anders. Mit der modernen Ausrüstung, die man heute hat, ist es leichter, die Begegnung mit dem Bären aufzunehmen. Unsere Vorfahren hatten es viel schwerer. Es waren aber robuste, zähe Menschen, und sie haben das Leben gemeistert.

Sicherheit im Eisbärland
gemäß Inuit Qaujimaningit Nanurnut (Inuit-Wissen über Eisbären)

Wenn die Inuit ihr Recht auf die Jagd von Eisbären verteidigen, berufen sie sich immer auf ihr traditionelles Wissen über Eisbären und auf ihre Jahrtausende alte Koexistenz mit diesen Tieren. Demgegenüber betrachten sie die Erkenntnisse der Biologen, die die Eisbären erst seit 40 Jahren intensiv erforschen, mit einiger Skepsis. Die meisten Inuit machen sich nur wenige Sorgen um die Zukunft der Eisbären. Sie halten sie für ebenso clever wie die Menschen und meinen, dass die Tiere sich bereits an den Klimawandel anpassen.

Aus der genauen Kenntnis der Verhaltensweisen von Eisbären, die sie von den lebenserfahrenen Elders gelernt oder selbst erlebt haben, leiten die Inuit die folgenden Verhaltensmaßregeln für den Aufenthalt in der Wildnis und die eventuelle Begegnung mit Eisbären ab:

- Nimm möglichst einen Hund mit ins Camp und binde ihn an, damit du durch sein Bellen gewarnt wirst, wenn sich ein Eisbär nähert.
- Halte nachts im Zelt immer das Gewehr griffbereit; bei der Übernachtung im Iglu, wo wegen der Feuchtigkeit im Innern das Gewehr draußen bleibt, musst du zumindest das Schneemesser zur Hand haben, um dich beim Angriff eines Eisbären verteidigen zu können.
- Gehe unterwegs im Gelände nicht allein und habe immer eine Waffe, zumindest aber ein Schneemesser oder einen Stock bei dir.
- Musst du dich ohne Waffe gegen einen Eisbären verteidigen, solltest du wissen, dass er an seiner Nase am empfindlichsten ist. Schlägt man darauf, wird er nicht mehr näher kommen, sondern vielleicht sogar flüchten.
- Bist du mit einem Kind unterwegs und begegnest einem Eisbären, wende dich nie sichtbar dem Kind zu, weil er daran das Kind als das schwächste Glied der Gruppe erkennen und zum Ziel seines Angriffs machen kann.
- Schleichst du dich zur Robbenjagd an, musst du befürchten, von einem Eisbären mit einer Robbe verwechselt zu werden. Kommt der Eisbär näher, mach ihm mit lauten Rufen und Gesten klar, dass du keine Robbe bist. So kannst du erreichen, dass der Eisbär sich abwendet und woanders nach Robben sucht, und du ersparst dir den Verteidigungsschuss.

Respekt für den Eisbären

Bemerkenswert ist, dass die Inuit auch noch heute ein überwiegend partnerschaftliches und respektvolles Verhalten gegenüber dem Eisbären zeigen. Deshalb ist für sie die Haltung dieser Tiere in Zoos nicht akzeptabel. Wenn Inuit Bilder aus Zoos im Süden sehen, wo Eisbären auf engem Raum hin und her laufen, sind sie immer empört über die Freiheitsberaubung. Sie werfen den Weißen mangelnden Respekt vor.

Manche finden, dass damit die Würde des Tieres verletzt wird und halten es geradezu für beleidigend, wenn die stolzen Herrscher der Arktis von Wissenschaftlern betäubt werden und ein Senderhalsband umgelegt bekommen. Im Frühjahr 2013 initiierten Inuit in Grönland und auf Baffin Island eine Internet-Petiton gegen die „inhumane Behandlung" von Eisbären durch das Anlegen von Senderhalsbändern. Die Initiatoren befürchteten zudem traumatische Effekte des Helikopterlärms und unterstellten den Forschern, beim Betäuben Gifte einzusetzen. – So paradox es uns vorkommen mag, diese Sorge und dieser Respekt der Inuit gegenüber den Eisbären stehen für sie nicht im Widerspruch zum Jagen und Töten der Tiere.

Ein Jäger aus Labrador berichtete, dass ihm bei der Verfolgung eines Eisbären im schwierigen Gelände deutlich wurde, wie verwandt er sich dem Tier fühlte: „Er verschwand hin-

ter einem Felsen. Ich näherte mich ihm weiter, und er hatte sich auf-
gerichtet und steckte vorsichtig seinen Kopf um die Ecke, um nach
mir zu sehen. Kaum erblickte er mich, versteckte er sich wieder hinter
dem Felsen. Das tat er mehrere Male – ganz wie ein Mensch". Die Inuit
sehen das Verhalten der Eisbären bei der Jagd oft als „menschenartig"
an, sie gehen davon aus, dass die Eisbären sich verstecken und ihnen
auflauern; sie ziehen in Betracht, dass die Eisbären sich tot stellen können – das sei „ein beliebter Trick".

Ein Bekannter erzählte uns eine Episode, wie er einen Inuit-Freund
auf die Robbenjagd begleitete; sie trafen auf eine Eisbärin, die vor ihren Augen gerade eine Robbe erwischt hatte. Die Eisbärin war nicht
erfreut über die Störung und ging auf die beiden Männer zu, die sich
langsam zu ihrem Schneemobil zurückzogen. Die Bärenmutter folgte
ihnen aber nicht, denn sie hatte Junge, die hinter einem Hügel gewartet hatten und die sie nun zu sich rief. Die drei Eisbären gingen ins
Wasser und schwammen davon. Der Inuk, der offenbar großen Ap-
petit auf *Country Food* hatte, eilte zu der frisch geschlagenen Robbe,

schnitt sie auf und aß ein wenig von der rohen Leber. Dann schnitt er ein schönes Rippenstück ab – „für unseren Lunch", den Rest ließ er aber liegen: „Das steht der Bärin zu, denn sie ist ein viel besserer Jäger als ich". Als die beiden Männer später noch einmal an der gleichen Stelle vorbeikamen, konnten sie aus sicherem Abstand beobachten, wie die zurückgekehrte Bärenmutter und ihre beiden Jungen sich an der Robbe gütlich taten.

Das Teilen von Nahrung mit den Eisbären ist nicht so selten. Als die Inuit von Clyde River im September 2013 einen Wal erbeutet hatten, überließen sie einen Teil den Bären. „Das ist ein großes Festmahl – für die Inuit, die Eisbären und die Hunde. Die Inuit haben Massen von *Maktaq* [Walspeck], die Eisbären bekommen Fett und Fleisch, und die vielen Schlittenhundehalter erhalten jede Menge Hundefutter vom Walfleisch", verkündete einer der Jäger. Ähnliches geschah während des Ausweidens eines Grönlandwales in Alaska: Einem hungrigen Eisbären, der sich heranschlich, als die Inupiat den Wal zerlegten, wurde ein großes Stück *Blubber* (Walspeck) hingeworfen, mit dem er sich trollte.

In der Vergangenheit wurde das Wissen der Inuit über die Eisbären von den alten, erfahrenen Jägern stets mündlich an die jungen Leute weitergegeben – ob in Berichten nach der Rückkehr von der Jagd oder später in Erzählungen an langen Winterabenden – aber nirgendwo niedergeschrieben.[13]

Heute jedoch haben durch die Umstellung auf eine neue Lebensweise viele Biografien Brüche bekommen, die Lernmuster haben sich verändert, junge Leute sprechen oft nur englisch oder französisch - Gründe dafür, dass das traditionelle Wissen der Inuit in den letzten Jahrzehnten nicht mehr kontinuierlich weitergegeben werden konnte. Noch ist nicht alles davon verlorengegangen, aber bei der jüngsten Generation kommt es nicht in ausreichendem Maß an.

Das betrifft sowohl Kenntnisse über die Lebensweise von Nanook und damit über mögliche Verhaltensmaßregeln bei der Begegnung mit ihm, als auch das Wissen über die traditionellen Respektsbezeugungen. Das Problem dabei ist nicht, dass alte Rituale heute als unzeitgemäß verlacht werden, sondern, dass damit ein Verlust an Respekt für das Tier einhergeht. Dieser Mangel bei der jüngeren Generation hat zur Folge, dass bei Begegnungen mit Eisbären, die gefährlich werden könnten, viel zu oft sofort geschossen wird, ohne dass Alternativen in Betracht gezogen werden.

„Du musst alle Tiere mit Respekt behandeln, insbesondere diejenigen, die sich Dir darbieten. Ihre Geister werden den anderen Tieren mitteilen, wie gut Du sie behandelt hast." Dieses Zitat stammt nicht etwa aus frühen Aufzeichnungen eines Anthropologen, sondern aus dem Jahr 2013. Wir fanden es in einem Internetforum, wo sich Inuit über die Jagd austauschen. Das Internet erweist sich zunehmend als ein modernes Mittel für die Inuit, um Jagderfahrungen, Kenntnisse und individuelle Meinungen auszutauschen. Leider finden sich dazwischen immer wieder auch Stimmen der Unvernunft, der Unwissenheit und des Mangels an Respekt. Man erlebt das ganze Spektrum zwischen berechtigtem Stolz auf eine erfolgreiche Jagd und plumper Angeberei, einschließlich verbaler Beschimpfungen all derjenigen, die kritische Fragen stellen.

Aber auch die alten Haltungen und Gesten des Respekts finden sich heute noch, etwa wenn ein Jäger schreibt: „Der Eisbär kam zu unserem Campingplatz, wo es nach Walspeck roch. Wir brauchten fünf Schuss, um diesen großen Bären zu töten. Mein Freund umarmte dann den Bären, aus Freude darüber, dass er uns nichts getan hatte, bevor er starb."

Eisbärenjagd als Wirtschaftsfaktor

Die Eisbärenjagd hat nicht nur eine sozio-kulturelle Bedeutung für die Inuit von heute, sondern auch eine ökonomische. Das betrifft die Fleischversorgung, den Verkauf der Felle und geführte Jagdtouren für Nicht-Inuit.

Eisbärenfleisch trägt – neben anderem Wild – zur Ernährungssicherheit bei. Das Fleisch wird individuell unterschiedlich bewertet. Einige Inuit schätzen es sehr – sie behaupten, niemals etwas Besseres gegessen zu haben. Besonders das zarte Fleisch junger Tiere ist beliebt. Andere sind skeptisch, besonders bei älteren Tieren, deren Fleisch lange gekocht werden muss, bis es gar ist. Und es gibt auch solche, die schon beobachtet haben, wie Eisbären auf der Abfalldeponie fraßen, und dann entschieden: „Ich werde niemals Eisbärenfleisch essen, denn die fressen Müll!"

Das Fell des Eisbären ist heute für viele Jäger wichtiger als das Fleisch. Noch immer tragen Inuit-Jäger in Grönland gern die wärmenden Hosen, die daraus genäht werden. In Kanada dagegen werden solche Kleidungsstücke immer seltener. Es sind vorwiegend ältere Jäger, bei denen man sie noch sehen kann – wie etwa bei Louie Kamookak aus Gjoa Haven,[14] der auch heute noch Eisbärenpelz-Hosen trägt, wenn er zur Jagd geht. Die jüngeren Inuit bevorzugen die moderne, viel

Trophäenjäger bevorzugen große Bären wie diesen

Messestand auf der Northern Lights Trade Show in Ottawa

leichtere Outdoorkleidung aus dem Süden, die heutzutage im Supermarkt erhältlich ist.

Eisbärenfelle sind für die meisten der heutigen Inuit-Jäger vor allem wegen des Verkaufserlöses wichtig. Sie hatten schon vor Jahrhunderten einen außerordentlichen Marktwert, und das hat sich bis heute nicht geändert; wobei die Preise, die von Endkunden bezahlt werden, natürlich nicht bei den Jägern ankommen – wie immer verdienen da noch Dienstleister und vor allem Händler kräftig mit.

Durch das internationale Regelwerk zum Artenschutz CITES[15] ist der Handel mit Eisbärenfellen reguliert. Die USA haben 2008 die Einfuhr von sämtlichen Eisbär-Trophäen, also auch Fellen, verboten – damit brach für Kanadas Inuit ein wichtiger Markt weg. Der offizielle Weg für sie, ein Eisbärenfell zu verkaufen, ist die Auktion, die alljährlich in North Bay, Ontario, stattfindet. Hier werden an einem Tag 90 % der in der ganzen Welt legal gejagten Eisbärenfelle versteigert – zusammen mit den Fellen von Grizzly, Schwarzbär, Fuchs, Vielfraß und Wolf. Diese Fur Harvesters Auction wird bereits seit etwa 50 Jahren von einer Kooperative betrieben, und der jeweilige Erlös geht direkt zurück an den Jäger, der das Fell abgeliefert hat, abzüglich einer Bearbeitungsgebühr.

Die Erlöse für Eisbärenfelle hängen von Größe, Qualität und Zustand der Felle ab. Der Durchschnittserlös hat sich innerhalb der letzten fünf Jahre verdoppelt – von etwa 2.500 Dollar auf über 5000 Dollar – auch wenn kümmerliche Felle manchmal nur dreistellige Ergebnisse erzielen. Die für besonders gute Exemplare gezahlten Spitzenpreise lagen vor fünf Jahren noch zwischen 5.000 und 6.000 Dollar, inzwischen ist jedoch die 10.000-Dollar-Marke überschritten, und Einzelstücke erbrachten bereits über 12.000 Dollar.

Eine andere Zahl erscheint uns besonders alarmierend: Die Zahl der versteigerten Eisbärenfelle stieg von etwa 40–80 jährlich (in den Jahren 2000–2011) schlagartig auf 150 im Jahr 2012.[16]

Dass bei möglichen Erlösen im Bereich zwischen 5.000 und 12.000 Dollar die Versuchung groß ist, jede legal erteilte Jagdlizenz zu nutzen, wird niemanden verwundern, und sicher gehört auch die explodierende Nachfrage zu den Gründen, dass seitens der Behörden von Nunavut, der Northwest Territories und der anderen betroffenen Provinzen die Anzahl der Jagdlizenzen in Kanada in den letzten Jahren – gegen den Ratschlag der führenden Eisbärenforscher – erhöht wurde.

Trophäenjagd

Die geführten Jagdtouren für Trophäenjäger haben mit Subsistenzjagd nichts zu tun und werden von den Inuit aus rein ökonomischen Motiven angeboten. Dass die Behörden in den Provinzen und Territorien Kanadas dies – obwohl es im Widerspruch zum *International Agreement on the Conservation of Polar Bears* von 1973 steht – nicht nur tolerieren, sondern sogar noch befördern, zeigt ihre Rat- und Hilflosigkeit bei der Suche nach anderen, tatsächlich nachhaltigen Maßnahmen, um die ökonomischen Probleme der Inuit zu lösen und ihnen ein Leben in angemessener Qualität zu ermöglichen. Zur Eisbärenjagd erscheinen einkommensstarke Jagdtouristen und Trophäenliebhaber aus China, Russland, den arabischen Emiraten, aber vor allem aus Europa – nicht wenige von ihnen aus Deutschland – denen Eisbären noch in ihrer Sammlung fehlen. Offenbar liebt keiner von ihnen die Öffentlichkeit oder ist gar auf kritische Stimmen von Naturschützern erpicht; so läuft dieses Geschäft eher diskret, und auch im Internet sind die Angebote sehr versteckt. Nur auf den Jagdmessen, wo solche Reisen angeboten werden, lässt sich eine gewisse Öffentlichkeit nicht vermeiden. „Nanook ist der Inbegriff höchster jagdlicher Herausforderung", heißt es in einem Werbeprospekt. Hier wird eine 14-tägige Reise auf Cornwallis Island im hohen Norden Nunavuts angeboten, mit zehn Jagdtagen im beheizbaren Zeltcamp, Transport je nach Jahreszeit mit Motorboot, Quad (ATV), Hundeschlitten mit Gespann, inklusive „Polarbärschutzabgabe" und Vorpräparation der Trophäe, Kosten pro Jäger: 39.750 Dollar. „Die Jagd ist beendet, wenn der Eisbär erlegt ist. Hat man während der gegebenen Jagddauer von zehn Tagen keine Möglichkeit einen Polarbären zu erlegen, kann die

Diebesgut Eisbärenpelz

Am 31. Mai 2013 berichtete die Radiostation CBC Labrador davon, was Jim Shouse, der Händler im Fur Harvesters Auction Building in Goose Bay, erlebt hatte. Einige Wochen zuvor war hier das Fell eines Eisbären gestohlen worden. Es gehörte einem Jäger aus Nain und war möglicherweise 10.000 kanadische Dollar wert. Das Fell hatte sich gerade zur Bearbeitung außerhalb des Gebäudes befunden, als sich die Diebe damit auf und davon machten. Später hatte die Polizei einen anonymen Anruf bekommen und kurz darauf das gestohlene Fell gefunden. Als das Bündel an Jim Shouse zurückgegeben wurde, freute der sich zuerst. Aber was er erblickte, als er den Sack öffnete, enttäuschte ihn sehr. Das einstmals schöne Fell, „des Jägers Stolz und Freude", wie üblich für die Auktion noch ungegerbt, war von den Dieben unsachgemäß behandelt worden und nur noch Müll: verrottet und unbrauchbar. Das Töten des Bären war somit sinnlos gewesen, und Mr. Shouse bedauerte das zutiefst; denn er habe „äußersten Respekt für Tiere, egal ob es sich um ein Eichhörnchen oder einen Eisbären handelt". Und für den Jäger war es vielleicht der einzige Eisbär in seinem Leben.

Jagd im gleichen Gebiet zu 65 % der Jagdkosten wiederholt werden."[17] Da diese Art Jäger am liebsten männliche, große und starke Eisbären schießt – was keinesfalls den Prinzipien von „Hege und Pflege" oder einer „natürlichen Auslese" entspricht, gerät die Gesundheit der Populationen in Gefahr.

Der Eisbär als Symbol bei den Inuit heute – Identität und Selbstbestimmung

Die Symbolkraft der Eisbären, derer sich viele in der „südlichen Welt" bedienen – von Naturschutzverbänden bis zur Werbeindustrie (→ Kapitel Eisbären in Werbung ...) – ist auch im Norden bei den Inuit gegeben. Das zeigt sich beispielsweise am Logo der Regierung von Nunavut und dem der Nunasi Corporation (der Wirtschaftsentwicklungsgesellschaft Nunavuts), die beide einen Eisbären enthalten. Auch bei den Autokennzeichen von Nunavut und den Northwest Territories bestimmt Nanook das Erscheinungsbild.

Im übertragenen Sinne ist auch die Jagd auf Eisbären – als Recht der Inuit – ein identitätsstiftendes Symbol, denn sie steht für das Selbstbewusstsein und die Selbstbestimmung der Inuit. Im Aufbegehren gegen tatsächliche und gefühlte Bevormundung und Arroganz seitens der „weißen Männer" und in Erinnerung daran, was man in dieser Hinsicht in der Vergangenheit zu verkraften hatte, pochen die Inuit heute auf ihr besseres Wissen über Eisbären. Sie lehnen derzeit ziemlich massiv und gelegentlich auch aggressiv die Forschungsergebnisse und die daraus resultierenden Sorgen der Wissenschaftler um den Bestand und die Zukunft der Eisbären ab.

Sie haben die *white men's solutions to Inuit*, die Lösungen der Weißen für ihr Leben, gründlich satt. Bestrebungen, zum Schutz der Eis-

Identitätsstiftendes Symbol: der Eisbär als Autonummern-schild von Nunavut

146

Inuit-Kampagnen gegen Bevormundung

bären ihre angestammten Jagdrechte in Frage zu stellen, sehen sie als Ablenkung davon, dass der Staat keine wirksamen Maßnahmen zur Klimarettung und zum Schutz der Arktis vor Verschmutzung, Vergiftung und anderweitiger Umweltschädigung durch Bergbau und Ölindustrie trifft. Zudem verkörpert das Recht, Eisbären zu jagen, für sie – neben dem Beitrag zum Lebensunterhalt – ihr kulturelles Überleben, ihr Festhalten am traditionellen Lebensstil und das Bewahren der Erfahrungen der Alten. Sie sehen sich als die allein Berechtigten und zudem Fähigsten, die Situation der Eisbären zuverlässig einzuschätzen, die Natur in der Arktis zu schützen und ihre Jagd danach auszurichten[18] (→ Kapitel Auf dünnem Eis).

„Mit den gesellschaftlichen Herausforderungen, denen sich die meisten Bewohner der Arktis heutzutage stellen müssen, werden vielleicht viele der Traditionen vergessen oder verlorengehen, aber ihr Erbe lebt dennoch fort als ständige Mahnung an ein Dasein, in dem die Gesetze der Natur und ein nachhaltiges Vorgehen die Lebensweise bestimmten und die Menschen dieses Gleichgewicht respektierten. Die wichtigste Lektion, die wir von den indigenen Völkern lernen können, ist, dass Menschen nicht unabhängig von der Natur sind, sondern ein Teil von ihr."[19] (Moki Kokoris)

Kapitel 5
Biologisches – Fakten und Forschung

Ein Eisbär auf einjährigem Eis: Hier verspricht die Robbenjagd reiche Beute

Biologisches – Fakten und Forschung

Der Eisbär – ein Meeressäuger?

V*ertebrata → Mammalia → Carnivora → Canoida → Ursidae → Ursus maritimus*

Beim Betrachten der biologischen Klassifizierung des Eisbären stoßen wir schnell auf einen Widerspruch. Unbestritten gehört er im Stamm der Wirbel- oder Schädeltiere (*Vertebrata* oder *Craniota*) in die Klasse der Säugetiere (*Mammalia*), in die Ordnung Raubtiere (*Carnivora*, eigentlich: Fleischfresser), darin zur Überfamilie Hundeartige (*Canoidea*, manchmal auch *Caniformia* genannt) und hier in die Familie der Bären (*Ursidae*), wo er sich von acht anderen noch nicht ausgestorbenen Arten unterscheidet: Am nächsten verwandt sind der Braunbär (*Ursus arctos*), der Amerikanische Schwarzbär (*Ursus americanus*) und der Kragenbär (*Ursus tibetanus*); zu anderen Unterfamilien gehören jeweils der Malaienbär (*Helarctos malayanus*, auch *Ursus malayanus*), der Lippenbär (*Melursus ursinus*), der Brillenbär oder Andenbär (*Tremarctos ornatus*) sowie der Große Panda (*Ailuropoda melanoleuca*).

In Kanada, wo ja die Mehrheit der Eisbären zu Hause ist, ordnet man ihn jedoch zusätzlich bei den *sea mammals*, den Meeressäugern, ein, wohingegen er in den USA als *land mammal*, landbewohnendes Säugetier, betrachtet wird. Deutsche Nachschlagewerke sind bei dieser Zuordnung diplomatisch, und so darf man hier das Landtier Eisbär auch zu den Meeressäugern zählen, in einer Reihe mit Walen, Robben und Seeottern, weil er in hohem Maße dem Lebensraum Meer angepasst ist. Im Durchschnitt verbringt ein Eisbär die meiste Zeit seines Lebens in der Tat nicht auf dem Land: Er hält sich oft im Meer auf und ist ein vorzüglicher Schwimmer. Noch häufiger aber ist er auf dem Meer – nämlich auf dem Eis. Und selbst wenn er auf dem Land

Eisbären halten sich bevorzugt abseits vom Festland auf

ist, bevorzugt er zumeist einen dicht am Meer gelegenen Bereich und wandert nur gelegentlich tiefer ins Landesinnere. Dennoch wird er oft als „größtes lebendes Landraubtier" bezeichnet – was nicht ganz stimmt, denn was die Körpergröße betrifft, können einzelne Exemplare von Kodiak- und Kamtschatkabären, beides Unterarten des Braunbären, durchaus mithalten.

Der wissenschaftliche Name des Eisbären *Ursus maritimus* wird seinem überwiegend bestimmenden Lebensbereich, dem Meer, gerecht. Manchmal stößt man noch auf die griechisch-lateinische Bezeichnung *Thalarctos maritimus*, denn wegen der Unterschiede zwischen seinen Körpermerkmalen und denen anderer Bären wurde der Eisbär zeitweise in eine eigene Gattung *Thalarctos* eingeordnet, bevor sich die Wissenschaftler schließlich über den Grad seiner Verwandtschaft mit den anderen Bären (→ unten) einigten. Auch hier leitete sich der Name vom dominierenden Lebensbereich ab: θάλασσα (thálassa) ist das griechische Wort für Meer, und ἄρκτος (árktos) ist der Bär.

Die deutsche Bezeichnung Eisbär ist vielleicht aus den nordischen Sprachen (*Isbjørn* – Eisbär) übernommen und bezieht sich wohl darauf, dass er am häufigsten auf dem Eis gesichtet wurde. Altnordische Quellen bezeichnen ihn als *Hvitabjørn* – Weißen Bär, und in den meisten europäischen Landessprachen heißt er (jeweils übersetzt) entweder Weißer Bär oder Polarbär. Auch solche Namen wie Wasserbär und Seebär kommen in alten Quellen vor (→ dazu auch Kapitel Kulturgeschichte). Alle diese Bezeichnungen nehmen also entweder Bezug auf das wichtigste Habitat – das Polargebiet, das Meer, das Eis – oder auf das Aussehen. Denn Ursus maritimus ist weiß, – meistens jedenfalls, wenn sein Fell nicht gerade schmutzig ist.

Die weißen Bären – und die Geheimnisse ihrer Evolution

Die Farbe ist zwar ein wesentliches Merkmal, das den Eisbären deutlich von anderen Bärenarten unterscheidet, aber kein hinreichendes. Man kann sogar sagen, dass die Farbe des Pelzes generell kein besonders gutes Kennzeichen zur Bestimmung von Bärenarten ist. Zumindest nicht in Nordamerika, Alaska oder den Kurilen, denn bei Bärensichtungen kann man hier fast alle Farbnuancen von weiß über braun bis schwarz erleben.

Andere weiße Bären

Der wohl berühmteste unter den anderen „weißen" Bären ist der *Spirit Bear*, der nur in einem kleinen Gebiet von etwa 65.000 Quadratkilometern in British Columbia, Westkanada, zuhause ist, zu dem auch der Great Bear Rainforest an der nördlichen und zentralen Pazifikküste gehört. Wie man heute weiß, ist der „Geisterbär" kein Albino, sondern eine durch Genmutation entstandene Spielart des Kermodebären, einer Subspezies des Schwarzbären (*Ursus americanus kermodei*). Nur etwa zwischen 10 % und 25% dieser Bärenpopulation haben tatsächlich ein weißes oder creme-farbenes Fell, da dieses Merkmal rezessiv ist. Paart sich also ein weißer mit einem schwarzen Vertreter der Population ist das Fell des Nachwuchses schwarz. Nur wenn Vater und Mutter weiß sind, ist der Nachwuchs ebenfalls weiß.

Es ist sehr schwierig, diese weißen Bären überhaupt zu Gesicht zu bekommen. Man schätzt die absolute Anzahl der Geisterbären auf 400 bis 1000. Die Ureinwohner zollen diesen Tieren großen Respekt, und natürlich durften sie als heilige Tiere nie gejagt werden. Man hütete sich lange, weißen Jägern und Trappern überhaupt von ihrer Existenz zu berichten, so dass es in dieser Hinsicht um ihre Überlebenschancen nicht schlecht stand. Hinzu kommt, dass die weißen Bären beim Fangen von Lachs einen Vorteil gegenüber dunklen Bären haben, da die Lachse auf dunkle Silhouetten schreckhaft reagieren und sich in Sicherheit bringen. Vielleicht hat dieser Jagdvorteil dazu beigetragen, dass sie über die Jahre fortbestehen konnten. Heute ist ihre Existenz am stärksten durch die mögliche Zerstörung des Habitats gefährdet – Holzkonzerne und Bergbauunternehmen sind an der Ausbeutung der Ressourcen interessiert, andere Industriekonzerne planen derzeit sogar eine Ölpipeline mitten durch den Great Bear Rainforest. Mehrere Naturschutzinitiativen und First Nations haben durch Protestaktionen und Verhandlungen zwar erreicht, dass die Einrichtung begrenzter Schutzgebiete versprochen wurde, und sie streben auch eine nachhaltige Forstwirtschaft sowie umweltgerechtes Management im Rest des Gebietes an. Aber die Interessen sind konträr, und es werden weitere Aktionen und Kampagnen nötig sein, um einen der letzten noch unberührten nördlichen Regenwälder – und damit auch den „Geisterbären" – wenigstens teilweise zu schützen.

Einen anderen Bären mit teilweise weißem Pelz findet man auf einigen der Kurilen-Inseln, die sich von Hokkaido (Japan) in Richtung Nordwesten bis zum Südende Kamtschatkas erstrecken. Auf den südlichen Inseln Kunashiri und Etorofu, die Hokkaido am nächsten liegen, wurde dieser Bär mindestens seit dem 19. Jahrhundert immer wieder gesichtet, aber erst vor kurzem erhielt er den Namen Ininkari-Bär. Benannt wurde er nach einem Ainu-Häuptling. Dessen Porträt aus dem Jahre 1791 zeigt ihn mit zwei an der Leine geführten Braunbär-

Jungen, von denen das eine weiß, das andere dunkel ist. Eigentlich ist der Ininkari-Bär ein Braunbär (*Ursus arctos*). Der weiße Pelz beschränkt sich auf die vordere Körperhälfte, d. h. vom Kopf bis zum mittleren Rücken und Bauch einschließlich der Vorderbeine. Der Pelz des hinteren Teils hingegen tendiert zum Graubraun; es wurden verschiedene Farbvariationen beobachtet. Über eine solche zweigeteilte Färbung wurde bisher noch aus keiner anderen Region der Welt berichtet. Der Ininkari-Bär wird nicht als Unterart, sondern als Varietät des Braunbären angesehen.[1]

Bei Braunbären, insbesondere beim nordamerikanischen Grizzly (*Ursus arctos horribilis*), sind sehr helle oder „blonde" Erscheinungsformen nicht ungewöhnlich. Manche sind so hell, dass sie, von weitem und flüchtig betrachtet, auch als schmutzige Eisbären durchgehen könnten.

Seltener Anblick: der kanadische „Geisterbär" (ganz oben)
Ein japanischer Ininkari-Bär mit typischer Farbaufteilung (oben)

Die engsten Verwandten: Was die DNA enthüllt

Dass Eisbär und Braunbär eng miteinander verwandt sind, ist seit langem bekannt. Wie eng aber diese Verwandtschaftsbeziehung ist, und seit wann die beiden Arten selbständig sind, ist noch nicht ausreichend erforscht. Es war bisher nicht möglich, aus fossilem Knochenmaterial Rückschlüsse auf die Farbunterschiede der früheren Bären zu bekommen, daher kann man nicht sagen, ab wann die Eisbären weiß waren. Vielleicht können künftige detailliertere DNA-Untersuchungen diese Frage beantworten.

Wann genau sich die Abspaltung der Eisbären von den Braunbären, beziehungsweise von einem gemeinsamen Vorfahren, vollzog, ist noch nicht geklärt, derzeitige Forschungen bringen immer neue Erkenntnisse. Ein Problem ist, dass überhaupt nur sehr wenige fossile Reste von Eisbären gefunden wurden. Geht man davon aus, dass Lebensweise und Habitat der Ur-Eisbären ähnlich waren wie heute, ist die Erklärung einfach: Da die Tiere über ein riesiges Gebiet verstreut lebten, das vorwiegend aus Eis und Wasser besteht, und somit die Überreste der meisten verstorbenen Eisbären früher oder später auf dem Meeresgrund landeten, verringert sich die Aussicht auf Funde enorm. Nur die Knochen der wenigen an Land verendeten Tiere konnten zu Fossilien werden. Auch von Ur-Robben, die das gleiche Habitat bewohnten, aber noch viel zahlreicher waren, sind kaum Fossilien gefunden worden.

Wie alt sind also die Eisbären? Eine Zeitlang hatte man auf der Grundlage der raren Fossilienfunde, von denen der überwiegende Teil aus Nordeuropa stammt, vermutet, dass es Eisbären erst seit der letzten Eiszeit gibt. Sie setzte vor etwa 110.000 Jahren ein und endete vor ca. 10.000 Jahren. Heute ist man der Auffassung, dass die Evolution des Eisbären viel früher begonnen haben muss. Grundlage für den Meinungsumschwung war der fossile Kieferknochen eines Bären, der an der Westküste von Spitzbergen gefunden wurde. Die Sedimente, die ihn umgaben, datierte man auf ein Alter von 110.000 bis 130.00 Jahren. Analysen ergaben außerdem, dass er dem eines heutigen Eisbären sehr ähnlich ist und sein Besitzer sich ebenso ernährt haben muss wie es Eisbären heute tun.[2] Eine frühere Evolution legt auch ein in Nordnorwegen gefundener, etwa 115.000 Jahre alter Rippenknochen nahe, der sich bei einer DNA-Untersuchung als Eisbärfossil erwies.

Verschiedene genetische Studien, die in den letzten Jahren publiziert wurden, haben neue Hinweise dafür geliefert, welcher Art die Verwandtschaft zwischen Eisbären und Braunbären sein könnte.

Auf den entlegenen ABC-Inseln im Südosten von Alaska – Admiralty Island, Baranof (oder Sitka) Island und Chichagof Island – leben ganz besondere Braunbären, die gewöhnlich zwar braun sind, doch manchmal auch „blond"; es kommt hier das ganze Spektrum zwischen hell und schwarz vor. Diese Bären sind jedoch keine Grizzlys, sondern genetisch einmalig. Sie gaben den Wissenschaftlern Rätsel auf, denn ihr Erbmaterial unterscheidet sich recht deutlich von dem der Braunbären Nordamerikas. Zum anderen weisen sie genetische Ähnlichkeiten mit Eisbären auf. Eine wissenschaftliche Studie von 2010 führte – vorübergehend – zu der Annahme, dass die Eisbären möglicherweise von diesen „ABC-Bären" in Alaska abstammen könnten, oder von den Vorfahren derjenigen Braunbären, die auch Vorfahren der ABC-Bären waren.

Eine neue DNA-Studie warf diese Hypothese allerdings wieder über den Haufen. Man untersuchte die mitochondriale DNA eines fossilen weiblichen Ur-Braunbären aus einer Höhle in Irland und verglich sie mit der DNA von heute lebenden Eisbären

Verwandschaftsporträts:
Ein Grizzly in Alaska (oben)
Ein Amerikanischer Schwarzbär in Florida

aus den verschiedensten Populationen. Da mitochondriale DNA in direkter mütterlicher Linie an die Nachkommen vererbt wird und deshalb eine relativ konstante Mutationsrate hat, ist es möglich festzustellen, wie eng Populationen miteinander verwandt sind und wie lange sie sich schon auseinander entwickelt haben.

Das Ergebnis: Die Herkunft sämtlicher untersuchter Eisbären ließ sich in mütterlicher Linie – also über unzählige Großmütter von Großmüttern etc. – auf dieses eine weibliche Exemplar eines Ur-Braunbären aus Irland zurückführen! Man vermutet, dass sich die Paarung dieser Ur-Braunbärin mit einem Eisbären in oder bei Irland vor 20.000 – 50.000 Jahren ereignete.[3] Das heißt aber auch, dass die beiden Spezies – Braunbär und Eisbär – sich bereits lange zuvor auseinanderentwickelt haben müssen.

Kürzlich nun erbrachte eine vergleichende Studie an Zellkern-DNA von Schwarz-, Braun- und Eisbären, die 2012 in „Science" veröffentlicht wurde,[4] dass es bereits vor rund 600.000 Jahren – lange vor dem Auftreten des Homo sapiens – Eisbären gab! Diese neue Datierung, zusammen mit weiteren Studien, lässt ein ganz anderes Bild der Eisbärenevolution entstehen. Demnach haben sich die Entwicklungslinien der drei Arten bereits vor mehr als einer Million Jahren voneinander getrennt, allerdings gab es danach wiederholt Episoden von

Paarungen zwischen Eis- und Braunbären. Die Ahnenreihe dieser beiden Arten sollte man sich also nicht als Stammbaum mit getrennten Zweigen vorstellen, sondern eher als sich ineinander windende Ranken.

Diese Studie zeigte auch, dass der Zeitraum, in dem die Eisbären die arktischen Gebiete besiedelt und sich für diese besonders harsche Umwelt perfekt spezialisiert haben, viel länger ist als bisher angenommen. Zudem stellte sich heraus, dass die genetische Vielfalt der Eisbären sehr gering ist – ein Hinweis darauf, dass Umweltveränderungen, wie beispielsweise plötzliche Warmphasen, ihre Zahl stark dezimiert haben müssen, bevor sich die Art aus geringen „Restbeständen" wieder regeneriert hat. Hieraus schließen die Wissenschaftler, dass die Fähigkeit des Eisbären zur schnellen Anpassung an Stressfaktoren – wie Veränderung des Lebensraumes, des Klimas und der Verfügbarkeit von bestimmter Nahrung – geringer ist als bisher vielfach angenommen (→ auch Kapitel Auf dünnem Eis).

Bezüglich der „ABC-Bären" auf den Alaska-Inseln berichten Forscher in einer kürzlich veröffentlichten Studie,[5] dass sie das Resultat einer Vermischung von Eisbären mit Braunbären sind, die erst am Ende der letzten Eiszeit stattfand, also vor rund 10.000 Jahren. Man nimmt an, dass einige Eisbären auf den Inseln zurückgeblieben sind, als sich das Gletschereis nach Norden zurückzog. Als nun reiselustige männliche Braunbären die für sie wieder bewohnbare Gegend zurückeroberten, paarten sie sich mit den gestrandeten weiblichen Eisbären; die daraus entstandenen Mischlinge paarten sich wiederum mit weiteren einwandernden Braubären, so dass die auf den Inseln isolierten Eisbären-Nachkommen mit der Zeit äußerlich und weitgehend auch genetisch den Braunbären immer ähnlicher wurden. Belegt wird dieses Szenario dadurch, dass die nur über die weiblichen Tiere vererbte Mitochondrien-DNA (s. o.) der ABC-Bären mit der der Eisbären hundertprozentig übereinstimmt, das geschlechtsbestimmende X-Chromosom zu 6,5%, andere Chromosomen aber nur zu 1%. Die ABC-Bären sind also näher mit weiblichen als mit männlichen Eisbären verwandt.

Sie werden als eine eigene Subspezies (Unterart) des Braunbären betrachtet, *Ursus arctos sitkensis*. Ob das Szenario ihrer Entstehung in Zeiten des Klimawandels wiederholbar ist? (→ Hybridbären, Kapitel Auf dünnem Eis).

Vom Land zum Eis, von braun zu weiß

Wie kann man sich die Entwicklung vom Braunbären zum Eisbären vorstellen? Für die Beantwortung dieser Frage könnte es hilfreich sein, die Lebensweise einer heutigen Braunbären-Subpopulation zu betrachten: die der „Barren-ground Grizzlys", die in den Tundragebieten nahe der Nordküste der kanadischen Nordwest-Territorien leben und viele Farbvariationen zwischen braun und fahl aufweisen; es wurden sogar einige nahezu weiße Exemplare beobachtet. Diese Bären verlassen ihre Winterhöhlen im April, zu einer Zeit, in der die Tundra noch von Schnee bedeckt ist. Manche wandern dann zur Eismeer-Küste, angelockt vom

Geruch von Robbenkadavern. Man konnte dort bereits Grizzlys beobachten, die sich auf das Meereis wagten, um die Reste von Robben zu fressen, die wahrscheinlich von Eisbären übrig gelassen worden waren.

Den Evolutionsprozess könnte man sich, stark vereinfachend, so vorstellen: Vor vielen hunderttausenden Jahren oder noch früher wurden Braunbären – vielleicht durch Konkurrenzdruck – in ein Gebiet mit kälterem Klima gedrängt; oder es setzte eine Periode mit kühlerem Klima ein. Braunbären, die aus ihrer Winterhöhle kamen und vom Land auf das Eis gerieten, könnten Gefallen an der dort vorhandenen reichhaltigen Kost – den Robben – gefunden haben. Man nimmt an, dass die Hauptnahrung des Eisbären, die Ringelrobben, bereits vor fünf Millionen Jahren existierte. Da die Robben keine Fressfeinde hatten, bevor die Bären auftauchten, könnten sie unvorsichtig und daher eine leichte Beute gewesen sein. Die Bären, die solch reichhaltige Kost vorfanden und dabei nicht von Nahrungskonkurrenten gestört wurden, könnten sich prächtig entwickelt und zahlreiche Nachkommen gehabt haben, die sich in Farbe und Körperbau allmählich an die neuen Gegebenheiten anpassten. Beispielsweise hatten heller gefärbte Exemplare einen Vorteil beim Anschleichen an die Robben, und ein größerer Jagderfolg bedeutete auch mehr Chancen bei der Reproduktion. Solche für das Überle-

Eisbär in der Tundra an der Baumgrenze

ben günstigen Eigenschaften wurden daher mit einer höheren Wahrscheinlichkeit vererbt und setzten sich so allmählich durch.

Die erfolgreiche Umstellung auf die Nahrung aus dem Meer war ein erster Schritt, ein zweiter die Isolierung von ihren südlichen Artgenossen. Sie könnte dadurch befördert worden sein, dass in einer folgenden Warmzeit, wie zum Beispiel der Eem-Periode, die vor 115.000 Jahren endete, auf die neue Kost spezialisierte Bären dem Eis und den Robben nach Norden folgten – oder dadurch, dass der Höhepunkt der Robbenjagd auf dem Eis in der gleichen Zeit stattfand wie die Paarung der Braunbären. Kurz und bündig: Die Anpassung an die Jagd auf dem Meereis und die Trennung von ihren landbewohnenden braunen Verwandten waren die entscheidenden Schritte in der Evolution der Eisbären.

Zur Spezialisierung gehörten auch Veränderungen im Körperbau: Ein schlankerer Kopf und eine längere Nackenpartie zum Beispiel waren hilfreich beim Angriff auf eine Robbe, die sich in ihrem engen Atemloch im Eis zeigte, und längere und schärfere Eckzähne waren praktischer für das Zerlegen der Robbe.[6]

Die erste wissenschaftliche Beschreibung eines Eisbären

Der britische Entdeckungsreisende Constantine Phipps (1744-1792) unternahm 1773 eine Seereise nach Spitzbergen, auf der er verschiedenen Natur- und Wetterbeobachtungen vornahm, die er 1774 in seinem Reisebericht *A Voyage towards the North Pole undertaken by His Majesty's Command 1773* veröffentlichte. Er war der erste Europäer, der einen Eisbären beschrieb, wobei er sich dabei lediglich auf einige wenige Maßangaben zu Größe und Gewicht beschränkte – und ihn auch gleich klassifizierte. Phipps benutzte übrigens erstmals den wissenschaftlichen Namen „Ursus maritimus". 1774 war es gerade erst üblich geworden, einen zweiteiligen lateinischen Namen für die formale Klassifizierung zu verwenden! Im folgenden die Übersetzung von Phipps' Beschreibung auf S. 185 seiner Schrift:

URSUS Maritimus. Linn. Syst. Nat. 70. 1.
Polar Bear. Penn.Syn. Quadr. p. 192 T. 20 F. 1
Ist in großer Zahl auf der Hauptinsel Spitzbergens sowie auf den angrenzenden Inseln und Eisfeldern anzutreffen. Wir haben einige mit unseren Musketen getötet, und die Seeleute aßen von ihrem Fleisch, obwohl es ausgesprochen zäh war. Dieses Tier ist viel größer als der Schwarzbär; die Maße eines der Bären waren folgende:

Länge von der Schnauze bis zum Schwanz	7 Fuß 1 Zoll
Länge von der Schnauze bis zum Schulterknochen	2 Fuß 3 Zoll
Schulterhöhe	4 Fuß 3 Zoll
Kreisumfang nahe der vier Beine	7 Fuß
Umfang des Nackens nahe den Ohren	2 Fuß 1 Zoll
Breite der Vordertatze	0 Fuß 7 Zoll
Gewicht des Kadavers ohne Kopf, Haut und Innereien	610 Pfund

Wie Nanook aussieht: Erscheinungsbild des Anpassungskünstlers

Größe und Gewicht

Gemeinhin wird der Eisbär als die größte aller Bärenarten bezeichnet, und man glaubt das sehr gern, wenn man das imposante Tier einmal von nahem gesehen hat. Ein weibliches Tier erreicht, wenn es auf vier Beinen steht, im Durchschnitt eine Körperlänge (Kopfrumpflänge: von der Nasenspitze bis zur Schwanzwurzel) von etwa zwei Metern, manchmal auch bis zu 2,50 Metern. Männliche Tiere aber sind deutlich größer: Die Körperlänge liegt bei etwa 2,50 Metern, große Exemplare erreichen auch schon mal drei Meter, in Einzelfällen bis zu 3,40 Meter. Die Schulterhöhe liegt bei etwa 1,50 Metern. Stellt ein männlicher Eisbär sich auf die Hinterbeine, kann er drei bis vier Meter hoch sein!

Weibchen wiegen im Schnitt 150-300 Kilo, Männchen 350-550 Kilo; der schwerste jemals gewogene Eisbär brachte etwa eine Tonne auf die Waage. Das Gewicht schwankt natürlich entsprechend dem Ernährungszustand. In der Fastenzeit im Sommer (→ Ernährung) liegt es deutlich niedriger als während der Robbenjagd im Winter. Weibliche Eisbären sind durchschnittlich nicht einmal halb so schwer wie ihre männlichen Artgenossen, allerdings kann ein wohlgenährtes schwangeres Weibchen auch schon mal die Masse einer halben Tonne entwickeln. Die winzigen gerade geborenen Eisbärenjungen sind mit höchstens 700 Gramm Federgewichte (→ Fortpflanzung).

Zum Vergleich: Die Kopfrumpflänge durchschnittlicher männlicher Braunbären (*Ursus arctos*) liegt zwischen 1,50 und 2,80 Metern, die Schulterhöhe zwischen 0,90 und 1,50 Metern. Die Kodiakbären (*Ursus arctos middendorffi*) als größte Unterart des Braunbären erreichen eine Körperlänge von 2,40 bis 2,80 Metern, eine Schulterhöhe von 1,30 bis 1,50 Metern und auf zwei Beinen eine Standhöhe von bis zu drei Metern.

Große männliche Eisbären stellen mehr als eine halbe Tonne auf die Waage

Der kleinste Eisbär der Welt

Antonia, Publikumsliebling in der Zoo-Erlebniswelt Gelsenkirchen, ist aufgrund einer Wachstumsstörung zwergwüchsig. Sie wurde 1989 in einem deutschen Zoo geboren, allerdings von der Mutter verstoßen (erkannte sie den Defekt?) und per Hand aufgezogen. Antonia ist

Antonia lebt im Gelsenkirchener Zoo und ist vermutlich der kleinste Eisbär der Welt

mit einer Kopfrumpflänge von 1,35 Metern, einer Schulterhöhe von 0,70 Metern und einem Körpergewicht von 130 Kilo nur halb so groß wie „richtige" Eisbären. Vergleicht man ihre Proportionen mit denen normaler Eisbären, wirken besonders ihre Beine viel zu kurz.

Da sie ihren Artgenossen physisch unterlegen ist, bewohnt sie im Zoo einen eigenen Bereich. In Freiheit wäre sie chancenlos gewesen und vermutlich bald verhungert. Sie ist wahrscheinlich der kleinste Eisbär der Welt und wurde 2012 vom Sender Sky Sport News zum Maskottchen der Fußball-EM gekürt.

Körperform und Bewegung

Eisbären wirken schlanker als andere Bärenarten. Der Kopf hat eine schmale, längliche Form, wobei männliche Tiere dickere Köpfe und breitere Gesichter haben als die Weibchen. Der Schädel ist robust, die Kieferknochen sind sehr stark. Die Schädelpartie ist von extrem starken Muskeln und Bändern umgeben – kein Wunder, wenn der Bär mit dem Maul ganze Robben oder Walrosse hunderte Meter weit schleppt. Forscher konnten beobachten, dass er sogar ein Vielfaches seines eigenen Körpergewichts, wie einen Walkadaver, mehrere Meter weit ziehen kann. Das Gewicht eines Eisbärenkopfes macht etwa 20% des Körpergewichts aus! Die Kopf- und Halspartie ist deutlich länger und damit beweglicher als bei anderen Bären – eine perfekte Anpassung an das Fangen von Robben in ihrem Atemloch im Eis.

Vereinfacht gesehen, kann man die Gestalt der Eisbären als konisch bezeichnen: Ihre Hinterteile sind groß und rund, nach vorn werden sie

dann immer schlanker. Sie haben vergleichsweise lange und dicke Beine und große Füße. Die Hinterbeine sind länger als die Vorderbeine, sodass das große Hinterteil höher steht als die Schultern. Ihre Nasen sind geradezu römisch: groß, lang und von der Stirn bis zur Nasenspitze leicht auswärts gebogen. Schwanz und Ohren sind hingegen im Vergleich zu anderen Bärenarten eher klein, was ihnen hilft, weniger Körperwärme zu verlieren. Wie bei vielen anderen Tierarten, die in der Arktis leben, ist das Verhältnis von Körperoberfläche zu Körpervolumen sehr gering – ein Vorteil für den Wärme- und Energiehaushalt.

Eisbären sind sogenannte Sohlengänger, d. h. beim Laufen hat die ganze Sohle Kontakt mit dem Boden. Die Vorderfüße heben sie dabei hinten etwas mehr an, gehen also ein wenig mehr auf den Zehen und sind somit eigentlich Semi-Zehengänger (im Vergleich: Katzen und Hunde sind totale Zehengänger, d. h. nur die Zehen haben Bodenkontakt); daher unterscheiden sich die Abdrücke der Vorder- und Hinterpfoten im Schnee.

Trotz hohen Gewichts verfügen Eisbären über eine gewaltige Sprungkraft

Sieht man einen Eisbären auf sich zu laufen, hat man den Eindruck, dass er „über den Onkel läuft". Das kommt daher, dass Eisbären die Vorderfüße einwärts setzen. Beobachtet man sie von hinten, sieht es aus, als ob die Hüften schwingen. Das Laufen ist ihre hauptsächliche Bewegung, ihre durchschnittliche Geschwindigkeit dabei 5,5 km/h. Eisbärenmütter, die mit kleinen Jungtieren unterwegs sind, laufen langsamer, zwischen 2,4 und 4 km/h.

Eisbären bewegen sich sehr ausdauernd, aber meistens bedächtig; sie können bei Bedarf jedoch kurze Strecken galoppieren, wobei sie Geschwindigkeiten bis zu 40 km/h erreichen. Bei längerem Rennen steigt ihre Körpertemperatur aber rasch an, und es besteht die Gefahr des Überhitzens. Forscher haben berechnet, dass Eisbären beim Laufen mehr als doppelt soviel Energie benötigen wie andere Bären. Das erklärt vielleicht auch, dass sie es bevorzugen, beim Erbeuten von Tieren aus einer Ruheposition heraus zu handeln – sie belauern ihre Beute lieber, als sie über lange Strecken zu verfolgen, denn dabei würden sie mehr Energie verbrauchen, als sie vielleicht erbeuten können.

Trotz ihres schweren Körpers besitzen sie eine gewaltige Sprungkraft, die es erwachsenen Tieren erlaubt, fünf Meter breite Eisspalten zu überspringen. Im Wasser sind Eisbären ausgesprochen schnelle und geschickte, kraftvolle und ausdauernde Schwimmer. Sie setzen die Vorderfüße als Paddel ein, die Hinterfüße strecken sie beim Geradeaus-Schwimmen nur nach hinten, lediglich beim Tauchen und beim Kurswechsel kommen sie zum Einsatz.

Die Tatzen und ihre Funktion

Die Tatzen der Eisbären sind in Relation zur Körpergröße geradezu riesig. Sie können bis zu 30 Zentimeter lang sein. Die Vorderfüße sind rundlich, die Hinterfüße hingegen länglich. Beim Schwimmen zwischen dem Packeis des arktischen Ozeans erzeugen die gewaltigen Tatzen den nötigen Vortrieb für eine schnelle und gezielte Fortbewegung, aber anders als oft behauptet, haben sie keine Schwimmhäute.

Wenn Eisbären sich auf der Suche nach Robben auf dünnem Eis fortbewegen, funktionieren die großen Tatzen ähnlich wie Schneeschuhe, sie verbreitern die Auflage des Körpergewichts und verhindern so das Einbrechen. Man hat beobachtet, dass sich Eisbären auf extrem dünnem Eis auf Ellenbogen und Knien hinunterließen, um das Gewicht besser zu verteilen und nicht einzubrechen.

Beim Laufen oder Rennen über sehr glatte Eisflächen würden Menschen ständig ausrutschen, den Eisbären aber passiert das nicht. Ihre Füße sind reichlich mit Haaren bewachsen, auch zwischen den Zehen und um den Ballen herum. Damit sind sie wunderbar an das Laufen im Schnee und auf dem Eis angepasst. Die Haare erzeugen eine zusätzliche Reibung gegen das Ausgleiten auf dem Eis, und auch die Füße werden dadurch warm gehalten. Die schwarzen Zehen- und Fußballen bestehen aus Bindegewebe und bilden ein dickes, isolierendes Schutzpolster. Ihre raue Oberfläche hilft dem Eisbären, beim Laufen auf dem Eis Halt zu finden. Sie ist mit kleinen, weichen Papillen (Oberflächenerhebungen) von nur einem Millimeter Durchmesser versehen, die aus Keratin bestehen und wiederum kleine Dellen haben, von denen man vermutet, dass sie wie kleine Saugnäpfe funktionieren könnten. Die Beschaffenheit der Eisbärensohle wurde erst studiert, als Arbeitswissenschaftler nach Alternativen für die Gestaltung von rutschfestem Schuhwerk suchten.

Infrarotaufnahmen von Eisbären zeigten, dass sie auch bei stundenlangem Ausharren auf dem Eis kaum Wärme über die Tatzen nach außen abgeben, also immer noch warme Füße haben – beneidenswert!

Klauen und Zähne

Ihre Vordertatzen setzen Eisbären sehr geschickt ein. Die Zehen sind mit dicken, gebogenen Klauen bestückt, die sich nicht, wie etwa bei Katzen, einziehen lassen. Sie sind spitz, ausgesprochen scharf und können fast wie Finger benutzt werden, wenn der Eisbär Beute ergreift und zerlegt. Beim schnellen Laufen auf dem Eis und beim Erklimmen steiler Anstiege können die Klauen wie Spikes oder Eispickel wirken und das Abrutschen verhindern.

Eisbären haben 42 Zähne. Ihr Gebiss hat, verglichen mit dem anderer Bären, die vorwiegend Pflanzenfresser sind, mehr Ähnlichkeit mit dem von typischen Fleischfressern, wie Katzen und Hunden. Die Eckzähne liegen so weit auseinander, dass die Eisbären ihre Beute damit greifen und halten können. Sie sind besonders lang und scharf, so dass sie die festen und dicken Häute ihrer Beute – Robben und sogar Walrosse – durchdringen können. Die scharfen Schneidezähne machen es den Eisbären leicht, große Stücke Speck oder Fleisch von ihrer Beute abzureißen. Die Backenzähne sind größer und spitzer als die von Braunbären. Es sind regelrechte Reißzähne, mit denen sie das Fleisch zerteilen, ohne es vor dem Schlucken zu einem Brei zu zerkauen. Anders als andere Bärenarten könnten Eisbären eine überwiegend pflanzliche Kost gar nicht effektiv zerkauen. Hingegen ist ihre zerstörende Beißkraft noch stärker als bei Braunbären.

Eisbären setzen ihre Zähne auch bei aggressiven Zusammenstößen ein, zunächst um damit zu drohen: Sie kräuseln ihre Lippen nach hinten, und besonders die entblößten Eckzähne sehen dann sehr gefährlich aus.

Die Eckzähne der Eisbären sind lang und scharf

Fell, Haut, Speck und Wärmeregulierung

Wer einmal ein Eisbärenfell berührt hat, vergisst das Gefühl nicht mehr. Eisbären haben ein extrem dichtes, wolliges, isolierendes Unterhaar, zwischen 2,5 und 5 Zentimeter lang, das von einem glatten Deckhaar von unterschiedlicher Länge – bis zu 15 Zentimetern – bedeckt ist (an den Hinterbeinen kann es noch wesentlich länger sein). Das Deckhaar ist relativ grob, steif, glänzend – und es ist innen hohl. Eisbärenhaar ist überhaupt nicht weiß, es sieht nur so aus. Tatsächlich ist es durchsichtig und enthält keinerlei Farbpigmente. Es streut und reflektiert jedoch das sichtbare Licht, ähnlich wie Schnee und Eis, die ebenfalls farblos sind, aber weiß erscheinen. Für die Jagd auf dem Eis und im Schnee ist solch ein Fell die perfekte Tarnung – der Eisbär verschmilzt mit der Landschaft und ist schwer auszumachen.

Wenn sie ganz sauber sind, den Haarwechsel hinter sich haben und sich in hellem Sonnenlicht befinden, erscheinen Eisbären tatsächlich weiß, aber das ist eher die Ausnahme. Meistens sind sie leicht gelblich – nach unserer Auffassung trifft die Beschreibung vanilleeis-farben am besten zu. Das Fell ist fettig und damit wasserabweisend. Daher verfilzen die Haare nicht, wenn sie feucht werden, so dass der Bär sich nach dem Schwimmen durch einfaches Schütteln vom Wasser, oder – bei Minustemperaturen – vom den sich im Haar bildenden Eiskristallen befreien kann, denn ein nasses Fell isoliert kaum. Oft rollen Eisbären sich im Schnee, um Luftpolster zwischen die Haare zu bringen, die beim nächsten Schwimmen verhindern, dass das Wasser bis auf die Haut dringt.

Eisbären erscheinen sehr reinlich: Wenn nach der Jagd der erste Hunger gestillt ist, suchen sie gern offenes Wasser auf, um ihr Fell zu säubern. Sie waschen sich lange und gründlich – 15 Minuten sind keine Seltenheit – und lecken ihre Tatzen, ihren Brustkorb und ihre

Fell

Haut

Fett

Eisbären sind gut gegen Kälte isoliert

Schnauze sehr sorgfältig ab. Im Winter benutzen sie Schnee zur Fellreinigung. Die Jungtiere werden anfangs von der Mutter abgeleckt, später lernen sie, sich in Schnee oder Wasser zu säubern.

Der Haarwechsel beginnt meistens im Frühling (Mai-Juni) und kann sich über einige Wochen hinziehen; spätestens im September ist er abgeschlossen. Verschmutzungen des Fells können dazu führen, dass Eisbären eine gelbbraune Färbung annehmen, insbesondere wenn kein sauberes Wasser oder Schnee zur Verfügung steht – und man hat sogar schon grüne Eisbären gesehen (→ Kasten).

Der Hohlraum im Haarinneren bietet eine ausgezeichnete Isolierung und unterstützt zudem den Auftrieb beim Schwimmen. Theorien, dass das hohle Haar wie eine fiberoptische Faser wirke, das Sonnenlicht auf die Haut des Eisbären übertragen und diese somit erwärmen könne, erwiesen sich als falsch – das Haar überträgt kein Licht. Es würde auch keinen Sinn ergeben, denn in der kältesten Jahreszeit gibt es in der Arktis kaum Sonnenlicht, und im Sommer hat der Eisbär damit zu tun, sich der Sonnenhitze zu erwehren, um sich nicht zu überhitzen. Von einem Eisbären in einer Schneelandschaft sieht man oft nur einen großen und zwei kleinere dunkle Flecken: Die schwarze Nase und die dunkelbraunen Augen heben sich von der hellen Umgebung ab. Eisbären sind am ganzen Körper von Fell bedeckt – Ausnahmen sind die Fußballen und die Nasenspitze, die schwarz sind. Genauso schwarz wie der Rest: Denn unter dem weißen Pelz hat der Bär eine sehr feste schwarze Haut! Sogar die Zunge erscheint auf den ersten Blick schwarz. Zwar wollen wir nie so nahe an eine Eisbärenzunge herankommen, um das beurteilen zu können, aber Eisbärenforscher konnten feststellen, dass die Zunge eigentlich pinkfarben, jedoch mit schwarzen Flecken bedeckt ist; auch die Innenseiten der Lippen sind ähnlich gefärbt.

Unter der schwarzen Haut des Eisbären liegt eine Fettschicht, die je nach Jahreszeit bis zu 11 Zentimeter dick sein kann. Sie ist ein Energievorrat für Zeiten ohne Nahrung (→ Ernährung) und trägt natürlich zur Wärmeisolierung bei, insbesondere während des Schwimmens, wenn das nasse Fell nur noch 10% seines sonstigen Isoliervermögens hat. Fell, Haut und Fett sorgen dafür, dass die Körpertemperatur eines ruhenden Eisbären im Normalfall 37° C beträgt. Durch seine effiziente Isolierung bleibt dies auch bei niedrigen Temperaturen bis -37° C unverändert. Beginnt ein Eisbär zu rennen, steigt seine Körpertemperatur jedoch in kurzer Zeit auf fast 39° C. Daher bevorzugen die Tiere sogar bei kaltem Wetter ein recht langsames Tempo und ruhen oft aus. Um sich nach körperlicher Aktivität abzukühlen, schwimmen sie gern, da das Wasser ein besserer Wärmeleiter ist als die Luft. Wenn sie in der eisfreien Zeit im Sommer an Land mit hohen Lufttemperaturen zu tun haben, gehen sie sogar in Binnenseen, um sich abzukühlen; ansonsten versuchen sie, überflüssige Bewegungen zu vermeiden. An heißen Tagen liegen sie oft weit ausgestreckt auf dem nackten Boden; manchmal legen sie sich auf den Rücken und strecken ihre Beine in den Wind, denn über die unbehaarten Fußballen und die weniger behaarten Innenseiten der Schenkel können sie etwas überschüssige Hitze abgeben.

An sehr kalten Tagen oder im Schneesturm rollen sie sich hingegen zusammen, und man hat beobachtet, dass sie ihre Schnauze mit der Tatze bedecken, um an dieser vom Fell ungeschützten Stelle keine Wärme abzugeben.

Grüne Eisbären

In den 1970er Jahren sorgten Berichte von Trappern für Aufregung bei den Zoologen, als sie wiederholt erklärten, dass sie Eisbären mit glänzendem grünen Fell gesehen hätten. Zunächst glaubte man ihnen nicht, bis dann ein grüner Bär eingefangen wurde. Untersuchungen zeigten, dass die Ursache für das Phänomen eine Besiedlung durch Algen war. Etwa zur gleichen Zeit hatten auch im Zoo von San Diego Eisbären eine grüne Farbe angenommen. Die Erklärung: Bei Eisbären in Gefangenschaft kann es sehr leicht vorkommen, dass die Haarspitzen der Deckhaare sich abnutzen und so der Hohlraum offen liegt. Er kann von Algen besiedelt werden, die in dieser geschützten, warmen und feuchten Umgebung so gut gedeihen wie in einem Gewächshaus. Die Eisbären im Zoo schien das gar nicht zu stören, aber schließlich wurde den Algen mit einer Salzlösung der Garaus gemacht, damit die Eisbären wieder zu „Weißbären" wurden. Ähnliches geschah 2004 im Zoo von Singapore, wo die Algen mit Hilfe von Wasserstoffperoxid aus dem Eisbärenfell gewaschen wurden. Auch aus anderen Zoos – Köln, Fresno und zuletzt 2008 aus dem Higashiyama Zoo and Botanical Gardens in Japan – wurden solche Vorkommnisse berichtet.[7]

Was Nanook kann: Fähigkeiten und Fertigkeiten

Die Sinnesorgane

Voraussetzung für das erfolgreiche Überleben in einer so extremen Umgebung wie der Arktis ist eine Spezialisierung der Sinnesorgane.

Die Augen des Eisbären – wie aller Bären – sind nach vorn gerichtet und ermöglichen ihm dreidimensionales Sehen; sie liegen aber auch weit genug an der Seite des Kopfes, um das Gesichtsfeld auf die Dinge neben ihm zu erweitern. Die nahezu kugelförmigen Augen haben runde Pupillen, sie sind an das Sehen auf dem Land und dem Eis – nicht im Wasser! – angepasst.

Der freiliegende Teil des Auges ist nur klein, ein klarer Vorteil in einer Umgebung, die von schweren Schneestürmen heimgesucht oder 24 Stunden am Tag von grellem Sonnenlicht beschienen wird. Menschen in der Arktis sind der Gefahr der Schneeblindheit ausgesetzt: Da das ultraviolette Licht nicht nur von der Sonne her strahlt, sondern auch von Schnee und Eis reflektiert wird, kommt es zu einer Art Sonnenbrand auf der Hornhaut des Auges, und auch die Bindehaut kann geschädigt werden. In schweren Fällen entstehen irreparable Sehschäden. Von Eisbären kennt man so etwas nicht. Man hat vermutet, dass dafür eine Schutzmembran verantwortlich ist, wahrscheinlicher ist aber eine Substanz in der Augenflüssigkeit, die ähnlich funktioniert wie eine Sonnenbrille – doch eine Untersuchung von Eisbär-Tränen steht noch aus. Das Auge des Eisbären besitzt nur zwei Typen von Farbrezeptoren (Zapfen) – einen für langwelliges und einen für kurzwelliges Licht –, die eine maximale Empfindlichkeit für Gelb, beziehungsweise Blauviolett haben. Zapfen für mittlere Wellenlängen, denen wir unsere starke Grünempfindung verdanken, fehlen dem Eisbären; doch da es auf dem Meereis nicht viel Grünes zu sehen gibt, schränkt ihn das wohl nicht zu sehr ein. Dafür finden sich im Eisbärenauge jede Menge Stäbchen. Das sind Rezeptoren, die für das Sehen bei geringer Lichtintensität verantwortlich sind – ideal für ein Tier, das in der langen Polarnacht jagen muss. Hinsichtlich seines Sehvermögens gehen die Meinungen auseinander. Während einige Wissenschaftler der Auffassung sind, dass Eisbären nicht besonders gut sehen können, meinen andere, dass sie nicht schlechter sehen als Menschen. Der ka-

Augen, Nase, Ohren

nadische Eisbärenforscher Andrew Derocher erklärte, dass sie ihn bei seiner Tätigkeit auf dem Meereis stets auch aus größeren Entfernungen entdeckt hätten. Und gerade in dunkler Nacht wird ein Eisbär einen Menschen vermutlich viel eher sehen können als dieser ihn.[8] Doch es ist sehr wahrscheinlich, dass der Eisbär ihn bereits gerochen hatte, bevor er ihn erblickte.

Denn sein exzellentes Geruchsvermögen ist sprichwörtlich; wahrscheinlich übertrifft es sogar das von Hunden um ein Vielfaches. Die Eisbärennase hat gut entwickelte spiralförmige, durch Knochenplatten gestützte Nasenmuscheln. Die Nasenhöhle ist dadurch vergrößert und kann die eiskalte arktische Luft vorwärmen und Feuchtigkeit zurückhalten, um die Lunge zu schützen. Im langen Eisbärenschädel ist ausreichend Platz für einen großen Riechkolben, der die Geruchsinformationen verarbeitet. Wegen der Größe ihrer Streifgebiete sind Eisbären extrem abhängig vom Geruchssinn, um ihre potentielle Nahrung überhaupt ausmachen zu können. Man nimmt an, dass sie eine auf dem Eis liegende Robbe aus einer Entfernung von weit mehr als einem Kilometer riechen können – und nicht nur das: Eine besetzte Robbenhöhle in Windrichtung riechen sie aus einer Entfernung von hundert Metern; sie riechen die Robbe sogar, wenn sie sich einen Meter tief unter dem Schnee verbirgt, und können sie auch in ihrer Höhle unter dem Eis wahrnehmen. Diese Glanzleistung wird möglicherweise durch das Gehör unterstützt. Eisbären können höhere Frequenzen (bis zu 25 kHz) hören als Menschen (20 kHz), wenn auch bei weitem nicht so hohe Töne wie Hunde (bis ca. 50 kHz). In ihrer Umgebung scheint das für die Eisbären auch gar nicht lebensnotwendig zu sein, denn Geräusche, die Robben unter Wasser machen – bellen, knurren, jaulen – haben meist Frequenzen von weniger als 2 kHZ. In Experimenten spielte man gefangenen Eisbären solche Töne vor, worauf sie unruhig wurden und in die Luft schnüffelten. Wahrscheinlich ist es die Kombination von Gehör und Geruchsvermögen, die den Eisbären zur Robbe führt.

Über den Tastsinn der Eisbären weiß man nur wenig. Forscher haben beobachtet, dass Eisbären, wenn sie Gegenstände untersuchen, sehr behutsam mit ihnen umgehen können. Sie setzen dabei sowohl ihre Klauen als auch die Nase und die Zunge ein. Bei vielen Tieren funktionieren Barthaare als Tast-Sensoren, bei Eisbären sind sie aber unauffällig, nicht sehr zahlreich, kurz und ziemlich steif.

Noch weniger als über den Tastsinn weiß man über den Geschmackssinn. Man hat beobachtet, dass Eisbären manchmal bestimmte Nahrung bevorzugen, aber welche Rolle der Geschmackssinn für die Auswahl spielt, ist unbekannt.

Wie kommunizieren Eisbären?

Eisbären kommunizieren meist mit Hilfe von Geräuschen. Das tun sie beispielsweise, wenn sie aufgeregt sind oder sich bedroht fühlen. Dann fauchen und knurren sie, schlagen mit den Zähnen aufeinander und schnaufen. Mütter warnen ihre Jungen, indem sie schnaufende oder kreischende Geräusche machen. Männliche Bären geben aber auch kurze Schnaufer von sich,

wenn sie um ein Weibchen werben. Fressen mehrere Eisbären gemeinsam an einem größeren Beutetier, verständigen sie sich auch hier durch Knurren und Brummen, und ein zu frecher Konkurrent wird mit einem kurzen Ausfall mit geöffnetem Maul in die Schranken gewiesen. Wissenschaftler erforschen derzeit, ob Eisbären sich untereinander auch mit extrem niedrigen Frequenzen verständigen können. Eisbärenjunge machen sich häufiger akustisch bemerkbar als erwachsene Tiere. Sie fauchen, schreien, winseln, schmatzen und geben kehlige Laute von sich.

Eisbären kommunizieren außerdem durch Blickkontakt, durch Berührung sowie über Geruchsstoffe. Aus der Sicht der Menschen haben sie zwar kaum eine erkennbare Mimik oder Gebärdensprache und gelten daher oft als unberechenbar. Doch unter ihren Artgenossen werden

Eisbären sind oft als Einzelgänger unterwegs, dennoch haben Eisbärenmütter ein enges Verhältnis zu ihren Jungen (oben) Rangordnungsspiele (unten)

Mimik und Gebärden sehr wohl verstanden, und auch manche der erfahrensten Eisbärenforscher sind mittlerweile in der Lage, die Körpersprache der Eisbären zu interpretieren. Beispielsweise wurde beobachtet, dass Muttertiere im Umgang mit ihren Jungen je nach Einsatz ihrer Schnauze, ihrer Tatzen oder ihres ganzen Körpers entweder beschützende, tröstende oder strafende Effekte erzielen, oder dass männliche Eisbären friedliche Kampfspiele beginnen, indem sie sich einem anderen männlichen Tier mit gesenkten Kopf, geschlossenem Maul und abgewendetem Blick annähern. Dann folgen sanfte Berührungen an Gesicht und Nacken, bevor sie sich auf die Hinterbeine stellen und versuchen, einander mit den Vordertatzen wegzudrücken (→ auch Verhaltensforschung).

Ein ruhender Eisbär bedeckt seine Schnauze

Über die Intelligenz der Eisbären ...

... lässt sich sicher trefflich spekulieren. Aber fest steht, dass ihr Wahrnehmungsvermögen und ihre Lernfähigkeit sie zum erfolgreichsten Tier in einem der schwierigsten Habitate der Erde gemacht haben. Immerhin stehen sie hier, in der Arktis, an der Spitze der Nahrungskette (sieht man vom Menschen ab). Ihre Jagdtechniken zur Beutebeschaffung sind ausgefeilt, und Verhaltensforscher haben beobachtet, dass Eisbären regelrecht voneinander lernen, indem sie genau beobachten, was ihre Artgenossen tun. Sie haben ein gutes Gedächtnis für Orte und Situationen und sind in der Lage, aus ihren Erfahrungen Schlussfolgerungen zu ziehen, Fehler zu vermeiden und Erfolge zu wiederholen. So berichtete etwa der verstorbene Inuit-Jäger Jimmy Memorana dem Forscher Ian Stirling von seinen Beobachtungen bei der Jagd mit dem Hundeschlitten: Sobald ein Eisbär die Hunde hörte, versuchte er, sich auf das raueste und unzugänglichste Packeis zurückzuziehen, denn dorthin konnte ihm das Hundegespann nur schlecht folgen; bei einer Flucht auf glattem Eis hätten ihn die Hunde früher oder später eingeholt.[9]

Forscher sind immer wieder verblüfft vom Orientierungsvermögen der Eisbären. Bei ihren Wanderungen sind sie Witterungsunbilden ausgesetzt, bei denen ein Mensch ohne technische Hilfsmittel sofort die Orientierung verlieren würde. Doch scheinen sie stets genau zu wissen, welchen Weg sie einschlagen müssen, um in einer bestimmten Jahreszeit an einem bestimmten Ort zu sein. Hinzu kommt die Eis-

Eisbär erschlägt Walross mit Stein: Eine solche Szene gehört wahrscheinlich ins Resich der Legenden (Farblithographie des Inuit-Künstlers Tivi Etok)

drift im Nordpolarmeer. Man hat beobachtet, dass Weibchen, die ihre Geburtshöhlen auf dem Packeis hatten und mit ihm in vier Monaten über 1000 Kilometer weit abgetrieben wurden, sich bald nach dem Verlassen der Höhle entgegengesetzt zur Driftrichtung aufmachten, um schließlich an ihren Ausgangsort zurückzukehren. Gegenwärtig ist noch unbekannt, auf welche Weise die Eisbären sich orientieren.

Es gibt immer wieder Erzählungen, die glauben machen wollen, dass Eisbären sogar Gegenstände benutzen, um einen bestimmtes Ziel zu erreichen. Bei Zirkuskunststücken haben sie zwar bewiesen, dass sie dies erlernen können und sich ausgesprochen intelligent verhalten, doch die Wissenschaftler sind eher vorsichtig, Eisbären in der Wildnis einen bewussten Werkzeuggebrauch zuzugestehen. Immerhin sind sie immer wieder verblüfft, welche Kreativität das Verhalten der Tiere offenbart. Einzelne Eisbären entwickeln komplexe Strategien, um durch mehrere Stufen von genauer Beobachtung und sorgfältig geplanten Maßnahmen an schwer zugängliche Beute zu gelangen. Sie schleichen sich beispielsweise auf Umwegen an und nutzen dabei Eisblöcke und Schneewehen als Versteck, um sich unbemerkt anzunähern; sie beachten die Windrichtung, damit ihr Geruch sie nicht verrät. Wenn sie einmal begriffen haben, wie man ein Behältnis – eine Kiste oder einen Container – öffnet, werden sie diese Technik immer wieder anwenden. Gelegentlich wird erzählt, dass Eisbären ihre Tatzen vor die schwarze Nase hielten, während sie sich an eine Robbe anschlichen, um ihre Tarnung zu verbessern; oder dass sie große Eisbrocken heranschleppten und auf Robben oder Walrosse fallen ließen, um diese zu erschlagen; beides konnte von der Wissenschaft jedoch bisher nicht bestätigt werden und gehört wohl in das Reich der Legenden.

Schwimmen und Tauchen

Eisbären sind starke und ausdauernde Schwimmer. Ihre Fettschicht isoliert sie gut gegen Wärmeverluste. Ohne zu zögern, gehen sie ins Wasser, um einen breiten Aufbruch in der Eisfläche zu überwinden, oder um vom Eis an Land zu gelangen und umgekehrt. Sie können stundenlang schwimmen, erreichen dabei Geschwindigkeiten von bis zu 10 km/h und legen manchmal große Entfernungen (100 Kilometer oder mehr) zurück; letzteres kommt häufiger bei erwachsenen Eisbären ohne Nachwuchs vor. Die Dauer solcher Wasserwanderungen

ist abhängig von Alter, Ernährungszustand und Kondition der Eisbären – sowie vom Wetter. Ruhiges Wasser ist problemlos zu meistern, raue See gefährlich. Bei großen Stürmen im arktischen Meer sind wiederholt Eisbären ertrunken. Jungtiere, die erst wenige Monate alt sind, müssen schon nach recht kurzen Distanzen, vielleicht von nur einem Kilometer, wieder Grund unter den Tatzen haben – weil sie sonst auskühlen.

Der über Satellitenverfolgung vor der Küste Alaskas aufgezeichnete Schwimmrekord einer erwachsenen Bärin vom Land zum Eis ohne Unterbrechung betrug 687 Kilometer in neun Tagen. Insgesamt legte sie – einschließlich von Passagen über Land – 1800 Kilometer in 64 Tagen zurück. Allerdings verlor sie während dieser Wanderung nicht nur 22 Prozent ihres Körpergewichts, sondern auch ihr einjähriges Junges![10] Um ihrer Beute nachzustellen, scheuen sich Eisbären nicht zu tauchen. Sie schließen dabei ihre Nasenlöcher und können ca. zwei Minuten unter Wasser bleiben, meist in einer Tiefe von 3 bis 4,5 Metern; wie tief sie maximal tauchen können, ist noch nicht erforscht.

Wo Nanook lebt: Vorkommen und Verbreitung

Der Ring des Lebens

Eisbären sind in der gesamten Arktis anzutreffen, d. h. auf den eisbedeckten Gewässern vor Alaska, Kanada, Grönland, Spitzbergen sowie Sibirien – und an den angrenzenden Küsten. Bei der Jagd auf ihre Hauptnahrung, die Robben, sind sie abhängig vom Meereis.

In der zentralen Arktis gibt es tausende Quadratkilometer ausgedehnter Eisflächen, und doch wird man vielerorts nie Eisbären sehen – denn Eis ist nicht gleich Eis (→ Kapitel Bewohner der Arktis). Wissenschaftler stellten fest, dass Eisbären nur selten nördlicher als bis zum 88. Breitengrad gelangen, nur vereinzelt wurden auch in der Nähe des Nordpols Bärenspuren gesichtet.

Der Grund dafür, dass die Eisbären im zentralen arktischen Becken so selten auftreten, liegt nahe: Das Eis ist hier zumeist meterdick, und eine Robbe hätte hier nur wenig Chancen, sich ein Atemloch zu kratzen. Mit Ausnahme weniger „Oasen" in Form eisfreier Wasserflächen taut das Eis hier so gut wie niemals auf. Aus diesem Grund sind kaum Robben anzutreffen, und die Eisbären müssten hungern.

Eisbären bevorzugen Eis in der Nähe offener Wasserflächen

Ganz anders sieht es im sogenannten arktischen „Ring des Lebens" aus. Diese Bezeichnung wurde von dem sowjetischen Wissenschaftler Savva Uspenski[11] für ein Gebiet zwischen dem Rand der polaren Eiskappe und den Küsten des Arktischen Meeres geprägt. Es umfasst die Abbruchzonen des Eises an Küsten des Festlandes und der arktischen Inseln ebenso wie das driftende Eis (Treibeis und loses Packeis). Wind, Strömungen und der Auftrieb des Tiefenwassers verhindern die Bildung einer dauerhaften, festen Eisdecke und sorgen dafür, dass das Gebiet saisonal oder länger andauernd mit kleineren Eisaufbrüchen und von Eis umgebenen Wasserflächen, sogenannten Polynyas, durchsetzt bleibt und mit Nährstoffen angereichert wird. Eine Vielzahl von Kleinstlebewesen

bildet die Grundlage dafür, dass Fische, Seevögel und Meeressäuger, wie etwa Walrosse und Robben, ausreichende Nahrung finden – und damit auch die Eisbären.

Bevorzugte Habitate

Eisbären bevorzugen das einjährige Meereis, da sich hier eine große Anzahl von Ringelrobben einfindet. Es dient ihnen als Plattform für die Robbenjagd. Wegen des jährlichen Wechsels von Rückgang und Vordringen des Eises unternehmen sie ihre ausgedehnten Wanderungen nicht nur über das Eis, sondern auch durch das Wasser und über Land. Manche folgen das ganze Jahr über dem südlichen Rand des Packeises; wenn im Sommer das dünnere Eis schmilzt, ziehen sie sich auf das mehrjährige Eis zurück, wo sie jedoch kaum mehr Robben

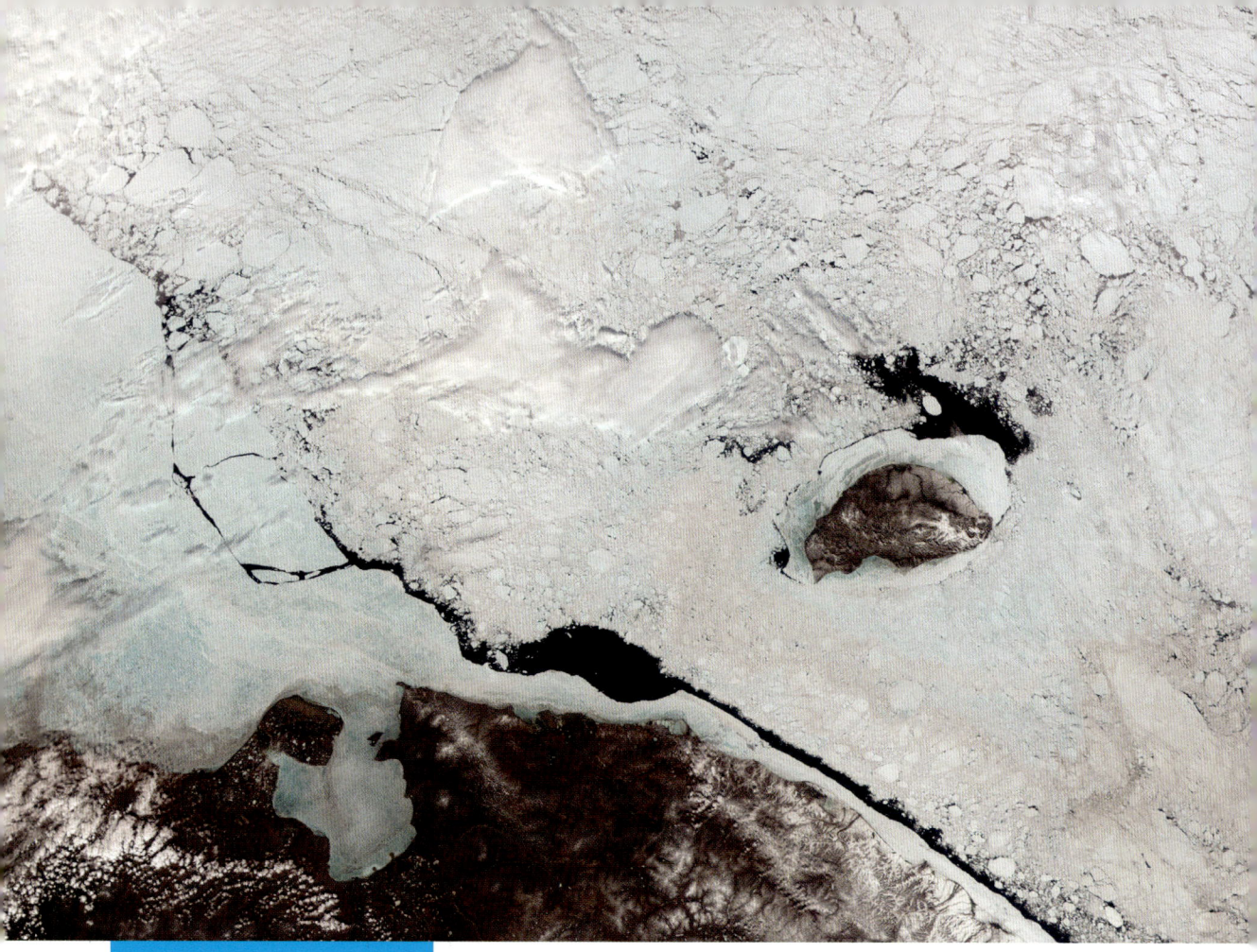

finden; denn für die ist es sehr schwer, durch das dicke Eis hindurch Atemlöcher zu schaffen und zu erhalten.

Das ideale Habitat der meisten Eisbären ist das driftende Eis nahe den Küsten, das keine geschlossene Decke bildet und dort, wo die Eisschollen sich übereinanderschieben, sogenannte Pressrücken hat. Hier ist die Aussicht, Robben zu fangen, besonders groß. Eisbärinnen mit Nachwuchs bevorzugen aber meist das Festeis nahe den Küsten – ein ziemlich sicheres Gebiet für die Aufzucht von Jungen, weil es über Monate stabil bleibt und dort nur wenige männliche Tiere anwesend sind. Im Beringmeer und in der Tschuktschensee ist die Situation anders. Hier halten sich auch die Eisbärinnen nur selten auf dem Festeis auf – denn es gibt Packeisflächen im Überfluss. Hingegen befinden sich im

Lancaster-Sound im kanadischen Archipel, wo es nur wenig driftendes Packeis gibt, fast 70% der mit Satelliten verfolgten Bärinnen auf dem Festeis.

Manche Eisbären setzen vielleicht nie einen Fuß an die Küste, andere dagegen tun es mehr oder weniger regelmäßig und verbringen mehrere Monate an Land. Im Sommer, wenn das Eis verschwindet, kommt es vor, dass sie dort stranden, weil das Packeis sich so weit in den Norden zurückgezogen hat, dass es für sie, trotz ihrer Ausdauer beim Schwimmen, nicht mehr erreichbar ist. Manche haben sich an das Landleben relativ gut angepasst. Vereinzelt hat man Eisbären sogar bis zu 400 Kilometer von der Küste entfernt beobachtet.

Die meisten tragenden Weibchen verbringen den Spätherbst und Winter an Land, wo sie in angewehtem Schnee ihre Geburtshöhlen (→ Fortpflanzung) bauen und ungestört von männlichen Eisbären sind, denn diese wandern im Winter bevorzugt auf dem Meereis umher, um Robben zu jagen.

Einige Eisbären-Populationen sind südlich des Polarkreises zuhause. Das südlichste Verbreitungsgebiet liegt an der James Bay, einer großen, tief ins Land ragenden Bucht im Südosten der Hudson Bay – das heißt immerhin auf denselben Breitengraden wie Mitteldeutschland! Wenn sich im Winter das arktische Eis im Atlantik bis weit nach Süden ausdehnt, kommen Eisbären auch nach Südlabrador und manchmal sogar bis Newfoundland, und in seltenen Fällen – bei schwerem Packeis – bis in den St. Lorenz-Golf. Das *Journal of Mammalogy* berichtete in den späten 1930er Jahren über Eisbärsichtungen an ungewöhnlichen „südlichen" Orten: 1938 wurde ein Bär schwimmend an der Côte-Nord am St. Lorenzstrom gesehen, er soll den Rivière-au-Tonnerre entlang nach Süden geschwommen sein; und 1939 fand man einen Eisbären am Lac Saint-Jean, nur knapp 100 Kilometer vom Ort Saguenay entfernt. Insgesamt berichtete das Magazin über 13 derartige Eisbärsichtungen, die zwischen 1920 und 1940 registriert wurden.[13]

Mit der Eisausdehnung im Winter zeigen sich Eisbären auch in südlichen Teilen von Tschukotka sowie auf Inseln des Beringmeers (wie St. Matthew Island, St. Lawrence Island); sie sind in der Vergangenheit manchmal sogar noch weiter südlich, etwa in Kamtschatka, gesichtet worden.[14] Auf dem europäischen Kontinent sind Eisbären bis in den Sommer hinein zahlreich auf Spitzbergen zu finden, bei entsprechenden Eisverhältnissen kommen einzelne Tiere manchmal sogar bis in den Norden Islands. Die Südgrenze ihrer Verbreitung wird allerdings nicht nur von den Bewegungen des Meereises bestimmt, sondern auch vom Druck, der von menschlichen Ansiedlungen und der Jagd ausgeht; daher lagen diese Grenzen vor hunderten Jahren weiter südlich als heute (→ Kapitel Kulturgeschichte).

Die Wissenschaft unterscheidet vier Ökoregionen, in denen Eisbären leben: *Seasonal Ice Ecoregion* (die saisonal eisfreien Regionen, wo die Bären längere Zeit an Land verbringen), *Archipelago* (die Kanäle zwischen den arktischen Inseln Kanadas), *Divergent Ice* (von Spitzbergen über Sibirien bis Alaska, hier wird das Eis von den Küsten in Richtung Pol getrieben) und *Convergent Ice* (durch Wind und Strömungen gegen die Küsten gepresstes Eis in der Nördlichen Beaufort-See und an der Ostküste Grönlands).

Keine Eiswüste: das marine arktische Ökosystem

Ein großer Teil des Meereises ist voller Leben. Im Vergleich zu den bekannten Ökosystemen auf dem Land steht es quasi auf dem Kopf: Die meisten biologischen Aktivitäten bleiben für uns weitgehend unsichtbar, denn sie finden im Wasser unter dem Eis, teilweise sogar im Inneren des Eises statt. Die Funktion des Eises in diesem Ökosystem haben Wissenschaftler mit der des Erdbodens auf dem Land verglichen, dem „Substrat, das steuert, was, wie und wann alles wächst"[12].

Im scheinbar toten Eis finden sich verschiedene Lebensformen, von Bakterien, Viren, Pilzen, einzelligen Algen und Kieselalgen bis hin zu Urtierchen und kleinen wirbellosen Tieren. Insbesondere das einjährige Eis enthält viele solche Organismen. Das liegt daran, dass sich beim Gefrieren von Meerwasser Soleporen und -kanäle formen, die haardünn, aber auch bleistiftdick sein können und jeweils selbst kleine Ökosysteme bilden. Manche der hier vorhandenen Lebensformen überstehen die Winterkälte und werden erst nach der nächsten Eisschmelze wieder aktiv; andere sind gut an die extremen Bedingungen angepasst. Sie können auch bei schwächstem Licht Photosynthese betreiben, sie wachsen und gedeihen hier permanent und pflanzen sich fort.

Besonders mit Beginn der stärker werdenden Sonneneinstrahlung im Frühjahr, wenn die Tage rasch länger werden, bildet das relativ dünne Eis an seiner Unterseite gut belichtete und nährstoffreiche Siedlungsflächen für viele Arten von Eisalgen. Dieses Phytoplankton beginnt dann bald zu blühen und bildet eine Nahrungsquelle für tierische Kleinstlebewesen, das Zooplankton. Insbesondere an den Eisrändern entwickeln sich reiche Planktonblüten. Mitten im schmelzenden Eis bilden sich Entwässerungskanäle, die schnell von Amphipoden wie Ruderfußkrebsen und Seeläusen besiedelt werden. Das kleinere Zooplankton wird vom größeren gefressen, das dann wiederum die Grundlage für die Ernährung von Fischen, Walen und Seevögeln bietet. Robben und Zahnwale ernähren sich von Fischen; an der Spitze der Nahrungskette steht der Eisbär (und auch der Mensch). All diese Organismen – ob im, auf oder unter dem Meereis – sind voneinander abhängige Glieder einer verletzlichen Nahrungskette. Fällt eines aus, kann dies eine erhebliche Störung oder gar den Zusammenbruch der gesamten Nahrungskette zur Folge haben.

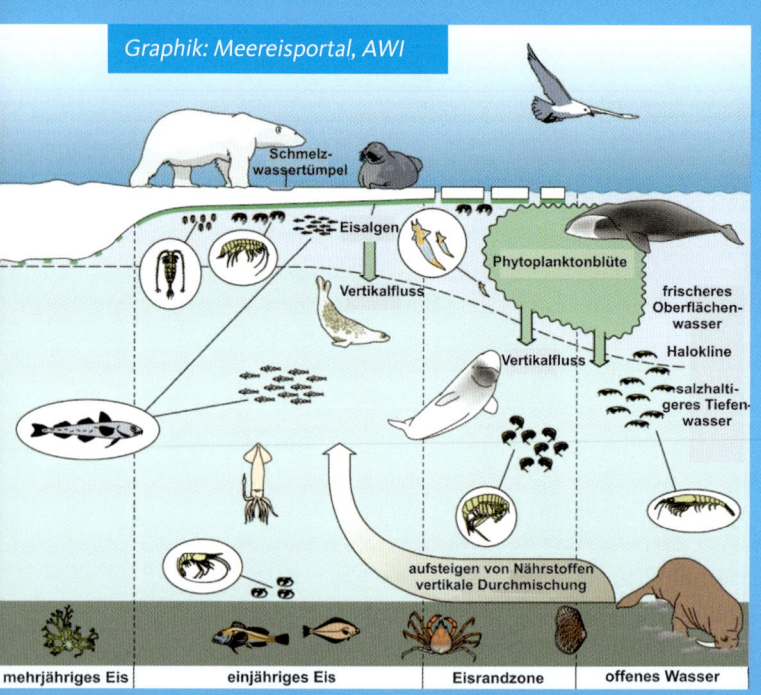

Graphik: Meereisportal, AWI

Schmelzwassertümpel

Eisalgen

Phytoplanktonblüte

Vertikalfluss

frischeres Oberflächenwasser

Halokline

Vertikalfluss

salzhaltigeres Tiefenwasser

aufsteigen von Nährstoffen vertikale Durchmischung

mehrjähriges Eis   einjähriges Eis   Eisrandzone   offenes Wasser

Die Populationen und ihre Verbreitung

Bis in die frühen sechziger Jahre nahm man an, dass alle Eisbären zu einer einzigen Population gehören und sich als Nomaden über die gesamte arktische Region bewegen. (Eine Population ist per definitionem eine Ansammlung von Individuen einer Art in einem bestimmten Gebiet, die über mehrere Generationen genetisch miteinander verbunden sind.) Nachdem seit Mitte der achtziger Jahre in allen fünf „Eisbär-Staaten" – Kanada, Dänemark (Grönland), Norwegen (Spitzbergen), der Sowjetunion und den USA (Alaska) – mehrere tausend Eisbären markiert und ihre Bewegungen beobachtet worden waren, zeichneten sich bestimmte Muster der Wanderung und der saisonalen Verbreitung ab. Weitere Beobachtungen in den folgenden 25 Jahren führten zu detaillierten Erkenntnissen über Populationen und ihre territorialen Grenzen; entscheidend waren dabei die Daten, die durch Satelliten-Fernmesstechnik gewonnen werden konnten.

Wanderungen und Streifgebiete

Dass Eisbären wandern, war längst bekannt; aber wohin und nach welchen Mustern, wird erst seit den siebziger Jahren erforscht. Im Laufe der Jahre stellte sich heraus, dass die Eisbären ihrem individuellen Streifgebiet ziemlich treu verbunden sind. Ein Streifgebiet umfasst die Lebensräume, in denen sie Nahrung finden, sich paaren, die Geburtshöhle anlegen, und in die sie sich im Sommer zurückziehen können. Im Gegensatz zu einem Revier wird dieses Gebiet nicht markiert und nicht verteidigt, so dass es sich mit dem anderer Bären durchaus überlagern kann. Eisbären durchstreifen im Allgemeinen riesige Gebiete von durchschnittlich 150.000 km². Um den kanadischen Archipel herum sind sie mit 50.000 bis 60.000 km² relativ „bescheiden", aber im Beringmeer oder in der Tschuktschensee können sie 350.000 km² groß sein. Ein besonders wanderlustiger Eisbär tat sich mit einem Wirkungskreis von nahezu 600.000 km² hervor, das entspricht fast der doppelten Fläche Deutschlands! Ein anderer wanderte einst von Alaska über Kanada nach Grönland und dann wieder zurück. Auf der anderen Seite der Skala geben sich manche Eisbären mit nur 3.000 km² zufrieden, das ist aber immer noch mehr als die Fläche des Saarlandes.

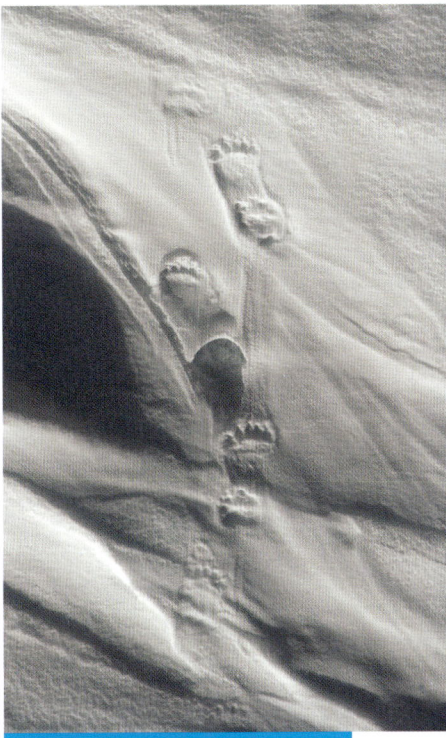

Eisbärenspuren im Schnee

Die Auswirkungen der unkontrollierten Jagd auf den Bestand

Schon immer haben die indigenen Völker Eisbären als Nahrungsquelle und für die Herstellung warmer Kleidung gejagt (s. Kapitel Bewohner der Arktis), doch die Auswirkungen auf die Bestandszahlen waren gering. Auch die Verluste durch Entdeckungsreisende, die Eisbären in Notwehr erschossen, zum sportlichen Zeitvertreib erlegten oder zur Nahrungssicherung jagten, waren noch nicht gravierend.

Der dramatische Niedergang der Bestandszahlen begann mit der Einrichtung von kommerziellen Pelzhandelsposten in der Mitte des 18. Jahrhunderts. Seit dem Ende des 19. Jahrhunderts trugen auch die damals zu Tausenden in die Arktis (v. a. Davisstraße, Hudson Bay und Baffin Bay) strömenden Walfänger dazu bei: Der Geruch der getöteten Wale lockte die Eisbären an; sie waren dann ein leichtes Ziel und bedeuteten ein zusätzliches Einkommen, das immer wichtiger wurde, seit die Anzahl der Grönlandwale, die schonungslos überjagt worden waren, rapide abnahm. Dazu kamen immer mehr berufsmäßige Jäger, die davon lebten, Felle und Jungtiere zu erbeuten – die letzteren, um sie an Zoos und Zirkusse zu verkaufen – aber auch Trophäenjäger. Und sogar Minenarbeiter und Mitarbeiter geophysikalischer und meteorologischer Forschungsstationen vertrieben sich ihre freie Zeit mit der lukrativen Eisbärenjagd. Die Nachfrage nach den Pelzen stieg ständig, und die Preise verzehnfachten sich im Nu. In Kanada wurden damals vermutlich pro Jahr mehrere Hundert bis knapp Tausend Eisbären erlegt. Allein in Spitzbergen sind seit Beginn des 18. Jahrhunderts 22.000 Eisbären erjagt worden, davon über 4.000 zwischen 1920 und 1930; manchmal wurden sie direkt von den Schiffen aus abgeschossen. Vorsichtige Schätzungen gehen davon aus, dass seit Anfang des 18. Jahrhunderts in Eurasien über 150.000 Eisbären erbeutet wurden.[15]

Eine Bärin verließ über Jahre hinweg nie das Gebiet von ein paar an Gletschern gelegenen Meeresbuchten, da sie offenbar mit dem Nahrungsangebot dort höchst zufrieden war und auch alles andere vorfand, was sie brauchte.

Eisbären sind in der Lage, tagelang zu laufen, 30 Kilometer oder mehr pro Tag. Im Durchschnitt legen sie bei ihren Wanderungen 3.000 Kilometer im Jahr zurück, einige sogar doppelt so viel. Leider gibt es noch zu wenige Erkenntnisse über die Streifgebiete und Wanderungen der männlichen Eisbären – aus einem simplen Grund: Ihr Hals ist zu dick, als dass man ihnen Senderhalsbänder anlegen könnte. Dennoch ist sich die Wissenschaft heute sicher, dass das Streifgebiet eines Eisbären bis zu 450 mal größer ist als das eines Braunbären.

Über Bestandszahlen und Schutzmaßnahmen

In den frühen sechziger Jahren wurde die Anzahl aller Eisbären in der gesamten Arktis auf nur noch etwa 6.000 bis 8.000 geschätzt. Angesichts der in dieser Zeit noch immer unbegrenzten Jagd musste man damals befürchten, dass es um den König der Arktis bald geschehen sein würde.

Alarmiert durch den drastischen Rückgang der Eisbärenpopulationen aufgrund der ausgedehnten Jagd führten die Regierungen der betroffenen Staaten unterschiedliche Regulierungs- und Schutzmaßnahmen ein, die allmählich zur Erholung der Bestände führten. Schon 1956 war in der Sowjetunion die Jagd auf Eisbären verboten, allerdings blieb der Fang von Jungtieren zunächst zulässig. Etwa seit dieser Zeit berieten Fachleute und offizielle Vertreter der Arktis-Anrainerstaaten gemeinsam über den Stand der Forschungen und über geeignete Maßnahmen zum Schutz der Eisbären. Norwegen führte bald ebenfalls

Regulierungsmaßnahmen ein, und auch Kanada und die USA begannen mit Quotenregelungen für die Jagd.

Eine korrigierte Schätzung der Populationsgröße von 1968 ging von weltweit etwa 10.000 Eisbären aus, allerdings waren die Methoden der Zählungen und Hochrechnungen stets umstritten, und zudem herrschte damals noch sehr viel Unklarheit über die Wanderungen der Bären und ihre Zugehörigkeit zu bestimmten Populationen. Einige Wissenschaftler führten auch höhere Zahlen an, dennoch konnte man sich international darauf einigen, dass zumindest einige Populationen überjagt worden waren. Mit dem *International Agreement on the Conservation of Polar Bears* vereinbarten die Arktis-Anrainer UdSSR, USA, Kanada, Dänemark und Norwegen 1973 Maßnahmen zum Schutz der Eisbären im Hinblick auf die Wanderungen, die Geburt und die Aufzucht der Jungen und die Jagd. Erstmals wurden auf der Basis wissenschaftlicher Daten ökologische Prinzipien für den Erhalt eines Ökosystems entwickelt. Die Unterzeichner-Staaten verpflichteten sich darüber hinaus zur weiteren Erforschung der Eisbär-Populationen, um geeignete Methoden zum Management dieser Populationen entwickeln zu können.

Seit den achtziger Jahren wird die Gesamtzahl der Eisbären auf 20.000 bis 25.000 geschätzt. Allein rund 15.000 leben in Kanada.

Die Spezialistenkommission für Eisbären (*Polar Bear Specialist Group* (PBSG)) der *International Union for Conservation of Nature and Natural Resources* (IUCN) geht von 19 verschiedenen Populationen (in anderen Quellen auch als Subpopulationen bezeichnet) aus. Zwar bewegen sich die einzelnen Eisbären in ihren jeweiligen Streifgebieten im wesentlichen unabhängig voneinander, aber bestimmte Faktoren – wie die traditionell aufgesuchten Geburtszonen, die Verfügbarkeit von Beutetieren und die Produktivität des jeweiligen Ökosystems, die Rhythmen von Aufbre-

Eine Methode zur Schätzung des Bestandes

Um zu bestimmen, wie viele Eisbären zu einer Population gehören, findet eine „einfache" Methode Anwendung: „Einfangen – Markieren – Wiedereinfangen". Die Forscher fangen eine zufällige Auswahl von Bären ein – beispielsweise 100 – und markieren jeden von ihnen am Ohr. Dann wird ein Jahr gewartet; in dieser Zeit können sich die 100 Bären unter die anderen, unmarkierten mischen. Nach einem Jahr werden wieder zufällig ausgewählte Eisbären eingefangen, diesmal beispielsweise 200. Angenommen, man findet unter dieser Gruppe 20 im Vorjahr markierte Bären – dies entspräche einem Verhältnis von 10:1 zwischen allen Gefangenen der zweiten Runde und den Wiedereingefangenen, im Vorjahr markierten. Daraus schließt man nun, dass die Größe der Gesamtpopulation im gleichen Verhältnis zur Gesamtanzahl der markierten Bären des ersten Jahres steht, also in diesem Fall 1000 betragen muss.

Diese mathematische Methode, die seit über 100 Jahren Anwendung findet, hat natürlich ihre Grenzen. Zum einen, weil nicht jeder Bär der Population die gleiche „Chance" hat, eingefangen zu werden; zum andern können Markierungen abreißen und verlorengehen, so dass markierte Bären nicht als solche erkannt werden. Abgesehen davon kann sich die Größe der Population natürlich durch Geburten und Todesfälle, aber auch durch Zu- oder Abwanderung von Individuen ändern. Für einfache Analysen mögen also zwei solche Zyklen von Einfangen-Markieren-Wiedereinfangen ausreichen; um Änderungen der Populationsgröße gerecht zu werden, müsste man sie mehrfach wiederholen. Um belastbare Ergebnisse zu erreichen, sollten mindestens 20% einer Population erfasst werden; um Angaben über Alter, Geschlecht oder gar Variablen wie klimabedingte Eisveränderungen einzubeziehen, sind aber komplexere Methoden erforderlich.

chen und Zufrieren des Meereises, und auch der Druck, der durch Bejagung, wirtschaftliche Erschließung und die Folgen des Klimawandels entsteht – verursachen deutliche territoriale Konzentrationen, die die Forscher zur Unterscheidung dieser 19 (Sub-)Populationen führten. Die Größe der „bewohnten" Flächen ist dabei sehr unterschiedlich, ebenso wie die Anzahl der Eisbären, die innerhalb eines Territoriums umherstreifen. Auch die Grenzen zwischen den Populationen sind nicht eindeutig – denn Streifgebiete können sich, wie wir gesehen haben, überlappen; entscheidend ist, dass die betreffenden Gruppen weitgehend unabhängig voneinander bleiben und sich nur selten vermischen. Amüsiert konnten die Wissenschaftler feststellen, dass die Eisbären die Grenze zwischen den kanadischen Provinzen Manitoba und Ontario gut zu kennen scheinen, wohingegen sie die Grenze zwischen Kanada und Grönland stets ignorieren.

Ökoregion	Population	Größe	derz. Trend	2009-13 Ø/ Jahr getötet	2013 getötet
(zentrale Arktis)	Arktisches Becken	unbekannt	keine Daten	unbekannt	unbekannt
Convergent Ice (gegen die Küsten gepresstes Eis	Ostgrönland	unbekannt	keine Daten	59	60
	Nördliche Beaufort-see	980	stabil	37,4	43
Archipelago (Kanäle zwischen den arktischen Inseln)	Kane-Becken	164	abnehmend	5	4
	Norwegische Bucht (im äußersten Norden Nunavuts)	203	keine Daten	1,6	3
	Viscount-Melville-Sund	161	keine Daten	5,2	7
	Lancaster-Sund	2541	keine Daten	87	91
	McClintock-Kanal	284	zunehmend	2,8	3
	Golf von Boothia	1592	stabil	62	67
Divergent Ice (von den Küsten zum Pol treibendes Eis)	Barents-See	2644	keine Daten	1	2
	Karasee	unbekannt	keine Daten	unbekannt	unbekannt
	Laptevsee	unbekannt	keine Daten	unbekannt	unbekannt
	Tschuktschensee	unbekannt	keine Daten	USA 31, Russl. unbek.	USA 55, Russl. unbek.
	Südliche Beaufortsee	1526	abnehmend	35,6	41
Seasonal Ice (saisonal eisfreie Gebiete)	Baffin Bay	1546	abnehmend	156	134
	Foxe Basin	2580	stabil	109	106
	Davis-Straße	2158	stabil	93	111
	Westliche Hudson Bay	1000	abnehmend	19,6	22
	Südliche Hudson Bay	970	stabil	57,2	49

Nach den von der *Polar Bear Specialist Group* (PBSG) der *International Union for Conservation of Nature/Species Survival Commission* (IUCN/SSC) – auf der Grundlage von Diskussionen im Herbst und Winter 2013 – am 1.12.2013 angenommen Daten

Wie man der Tabelle entnehmen kann, sind viele der Zahlenangaben vage, oder sie fehlen ganz. Es ist für viele Regionen schwierig bis unmöglich, auch nur ungefähre Schätzungen vorzunehmen, geschweige denn, sie in häufigen Abständen zu wiederholen. Das hat mehrere Gründe methodischer und technischer Art: Da die Eisbären innerhalb der Regionen wandern, kann es sein, dass sie gerade dort sehr zahlreich auftreten, wo das Nahrungsangebot reichhaltig ist, sich aber zur gleichen Zeit in anderen Gegenden völlig rar machen. Dieser Zustand kann sich aber schon innerhalb kurzer Zeit ändern, weil sich die Bedingungen für die Verfügbarkeit ihrer Beute mit der Jahreszeit oder zufällig geändert haben. Es ist außerdem völlig unmöglich, all diese Territorien regelmäßig auf die Bärendichte hin zu untersuchen, da sie für Menschen einen Großteil des Jahres nur unter schwierigsten Bedingungen und somit nur unter unermesslichen Kosten erreichbar sind.

Was Nanook so treibt: Zur Lebensweise

Aktivitätszyklen

Sommer und Winter

Bezogen auf den Jahreszyklus ist das Verhalten der Eisbären entgegengesetzt zu dem ihrer Verwandten, der Braun- und Schwarzbären. Winter und Frühling sind Zeiten höchster Aktivität, Sommer und Herbst Zeiten der Ruhe und des Fastens.

Sie wandern mit dem An- und Abschwellen der polaren Eiskappe im Winter zumeist in südliche Richtungen, im Sommer zurück nach Norden. Eisbären halten keinen Winterschlaf, aber trächtige Weibchen graben sich im Spätherbst in Schneehöhlen ein und ruhen dort, um später ihre Jungen zur Welt zu bringen (→ Fortpflanzung). Sie sind dann in einer Art lethargischem Zustand, der von Oktober oder November bis März oder April andauert und in dem sie nicht fressen. Während dieser Monate zehren sie von ihren körpereigenen Fettreserven, die am Ende der Zeit nahezu verbraucht sind. Die Herzfrequenz kann dann etwas niedriger sein als bei einem normal ruhenden Eisbären. Auch die Körpertemperatur kann ein wenig absinken, bis auf 35° C, bleibt aber zumeist im normalen Bereich bei 37° C (bei Schwarzbären oder Braunbären hingegen, die einen richtigen Winterschlaf halten, verringert sich in dieser Zeit die Herzfrequenz beträchtlich, und die Körpertemperatur sinkt bis auf 31° C).[16] Eisbärinnen in der Geburtshöhle schlafen zwar die meiste Zeit, können aber, wie einige Biologen beim Erforschen der Schneehöhlen feststellen mussten, auch sehr leicht und rasch hellwach werden.

Die meisten Eisbären aber bleiben den ganzen Winter hindurch aktiv und jagen. Im Sommer, wenn sie keine Aussicht auf Beute haben, ruhen sie viel und fahren sogar – ohne allerdings die Körpertemperatur herabzusetzen – ihren Stoffwechsel herunter, um Energie zu sparen.

Dennoch ziehen sie von Zeit zu Zeit umher. Wissenschaftler prägten für diesen sommerlichen „Energiesparmodus" den Begriff „Walking Hibernation" (also wörtlich „Winterschlafwandel", auch mit „Hungerwandeln" – im Gegensatz zur „Hungerstarre", übersetzt) (→ Ernährung – Fastenzeit).

Tag und Nacht

Eisbären sind normalerweise täglich auf ihren Streifzügen unterwegs, aber mit großen Ruhephasen. Sie schlafen oft 7-8 Stunden hintereinander und machen auch sonst gern mal ein kurzes Nickerchen zwischendurch. Wenn sie im Frühjahr auf dem Eis jagen, schlafen sie eher am Tag als in der Nacht: Sie richten sich nach den Robben, die in dieser Zeit meist nachts aktiv sind. Das geht bis in den Sommer hinein. Allerdings spielen dort, wo im Sommer 24 Stunden die Sonne scheint und im Winter die Polarnacht herrscht, die Begriffe Tag und Nacht ohnehin kaum eine Rolle. – Nach der erfolgreichen Jagd und der darauf folgenden Mahlzeit machen die Eisbären gerne einen Verdauungsschlaf.

Ruhelager

An warmen Tagen strecken sich Eisbären gern auf dem Boden oder dem Eis aus, denn mit einer kühlen Unterlage ist die Gefahr des Überhitzens nicht so groß. Viele Eisbären machen sich Schnee- oder Erdkuhlen als zeitweilige Ruhelager zurecht. An kalten Tagen graben sie

sich windgeschützte Vertiefungen in den Schnee und rollen sich dort zusammen, oft halten sie dann ihre Schnauze bedeckt. Bei strenger Kälte oder Winterstürmen suchen sie gern einen natürlichen Unterschlupf auf, zum Beispiel eine geschützte Stelle an der windabgewandten Seite eines Eisrückens oder Felsens, oder eine Höhlung. Sie lassen sich dann vom Schnee zuwehen. Manchmal bleiben sie dort mehrere Tage, bis sich der Sturm gelegt hat.

Jagdmethoden und bevorzugte Beute

Wie ihre Verwandten sind die Eisbären von der Anlage her Allesfresser, aber infolge ihrer Anpassung an das extreme arktische Klima fressen sie überwiegend Fleisch. Die Hauptnahrungsquelle sind Robben, und wenn man genau sein will, könnte man das Wort „Fleischfresser" sogar durch „Fettfresser" ersetzen, denn die Eisbären bevorzugen eindeutig den Speck der Robben, eine äußerst energiereiche Nahrung. Finden sie keine Robben, stehen auch mal Fische, Seevögel oder andere Tiere auf dem Speiseplan. Und anders als allgemein angenommen, fressen die Eisbären nicht nur gelegentlich, sondern ziemlich regelmäßig pflanzliche Kost, insbesondere Seetang, Moos, Gras und bestimmte Kräuter. Da diese jedoch nicht sehr nährstoff- und energiereich sind, können sie keinen Ersatz für den Energielieferanten Robbenfleisch bieten.

Das Lieblingsfutter der Eisbären sind Ringelrobben. Diese kleinste und häufigste in der Arktis vorkommende Robben-Art wird bis zu 1,30 m lang und wiegt bis zu 70 kg. Der Name kommt von den Ringmustern auf ihrem Fell. Sie haben ein dunkles Gesicht mit einer schmalen, hundeartigen Schnauze und Knopfaugen. Man schätzt, dass es weltweit etwa 2,5 Millionen Ringelrobben gibt. Sie leben im Wasser und auf festem Eis oder Eisschollen. Zwischen Herbst und Frühling fressen sie reichlich Polardorsche und sind dann am fettesten. Sie benutzen offenes Wasser in Eisspalten und -aufbrüchen, um zu atmen. Wenn sich eine Eisdecke bildet, stößt die Ringelrobbe von unten 10 bis 15 Atemlöcher hindurch, die sie bei weiterem starken Frost offen hält, indem sie mit den scharfen Klauen an ihren Vorderflossen das Eis aufkratzt. Das schafft sie bis zu einer Eisdicke von zwei Metern. Sie bevorzugt aber, falls vorhanden, dünneres Eis mit natürlichen Spalten. Alle 5 bis 15 Minuten muss die Robbe Luft holen.

Um sich vor Eisbären und Polarfüchsen zu schützen, benutzen die Ringelrobben Verstecke, in denen sie ihre Jungen gebären und säugen. Dies sind zumeist Höhlen unter festen Schneewehen, die beispielsweise vor Presseisrücken angeweht wurden. Sie werden oft auf dem stabilen Festeis angelegt, damit die Robben-Babys, solange sie noch keine isolierende Fettschicht haben, nicht ins Wasser müssen. Seltener befinden sich diese Robbenhöhlen auch auf großen, dicken Eisschollen. Das Lager wird von der Robbenmutter stets vom Wasser aus aufgesucht, und bei Gefahr kann sie auch sehr schnell ins Wasser flüchten. Manchmal bestehen die Höhlen sogar aus mehreren Kammern, von denen eine Zugang zum Wasser hat. Gelegentlich benutzen

Lieblingsfutter der Eisbären: Ringelrobbe

die Robben auch natürliche Höhlen, die sich durch das Auftürmen von Eisschollen bilden.

Die Eisbären haben verschiedene Methoden der Jagd auf die Ringelrobben perfektioniert. Eine davon ist die „stille Jagd": Sie warten an den Wasserlöchern, bis eine Robbe auftaucht. Mit ihrem ausgeprägten Geruchssinn können sie die Atemlöcher leicht erkennen. Sie stellen, setzen oder legen sich davor, um geduldig auf die Robbe zu warten. Im günstigen Fall

Dieser Eisbär hat eine große Bartrobbe ergattert

kann die Jagd schon nach 10 Minuten erledigt sein, doch oft dauert sie mehrere Stunden oder gar Tage. Sieht man den bewegungslos vor dem Loch liegende Bären, kann man den Eindruck gewinnen, dass er schläft; dabei ist er höchst aufmerksam – aber ganz still, denn wenn die Robbe sich dem Atemloch nähert, wird jedes Geräusch, jeder Schatten und jede Bewegung sie veranlassen, nach einem anderen Atemloch zu suchen. Zeigt sich die Robbe, reagiert der Eisbär sofort und versucht, sie mit den Zähnen oder Klauen zu ergreifen. Manchmal rammt er dabei seinen Kopf tief in das Atemloch und sogar unter Wasser; und da die Robbe nicht sehr schnell die Richtung wechseln kann, wenn sie aufwärts in ein Eisloch schwimmt, hat er dabei ziemlich oft Glück.

Die stille Jagd ist die am häufigsten angewendete Vorgehensweise (ca. 75%), die unter günstigen Voraussetzungen das ganze Jahr über betrieben werden kann. Sie ist sehr energieeffizient für den Bären, allerdings auch sehr zeitaufwendig – und kann insbesondere für beobachtende Eisbärenforscher zur wahren Geduldsprobe werden.

Eisbären haben eine bewundernswerte Geschicklichkeit bei einer weiteren Jagdmethode entwickelt, nämlich dabei, den Robben auf dem Eis nachzustellen. Hat der Eisbär eine Robbe gesehen, die sich auf dem Eis ausruht, überblickt er das Gelände und sucht sich eine Route, auf der er sich der Robbe unbemerkt nähern kann. Dabei nützt er ge-

Eisbär auf der Jagd

schickt alle Vorteile des Geländes aus, wie Presseisrücken oder andere Unregelmäßigkeiten der Eisoberfläche, damit er ungesehen bleibt; er duckt sich, kriecht flach auf dem Boden und schleicht sich so lautlos näher. Er hält aber sofort inne, sobald die Robbe den Kopf hebt, und erstarrt geradezu, bis sie den Kopf wieder absenkt. Bei der ganzen Prozedur beachtet der Eisbär auch die Windrichtung und versucht immer, gegen den Wind vorzugehen. So nähert er sich bis auf 30 Meter oder weniger; man hat beobachtet, dass sich ein Eisbär bis auf sieben Meter unbemerkt an eine Robbe heranschleichen konnte. Nun macht er einen kurzen Spurt und versucht sie mit Klauen oder Zähnen zu fassen, bevor sie in das meist nahe Wasser verschwinden kann.

Eisbären können den sich auf dem Eis befindenden Robben auch vom Wasser aus nachstellen. Diese Methode bevorzugen sie im Frühling, wenn die Eisdecke aufbricht und mit Wasserrinnen durchzogen

Eine Eisbärenmutter und ihre beiden Jungen fressen an den Überresten eines verendeten Wales

ist, was ihre Jagdmöglichkeiten auf dem Eis einschränkt. Es wurde beobachtet, dass sie aus einer Entfernung von bis zu 400 Metern eine auf dem Eis ruhende Robbe ausmachen können und sich ihr dann schwimmend nähern. Die Eisbären benutzen entweder die Wasserrinnen zwischen den Eisfeldern oder tauchen sogar unter dem Eis, bis sie nahe genug sind. Manchmal brechen sie auch von unten durch das Atemloch einer Robbe, die gerade auf dem Eis ausruht, oder sie fangen sich ein unerfahrenes Robbenjunges, das auf einer Eisscholle wartet.

Ebenfalls im Frühjahr richten sie die Jagd in die Geburtshöhlen der Robben hinein – ein dramatischer Vorgang, der gelegentlich in Dokumentarfilmen gezeigt wird. Eisbären können eine von Robben belegte Schneehöhle über eine Distanz von 100 Metern oder mehr riechen, selbst wenn die Schicht festen Schnees darüber einen Meter hoch ist. Hat der Eisbär eine solche Schneehöhle entdeckt, schleicht er sich sehr langsam und leise an, denn das geringste verdächtige Geräusch würde die Robbe veranlassen, ins Wasser zu flüchten. Ist er nahe genug an der Höhle und kann sich durch sein Gehör und seinen Geruchssinn davon überzeugen, dass sie noch besetzt ist, richtet er sich langsam auf den Hinterbeinen auf und durchbricht dann mit seinen Vordertatzen das Dach der Höhle, indem er das ganze Gewicht nach vorn verlagert. Manchmal gelingt es nicht beim ersten Mal und er unternimmt weitere Versuche, was der Robbe allerdings Gelegenheit gibt, zwischenzeitlich zu flüchten. Je kleiner und leichter der Bär, oder je dicker das Schneedach, desto wahrscheinlicher ist es, dass die Robbe entwischen kann. Über 75% der auf diese Weise erbeuteten Tiere sind Robbenbabys. Besonders clevere Eisbären töten erst das Junge und warten dann noch in der Tiefe der Höhle darauf, dass die Robbenmutter zurückkehrt, um ihr Kind zu säugen.

Die Jagdmethode wird insbesondere von Eisbärinnen mit sehr jungem Nachwuchs angewendet. Die Robbenmütter und ihre Jungen bieten ihnen Nahrung mit einem sehr hohen Fettanteil – genau das Richtige für eine abgemagerte Eisbärenmutter und ihre heranwachsenden Jungen.

Die Jagd im offenen Wasser kommt eher selten vor. Bei dieser Methode schwimmen die Eisbären unter der Wasseroberfläche, nur Nase und Augen ragen heraus. Wenn in der Nähe eine Robbe an die Oberfläche kommt, taucht der Eisbär unter sie und packt sie von unten. Da jedoch Robben schnell sind und im offenen Wasser viel besser manövrieren können als Eisbären, haben sie eine ziemlich gute Chance davonzukommen – es sei denn, sie verwechseln den unter Wasser schwimmenden Bären mit einer Eisscholle, die sie zum Ruhen erklettern wollen.

Ein reiches Vorkommen von Eisbären ist direkt verbunden mit einem reichen Vorkommen an Ringelrobben. Diese Robbenart stellt die wichtigste Nahrung für die Bären dar – gefolgt von den Bartrobben, den größten nördlichen Robben, die über zwei Meter lang und über 400 kg schwer sein können. Sie haben einen relativ kleinen Kopf, an dem ihr namensgebender Schnurrbart auffällt. Ihr weltweites Vorkommen wird auf 750.000 Individuen geschätzt. Bartrobben bevorzugen Treibeis und Polynyas als Lebensraum. Ihre Jungen werden auf dem Eis geboren und bilden in nur 18 Tagen Säugezeit ein gutes Fettpolster heran. Sie sind naiv und eine leichte Beute für Eisbären, wohingegen die erwachsenen Tiere viel schwerer zu fangen sind als Ringelrobben.

Auch Sattelrobben gehören zum Beuterepertoir von Eisbären. Entsprechend ihrer Verbreitung in den subarktischen Regionen vom nordwestlichen Atlantik bis zum westlichen Russland werden sie von den Populationen in Davis Strait, Baffin Bay, Foxe Basin, Grönlandsee, Barentssee und den anliegenden Gewässern gejagt. Sie werden bis zu 1,70 m lang und wiegen bis zu 130 kg. Am häufigsten sind sie vor den Küsten Labradors und Newfoundlands. Insbesondere die Robbenbabys, die von den Müttern schon nach 12 Tagen verlassen werden und dann noch sechs Wochen auf sich selbst gestellt auf dem Eis zubringen, bevor sie beginnen zu jagen, sind eine ausgesprochen leichte Beute für die Eisbären. Die Klappmützen im nordwestlichen Atlantik bekommen erst im März, beziehungsweise April Junge. Diese Jungtiere sind dann im Sommer noch auf dem Packeis und ebenfalls eine leichte Beute. Andere, meist weiter südlich vorkommende Robbenarten wie Seehund, Largha-Robbe und Bandrobbe geraten nur gelegentlich auf die Speisekarte von Eisbären.

In den Streifgebieten einiger Eisbär-Populationen leben auch Walrosse. Den Eisbären sind sie die wohl gefährlichste Mahlzeit. Ein männliches Tier kann eine Länge von 3,20 m erreichen und 1700 kg wiegen, Weibchen wiegen ungefähr die Hälfte und werden bis 2,70 m lang. Die bis zu einem Meter langen Stoßzähne können sie als wirkungsvolle Waffen einsetzen, und die Bären zeigen stets großen Respekt vor langen und spitzen Gegenständen, die ihnen Verletzungen am Kopf zufügen könnten. Bei einem gesunden erwachsenen Walross hat der Eisbär also nur wenig Chancen, zumal die 2 bis 4 cm dicke Walrosshaut das rasche Zufügen einer tödlichen Verwundung erschwert.

Auf einen hungrigen Eisbären üben Walrosse jedoch einen verlockenden Reiz aus – böten sie doch eine reichhaltige und üppige Mahlzeit! Auf der Wrangel-Insel und auf Tschukotka wurde beobachtet, das die Eisbären eine spezielle Taktik anwenden. Walrosse liegen sehr oft in größeren Gruppen am Strand und ruhen sich aus. Die Eisbären versuchen, die Walrosse durch plötzliche Bewegungen und Scheinangriffe in Panik zu versetzen. Wenn die an Land eher unbeholfenen Tiere dann die Flucht ergreifen und zum Wasser streben, behindern sie sich gegenseitig, und es kommt vor, dass in der Verwirrung ein Kalb oder ein jüngeres Walross den Anschluss verliert und zur Beute des Eisbären wird. Wenn die Herde sehr groß ist – manchmal lagern mehrere hundert Tiere am Strand – ist die Wahrscheinlichkeit groß, dass die Tiere in ihrer Panik übereinander geraten und manche von massigen Bullen erdrückt werden. Die am Strand zurückbleibenden sterbenden Walrosse sind dann natürlich eine leichte Beute für die Eisbären.

Hingegen sind direkte Angriffe auf Walrosse eher selten, es sind meist Verzweiflungsakte überaus hungriger Bären mit sehr niedriger Erfolgsquote. Auf der Wrangel-Insel führten nur 6 % solcher Angriffe zum Ziel, und sie waren fast immer mit Verletzungen der Eisbären verbunden.[17]

Begegnen sich Eisbären und Walrosse im Wasser, sieht das Verhältnis ganz anders aus. Die im Wasser recht gewandten Dickhäuter zei-

Auch Sattel- und Bartrobben gehören zur Beute der Eisbären

Eisbären beobachten Narwale, die sie nur zu gerne fressen würden, Zeichnung von George Sirk

gen hier gar keine Angst, hingegen sind die Eisbären sehr darauf bedacht, den mächtigen Stoßzähnen keinesfalls zu nahe zu kommen – man hat wiederholt beobachtet, dass schwimmende Eisbären von einer sich nähernden Walrossherde in die Flucht geschlagen wurden.[18]

Dass Eisbären auch Wale jagen, ist weniger bekannt. Natürlich sind es nur kleinere arktische Walarten wie etwa Belugas (Weißwale), die den Bären zum Opfer fallen, und das meist nur unter besonderen Umständen. Die Belugas haben eine Angewohnheit, die ihnen manchmal zum Verhängnis wird. Im Sommer suchen sie gern flache steinige Buchten auf, um sich an den Felsen der Untiefen die alte Haut abzurubbeln. Dabei passiert es häufig, dass ihnen der Rückweg durch die Ebbe abgeschnitten wird und sie auf die nächste Flut warten müssen, um wieder freizukommen. Diese Zeit nutzen die Eisbären: Sie beginnen an den gestrandeten Walen zu fressen, worauf diese schließlich verenden. Oft zerren die Eisbären die Kadaver an Land und fressen dort tagelang weiter.

Ein direkter Tötungsangriff auf einen Beluga im tiefen Wasser ist wegen seiner Größe (zwischen drei und sechs Metern) und wegen des starken Schädels viel schwerer. Am liebsten jagen Eisbären die Kälber. Wenn sich die Gelegenheit bietet, springen sie von einer Eisscholle auf die Atem holenden Jungtiere, um sie dann aufs Trockene zu ziehen. Man konnte beobachten, dass die oft in Gruppen ziehenden Belugas auf diese Gefahr reagieren: Bemerken sie einen Eisbären, formieren die männlichen Tiere einen Halbkreis, um ihn zu vertreiben.

Eine dritte Möglichkeit der Waljagd kommt allerdings nicht häufig vor: Im Winter kann es passieren, dass eine Gruppe von Walen wegen starker Eisbildung vom offenen Meer abgeschnitten wird. Wenn die gefangenen Wale in den immer kleiner werdenden Wasserlöchern, sogenannten Sassats, nach oben kommen, um zu atmen, werden sie von Eisbären attackiert, so dass sie bereits wieder untertauchen müssen, bevor sie genug Luft holen konnten. Sind sie dann mit der Zeit völlig erschöpft, können sie keinen Widerstand mehr leisten und werden schließlich aufs Eis gezogen und gefressen – ein Festmahl, bei dem sich manchmal zahlreiche Eisbären versammeln. Regelmäßig kommt es vor, dass in Sassats eingeschlossene Narwale Opfer der Eisbären werden. Sie sind nahe Verwandte der Belugas, werden bis zu vier Meter lang und fallen durch ihre bis zu drei Meter langen Stoßzähne auf. Ob sie auch im offenen Wasser von Eisbären angegriffen werden, ist nicht dokumentiert.

Es ist jedoch bekannt, dass Eisbären keine Gelegenheit auslassen, die Kadaver gestrandeter Wale zu fressen. Es wurde schon oft beobachtet, dass sie sich an Überresten von Grönlandwalen gütlich taten. Eine solche Kost ist ähnlich fett- und energiereich wie Robbenfleisch.

Eisbären sind also auch Aasfresser und als solche nicht besonders wählerisch – es ist alles eine Frage von Angebot und Nachfrage. Gern fressen sie die Überreste von Tieren, die durch Artgenossen erlegt wurden, denn Eisbären verstecken und bewachen die Reste ihrer Beute nicht mehr, nachdem sie sich satt gefressen haben. Stehen ihnen genügend Robben zur Verfügung, werden sie schwerlich das tun, was wir einst an einem Julitag in der Ungava-Bay beobachteten: An einem schmalen Strand unterhalb einer steilen, vielleicht zweihundert Meter hohen Felswand, die von tausenden Dickschnabellummen als Brutkolonie genutzt wurde,

wanderte ein schmuddelig-grauer, schmächtiger, offenbar sehr hungriger Eisbär. Dann machte er plötzlich einen Sprung, rannte ein paar Meter und packte, was da am Boden lag: Von oben war ein Küken abgestürzt, das vom Nistplatz verdrängt worden war. Der Bär brauchte nur Sekunden, um es zu fressen, und dann suchte er weiter, wohl in Erwartung eines „Kükenregens". Satt kann er davon aber nicht geworden sein.

Hungrige Eisbären wechseln die gewohnte Kost aus schierer Notwendigkeit. Sind keine Robben da, kommt auch alles mögliche Andere in Frage. Man hat schon Eisbären beobachtet, die schwimmende Seevögel jagten, indem sie unter Wasser an sie heran schwammen. An Land fressen sie die Eier von Schneegänsen und anderen Vögeln. Und geraten sie in der Nähe der Siedlungen an Abfalldeponien oder Lebensmittelvorräte, probieren sie alles aus, was irgendwie essbar riecht.

Auch pflanzliche Kost, wie Krähenbeeren, Rauschbeeren und sogar Kräuter und Gras, wird nicht verschmäht. Am Meeresufer verzehren sie auch frischen und fermentierten Tang. Das trägt sicher zu ihrer Versorgung mit Vitaminen und Mineralen bei; aber für ihren Energieumsatz ist solch eine Kost nicht relevant, denn sie ist einfach zu kalorienarm. Eisbären sind eigentlich auch in der Lage, Moschusochsen und Karibus zu töten; sie tun es aber nur selten, denn die Jagd kostet sie viel zu viel Energie, und bei einer schnellen Verfolgungsjagd könnten sie sich leicht überhitzen. An der Hudson Bay hat man Eisbären beobachtet, die durch eine Brutkolonie von Gänsen liefen, ohne auch nur den Versuch zu machen, eine Gans zu erwischen – wahrscheinlich ist ihnen klar, dass sie dabei mehr Energie verlieren als gewinnen würden.

Ein Eisbär in der Wildnis ohne Eis, und das bedeutet ohne Robben, kann zwar eine gewisse Zeit irgendwie überleben; aber er kann nicht gedeihen und sich auch nicht erfolgreich fortpflanzen.

Ernährung

Fressen und Verdauen

Hat ein Eisbär eine Robbe gefangen, beißt er mehrmals in den Kopf und in den Nacken, damit sie ihm nicht mehr entwischen kann. Dann schleppt er sie vom Wasser weg und beginnt zu fressen. Eine Bartrobbe, deren Haut fester ist als die der Ringelrobbe, wird wie eine Banane regelrecht abgeschält. Der Bär frisst zuerst die fette Speckschicht, denn das Fett liefert ihm mehr als doppelt soviel Energie wie das Fleisch. Wenn die Jagdbedingungen günstig sind, begnügen sich die Eisbären meist mit dem Speck und lassen das Fleisch unberührt. Sie können ohne weiteres 50 kg Speck hintereinander futtern und mit einer einzigen Mahlzeit bis zu 20 % ihres Körpergewichts aufnehmen und das mit einem enormen Tempo: in einer halben Stunde bis zu 10 % ihres Körpergewichts. Wissenschaftler fanden heraus, dass ihr Cholesterin-Spiegel nach solchen Mahlzeiten sogar niedriger liegt als bei den Eisbären, die fasten müssen. Die Ursache ist der Reichtum an Omega-3-Fettsäuren im Robbenspeck. Das aufgenommene Fett kann zu 98 % zu körpereigenem Fett umgebaut werden, es entstehen also fast keine Ausscheidungen. Die aufgebauten Fettreserven halten lange vor und können in der Fastenzeit (→ unten) mobilisiert werden. Ein weiterer Vorteil solcher Kost besteht darin, dass Eisbären mit sehr wenig Flüssigkeit auskommen, da bei der Fettverdauung Wasser freigesetzt wird. Nach einer proteinreichen Fleischmahlzeit benötigen sie hingegen Wasser, dann fressen sie oft Schnee, was sie allerdings an kalten Tagen Energie kostet.

Jüngere Bären fressen den Großteil der Beute, nicht nur den Speck, da sie die Proteine für ihr Wachstum benötigen.

Eisbären, die gerade gejagt haben, sind oft blutbefleckt. Ist der erste Hunger gestillt, unterbrechen sie ihre Mahlzeiten öfters und gehen zum Wasser, um sich zu waschen. Ist kein Wasser verfügbar, reiben sie sich im Schnee, um sich zu reinigen. Dadurch erscheint das Fell wieder weiß und behält seine Tarneigenschaft. Eisbärenmütter lecken ihre Jungen ab, um sie sauber zu halten. Später lernen die Jungen von der Mutter, wie man sich im Wasser oder im Schnee reinigt. Seine Jagdbeute interessiert den Eisbären nur, solange er Hunger hat. Ist er satt, lässt er die Reste liegen, und andere Eisbären, insbesondere die jungen und unerfahrenen, bekommen ihre Chance – wie auch Polarfüchse, Möwen und andere Resteverwerter.

Gefährten Nanooks in der arktischen Tierwelt

Nanook teilt sein Reich mit einer Reihe anderer Tiere, die ebenfalls mit dem Leben in den Weiten der uns so unwirtlich erscheinenden Arktis zurechtkommen. Nicht nur, dass sie dort überhaupt überleben können: Sie fühlen sich zuhause, gedeihen und vermehren sich. Nicht wenige Arten aus südlicheren Gebieten bevorzugen bei ihren jahreszeitlichen Wanderungen ausgerechnet die Arktis mit ihrer doch so kargen Vegetation und ihrem extremen Klima als Nahrungs- und Brutgebiet, und einige sind sogar ganzjährig im hohen Norden zuhause. Einige der hier lebenden Arten sind Generalisten – sie kommen in vielen Umgebungen zurecht, im hohen Norden wie auch in südlicheren Gefilden; ein Beispiel ist der Rabe. Andere haben sich im Laufe der Evolution an die extremen Bedingungen mit

Ein Polarfuchs nähert sich furchtlos einem satten Eisbären

besonders ausgeklügelten Strategien angepasst und brauchen die Arktis als Lebensraum; bei extremen Veränderungen in der Nahrungskette oder des Klimas sind sie in ihrer Existenz gefährdet. Manche dieser arktischen „Mitbewohner" bilden die bevorzugte Nahrung für Eisbären, andere hingegen profitieren von dem, was die Eisbären übriglassen. Wieder andere kreuzen nur hin und wieder die Wege der Eisbären – und sind gelegentlich seine Beute.

Beutetiere:
Ringelrobbe – Ringed Seal (Pusa hispida)
Bartrobbe – Bearded seal (Erignathus barbatus)
Sattelrobbe – Harp Seal (Pagophilus groenlandicus)
Klappmütze – Hooded Seal (Cystophora cristata)
Walross – Walrus (Odobenus rosmarus)
   Allerdings können Walrosse gelegentlich auch Eisbären gefährlich verletzen
Weißwal – Beluga (Delphinapterus leucas)
Narwal – Narwhale (Monodon monoceros)

Resteverwerter, die sich an der übriggelassenen Beute der Eisbären gütlich tun:
Polarfuchs – Arctic fox (Alopex lagopus)
Polarwolf – Arctic Wolf (Canis lupus arctos)
   Es hat allerdings auch Fälle gegeben, wo Wölfe im Rudel Eisbärenfamilien mit erst wenige
   Wochen alten Jungen attackiert und die Eisbärenbabys gefressen haben
Elfenbeinmöwe – Ivory Gull (Pagophila eburnea)
Eismöwe – Glaucous Gull (Larus hyperboreus)
Rabe – Raven (Corvus corax)
Rauhfußbussard – Rough-legged Hawk (Buteo lagopus)
Schnee-Eule – Snowy Owl (Bubo scandiacus)

„Mitbewohner" des Eisbären

Weitere an die extremen arktischen Lebensbedingungen gut angepasste Mitbewohner:
Dickschnabellumme – Thick-billed Murre (Uria lomvia)
Dreizehenmöwe – Black-legged Kittiwake (Rissa tridactyla)
Mantelmöwe – Great black-backed Gull (Larus marinus)
Eissturmvogel – Northern Fulmar (Fulmarus glacialis)
Falkenraubmöwe – Long-tailed Jaeger (Stercorarius longicaudus)
Gerfalke – Gyrfalcon (Falco rusticolus)
Wanderfalke – Peregrine Falcon (Falco peregrinus tundrius, Falco peregrinus calidus)
Eistaucher – Great Northern Loon (Gavia immer)
Prachttaucher – Black-troated Loon (Gavia arctica)
Schneegans – Snow Goose (Anser caerulescens)
Eisente – Long-tailed Duck oder Oldsquaw (Clangula hyemalis)
Alpenschneehuhn – Rock Ptarmigan (Lagopus muta)
Polar-Birkenzeisig – Arctic Redpoll (Carduelis hornemanni)
Karibu – Caribou (Rangifer tarandus)
Moschusochse – Muskox (Ovibus moschatus)
Polarhase – Snow Hare (Lepus timidus)
Lemming (Lemmus trimucronatus)

Energiebedarf und Fastenzeit

Bei Untersuchungen, die in den Monaten April bis Juni auf Devon Island vorgenommen wurden, konnten Forscher beobachten, dass die Eisbären dort im Durchschnitt alle fünf Tage eine Robbe erbeuteten. Bei diesem Ergebnis bleibt jedoch völlig im Dunklen – im wahrsten Sinne des Wortes – wie diese Rate in der Zeit der Polarnacht aussieht, und es ist wenig wahrscheinlich, dass solche Zahlen jemals für alle Eisbärenpopulationen ermittelt werden können. Mit ergänzenden Methoden – Berechnungen des Energiehaushaltes und Betrachtungen der weltweiten Eisbären- und Robbenpopulationen etc. – kam man zum Schluss, dass ein erwachsener Eisbär im Jahr mindestens etwa 60 ausgewachsene fette Ringelrobben benötigt, durchschnittlich also alle sechs Tage eine. Ein neugeborenes Robbenjunges hingegen, das lediglich 1/24 der Kalorienzahl bietet, ist für ihn nur ein kleiner Imbiss. Ein Belugawal allerdings würde einem einzelnen Eisbären genug Energie für ein halbes Jahr liefern.[19]

Ein großer Teil der Eisbären muss im mittleren und späten Sommer für einige Wochen fasten, weil durch den jahreszeitlichen Rückgang des Eises die Möglichkeiten für die Robbenjagd eingeschränkt sind. Manche Eisbären, beispielsweise aus der Population der südlichen und westlichen Hudson-Bay, müssen dann längere Zeit an Land zubringen und sogar mehrere Monate fast ohne Nahrung auskommen. 2013 zeigte sich hier der erste mit einem Sender versehene Eisbär bereits am 4. Juli auf dem Land. Normalerweise verlassen die Bären das Eis dann, wenn die Eisbedeckungsquote des Meerwassers unter 30-50% sinkt. In den achtziger Jahren geschah das an der westlichen Hudson Bay meist Anfang August, mittlerweile – wegen der Erwärmung der Arktis infolge des Klimawandels – ist es bereits in der ersten Julihälfte so weit. Bis sich im Oktober oder November hier wieder Eis bildet und damit die Möglichkeit zur Robbenjagd wiederkehrt, haben die Eisbären also eine lange Zeit des Darbens zu überbrücken, die sie mit herabgesetztem Stoffwechselumsatz in einer Art Sommerruhe, der „Walking hibernation" (→ oben, Aktivitätszyklen) überstehen. Sie fressen dann so gut wie gar nichts, scheiden auch nicht viel aus und zehren hauptsächlich von ihren im Winter und Frühjahr angefressenen Fettreserven.

Trächtige Eisbärinnen fasten noch länger, wie wir noch sehen werden. Kein anderes Säugetier kann so lange ohne Nahrung auskommen wie der Eisbär.

Wohlgenährter Eisbär vor der Fastenzeit

Fortpflanzung

Paarung

Weibliche Eisbären sind frühestens mit vier Jahren geschlechtsreif, männliche frühestens mit fünf Jahren. Über die Paarung sind noch nicht sämtliche Details erforscht, denn sie findet überwiegend auf dem Meereis und meistens in großer Entfernung von den Augen der Forscher statt.

Bekannt ist aber, dass sich männliche Eisbären in jedem Jahr ab Ende März, spätestens im Mai auf die Suche nach einem Weibchen begeben. In dieser Zeit unterbrechen sie ausgedehntere Jagdaktivitäten und konzentrieren sich auf die Partnersuche.

Dabei wissen sie aber eigentlich nicht, wo sie suchen müssen, da es ja anders als bei Braun- und Schwarzbären keine festen Reviere gibt. So beginnen sie, lange in eine Richtung zu wandern und machen nur Halt, um an den Spuren anderer Bären zu schnüffeln – denn sie können am Geruch erkennen, ob sie von einem paarungsbereiten Weibchen stammen. In einem solchen Fall folgen sie der Spur unermüdlich und manchmal über sehr lange Strecken; registriert wurden bis zu 145 km[20]. Da wegen der globalen Erwärmung die Eisaufbrüche immer früher im Jahr einsetzen, könnte es für sie zunehmend schwieriger sein, solch einer Spur nachzugehen, weil sie ja durch die zahlreich entstehenden Wasserrinnen unterbrochen wird. – Wissenschaftler fanden bisher keinerlei Hinweise darauf, dass sich auch Weibchen aktiv auf die Suche nach männlichen Tieren begeben.

Hat der Eisbär eine mögliche Gefährtin gefunden, sind die Mühen noch nicht vorbei: Denn sie wird erst einmal davonlaufen, und er muss sie verfolgen und umstimmen. Und sollte sie noch von ihren Jungen umgeben sein, weil der Entwöhnungsprozess noch nicht ganz abgeschlossen ist, muss er diese erst verjagen.

Selten zu beobachten: sich paarende Eisbären

Eisbärinnen behalten ihre Jungen in der Regel etwas mehr als zwei Jahre bei sich, bis die Heranwachsenden unabhängig jagen können, und sind erst danach wieder bereit für die nächste Paarung, also alle drei Jahre. Obwohl das Verhältnis von männlichen zu weiblichen Tieren in gesunden Populationen etwa 1:1 ist, gibt es also stets viel weniger paarungsbereite Weibchen als Männchen, sodass diese sich wahrscheinlich mit Rivalen auseinandersetzen müssen. Solche Kämpfe werden meist unerbittlich ausgetragen und führen nicht selten zu offenen Wunden, abgebrochenen Zähnen und Knochenbrüchen. Viele männliche Eisbären behalten davon lebenslange Narben zurück, und bei ernsthaften Verletzungen können sie sterben.

Hat ein Paar zusammengefunden, dann bleibt es eine gewisse Zeit zusammen – einige Beobachter sprechen von zehn Tagen, andere von mehr als zwei Wochen. Die Paarung wird in dieser Zeit mehrfach wiederholt – es sei denn, der erste Partner wird von einem Rivalen verdrängt. Forscher konnten schon mehrfach feststellen, dass zwei Jungtiere des gleichen Wurfs von verschiedenen Vätern stammten.

Ist das Weibchen nicht mehr aufnahmebereit und zeigt Desinteresse, wandert der Eisbär davon und schaut sich nach einem anderen Weibchen um. Sein Beitrag zum Familienleben ist damit erbracht, und es gibt keine weiteren Bindungen – das Weibchen zieht die Jungen allein auf, und wird ihn wahrscheinlich nicht wieder sehen.

Implantation und Trächtigkeit

Bei der Eisbärin setzt nach der erfolgreichen Paarung nun der Drang ein, zu fressen, so viel es geht. Denn nur wenn sie in den nächsten Monaten erfolgreich jagt und sich eine ausreichende Fettschicht aufbaut, kommt es überhaupt dazu, dass sich der Embryo, der bis dahin im Zustand einer mehrzelligen Blastozyste verharrt, in der Gebärmutter einnistet.

Obwohl zwischen Befruchtung und Geburt sieben bis neun Monate vergehen, ist die eigentliche Entwicklungszeit des Embryos viel kürzer, wahrscheinlich nur etwa 60 Tage lang! Eine werdende Eisbärenmutter hat eine enorm lange Zeit des Hungerns zu überstehen, die länger ist als bei jedem anderen Säugetier. Sie muss also zunächst Energieressourcen anlegen, mit denen sie nicht nur die Fastenperiode des Spätsommers überstehen kann, sondern auch die anschließende Zeit in der Geburtshöhle und die Stillperiode. Sie wird dann monatelang nicht fressen, aber trotzdem den Nachwuchs ernähren müssen. In Abhängigkeit davon, wie wohlgenährt die Eisbärin ist, veranlasst ein noch wenig erforschter Steuermechanismus, dass ein, zwei oder drei befruchtete Eier implantiert werden – oder aber, dass die Schwangerschaft abgebrochen wird. Die Eisbärin sollte wenigstens 100 kg, besser aber doppelt soviel zugenommen haben, damit eine Schwangerschaft erfolgreich ist. Die um Monate verspätete Implantation ist ein Phänomen, das es bei keiner anderen Bärenart gibt und das eine perfekte Anpassungsleistung der Eisbären an die extremen Umweltbedingungen der Arktis darstellt.

Je nach Population unterscheiden sich die Zeiten des Fastens und des Rückzugs in die Geburtshöhlen beträchtlich. An der westlichen Hudson Bay, wo das Eis schon ab Juli verschwindet und erst im Spätherbst wiederkommt, kann sich die Fastenzeit der trächtigen Eisbärinnen auf bis zu neun Monate ausdehnen. Dementsprechend müssen sie sich umso größere Fettreserven anfressen. Hier konnte man eine Gewichtszunahme um mehr als das dreifache des ursprünglichen Körpergewichts feststellen. Der Extremfall war eine Bärin mit zwei Jährlingen bei Churchill, die gewissermaßen nur noch aus Haut und Knochen bestand; als man sie Anfang Dezember wog, stellte man ein Gewicht von nur 97 kg fest. Sie muss in der Folgezeit dann sogar ihre Jungen verloren haben, denn sie hatte sich inzwischen wieder gepaart: Als sie im August des folgenden Jahres eingefangen wurde, war sie trächtig und wog 450 kg, hatte also ihr Gewicht mehr als vervierfacht! Und wiederum ein Jahr später hatte sie Drillinge.

Trächtige Bärinnen fallen dadurch auf, dass sie extrem pummelig aussehen. Ihr Durchschnittsgewicht in der westlichen Hudson-Bay-Population beträgt im Herbst 288 kg, im darauffolgenden Frühling nur noch 161 kg – eine Gewichtsabnahme um rund 55 Prozent.[21] In anderen Ökoregionen können die Eisbären oft auch im Sommer noch auf dem Packeis sein und Robben jagen, wenn auch nicht mehr so viele wie im Frühling und Frühsommer. Hier ist die Fastenzeit daher viel kürzer, und die nötige Gewichtszunahme kann entsprechend geringer ausfallen; doch genaue Forschungsergebnisse dazu fehlen bisher.

Geburtshöhlen und Geburtszonen

Im Herbst oder zu Beginn des Winters suchen die trächtigen Eisbärinnen zumeist das Land auf, um sich eine Geburtshöhle zu graben; nur in einigen wenigen Populationen wählen sie auch geeignete Plätze auf dem Meereis aus, wo sich zwischen unregelmäßig geformten und aufgetürmten Blöcken dauerhafte Schneebänke gebildet haben. Viele suchen die Geburtsplätze Mitte bis Ende Oktober auf, an der westlichen Hudson-Bay sogar bereits im September. In der Beaufort-See hingegen fressen die Bärinnen noch einmal heftig, bevor sie manchmal erst Anfang November in ihrer Höhle verschwinden.

Die auf dem Land liegenden Geburtsplätze befinden sich stets in einigen Kilometern Entfernung von der Küste, entlang der Hudson Bay sind es sogar 50–60 km, da das Land in Küstennähe überwiegend flach und sumpfig ist. Man fand Geburtshöhlen selbst hundert Kilometer im Landesinneren und in Höhenlagen bis zu 500 Meter über dem Meeresspiegel, denn der fest angewehte Schnee entlang der Abhänge von Bergen oder Hügeln ist besonders gut für die Höhlen geeignet und wird trotz der meist größeren Entfernung zum Meereis gern benutzt.

Die werdenden Mütter suchen die Stellen mit Bedacht aus: Frisch angewehter Schnee ist meist noch nicht fest genug; mehrjähriger Schnee kann jedoch zu hart sein, um ausreichende Sauerstoffzufuhr zu gewährleisten. Außer der Konsistenz des Schnees spielt auch die Tiefe der Schneebank eine Rolle, denn die Höhle muss ja groß genug sein. Die Eisbärinnen machen manchmal einige Testgrabungen und geben so manche Stelle schnell wieder auf. Oft suchen sie auch alte, bereits früher verwendete Geburtshöhlen auf, die sie wieder herrichten und nutzen.

An der Küste der westlichen Hudson Bay, wo der Schneefall erst später im Jahr einsetzt, graben sich die trächtigen Bärinnen zunächst Erdhöhlen in den Permafrostboden, zum Beispiel an den Flussufern oder unter den Wurzeln von Fichten. Wenn die Eingänge dann später von Schnee bedeckt werden, kann die Höhle als Geburtsplatz benutzt werden; andere Erdhöhlen aber dienen nur als vorübergehende Ruheplätze, und die Bärinnen ziehen später im Jahr in Schneehöhlen um.

Besonders gut geeignete Gebiete werden in der Regel von vielen Eisbärinnen benutzt, so dass man von regelrechten Geburtszonen oder -kolonien sprechen kann. Eine der weltgrößten ist ein Gebiet südlich von Churchill, östlich des Nelson River (Manitoba, Kanada); man schätzt, dass hier, in einem nur einige tausend Quadratkilometer großen Gebiet, bis zu 90 % der trächtigen Bärinnen der Westlichen Hudson-Bay-Population ihre Höhlen haben. Es befindet sich im 1996 gegründeten Wapusk National Park (Wapusk ist das Wort für „Weißer Bär" in der Sprache der Cree-Indianer). Weitere Geburtszonen Kanadas befinden sich unter anderem westlich der James Bay am Winisk River im Polar Bear Provincial Park (Ontario), an der Wager Bay und nördlich der Hudson Bay im Ukkusiksalik-Nationalpark.[22]

Die größten und wichtigsten Geburtskolonien außerhalb Kanadas befinden sich auf der Wrangel- und der Herald-Insel in der Tschuktschen-See sowie auf Kong Karls Land und

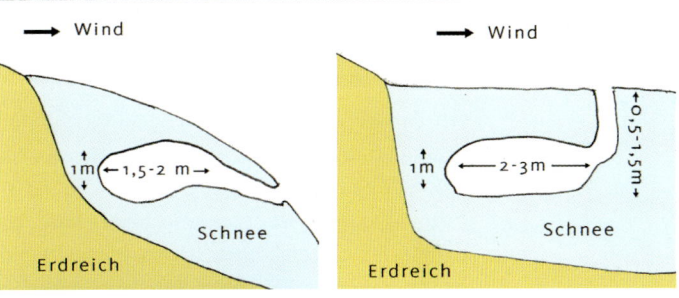

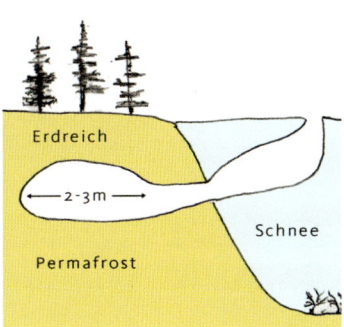

Ganz oben: Eisbärenfamilie in bereits offener Geburtshöhle
Oben links: Höhle in einer Schneeverwehung im Lee einer Böschung
Oben rechts: Höhle in flacher Schneeverwehung mit Ausgang nach oben
Rechts: Für die Hudson Bay typische Erdhöhle, die im späteren Winter in den Schnee hinein erweitert wird (Skizzen nach Ian Stirling, PBI)

Hopen auf Spitzbergen; zu weiteren bekannten, aber bei weitem nicht so stark frequentierten Geburtszonen gehört die Nordküste Alaskas im Bereich der Prudhoe Bay.

Die Eignung des Geländes für das Anlegen von sicheren und beständigen Höhlen und die Schneesicherheit in der Region mag das wichtigste Kriterium für die Auswahl der Geburtsplätze sein; ein weiteres ist die sichere Entfernung von den Gebieten, in denen verbreitet männliche Eisbären jagen, die nicht nur die Ruhe stören, sondern auch dem Nachwuchs gefährlich werden könnten. Und natürlich engen auch die Siedlungen der Menschen sowie industrielle Aktivitäten wie Erschließungsmaßnahmen, Bergbau und Ölförderung das Spektrum der möglichen Geburtsplätze ein.

Im Laufe ihres Lebens suchen die Eisbärinnen mit hoher Wahrscheinlichkeit immer wieder ein und dasselbe Gebiet auf, um hier ihre Jungen zur Welt zu bringen.

Beschaffenheit der „Wochenstube"

Um die Höhle anzulegen, scharrt das Eisbärweibchen einen Tunnel in die feste Schneebank und gräbt dann eine Kammer aus, die meistens geringfügig oberhalb des Eingangstunnels liegt – dies hilft, Wärmeverluste zu verhindern. Wenn sie eine Schneeanwehung in einer Bodenvertiefung wählt, legt sie den Eingang auch von oben an und lässt ihn dann seitlich in die Kammer abknicken. Wird die Höhle in das Erdreich einer Böschung gegraben, muss später ein Ausgang durch den angewehten Schnee angelegt werden. Eine solche Kammer ist zwischen 1,5 und 2 Metern, seltener bis zu drei Meter lang, im Durchschnitt 1,5 Meter breit und einen Meter hoch – das bedeutet, sie ist nicht sehr viel größer als die Eisbärin selbst. Der Eingangstunnel ist etwa zwei Meter lang, aber mit einem Durchmesser von nur etwa 65 Zentimetern recht eng, so dass man staunen muss, wie eine trächtige, pummelige Eisbärin sich da hindurchzwängen kann. Manchmal sorgt ein Loch in der Decke der Kammer für den Luftaustausch; in anderen Fällen wird die Bärin durch Kratzen daran arbeiten, die Schneedecke dünn genug zu halten, damit eine Sauerstoffzufuhr möglich ist. Manche Geburtshöhlen bestehen aus mehreren Kammern; man vermutet, dass diese erst im Frühjahr entstehen, wenn die heranwachsenden Jungen aktiver werden.

Der Eingang der Höhle liegt nach Möglichkeit an der windabgewandten Seite. In vielen Fällen zeigt er in südliche Richtung, so dass die Strahlungswärme der Sonne ausgenutzt werden kann.

Es ist Forschern gelungen, Thermometer in bewohnten Geburtshöhlen zu installieren. Dabei konnten Wintertemperaturen von kaum unter 0°C und oft sogar leicht darüber gemessen werden, und selbst bei extremer Kälte lagen die Temperaturen stets deutlich über der Außentemperatur. Die Wärme entsteht durch die Körpertemperatur der Eisbären und kann sich durch die isolierenden Eigenschaften der Höhlenwände in der Höhle halten. Der Wärmeunterschied zur Umgebung erlaubt es Forschern, die Geburtshöhlen mittels Infrarot-Technologien (Wärmebildkameras) ausfindig zu machen.

Leben in der Höhle, Geburt und Stärke des Wurfes

Ist das Eisbärenweibchen in die Höhle eingezogen, verfällt es in einen nahezu lethargischen Ruhezustand des Energiesparens. Es frisst und trinkt nicht mehr, sein Stoffwechsel ist herabgesetzt, und es scheidet nicht einmal Exkremente aus, so dass die Höhle auch frei von Verschmutzungen bleibt. Die Bärin schläft zunächst die meiste Zeit, ihre Herzfrequenz wird niedriger, und auch ihre Körpertemperatur sinkt – jedoch nur ganz wenig, um etwa zwei Grad. Anders als andere Tiere, die beim Winterschlaf die Körpertemperatur stark herabsetzen und längere Zeit brauchen, um wieder in den Normalzustand zu kommen, kann die Eisbärin jederzeit erwachen und dann auch sehr schnell reagieren, so dass es für Feldforscher nicht einfach ist, Vorgänge in bewohnten Höhlen zu erkunden. Dass die Körpertemperatur nahe dem Normalzustand bleibt, ist auch für den Geburtsprozess und das Stillen notwendig.

Während der langen Fasten- und Ruhezeit in der Geburtshöhle verliert eine Eisbärin jedoch nicht an Knochensubstanz – im Gegenteil, eine Studie konnte belegen, dass in dieser Zeit sogar ein Knochenaufbau stattfindet! Das ist eine der erstaunlichsten Anpassungsleistungen an den Lebensrhythmus in der Arktis, die Eisbären signifikant von ihren Schwarz- und Braunbären-Verwandten unterscheiden. Welcher physiologische Mechanismus dafür verantwortlich ist, ist noch unklar – das Ergebnis hätte vielleicht weitreichende Folgen für die natürliche Bekämpfung von Osteoporose.[23]

Nach etwa zwei Monaten Ruhezeit bringt die Eisbärin Ende Dezember oder Anfang Januar meist zwei Junge, seltener ein, noch seltener drei Junge zur Welt. Obwohl sie vier Zitzen besitzt, wurde weltweit bisher nur ein einziger Wurf mit vier Jungen registriert. Ist das Muttertier sehr wohlgenährt, ist die Wahrscheinlichkeit höher, dass Drillinge geboren werden, magere Bärinnen tragen hingegen meist nur ein Junges aus. Beobachtungen zeigten, dass sehr junge Eisbärenmütter gewöhnlich nur ein Junges haben, während erfahrene oft zwei oder gar drei Junge zur Welt bringen, ältere Eisbärinnen, um deren Kondition es nicht mehr sehr gut bestellt ist, wenn überhaupt, nur eins. Verlässliche statistische Untersuchungen, die alle Populationen erfassen, gibt es allerdings nicht, da es schwer ist, die Wurfgröße zu bestimmen, solange die Mutter die Geburtshöhle noch nicht verlassen hat. Trifft man eine Familie auf Wanderschaft an, kann man nicht sicher sein, dass der ursprüngliche Wurf noch vollständig ist.

Zwischen Geburt und Tod

Die neugeborenen Eisbären sind zum Zeitpunkt der Geburt nur katzengroß und wiegen lediglich 600 bis 700 Gramm; sie sind nicht einmal 30 Zentimeter lang und extrem schlank. Im Verhältnis zur Körpergröße des erwachsenen Tieres erscheinen sie geradezu winzig. Ihre Augen, die zunächst noch geschlossen sind, werden innerhalb des ersten Lebensmonats geöffnet. Das Fell der Neugeborenen ist sehr fein und nur 5 Millimeter lang, so dass sie auf den

Eisbärenmilch

Die Milch von Eisbären ist sehr viel nährstoffreicher als die anderer Fleischfresser. Durch ihren hohen Fettgehalt ist es möglich, dass die winzigen neugeborenen Eisbären innerhalb weniger Wochen sehr schnell wachsen. Diese Milch hat mehr mit der von Robben und Walen gemeinsam als mit der von den verwandten Schwarz- und Braunbären. Ihr Fettgehalt kann zu Beginn der Säugezeit extrem hoch sein – bis zu 46% – nimmt aber mit dem Wachstum der Jungen allmählich ab. Kurz bevor sie entwöhnt werden – wenn sie bereits Robbenfleisch fressen – kann der Fettgehalt auf nur noch 5% sinken. Zum Vergleich: Der natürliche Fettgehalt von Kuhmilch liegt etwa bei 3,8%; bei menschlicher Muttermilch sind es zwischen 3 und 5%.

Die Eisbärenmilch enthält auch Proteine (zwischen 5% und 19%), einige Minerale, die Vitamine A, B, D und E sowie verschiedene Zuckerarten; der Anteil an Lactose ist jedoch sehr gering. Der Biologe Andrew Derocher, als passionierter Eisbärforscher natürlich neugierig genug, um zu kosten, beschreibt den Geschmack der Milch als „sahnig, nach Meer, erdig, kreideartig, mit einem Nachgeschmack, der entfernt an Fisch erinnert".[24]

ersten Blick nahezu haarlos wirken. In den wenigen Monaten, bis sie im Frühling die Höhle erstmals verlassen, werden sie fast rund um die Uhr mit einer extrem fettreichen Milch (Fettgehalt durchschnittlich 33 %) gesäugt und wachsen in dieser Zeit sehr schnell etwa bis auf Schäferhundgröße heran. Bis es soweit ist, schützt die Höhle sie vor Sturm und Kälte.

Aus der Höhle in die Welt

Im März oder April öffnet die Eisbärenmutter den Eingangstunnel und verlässt erstmals den Bau. Wenn sie sorgfältig die Umgebungsbedingungen geprüft hat und keine Gefahr für ihre Jungen befürchtet, kommen auch diese aus der Höhle. Sie wiegen mittlerweile rund 10–12 kg, etwa das 15-fache des Geburtsgewichts. In den nächsten zwei bis drei Wochen bleibt die junge Familie in der näheren Umgebung und sucht nachts zunächst wieder die Höhle auf, denn in dieser Jahreszeit ist es meist noch extrem kalt. Es ist eine Zeit des „Akklimatisierens", in der noch überwiegend geruht wird, in der die Jungen aber auch unter der Aufsicht der sonst meist wenig aktiven Mutter beginnen, herumzutollen, zu spielen, miteinander zu ringen und zu klettern. Bald unternehmen sie kurze Ausflüge gemeinsam mit der Mutter – nicht nur zur Anpassung an die rauen Witterungsbedingungen außerhalb der Höhle, sondern auch zur Entwicklung und Stärkung der Muskulatur. Viele Muttertiere fressen in dieser Zeit etwas pflanzliche Kost – wie Flechten und trockenes Gras – die sie jedoch fast unverdaut wieder ausscheiden. Ob das gegen den Hunger helfen soll oder vielleicht ein Reinigungsakt für die Verdauungsorgane ist, ist nicht bekannt. Das Säugen der Jungen findet nun meistens in Schneekuhlen statt, dabei sitzt die Bärin, oder sie liegt auf der Seite.

Nach dieser Anpassungszeit führt die Bärenmama die Kleinen auf die meist mehrere Kilometer lange Wanderung zum Eismeer. Das Tempo ist sehr langsam, und sie unterbricht die Tour oft, um die Jungen zu säugen. In Gebieten mit sehr tiefem Schnee oder vielen Wasserpfützen trägt die Bärin die Jungen manchmal auf dem Rücken.

Nach der langen Fastenzeit ist sie sehr hungrig, hat ihre Fettreserven weitgehend verbraucht und muss nun wieder fressen, so bald es geht. Genau in dieser Zeit des Jahres gibt es auf dem Eis besonders viele Ringelrobben mit ihren neugeborenen oder noch unerfahrenen Jun-

gen (→ Jagdmethoden und bevorzugte Beute), das Nahrungsangebot ist also reichlich. Dennoch werden die kleinen Eisbären zunächst noch etwa sechs mal am Tag gesäugt. Vom Jagderfolg des Muttertieres hängt es ab, ob sie ausreichend Nahrung bekommen. Sie lernen schon im Alter von drei bis vier Monaten, an den von der Mutter erjagten Robben mitzufressen, und die Eisbärin bringt ihnen allmählich alles bei, was notwendig ist, um in der Arktis zu überleben: Schwimmen, Tauchen, das Auffinden von Nahrung, die verschiedenen Jagdmethoden, und natürlich auch Vorsicht und das Vermeiden von Risiken.

Bis zum Herbst haben sich die Jungen schon ein Gewicht von 50 oder 60 kg angefressen. Sie werden aber noch etwa 15 Monate von der Mutter gesäugt und sind völlig abhängig von ihr. Zwar versuchen sie sich im ersten Lebensjahr nach dem Vorbild der Mutter gelegentlich selbst an der Robbenjagd, doch meist nur spielerisch und normalerweise ohne Erfolg.

Entwöhnung

Die jungen Eisbären sind ständig in der Obhut ihrer Mutter unterwegs, mindestens bis sich ihr zweiter Geburtstag nähert. In der südlichen Arktis beginnt in dieser Zeit allmählich die Entwöhnung der Jungtiere; dennoch bleiben sie meist bis zum 30. Lebensmonat mit der

Vorsichtige Eisbärin (links)
Mutter mit Zweijährigen

Mutter zusammen. In der nördlicheren Arktis werden sie oft noch weit bis ins dritte Lebensjahr hinein gesäugt.

Normalerweise ist eine Eisbärenmutter 30 Monate nach der Geburt wieder zur Paarung bereit (→ Fortpflanzung). In dieser Zeit werden die Jungen davongejagt – entweder von ihr selbst oder von dem männlichen Tier.

Die Jungtiere gehen jetzt eigene Wege, und vor ihnen liegt eine gefährliche Zeit. Sie sind noch nicht geschickt im Aufspüren von Jagdbeute, und ihre Erfolgsquote liegt weit unter der von älteren, erfahrenen Tieren. Hat ein halbwüchsiger Eisbär aber erfolgreich eine Robbe gejagt, besteht das Risiko, dass sich ein ausgewachsener, erfahrenerer und stärkerer Eisbär einfindet und ihm die Beute einfach abnimmt. Dem jüngeren Tier bleibt oftmals nur, auf die Reste zu warten oder anderswo nach essbaren Dingen zu suchen. Häufig sind jugendliche Tiere dadurch nicht in besonders guter körperlicher Verfassung. Unter den ausgehungerten, mangelernährten Eisbären, die von Forschern und Jägern beobachtet wurden, stellen sie die Mehrheit. In dieser Gruppe gibt es dann auch die meisten „Problembären", die in der Nähe von Siedlungen auftauchen, auf Müllplätzen nach Fressbarem suchen und zu einer Bedrohung für die Menschen werden können. Bei den wenigen Attacken auf Menschen, die in der kanadischen Arktis vorkamen, waren in der Regel relativ junge, unerfahrene und meist auch hungrige Bären beteiligt. Ein erfahrener Eisbär mit guten Jagderfolgen wird kaum auf die Idee kommen, Menschen als Nahrung zu betrachten (→ Verhaltensforschung).

Reife, Alter und Lebenserwartung

Weibliche Eisbären werden normalerweise frühestens mit vier Jahren geschlechtsreif und bringen somit frühestens mit fünf oder sechs Jahren erstmals Junge zur Welt. Männliche Eisbären sind mit fünf bis sieben Jahren geschlechtsreif, zu einer erfolgreichen Fortpflanzung kommt es zumeist aber erst mit acht oder neun Jahren. Zwischen den Würfen liegen dann in der Regel drei oder gar vier Jahre. Nur wenn ein Weibchen seine Jungen vorzeitig verloren hat, kann es sich eher wieder paaren.

Eisbären erreichen im Durchschnitt ein Alter von 15 bis18 Jahren, können aber auch 20 bis 30 Jahre alt werden. Alles in allem ist daher ihre Reproduktionsrate relativ niedrig, was Auswirkungen auf die Gefährdung der Spezies hat (→ Kapitel Auf dünnem Eis). In der Wildnis werden Eisbären – statistisch gesehen – nicht so alt wie im Zoo oder im Zirkus, wo sie immer ausreichend Nahrung bekommen und meist gute Pflege genießen. Doch auch in der Arktis wurde bereits ein 32 Jahre alter Eisbär angetroffen. In der freien Natur verhindern jedoch in der Regel viele Faktoren ein langes, unbeschwertes Leben.

Zwar hat ein erwachsener Eisbär außer dem Menschen keine natürlichen Feinde, da er an der Spitze der Nahrungskette steht. In den Auseinandersetzungen mit Rivalen der eigenen Art kommt es jedoch manchmal zu Verletzungen, die zum Tode führen können. Eisbärenbabys sind durch Kannibalismus seitens erwachsener männlicher Eisbären oder, in selteneren Fällen, durch unterernährte Bärinnen gefährdet. Solange sie noch klein und unbeholfen sind, können sie auch zum Opfer anderer Raubtiere wie Wolf und Vielfraß werden.

In seltenen Fällen wurden Eisbären auch durch Walrosse so stark verletzt, dass sie starben.

Extreme Wetterunbilden sind Herausforderungen, die erwachsene, gesunde und wohlgenährte Tiere meist gut verkraften; entkräftete und sehr junge Tiere sterben jedoch immer wieder an Unterkühlung, oder sie ertrinken.

Eine weitere Ursache für einen verfrühten Tod ist das Verhungern. Besonders halbwüchsige Eisbären sind in dieser Hinsicht gefährdet, aber natürlich auch alte, bereits schwache. Auch Krankheiten und Parasiten führen zum frühzeitigen Tod. Eisbären sind besonders anfällig für Trichinen, die beim Fressen infizierter Robben aufgenommen werden und sich in verschiedenen Körperteilen einnisten können. Die Larven des Wurms schädigen wichtige Organe.

Die Altersbestimmung bei Eisbären

Grundlage für die Altersbestimmung bildet die Erkenntnis, dass dem Eisbärenzahn in jedem Jahr eine feine Cementum-Schicht hinzugefügt wird, ähnlich den Jahresringen eines Baumes. Bei der Untersuchung einer hauchdünnen Scheibe des Zahns unter dem Mikroskop ist es also möglich, die Lebensjahre des Eisbären abzuzählen. Besonders schmale Ringe bei weiblichen Eisbären verraten darüber hinaus das Jahr, in dem sie Junge zur Welt gebracht haben. Zur Altersbestimmung in der Wildnis ziehen die Wissenschaftler dem vorübergehend betäubten Bären einen kleinen rudimentären Backenzahn, was bei jungen Tieren in 20 Sekunden erledigt ist, bei alten Eisbären allerdings manchmal etwas mehr Mühe macht.

Die Menschen aber haben den größten Einfluss auf die Lebenserwartung der Eisbären. In den letzten Jahrhunderten war die häufigste bekannte Todesursache bei Eisbären die Jagd. Heute kommen dazu noch Umweltveränderungen, wie etwa Verschmutzungen durch Ölförderung und toxische Chemikalien in der Nahrungskette, sowie Klimaveränderungen, die Nahrungskette, Lebensweise und Habitat der Eisbären einschneidend und in noch unabsehbarem Ausmaß beeinflussen (→ Kapitel Auf dünnem Eis).

Nanooks Verhalten: praktische Erfahrungen und Ergebnisse der Forschung

Die ersten Informationen über das Verhalten der Eisbären stützten sich auf einzelne, anekdotische Beobachtungen von Entdeckungsreisenden, Walfängern und Jägern. Später konnte man aus Beobachtungen mit gefangenen Eisbären im Zoo und sogar im Zirkus zusätzliche Erkenntnisse gewinnen, die hin und wieder durch Feldbeobachtungen in der Wildnis ergänzt wurden. Solche Erkenntnisse sind aber immer nur bedingt gültig, denn Tiere in Gefangenschaft oder in der Nähe von Menschen verhalten sich oft ganz anders als in der Wildnis.

Erst in den letzten dreißig bis vierzig Jahren, im Zusammenhang mit dem *International Agreement on the Conservation of Polar Bears* von 1973, konnten in allen Arktisländern systematische Forschungen zur Biologie und zum Verhalten der Eisbären in der Wildnis durchgeführt und koordiniert werden. Dabei stützt man sich zunehmend auf das Wissen der Ureinwohner, die ja, anders als viele Wissenschaftler, die Eisbären sommers wie winters, in allen Jahreszeiten erleben und deren Wissen nicht nur aus eigener Anschauung in der Gegenwart stammt, sondern großenteils aus dem von den Vorfahren durch mündliche Überlieferung übermittelten Erfahrungsschatz.

Neben den Ergebnissen der direkten Beobachtung werden für die Forschung auch weitere, indirekte Informationsquellen ausgewertet, wie Spuren im Schnee, Überreste der Jagdbeute und die Ausscheidungen der Eisbären, sowie natürlich Ohrenmarken und mit Sendern versehene Halsbänder. Das Beobachten von Eisbären in freier Wildbahn ist und bleibt eine recht gefährliche Angelegenheit, für die die Wissenschaftler eine Vielzahl von Verfahren erprobt und weiterentwickelt haben (→ Kasten: Wie studiert man Nanook).

Eisbär und Eisbär – Nanooks Sozialverhalten

Lange Zeit galten Eisbären als absolute Einzelgänger. Sind sie das tatsächlich? Eisbären jagen zwar stets allein; man hat noch nie ein gemeinsames Agieren bei der Jagd beobachten können, wie beispielsweise bei Wölfen. Auch auf ihren Wanderungen sieht man sie in den meisten Fällen allein. Ausnahmen bilden Paare während der kurzen Brunftzeit, die selten mehr als zwei Wochen andauert. Dennoch drückt das Bild des Einzelgängers nur unsere begrenzte menschliche Sichtweise aus. Denn selbst wenn die Eisbären, die die Weiten der Arktis durchstreifen, einander nicht sehen, so können sie die Artgenossen doch riechen. Sie nehmen sich gegenseitig am Geruch wahr, sie registrieren, was andere Eisbären an Geruchsinformationen hinterlassen haben, und reagieren aufeinander, auch ohne sich zu treffen. Wie der kanadische Eisbärenforscher A. Derocher schreibt, ist ihre Welt von Gerüchen bestimmt.[25]

Und natürlich weisen die Eisbärenfamilien – d. h. eine Mutter mit ein bis drei Jungen, die sie längere Zeit begleiten – sehr enge soziale Beziehungen auf. Die Mutter ist fürsorglich und gibt den Jungen sehr viel Zuwendung durch Körperkontakt. Ist die Jagdbeute spärlich, überlässt sie den Jungen die besten Stücke. Sie sorgt für sie, unterweist sie in allen Überlebenstechniken, beschützt und verteidigt sie.

Einzelgängerische Tierarten leben in Revieren, in denen sie Artgenossen außer zur Paarungszeit nicht dulden.Das trifft für Eisbären aber kaum zu. Intensivere Beobachtungen brachten das Ergebnis, dass sowohl heranwachsende Eisbären außerhalb ihres engen Familienbundes wie auch erwachsene Tiere immer wieder in Gruppen zusammenkommen. Beispielsweise hat der russische Forscher Nikita Ovsyanikov einmal 14 Eisbären Schulter an Schulter friedlich an einem einzigen Walross fressend beobachtet, ein andermal erblickte er an einem zwei Kilometer langen Strand mit Walrosskadavern insgesamt 112 Bären, in Gruppen verteilt. Bei seinen langjährigen Beobachtungen auf der Wrangel-Insel konnte er immer wieder das Zusammentreffen kleinerer und größerer Eisbärengruppen feststellen. Solche Ansammlungen haben meistens eine ganz simple Ursache: ein reichliches Angebot an Nahrung.

Eine große Versammlung von über 20 Eisbären – zumeist Mütter mit älteren Jungen – wurde im September 2013 an der Küste der Beaufort-See beobachtet. Die Jäger der kleinen Inupiat-Gemeinde Kaktovik (250 Einwohner) hatten dort in traditioneller Weise einen Grönlandwal gejagt, an die Küste abseits des Dorfes gezogen, am Strand ausgeweidet und das Fleisch unter den Einwohnern verteilt. Zurück blieb der Kadaver mit Fleischresten. Als die Dorfbewohner den Platz verließen, kamen von allen Seiten Eisbären geschwommen, die durch den Geruch angelockt worden waren. Ähnliches hatte sich an diesem Ort bereits nach der erfolgreichen Waljagd im Jahr zuvor ereignet. Das Eis in der Beaufort-See hatte sich 2012 stärker als jemals zuvor zurückgezogen, und damals waren hier sogar 80 Eisbären gezählt worden, die sich am Walkadaver gütlich taten.

Gelegentlich werden auch Gruppen von männlichen Eisbären – bestehend aus Erwachsenen und Halbwüchsigen – beobachtet, die nicht nur gemeinschaftlich fressen, sondern auch zusammen wandern. Ist reichlich Nahrung vorhanden, geht es in solchen Ansammlungen recht friedlich zu. Aber natürlich gibt es eine gewisse Rangordnung. Es ist klar, dass große und starke Eisbären, die sehr dominant auftreten – zumeist männliche Tiere – kleinere und schwächere Tiere leicht in die Flucht schlagen können. Die weiblichen sowie die jüngeren und schwächeren männlichen Eisbären halten daher zunächst Abstand und können sehr gedul-

dig warten, bis das dominante Tier genug gefressen und sich verzogen hat, um sich dann über die Reste herzumachen. Umgekehrt wurde oft beobachtet, dass ein schwächerer und unterlegener Eisbär seine selbst erjagte Beute ohne weiteres einem starken, aggressiv auftretenden männlichen Tier überlässt und flüchtet.

Um so verblüffter waren die Verhaltensforscher, als sie erleben konnten, dass es auch anders zugehen kann: Schwächere Eisbären „fragten" die dominanten gewissermaßen um Erlaubnis. Und hier kommt Körpersprache ins Spiel: unterwürfige Gesten, solcher Art, dass sich der unterlegene Bär geduckt annähert, langsam einen Halbkreis um das dominante Tier zieht. Ein Versuch, in die Jagdbeute zu beißen, kann vom dominanten Tier toleriert werden – oder auch nicht. Ovsyanikov beobachtete Fälle, in denen der dominante Bär sich auf die „Anfrage" hin zwischen die Beute und das „anfragende" Tier stellte – zwar eine Zurückweisung, aber ohne Aggressivität. Fortgesetztes unterwürfiges Betteln – den Leib und den Kopf dicht am Boden beim nächsten Versuch, einen Biss in die Beute zu tun – führte dann schließlich zur

Duldung. In anderen Fällen wurde der Eisbär mit seiner Beute langsam umkreist, und der „anfragende" Eisbär suchte schließlich direkten Körperkontakt zu dem „Eigentümer" der Beute und stupste ihn mit der Nase an, um seine friedliche Absicht zu demonstrieren. Die „Höflichkeit" seines Vorgehens wurde mit Großzügigkeit belohnt – er durfte nun mitfressen.

Ganz anders ist es zu bewerten, wenn ein Eisbär bei der Annäherung an einen Artgenossen die Zähne zeigt. Eine solche Situation kann man beispielsweise beobachten, wenn mehrere Tiere gleichzeitig an einem Kadaver fressen wollen und eine Eisbärenmutter ihr Junges vor einem der sich nähernden größeren Tier schützen will, oder wenn ein geduldeter „Bettler" zu frech wird. Ein kurzer Ausfall mit offenem Maul, meist begleitet von einem kurzen Fauchen, drückt die Bereitschaft zum Angriff aus und soll das andere Tier in die Schranken weisen oder zum Rückzug bewegen.

Die Eisbären reagieren also deutlich auf die Geräusche, die Gesten und den „Gesichtsausdruck" ihrer Artgenossen. Ein Eisbär spürt, wenn ein anderes Tier Furcht hat, und trumpft dann auf; durch ein dominantes Tier lässt er sich aber auch einschüchtern. Offen aggressives Verhalten kann häufiger bei männlichen Tieren beobachtet werden, wenn sie sich durch Bettler und Futterdiebe, meist des gleichen Geschlechts, belästigt fühlen, und natürlich während der Paarungszeit, wenn ernsthafte Kämpfe ausgetragen werden, die oft zu schweren, manchmal tödlichen Verletzungen führen können.

Hingegen werden unter heranwachsenden männlichen Eisbären des öfteren spielerische Kämpfe ausgetragen, die als eine Art Fitness-Übung und Kräftemessen betrachtet werden können. Bereits im Babyalter beginnen die Eisbärenjungen, sich gegenseitig zu jagen, zu packen und zu schubsen. Jugendliche Eisbären, die sich bereits von der Mutter getrennt haben, erproben ihre Kräfte ernsthafter. Nach einem Annäherungsritual, bei dem sich die Tiere mit eher defensiv erscheinenden Gesten aufeinander zu bewegen und sanft mit der Schnauze berühren, wird das Kräfteverhältnis erprobt; oft stellen sie sich dazu auf die Hinterbeine und versuchen, einander mit den Vordertatzen wegzuschieben. Bei dieser Gelegenheit wird geklärt, wer das kräftigere oder dominantere Tier ist, und somit wird zumindest vorübergehend bereits eine Rangordnung definiert. Solche spielerischen Kabbeleien sind mitunter auch generationenübergreifend.

Langjährige Beobachtungen des Sozialverhaltens haben deutlich gemacht, dass die erwachsenen männlichen Tiere an der Spitze der Hierarchie stehen. Je kräftiger der Bär, desto ausgeprägter seine Dominanz. Doch auch wenn ein Eisbär sich sehr entschlossen und ohne Zögern nähert, kann er Eindruck machen; dafür muss er nicht zwangsläufig größer sein. Eisbären sind nicht nur kampfstarke Tiere, sondern auch intelligent – sie wissen, dass sie einander verletzen können, und versuchen, solche Konfrontationen zu vermeiden.

Eisbärenmütter sind generell sehr besorgt um das Wohlergehen ihrer Jungen und werden beim Auftauchen von Artgenossen schnell nervös, insbesondere wenn diese sehr dominant auftreten. Trotz gelegentlicher aggressiver Gesten verhalten diese Weibchen sich in der Regel sehr defensiv; im Zweifelsfalle neigen sie stets zum schnellen Rückzug, denn sie wollen keinerlei Risiken eingehen. Ovsyanikov konnte sogar beobachten, dass die vermeintlichen Einzelgänger in Stresssituationen miteinander kooperieren: Als er an einem Strand in einem Geländefahrzeug saß, um Eisbären beim Fressen an Walrosskadavern zu beobachten, war eine Gruppe von drei halbwüchsigen Bären auf dem Weg zum Strand. In der Nähe tauchte eine junge Eisbärenmutter mit ihrem Kleinen auf, die ebenfalls zum Fressen wollte. Das Fahrzeug machte sie offenbar nervös, und sie hielt zunächst an und wich zurück. Um an die Nahrung zu kommen, musste sie jedoch daran vorbei; also fasste sie Mut und nahm eine Angriffshaltung mit gesenktem Kopf an. Während sie sich nun in dieser Haltung auf das Fahrzeug zu bewegte, passierte sie die drei jugendlichen Bären. Diese schlossen sich ihr umgehend an, und in gemeinsamer Front, Schulter an Schulter, gefolgt von dem Kleinen, kamen sie zum Fahrzeug, fauchten und schnaubten. Nach dieser Gemeinschaftsaktion – und nachdem sie begriffen hatten, dass vom Fahrzeug keine Gefahr ausging – liefen sie gemeinsam zum Strand, wo sie sich trennten, um zu fressen.

Wie studiert man Nanook?
Aus der Eisbärenforschung

Wie man sich leicht vorstellen kann, sind Eisbärenbeobachtungen in der Wildnis eine schwierige Angelegenheit. Selbst in Gegenden, wo Eisbären häufiger vorkommen, sind sie über weite Flächen verteilt. Üblicherweise müssen sie aus der Luft – mit Hilfe eines Helikopters oder Kleinflugzeuges – aufgespürt und verfolgt werden. Wetterunbilden wie Kälte, Wind und Nebel sorgen oft dafür, dass es tagelang unmöglich ist, zu fliegen. Außerdem ist es in der unbesiedelten Arktis schwierig, einen Helikopter bei Bedarf aufzutanken; es müssen zunächst Kraftstoffdepots angelegt werden. Die Forschung ist extrem kosten- und zeitaufwendig. Wer einen kurzen Feldforschungsaufenthalt in einem bestimmten Zeitraum plant, muss damit rechnen, dass widrige Umstände den Plan außer Kraft setzen; Geduld und Flexibilität sind grundlegende Eigenschaften, die ein Eisbärenforscher besitzen sollte. Selbst mit modernster technischer Ausrüstung bezüglich Bekleidung, Kommunikations-, Transport- und Gerätetechnik sind die Forscher weit weniger gut für arktische Bedingungen ausgerüstet als ihre Studienobjekte.

Knopf im Ohr: Unter anderem mit Markierungen erhält man Aufschluss über das Verhalten der Eisbären

Die Beobachtung aus der Luft oder von Schneemobilen aus ergibt nur wenig brauchbare Informationen über Verhaltensmuster von Eisbären, denn was man hier beobachten kann, ist im wesentlichen die Flucht der Tiere. Wie kann man aber erfahren, was die Eisbären treiben, wenn sie nicht gerade davonlaufen, sondern ungestört sind?

Aufschlüsse über bestimmte Aspekte der Lebensweise kann man aus der Auswertung von Markierungen, wie zum Beispiel Ohrmarken, gewinnen. Doch für den Forscher ist das Rendezvous mit dem Bären generell gefährlich, ganz einfach weil der sehr groß ist, scharfe Krallen und große Zähne hat und sehr viel kräftiger ist als jeder Mensch.

Um die Sicherheit des Forschers und das Überleben des Tiers zu gewährleisten, legt man in Kanada und auch anderswo Ohrmarken und Senderhalsbänder generell nur an, nachdem der Eisbär mit einer Betäubungsspritze ruhiggestellt wurde. Der Forscher überzeugt sich dann erst einmal, dass das Tier tatsächlich außer Gefecht gesetzt ist, bequem liegt und atmen kann. Nun kann er es vermessen und den Zahn für die Altersbestimmung ziehen. Es ist auch möglich, Blut- und Haarproben als Ausgangsmaterial für zusätzliche DNA-, Ernährungs- oder Schadstoffbelastungsstudien zu entnehmen.

Dann werden an beiden Ohren Marken mit einer Identifikationsnummer befestigt, die außerdem auf die Innenseite der Oberlippe tätowiert wird. Man verwendet heute nur noch Ohrmarken aus weißem Kunststoff, da man die Erfahrung machen musste, dass Eisbären auf farbigen Marken am Ohr eines anderen Tieres reagierten und versuchten, sie abzustreifen oder abzureißen.

Weiblichen Tieren kann ein Senderhalsband angelegt werden, bei männlichen Tieren ist das nicht möglich, denn ihr Hals ist dicker als der Kopf. Man verwendet Senderhalsbänder aus einem flexiblen, kältebeständigen Kunststoff, die mit einem GPS-System ausgestattet sind. Die Sender haben eine Lebensdauer von ca. 14 Monaten. Das Halsband wird so locker angelegt, dass eine Eisbärin es entfernen kann, wenn sie sich dadurch beeinträchtigt fühlt. Im Idealfall toleriert sie es, sodass es im Folgejahr vom Forscher ausgetauscht werden kann. Die Halsbänder haben überdies einen automatischen Öffnungsmechanismus, der über einen Timer gesteuert wird und dafür sorgt, dass sie nach Ende der Batterielaufzeit abfallen, falls der Eisbär nicht wieder eingefangen werden sollte. Wenn dieser Mechanismus versagt, sorgen die zum Befestigen verwendeten Metallschrauben dafür, dass das Halsband nach einer gewissen Zeit abfällt, weil die Schrauben unter dem Einfluss des Meerwassers korrodieren. Die Auswertung der Signale erlaubt Schlussfolgerungen über Streifgebiete und zurückgelegte Entfernungen wie auch über das Jagdverhalten und die Dauer des Aufenthaltes auf dem Land, in der Geburtshöhle und auf dem Eis. Derzeit werden kleinere Satellitenmarken getestet, die am Ohr befestigt werden. Sie liefern zwar weniger Daten, gestatten dafür aber, auch die Wege männlicher Bären nachzuverfolgen.

Die direkte Verfolgung von Bärenspuren ist eine weitere Methode, die Aufschluss über das Verhalten eines Bären gibt. Die Spur kann berichten, wo er geruht, gejagt, die Jungen gesäugt oder mit Artgenossen zusammengetroffen ist. Manchmal ist das allerdings nicht ganz einfach, denn auf dem Eis wird der Abdruck im Schnee häufig vom Winde verweht und geht damit leicht verloren.

Weil in den letzten Jahren die digitale Kameratechnik weiterentwickelt und billiger wurde, ist es heute möglich, Netzwerke von ferngesteuerten Kameras an bestimmten Orten mit hoher

„Eisbär-Wahrscheinlichkeit" zu installieren und ihre Aufzeichnungen auszuwerten – ein großer Vorteil, denn so bekommt man das Verhalten völlig ungestörter Tiere zu sehen. In manchen Fällen fielen solche Kameras allerdings der sprichwörtlichen Neugier der Eisbären zum Opfer. Ein Beispiel für die Anwendung solcher Kameratechniken zeigt der BBC-Film „Polar bear: Spy on the Ice" (auch im Internet [25]).

Die interessantesten Ergebnisse liefert jedoch noch immer die direkte Beobachtung von Eisbären in ihrem natürlichen Umfeld. Damit das nicht nur auf anekdotische Episoden beschränkt bleibt, sondern wissenschaftliche Aussagekraft gewinnt, sind Langzeitbeobachtungen notwendig. Dafür begeben sich Eisbärenforscher für Wochen und Monate in die Einsamkeit der Arktis und leben dort meist sehr spartanisch in einem Basislager. In der kanadischen Arktis wurden dafür an geeigneten Stellen auf Felsklippen nahe an der Eismeerküste einfache Holzhütten errichtet; auf dem Meereis muss man mit Zelten vorlieb nehmen. An günstigen Stellen werden zusätzliche Verstecke als Beobachtungsposten errichtet, indem man beispielsweise eine Mauer aus Schneequadern baut. Hier harren die Forscher

Bärenspur

meist stundenlang in der Kälte aus und beobachten die Aktivitäten der Eisbären mit dem Fernglas. Sie müssen dabei sehr viel Geduld und Ausdauer aufbringen.

Bahnbrechende Erkenntnisse, sowohl über Sozialverhalten, Befindlichkeiten und Handlungen von Eisbären, wie auch über ihre Reaktion auf Menschen und ihr Tun konnte der russische Wissenschaftler Nikita Ovsyanikov zu verschiedenen Jahreszeiten in abgelegenen Gebieten auf den Inseln Wrangel und Herald gewinnen. Er hat in 20 Jahren über 2000 direkte Begegnungen und auch gelegentliche Auseinandersetzungen mit Eisbären erlebt – die nicht etwa zuvor betäubt wurden, sondern sehr agil waren – und sowohl er als auch die beteiligten Eisbären haben diese Zusammentreffen unbeschadet überstanden!

Eisbären und Menschen – Forschungsergebnisse und praktische Erfahrungen

Beim Studium des Verhaltens von Eisbären haben Forscher erfahren müssen, dass man diese Tiere keineswegs über einen Kamm scheren kann. Die Verhaltensweisen der einzelnen Individuen variieren stark in Abhängigkeit von Geschlecht und Alter, von ihren Erfahrungen und von den momentanen Umweltbedingungen. Ovsyanikov, der junge Eisbärenmütter in der Nähe ihrer Geburtshöhlen über mehrere Tage und Wochen fast rund um die Uhr aus nächster Nähe beobachtet hat, fand schnell heraus, dass die Mütter völlig unterschiedliche Charaktereigenschaften zeigten. Einige waren vorsichtig, andere hingegen recht unternehmungslustig. Eine Bärin war extrem scheu, eine andere trat ausgesprochen forsch auf; zwischen Aggressivität und Ängstlichkeit lag ein ganzes Spektrum individueller Reaktionen.

Dennoch lässt sich manches verallgemeinern, zum Beispiel, dass die meisten Eisbären extrem neugierig sind. Wenn sie einen Gegenstand wahrnehmen, der üblicherweise nicht zum Inventar der Arktis gehört – sei es ein Rucksack, eine Wetterjacke, eine Kamera oder ein Messgerät – kommen sie dicht heran, beschnüffeln ihn und untersuchen ihn sehr eingehend, wobei das Objekt der Neugier mit großer Wahrscheinlichkeit beschädigt oder gar zerstört wird. Ähnlich gehen die Eisbären auch mit Fahrzeugen, mit Holzhütten der Forscher oder Jagdhütten der Inuit um. Sind Fenster und Türen nicht gesichert, wird

Neugieriger Eisbär an der Aussichtsplattform eines Tundra Buggy

der neugierige Eisbär zum Einbrecher; das geht kaum ohne größere Schäden ab, und manchmal wird all das, was sich im Inneren der Hütte befindet, völlig verwüstet und zerlegt; an Kraft mangelt es den Tieren nicht. Auch Zelte, Boote und selbst Helikopter bleiben nicht verschont vor dieser aktiven Neugier.

Die meisten Eisbären haben zudem zunächst keine Furcht, da sie in der Natur keine überlegenen Feinde kennen. Wenn sie noch nie zuvor Kontakt mit Menschen hatten, lassen sie sich auch durch Warnschüsse nicht gleich erschüttern. Ein lauter Knall und donnernder Widerhall sind Geräusche, die sie aus der Natur kennen. Bricht ein Stück von einem Eisberg ab, kann das ganz ähnlich klingen.

Bestimmte Geräusche allerdings nerven die Eisbären offensichtlich und können sie dazu bringen, das Weite zu suchen. Wir kennen Berichte von Arktisforschern, die mangels Waffen und anderer geeigneter Gegenstände Töpfe und Pfannen aneinander schlugen, um einen ins Camp eindringenden Eisbären auf Distanz zu halten – und das hatte Erfolg. Die Forscher mussten das vielfach wiederholen, bevor sie erst 36 Stunden später evakuiert werden konnten. Derartige Methoden der Lärmerzeugung können wirksam sein, jedoch kann man sich nicht darauf verlassen – denn selbst, wenn sich vielleicht zehn Eisbären damit erfolgreich vertreiben ließen, kann es doch beim elften völlig anders ausgehen.

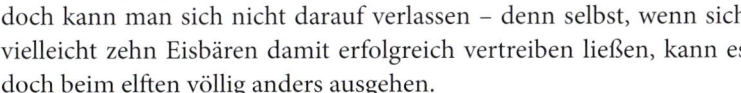
Schlittenhund

Manche Geräusche wiederum können Eisbären zu aggressiven Handlungen treiben; so soll zum Beispiel das Bellen eines Hundes die Angriffslust des Eisbären reizen. Auch schrille Hilfeschreie von Menschen könnten ähnliche Effekte haben.

Seit Jahrhunderten waren Hunde bei den Inuit wie auch bei Forschungsreisenden in der Konfrontation mit Eisbären potentielle Lebensretter: Weil sie erstens rechtzeitig durch Gebell vor dem Eisbären warnten und zweitens die Aufmerksamkeit und den Angriff des Eisbären auf sich zogen, so dass die Menschen genug Zeit fanden, sich in Sicherheit zu bringen – oder den Eisbären zu erschießen. Normalerweise zieht ein Hund in der Auseinandersetzung mit Eisbären stets den Kürzeren und büßt sein Leben ein.

Allerdings hat es der umstrittene Lebenskünstler und Schlittenhunde-Züchter Brian Ladoon, der seit den neunziger Jahren einsam abseits von Churchill (Manitoba) an der Hudson Bay lebt, durch jahrelange Gewöhnung und (illegales) Anfüttern von Eisbären fertiggebracht, dass seine Hunde gelegentlich mit Eisbären spielen, oder umgekehrt; Videos davon zirkulieren in den sozialen Medien, und man hört, dass er von Touristen auch Eintrittsgeld fürs Zuschauen nimmt; doch haben bereits einige seiner Hunde diesen „Spaß" mit dem Leben bezahlen müssen.

Mit heruntergelassener Hose in der Tundra – Erlebnisbericht von Shoshanah Jacobs

Es ist wohl jedem klar, dass man bei der Arbeit in einem Forschungscamp in Kanadas Arktis extrem aufmerksam gegenüber den rundherum lauernden Gefahren sein muss; wir sind bestens geschult und vorbereitet dafür. Beispielsweise sind hungrige, kranke oder sehr junge Eisbären gefährlich, und es müssen Maßnahmen ergriffen werden, um Begegnungen mit ihnen zu vermeiden. Deswegen ist der Zugang zu unserer „Küche" getrennt von den Schlafquartieren, die Lebensmittel sind sorgfältig verpackt und gelagert, die Türen werden nachts verbarrikadiert, und zu unserer Ausrüstung gehören Gewehre.

Unser Örtchen haben wir etwa 300 Meter vom Camp entfernt genau über einer Felsspalte aufgebaut. Es besteht aus einer Kiste aus Spanplatten, in die eine Sitzbank mit einem Loch im passenden Durchmesser eingebaut wurde. Das benutzte Toilettenpapier steckt man in eine alte Suppendose, die Löcher im Boden hat, und in Reichweite des Sitzes befindet sich ein Feuerzeug, mit dem das Papier mit allem, was inzwischen dran ist, verbrannt werden kann.

Die Regel ist die: Wenn du aufs Örtchen gehst, nimmst du die Rolle Toilettenpapier und das Gewehr mit. An der fehlenden Rolle erkennen die anderen, dass das Örtchen besetzt ist, und das fehlende Gewehr zeigt, dass der Nutzer des Örtchens auch an seine Sicherheit gedacht hat.

So wanderte ich, als ich eines Morgens nach meinem Kaffee aufs Örtchen musste, über die Tundra zu der Felsspalte mit der Spanplattenkiste. Wenn man dort ankommt, sind noch ein paar weitere Regeln zu befolgen. Zum Beispiel muss außer dem Toilettenpapier auch noch das Gewehr mit in die Kiste hinein. Es kommt nicht in Frage, eines von beiden draußen liegen zu lassen. – Alles lief wie üblich; es war nicht sehr windig, und trotzdem waren kaum Mokitos da.

Als ich fertig war, stand ich auf, um mir die Hose hochzuziehen. Da die Kiste wirklich sehr eng ist, musste ich dabei den Kopf aus dem Fenster stecken – und da sah ich vor mir, vielleicht in zehn Metern Entfernung auf dem Hügel: eine riesige Eisbärin. Sie sah sehr grimmig aus. Sie schaute mich einen Moment an, dann schloss sie die Augen, richtete ihre Nase in Richtung der Sonne, atmete tief ein und langsam wieder aus. Genau wie ich es gerade getan hatte. Sie stand mit ihren Tatzen fest auf dem Felsen und wiegte ihren Körper ganz leicht nach vorn und wieder zurück und hielt den langen Hals und den Kopf dabei in den Wind, als wollte sie die Morgennachrichten erschnuppern. Sie wusste, dass ich da war, aber es schien sie nicht zu kümmern. Und ich gebe zu, dass ich recht zufrieden darüber war, dass sie den Duft meines gerade verrichteten Geschäfts nicht wahrzunehmen schien, obgleich ich mich in Windrichtung befand. Mein nächster Gedanke war: Hosen hoch oder weglaufen?

Doch dann sah ich ein, dass es wahrscheinlich keine gute Idee war, mit heruntergelassener Hose wegzulaufen. Ich würde sagen, ich hätte mir vor Angst fast in die Hosen gemacht –

wenn ich das Geschäft nicht gerade erledigt hätte. Ganz, ganz langsam zog ich die Hose hoch, knöpfte sie zu und langte nach dem Gewehr. Doch dann wurde mir sehr schnell bewusst, dass wir eine Sache nicht geplant hatten: Es war nämlich unmöglich, das Gewehr im Inneren des Örtchens zu laden; es war einfach zu eng da drin.

Also musste ich heraus aus meiner hölzernen Befestigungsanlage, zu der Bärin, die immer noch dabei war, die Situation einzuschätzen. Sofort gewann ich ihre volle Aufmerksamkeit.

Ich kann mich nicht mehr erinnern, wie ich das Gewehr geladen habe, aber ich weiß noch genau, was danach passierte. Anstatt das Gewehr neben meiner Hüfte zu halten, war ich dermaßen auf die Bärin fokussiert, dass ich gar nicht mitbekam, dass sich der Kolben des Gewehres genau auf der Höhe meines Blinddarms befand. Ich schoss in die Luft, und der Rückstoß, für den diese Gewehre bekannt sind, traf meinen Körper derart, dass ich mich krümmte und regelrecht zusammenfalten musste. Peinlich berührt schaute ich auf, in der Hoffnung, dass sie die Augen immer noch geschlossen hielt, aber ich war sicher, dass sie zur Zeugin dieser perfekten Slapstick-Szene wurde, wie man sie sonst nur in alten Schwarz-Weiß-Filmen zu sehen bekommt.

Kommt er oder kommt er nicht?

Als ich mich wieder erholt hatte, hoffte ich, dass nun etwas Dramatisches passieren würde – irgendetwas Aufregendes, dass zum Grad meiner Tapferkeit passen würde (oder zumindest der Tapferkeit, die ich hoffentlich zeigte) – aber nein: Laute Geräusche machen keinerlei Eindruck auf ein Tier, das regelmäßig auf krachendem und knarrenden Eis unterwegs ist. Sie drehte einfach ihren Kopf weg, und ganz, ganz langsam wanderte sie in entgegengesetzter Richtung davon.

Das war die Geschichte, wie es mich mit heruntergelassener Hose erwischt hat.

Dr. Shoshanah Jacobs ist Assistant Professor für Biologie an der University of Guelph in Kanada.

Gefahren durch Eisbären

Begegnungen mit einem großen Raubtier können immer gefährlich für Menschen sein. Das Aufeinandertreffen mit Schwarzbären geht in Kanada in den meisten Fällen glimpflich aus, die wenigsten haben ein Interesse daran, Menschen anzugreifen, die meisten laufen einfach davon. Bei Grizzlybären ist das etwas anders; sie greifen häufiger an und fügen den Menschen Verletzungen zu, doch Todesfälle sind selten. Findet aber ein Angriff von Eisbären auf Menschen statt, endet er in den meisten Fällen tödlich: entweder für den Menschen oder, viel häufiger, für den Eisbären.

Die meisten Menschen, die in der Arktis leben oder zeitweise dorthin kommen, haben Angst vor der möglichen Konfrontation mit Nanook – Angst um ihr Leben, zu Recht. Die Inuit wissen, dass er ein fleischfressendes Raubtier ist, und sie ziehen es natürlich vor, ihn zu essen, anstatt von ihm gefressen zu werden. Zu oft wird allerdings die Neugier der Eisbären als Angriffslust missverstanden.

Die größte Gefahr geht von solchen Eisbären aus, die Menschen als mögliche Beute wahrnehmen. Besonders heranwachsende, noch sehr unerfahrene Tiere, die wenig Erfolg bei der Robbenjagd haben, tendieren dazu, Menschen nachzustellen. Zu fatalen Angriffen kommt es meistens, wenn die Betroffenen gerade nicht damit rechnen: Forscher oder Jäger, die auf dem Meereis unterwegs und auf ihre Tätigkeit fokussiert sind, bemerken manchmal einfach nicht, dass sich ein Eisbär von hinten anschleicht. Hier sind stets höchste Aufmerksamkeit und Vorsicht erforderlich; Sorglosigkeit kann sich schnell rächen.

Die meisten dieser Angriffe passieren nachts. Nicht wenige der Opfer sind vom Eisbären aus dem Schlafsack gezogen worden. Ob der Anblick des Schläfers im Mumienschlafsack mit dem exponierten Kopf an eine Robbe erinnert? – Eine Zeltplane stellt für das Tier natürlich keinerlei Hindernis dar; zu empfehlen ist deshalb zumindest ein spezieller Elektrozaun um das Camp, noch besser ist ein Wachhund. Positive Erfahrungen konnten mit dem Einsatz von Pfefferspray gemacht werden, gegen das die Eisbären noch empfindlicher sind als ihre Verwandten, die Braun- und Schwarzbären (→ Kasten: Zwischenfall in den Torngat Mountains).

Ein Eisbär kann aber auch aggressiv reagieren und angreifen, ohne dass er hungrig ist; das geschieht beispielsweise, wenn er überrascht wird und erschrickt. Eine aggressive Reaktion kann auch dadurch

Kontaktaufnahme zwischen Mensch und Eisbär

hervorgerufen werden, dass er – oder sie – direkt provoziert wird. Eine Eisbärenmutter mit Jungen wird auf jede Bedrohung ihrer Kleinen reagieren. Auch wenn sie die Konfrontation meist durch Flucht beendet, kann es durchaus vorkommen, dass sie angreift, um ihren Nachwuchs zu verteidigen.

Tödliche Attacken

Im Sommer 2011 drang ein Eisbär in ein Zeltlager jugendlicher Naturschützer auf Spitzbergen ein. Der Bär tötete einen Schüler, und vier weitere Menschen erlitten schwere Kopfverletzungen, bevor es gelang, das Tier zu erschießen.

Ebenfalls 2011 hat ein Eisbär einen Mann in Kap Schmidt (im fernen Osten Russlands, auf Tschukotka) auf dem Weg zur Arbeit angefallen und getötet. Im September des gleichen Jahres wurde ein russischer Meteorologe, der auf einer Wetterstation auf Franz-Josef-Land tätig war, beim abendlichen Ablesen der Messgeräte angegriffen und starb.

Dennoch ist die Zahl der von Eisbären getöteten Menschen verhältnismäßig klein. Das hängt natürlich auch mit der verhältnismäßig geringen Anzahl von Menschen zusammen, die in der Arktis leben – und auch damit, dass zumindest in Kanada und Alaska für diese Menschen Schusswaffen verfügbar sind.

Der letzte Todesfall in Kanada ereignete sich 1999: Einige Inuit-Familien kampierten am Corbett Inlet an der Hudson Bay, fünfzig Kilometer südlich von der Siedlung Rankin Inlet (Nunavut), um zu fischen und zu jagen. Als ein Mann mit seinem Enkelkind aus dem Zelt kam, um sich um ein abgetriebenes Boot zu kümmern, wurden die beiden von einem Eisbären angegriffen und verletzt. Hattie Amignak, eine Inuit-Frau aus Baker Lake, versuchte den Bären abzulenken, indem sie ihn mit Steinen bewarf; daraufhin wurde sie von ihm attackiert und getötet. Der Eisbär wurde einige Zeit später von den Behörden in drei Kilometern Entfernung aufgespürt und erschossen; danach stellte man fest, dass er noch nicht einmal ausgewachsen war. Aus den drei

Zwischenfall in den Torngat Mountains

Im Juli 2013 war eine Gruppe von acht Touristen auf einer mehrtägigen Wanderung in einem abgelegenen Teil des Torngat Mountain National Parks in Labrador unterwegs. In den ersten drei Tagen hatten sie bereits mehrfach Eisbären gesichtet, die sich aber stets in respektvoller Entfernung gehalten hatten. Nicht so in der dritten Nacht, als die Wanderer in ihren Zelten von einem Schrei erwachten. Ein Eisbär hatte einen Mann in den Kopf gebissen und war gerade dabei, ihn aus seinem Zelt zu ziehen. Als seine Gefährten Leuchtmunition abfeuerten, ließ der Bär los und flüchtete. Über Funk wurde vom Base Camp Hilfe angefordert, und nach einigen Stunden kam der Hubschrauber und transportierte den an Kopf und Hals schwer verletzten Mann ab. Nach Stunden angespannter Wartezeit wurde auch der Rest der Gruppe ausgeflogen. Der Schwerverletzte überlebte, musste aber viele Wochen in einem Krankenhaus in Montreal verbringen und hatte noch Monate später mit den Folgen seiner Verletzungen zu kämpfen. Später äußerte er: „Es wäre schlimm, wenn der Eisbär getötet worden wäre, nur weil ich dort war. Das Leben ist voller Risiken, und unbewaffnet in den Torngats zu wandern, war ein Risiko, das ich eingehen wollte. Dieses Spiel hätte ich fast verloren." Warum der Elektrozaun, den die Wanderer um das kleine Camp errichtet hatten, den Angriff des Eisbären nicht abhielt, konnte nicht geklärt werden. Die Gruppe hatte auf das Angebot, einen bewaffneten „Inuit Bear Guard" mitzunehmen, verzichtet. Als sie später dazu befragt wurden, meinten mehrere der Wanderer, die Gefahr sei ihnen nicht bewusst gewesen.

vorangegangenen Jahrzehnten sind in Kanada lediglich drei Eisbär-Attacken bekannt, die zum Tod der Angegriffenen führten: 1983 in Churchill (Manitoba), 1975 in Inuvik (Northwest Territories) und 1968 ebenfalls in Churchill. In Alaska wurde in den letzten vierzig Jahren nur ein einziger Todesfall durch einen Eisbärenangriff – im Dezember 1990 – verzeichnet, wohingegen sich in demselben Zeitraum vier tödliche Eisbär-Attacken in amerikanischen Zoos ereigneten.

Ist der Eisbär ein furchterregender Menschenverfolger oder nur ein verletzliches Tier?

Außer den aufgeführten Todesfällen gibt es immer wieder Angriffe, die „nur" mit schweren oder im besseren Fall auch leichteren Verletzungen enden – oder sogar ganz abgewendet werden können. Früher hat man ohne zu Zögern den Eisbären erschossen, um sich eines Angriffs zu erwehren; die Frage nach dem Wohl des Tieres stellte man sich gar nicht. Das ist heute – seit dem *International Agreement on the Conservation of Polar Bears* von 1973 – etwas anders.

In den Camps der Forscher, die in Eisbärenregionen unterwegs sind, verwendet man zur Abschreckung von sich nähernden Eisbären zunächst Leuchtgeschosse und Platzpatronen; erst wenn das Tier sich davon nicht in die Flucht schlagen lässt und wenn tatsächlich Gefahr für Menschenleben besteht, darf mit scharfer Munition auf sie geschossen werden.

Biologen, die Eisbärenforschung betreiben, haben es zumeist einfacher, wenn sie Betäubungsspritzen zur Hand haben. Viel zu oft aber läuft der Zusammenstoß in ähnlicher Weise ab, wie es der kanadische Biologe Stephen Smith beschreibt, der 1994 im Südosten von Ellesmere Island eine Kolonie von Dreizehenmöwen und Dickschnabellummen erforschte. Smith wurde im Schlaf von einem Eisbären überrascht, der ins Zelt eindrang; er griff instinktiv nach dem Gewehr und drückte ab. Plötzlich war er hellwach – und der Bär tot. Alle seine Freunde sagten: „Du hattest keine andere Wahl", doch für Smith blieb es ein traumatisches Ereignis – er fragte sich immer wieder, welche Alternativen es gegeben hätte. Zwölf Jahre später befand er sich zum Studium von Seevögeln auf Baffin Island und war gerade dabei, einen Elektrozaun um sein Camp zu installieren, als ein ausgewachsener, mächtiger Eisbär auf ihn zukam. Instinktiv riss Smith seine Arme

Mit einer spitzen Stange bewaffnet ist man verhältnismäßig sicher vor einem Eisbärenangriff, vorausgesetzt, man tritt souverän auf

Ein Eisbär bedroht ein Wissenschaftler-Camp auf der Kotelny-Insel

nach oben und schrie den Bären an: „RRAAAHH!" Das Tier erschrak sichtbar und zuckte zurück. Nun wich Smith selbst langsam ein paar Schritte zurück, um sich in Sicherheit zu bringen, aber der Eisbär folgte ihm langsam nach, Schritt für Schritt – bis es knallte und das Tier blutend zusammenbrach: Smith's Kollegen hatten ihn erschossen.

Obgleich Smith den Kollegen dankbar war, dass sie sein Leben gerettet hatten, beschäftigte ihn die schreckhafte Reaktion des Eisbären noch lange; doch erst, als er später mit Nikita Ovsyanikov (→ Kasten Angewandte Verhaltensforschung ...) zusammentraf und sich mit ihm austauschte, wurde ihm klar: Eisbären sind zwar fleischfressende, furchteinflößende Raubtiere, doch sie sind auch bedächtig und vorsichtig, und sie vermeiden riskante Auseinandersetzungen, denn werden sie verletzt, kann das bedeuten, dass sie nicht mehr jagen können und sterben müssen. Daher ist es möglich, einem Eisbären durch bestimmtes Auftreten Überlegenheit zu signalisieren und ihn einzuschüchtern. Heute hätte Smith wahrscheinlich keine Angst mehr vor einer erneuten Begegnung mit Eisbären.[27]

223

Angewandte Verhaltensforschung – Ovsyanikovs erfolgreiches Experiment mit der Dominanz

Als Nikita Ovsyanikov 1990 auf der Wrangel-Insel ein Programm zur Beobachtung von Eisbären startete, bezog er mit einem Kollegen nahe einem häufig von den Tieren besuchten Strand eine Hütte, die Jahre zuvor für Forschungszwecke errichtet worden war. Nachdem sie die Fensterläden geöffnet hatten, um Licht in der Behausung zu haben, mussten sie bald feststellen, dass das ein Fehler war. Ein neugieriger Eisbär hatte die Besucher bemerkt, kam zur Hütte gelaufen und untersuchte nun eingehend Fenster für Fenster. Sie mussten befürchten, dass er die Scheiben eindrückte, und beschlossen, die Fensterläden wieder zu schließen; dafür mussten sie aber die Hütte verlassen. Glücklicherweise erschrak der Eisbär, als die beiden herauskamen, und trollte sich, so dass sie die Fenster sichern konnten; doch mussten sie bei der Gelegenheit feststellen, dass sich mehrere Eisbären in der Nähe der Hütte aufhielten. Auch am nächsten Morgen hatte sich das nicht geändert.

Ovsyanikov stellte fest, dass er nur zwei Alternativen hatte: ständig in der Hütte zu bleiben und damit von seinen Studienobjekten getrennt zu sein, oder einen Weg zu finden, ihnen unbehelligt näher zu kommen.

Er hatte beobachtet, dass die Eisbären einander respektieren und sich entsprechend der Rangordnung auch Platz gewähren. Und er hatte gesehen, wie die Eisbären respektvoll den Walrossen mit ihren spitzen Stoßzähnen ausgewichen waren. Im Vertrauen darauf, dass auch Eisbären nicht verrückt sind, sondern einen Selbsterhaltungsinstinkt haben, dass auch sie unsicher sind, sich erschrecken können, dass sie vorsichtig sind und spitzen Gegenständen ausweichen, machte er sich Gedanken und beschloss, ihnen als ein großes, überlegenes Tier gegenüberzutreten. Er versuchte Entschlossenheit zu zeigen und signalisierte durch entschiedenes Vorgehen seine Dominanz und Überlegenheit, genau so wie er es zuvor bei dominanten Eisbären beobachtet hatte – und sein Plan ging auf. Ovsyanikov testete sein Vorgehen viele Male sehr erfolgreich, und ihm kam zugute, dass die Eisbären ein gutes Gedächtnis hatten und schon nach kurzer Zeit seine entschiedene Gestik erkannten. Auch der menschliche Geruch schreckte sie bald ab. Wenn das aber nicht ausreichte, benutzte er eine lange Stange oder einen spitzen Stock, den er zunächst niedrig hielt. Wenn das nicht half, klopfte er damit auf den Boden und richtete ihn anschließend auf das Tier. Die Eisbären schätzten diese Stange stets als gefährlich ein – sie mögen keine Verletzungen, insbesondere nicht im Gesicht – und zogen vor, sich zu entfernen.

Allerdings konnte Ovsyanikov auch bald lernen, dass die natürliche Neugier der Eisbären gelegentlich ihre Furcht übertrumpfte. Wenn er seine respekteinflößenden Bewegungen einstellte, um seiner eigentlichen Arbeit nachzugehen – Erstellen von Aufzeichnungen, Fotoaufnahmen und anderes – näherten sie sich wieder voller Neugier. Einmal musste er, nur mit einer Schaufel bewaffnet, die herandrängenden neugierigen Eisbären von seinem derweil filmenden Kollegen abwehren. Dabei stellte er fest, dass es große Charakterunterschiede zwischen den einzelnen Tieren gab. Manche ließen sich leicht abschrecken, anderen musste er erst mit der Schaufel über die Schnauze schlagen, damit sie sich trollten. „Mir war aber immer bewusst, dass die scheinbare Leichtigkeit meines Umgangs mit den Eisbären keine Selbstverständlichkeit ist. Jeder Bär hat seine eigene Persönlichkeit, und jedes einzelne Tier kann sich unter anderen Umständen auch ganz anders verhalten. Jede Begegnung, die ich mit Bären hatte, habe ich mit größtmöglicher Sorge für meine Sicherheit wie auch die Sicherheit des Tieres bewältigt".

An Körpersprache und Verhalten kann ein Eisbär erkennen, ob ein Mensch ängstlich ist, und wenn sich jemand einschüchtern lässt, wächst die Wahrscheinlichkeit, dass der Bär ihn angreift. Ovsyanikov rät daher zum Abwägen; fühlt man sich einmal nicht selbstbewusst genug, hat man gar vielleicht einen schlechten Tag, dann sollte man lieber in der Hütte bleiben.

Doch sein Grundprinzip hatte sich bewährt, und durch jahrelange Erfahrungen bei Begegnungen mit Eisbären konnte er seine Methode immer mehr verfeinern. Alle anderen Forscher, die auf der Wrangel-Insel tätig sind, haben Ovsyanikovs Taktik übernommen, keiner von ihnen ist bewaffnet, und es hat noch nie Zwischenfälle mit Verletzungen gegeben.

Ovsyanikov hat seine Forschungen unter den Eisbären über zwanzig Jahre lang betrieben; die Quintessenz seiner Erfahrungen lautet: „Ich habe niemals etwas erlebt, dass mich an der Möglichkeit zweifeln ließ, dass man friedlich in einer von Eisbären umgebenen Hütte leben kann, oder dass man zwischen ihnen herumlaufen kann, wenn man muss. Man braucht nur starke Nerven und intime Kenntnisse der Regeln, denen ihr soziales Verhalten unterliegt. Ich denke, wenn wir die Eisbären mit Sorgfalt und Respekt behandeln, werden sie uns wahrscheinlich weniger gefährlich, als wir ihnen durch unsere Gedankenlosigkeit und Unachtsamkeit gefährlich werden."[28]

„Eisbärenalarm": Schilder warnen vor Eisbären

In Kanadas nördlichen Gemeinden: Probleme, Reaktionen und Programme

Die Bewohner der abgelegenen und isolierten Siedlungen in der Arktis haben viele Probleme zu bewältigen, die wir Mitteleuropäer – mit unserer dichten Besiedelung und durchorganisierten Infrastruktur – uns kaum vorstellen können. Viele der Siedlungen, die zumeist als Handelsposten entstanden, werden erst seit fünfzig bis hundert Jahren dauerhaft von Inuit bewohnt.

Ein neues Problem in diesen Orten sind Eisbären, die viel häufiger als früher den Siedlungen nahe kommen. Sie besuchen Mülldeponien, lungern am Ortsrand herum oder spazieren manchmal sogar nachts oder in der Dämmerung im Ort umher. Wer Schlittenhunde hält, hat große Probleme damit, denn die Eisbären betrachten sie als Beutetiere. Und natürlich haben Eltern berechtigterweise Angst um ihre Kinder, die draußen spielen wollen.

Die Menschen in den arktischen Siedlungen sind gezwungen, sich auf die neue Situation einzustellen und hinsichtlich der Lagerung von

226

Lebensmitteln und Abfällen sowie des Haltens von Haustieren Schutzvorkehrungen zu treffen.

Auch Kanadas nördlichste Festlandgemeinde Taloyoak wird von Eisbären aufgesucht

Nicht nur in Notwehr, sondern auch zur Abschreckung wird oft genug scharf geschossen, und der Eisbär stirbt, ohne dass tatsächlich in jedem Fall die Notwendigkeit dazu besteht. Wichtig ist, zu erkennen, ob ein sich annähernder oder herumstreichender Eisbär tatsächlich räuberische Absichten hat oder nur neugierig ist. Von einem Eisbären aktiv gejagt zu werden, ist selten, aber auch höchst gefährlich. In einer solchen Situation sollte man versuchen, dem Bären klar zu machen, dass man keineswegs eine leichte Beute ist.

Selbst ein hungriger Bär kann erschrocken zurückweichen, wenn sein Gegenüber ihn plötzlich attackiert – denn von Ringelrobben ist er das nicht gewohnt.

Bei einem Zwischenfall in dem winzigen Küstendorf Black Tickle (Südlabrador) im Februar 2009 kam ein Eisbär in den Ort. Einen kleinen Hund, der auf ihn zulief, schleuderte er mit der Tatze durch die Luft. Als er sich dann dem verletzten Hund erneut zuwenden wollte, ging der Hundebesitzer mit dem ersten besten, das er zur Hand hatte, dazwischen: Er schlug dem Eisbären mit der Schaufel über den Kopf. Das war zu viel für Nanook – er ergriff die Flucht und wurde fortan im Ort nicht mehr gesehen.

Als ein gerade zugezogener und daher noch unerfahrener Bewohner von Churchill im September 2013 einen Nachtspaziergang machte, bemerkte er an einer Hausecke eine Bewegung – einen Eisbären, der direkt auf ihn zulief. Er wollte im nächsten Haus Zuflucht suchen, aber da öffnete niemand, denn er befand sich gerade in einer Gewerbezone. Der Mann versuchte nun, den Bären mit heftigen Armbewegungen und lauten Geschrei einzuschüchtern, doch das half nichts. Er war bereits gebissen worden, als er sein Mobiltelefon aus der Tasche zog.

Es leuchtete auf und er hielt dem Bären den Bildschirm direkt vor die Nase. Das änderte die Situation grundlegend: Der Bär war völlig irritiert, zögerte, und der Mann konnte sich ins nächste Wohnhaus retten.

Spezialisten, die sehr viele Erfahrungen mit Eisbären haben, also vor allem erfahrene Inuit und Tschuktschen wie auch Verhaltensforscher, unterscheiden mehrere Grundmuster im Verhalten der Eisbären, es gibt:
– sehr scheue Eisbären, die sofort fliehen
– neugierige Eisbären, die immer noch näher herankommen und etwas erkunden wollen
– aggressive Eisbären
– Eisbären, die die Menschen total ignorieren.

In einigen Gemeinden des kanadischen Nordens, die besonders häufig von Eisbären aufgesucht werden, wurden in Zusammenarbeit von Bewohnern und Wissenschaftlern Präventivprogramme entwickelt, die das Aufeinandertreffen von Mensch und Eisbär zwar nicht verhindern, aber doch so beeinflussen können, dass Schaden von Mensch und Eisbären abgewendet wird – wie etwa das *Polar Bear Alert Program* in Churchill, oder ein in Zusammenarbeit mit der internationalen Naturschutzorganisation *World Wildlife Fund* (WWF) finanziertes Programm in Arviat. Solche Programme können, konsequent angewendet, Menschen- und Eisbärenleben retten. (Mehr dazu → Gemeinde im Belagerungszustand, Arviat 2013 – Kapitel Auf dünnem Eis).

Ähnliche Programme gibt es auch bei den Tschuktschen, die in manchen Gemeinden vergleichbare Eisbärenprobleme erleben – mit einem großen Unterschied. Die Mitarbeiter der ebenfalls vom WWF unterstützten Eisbärenpatrouille in Vankarem etwa sehen keinerlei Grund, auf Eisbären zu schießen: „Es ist wichtig, dass du nicht zurückweichst; versuche größer zu erscheinen, als du bist, indem du etwas über deinem Kopf hältst. Am wirksamsten ist es … eine zwei Meter lange Stange ge-

Schutz gegen Eisbären mit Nagelbrettern

Von Zivilisationsmüll ange-
lockter Eisbär bei Churchill

gen den Bär zu richten."[29] Ob die Methode der Tschuktschen auch in anderen Regionen der Arktis Anklang finden könnte?

Bei einem Zwischenfall in einem Camp in Whale Cove (Nunavut) im September 2010 drang ein Eisbär am Morgen in das Zelt eines Ausbilders ein – und stand dabei direkt auf dem Gewehr des Mannes, der somit keine Waffe zur Verteidigung hatte. Ihm fiel der Rat eines Inuit-Elders ein, den er vor langer Zeit gehört hatte, und er schlug dem Bär mit aller Kraft auf die Nase. Daraufhin verschwand der Eisbär schneller, als er gekommen war. Als ein anderer Inuit-Elder von dem Fall hörte, lobte er den Mann und meinte zu ihm, dass dieser Eisbär sich wohl nie wieder einem Menschen nähern würde. Die Verteidigungsmethode, das Gesicht des Eisbären mit einer Stichwaffe, einem Gegenstand oder notfalls mit der Faust zu attackieren, gehört zum traditionellen Wissen der Inuit über Eisbären.[30]

Kapitel 6
Eisbären in der Kunst

Eisbären in der Kunst

Die Kunst der Inuit

Als vor ungefähr 4500 Jahren die ersten Paläoeskimo den arktischen Norden Kanadas besiedelten, trafen sie auf jagdbares Wild, das sie schon aus ihrer ursprünglichen Heimat in Nordostsibirien kannten: Robben, Walrosse, Eisbären, aber auch Karibus und Moschusochsen. Sie fischten, fingen Vögel und jagten Wale. Sie folgten diesen Tieren bis nach Grönland, das sie bereits nach relativ kurzer Zeit besiedelten. Erste figurative Skulpturen aus Stein und Elfenbein werden der Kultur der Dorset-Inuit (ca. 1000 v. u. Z. bis 1000 u. Z.) zugeschrieben. Dabei handelt es sich um Miniaturdarstellungen von Vögeln, Robben oder Eisbären, es wurden auch kleine Masken gefunden, die vermutlich religiösen und schamanistischen Handlungen dienten.

Ein häufig wiederkehrendes Motiv sind schwimmende oder auch sogenannte „fliegende" Eisbären, die aus Elfenbein geschnitzt wurden. Die fantasievollen Figuren entsprachen vermutlich der Sicht eines Jägers auf einen schwimmenden Bären, den er mit dem Boot verfolgte. Vielleicht halfen sie, eine Eisbärenjagd gedanklich vorzubereiten, oder sie verkörperten einen „Helfenden Geist" und dienten der rituellen Beschwörung einer möglichst erfolgreichen und für den Jäger sicheren Jagd. Gelegentlich zeigen solche Skulpturen auch das Skelett des Eisbären, vermutlich um geeignete Angriffspunkte für Speer oder Pfeil sichtbar zu machen. Kleinere geschnitzte Bärenköpfe wurden als Amulette getragen oder zur Verzierung von Jagdwaffen benutzt. Die Dorset-Kultur wurde von der Thule-Kultur abgelöst, als neue Siedler von Alaska aus den Norden besiedelten und die Dorset-Inuit verdrängten. Die Thule-Inuit, die als direkte Vorfahren der heutigen Inuit gelten, fertigten deutlich einfacher gestaltete Kleinskulpturen, die the-

Moderne Eisbär-Mensch-Skulptur des Inuit Künstlers Abraham Anghik Ruben

matisch auf ihr direktes Lebensumfeld ausgerichtet waren – die Jagd und das Alltagsleben im Camp. Es gab viele schwimmende Vögel, die wohl zur Beschwörung einer erfolgreichen Jagd, vielleicht auch zum Spielen für die Kinder gefertigt wurden. Die bedeutende Rolle der Frau in der Nomadenkultur der Thule-Inuit zeigt sich in zahlreichen Frauenfiguren, die ebenfalls aus Elfenbein, allerdings ohne individuelle Details geschnitzt wurden.

Mit den regelmäßigen Kontakten zu Walfängern und Händlern im 19. Jahrhundert begannen die Inuit, Artikel direkt für den Handel herzustellen: unter anderem Bestecke, Tabaksdosen oder auch Cribbage-Bretter.[1] Diese entsprachen zwar den Wünschen und Vorstellungen der Weißen, hatten aber nur noch wenig mit der traditionellen Kultur der Inuit zu tun; Ausnahmen waren Miniatur-Schlittengespanne, -Kajaks oder dergleichen, die als Andenken wie auch als Kinderspielzeug geeignet waren.

Seit den 1950er Jahren entstand die heute international nachgefragte Inuit-Kunst („Inuit Art"), die mit den Jahren den Schritt von der „Volkskunst" zur „echten" Kunst vollzog und auch in den Galerien mit zeitgenössischer Kunst im Süden ausgestellt und verkauft wird und in den Sammlungen moderner Kunst der Museen ihren Platz fand. Anders als man es vielleicht vermuten würde, fertigt nicht jeder Inuit-Künstler Eisbären-Skulpturen an, und nur gelegentlich gibt es Grafiken, die den König der Arktis thematisieren. Allerdings findet man in den einschlägigen Geschäften für Touristen Unmengen „Tanzende Eisbären" zu günstigen Preisen. Man sollte sich aber im Klaren darü-

ber sein, dass es sich hier um Massenware handelt, die teilweise sogar aus China kommt. Skulpturen guter Qualität von namhaften Künstlern haben mindestens drei- oder meistens vierstellige Preise, es sei denn, man hat die Gelegenheit, direkt bei den Künstlern in der Arktis zu kaufen.

Einer der renommierten Inuit-Künstler, der sich bevorzugt mit der Darstellung von Eisbären beschäftigte und dessen Großplastiken auch in Ottawa, Windsor und Kleinburg in der Nähe Torontos zu finden sind, war Pauta Saila (1916/17-2009). Er stammte aus Cape Dorset, dem eigentlichen Zentrum für Inuit Art in Kanada. Seine stilisierten Skulpturen zeigen oft aufrecht auf einem Bein stehende, manchmal sogar lebensgroße, massige Eisbären, die gelegentlich mit offenem Maul und gefletschten spitzen Zähnen die Gefährlichkeit dieser Tiere demonstrieren.

Nuna Parr (geb. 1949) und Ohito Ashoona (geb. 1952), beide ebenfalls aus Cape Dorset, gehören der sogenannten zweiten Generation der Inuit-Künstler an. Sie sind, anders als die Vertreter der ersten Generation, deren Familien noch nomadisierend zwischen den Jagdgebieten wanderten, in Siedlungen aufgewachsen und haben dort die Schule besucht. Nuna Parr ist ein Adoptivsohn des bekannten Jägers Parr (1893-1969), der noch im Alter von 68 Jahren begonnen hatte, das traditionelle Leben der Jäger zeichnend darzustellen. Nuna Parr ist für seine aus dunklem Stein gearbeiteten und oft glänzend polierten Skulpturen bekannt, die Eisbären in stark variierenden Bewegungen zeigen. So gibt es aufrecht stehende, sogenannte tanzende, sich streckende und reckende, aber auch schleichende und pirschende Bären. Manche der Bewegungen sehen im ersten Moment ungewöhnlich aus, doch wenn man schon die Gelegenheit hatte, Eisbären in der freien Natur zu beobachten, kommen einem diese Bewegungen sehr bekannt vor. Ohito Ashoona, Sohn des bekannten Künstlers Kaka Ashoona und Enkel von Pitseolak Ashoona, einer der bedeutenden Inuit-Künstlerinnen, arbeitet ähnlich wie Nuna Parr, ist aber auch für Skulpturen wie „Eisbärenmutter mit Jungen" oder für Robben jagende Eisbären bekannt. Paul Malliki (geb. 1956) aus Repulse Bay, einem Ort auf der Melville Halbinsel direkt am Polarkreis gelegen, benutzt häufig weißen Marmor für seine Eisbären. Augen, Nase, Schnauze und Krallen sind aus dunklem Serpentin gearbeitet, so dass die Skulpturen den realen Bären ähneln. Malliki ist auch für Großplastiken bekannt, die er teilweise gemeinsam mit anderen Künstlern gestaltet. Gilbert Hay (geb. 1951) aus Nain, Labrador, benutzt für seine Skulpturen, zu denen auch viele Eisbären gehören, den in der Nähe vorkommenden Labradorit, ein Gestein mit irisierenden Lichteffekten, die besonders auf geschliffenen und polierten Oberflächen zur Geltung kommen. Tony Oqutaq (geb. 1977), auch er in Cape Dorset ansässig, gehört zur dritten Generation der Inuit-Künstler. Er hat sich besonders mit seinen kraftvollen Eisbären-Skulpturen einen Namen gemacht, denen die intensive Beobachtung der Bären in der freien Natur anzusehen ist. Man kann die gewaltige Kraft der Bären geradezu fühlen, wenn man die Figuren in die Hand nimmt, Körper und Gliedmaßen abtastet und so die in der Skulptur „eingefrorene" Bewegung erspürt.

Darstellungen von Eisbären finden sich auch auf vielen Grafiken und Wandbehängen von Inuit-Künstlern, die das Leben und das Überleben in der Arktis zum Thema haben. Das sind oft Jagdszenen, wie in dem Textildruck von Helen Kalvak, oder auch Transformationen, das heißt die Verwandlung eines Menschen in einen Bären und wieder zurück, wie in Grafiken von Noah Maniapik (geb. 1961) aus Pangnirtung auf Baffin Island.

Eisbären in der europäischen Malerei seit dem 19. Jahrhundert

Zwei arktische Themen beschäftigten die europäische Gesellschaft im 19. Jahrhundert besonders: einerseits der Walfang und die Beschaffung wichtiger Rohstoffe, andererseits die Suche nach einer Nordwestpassage zu den Schätzen Asiens und, damit zusammenhängend, die „Eroberung" des Nordpols. Während der Walfang als selbstverständlicher Bestandteil der Bewirtschaftung der Küstengewässer und der Ozeane zumeist nur die involvierten Familien und Hafenstädte berührte, erregte die Entdeckung unbekannter Regionen der Arktis die Fantasien und Wunschvorstellungen vieler Menschen – unter ihnen natürlich auch die Künstler. Da die Seefahrt in diesen gefährlichen und oft noch unbekannten Gewässern nicht unerhebliche Opfer forderte – viele Schiffe verschwanden auf Nimmerwiedersehen in der Tiefe der Ozeane – brachten die Fahrten in die Arktis zwar Geld, Ruhm und Ehre denjenigen, die nach Hause zurückkehrten, für manche Familien aber auch den Verlust der Ehemänner, Söhne oder Väter und finanzielles Elend für die Hinterbliebenen. Die Erzählungen und Berichte der Überlebenden von den Gefahren im Eis der Arktis, bei der Jagd nach Walen oder im Kampf mit Eisbären und Walrossen boten genügend Stoff für die Fantasie und Gestaltungskraft von Künstlern. So blieb es nicht aus, dass sich mit der Zeit immer mehr Jäger, Abenteurer und einfach nur Neugierige gegen ein entsprechendes Entgelt den Schiffsbesatzungen anschlossen, um den *trip of a lifetime* zu machen.

Zu den ersten Künstlern, die ein solches Wagnis eingingen, gehörte der französische Maler François-Auguste Biard (1799-1882), der mehrere weite Reisen, auch nach Afrika und Südamerika, unternahm und seine Erlebnisse in Gemälden festhielt. Zu dieser Zeit war es noch üblich, Künstler zur Dokumentation der Reise und von Sammlungsobjekten mit auf Expeditionen zu nehmen. Biard gehörte 1838/40 zu den Mitgliedern der wissenschaftlichen Expedition von Joseph Paul Gaimard (1796-1858) nach Spitzbergen, auf einem Schiff mit dem bezeichnenden Namen *La Recherche*. Auf dem arktischen Teil der Reise wurde Biard von seiner zukünftigen Frau Leonie d'Aunet (1820-1879) begleitet, die 1854 sogar ein Buch über ihre *Reise einer Frau nach Spitzbergen* veröffentlichte. Im Zusammenhang mit dieser Reise fertigte Biard später vier Gemälde an, die arktische Themen zum Gegenstand haben. Zwei davon zeigen Jagdszenen mit Eisbären, ein drittes eine Walrossjagd im dicken Packeis, und ein viertes stellt eine düstere Szene im Magdalenenfjord im Nordwesten Spitzbergens dar, mit einer Gruppe von vier Männern, drei von ihnen vermutlich tot, am Fuße eines Gletschers. Tanzende Nordlichter am Himmel über den Gletschern beleuchten die grausige Szenerie. Eines der Jagdbilder zeigt die Besatzung eines Walfangbootes im verzweifelten Kampf mit drei Eisbären, die gerade versuchen, das Boot zu entern. Besonders dieses Bild, das im Nordnorwegischen Kunstmuseum in Tromsø zu sehen ist, beeindruckt durch seinen unmittelbaren Realismus, denn der Kampf mit den Eisbären findet scheinbar nur wenige Meter vom Betrachter entfernt statt. Das

„*Man Proposes God Disposes*"
(*Der Mensch denkt, Gott lenkt*),
1864, von Sir Edwin Henry Landseer (1802-1873)

Boot ist bereits im Sinken begriffen, und es ist nicht klar, ob die beiden Männer und der Junge die Auseinandersetzung mit den Bären überleben werden. Im Hintergrund ist noch ein weiteres Boot zu erkennen, das jedoch zu weit entfernt ist, um den Seeleuten zu Hilfe kommen zu können. Die Szenerie wird von treibenden Eisbergen überragt, die zu jeder Zeit zerbrechen und auch damit das Leben der Seeleute gefährden könnten. Sicherlich wird das Gemälde bei seiner Präsentation nicht nur Bewunderer der künstlerischen Brillanz gefunden haben, sondern garantiert auch Gegner, wegen der so drastischen und tragischen Darstellung des vermutlich tödlich ausgehenden Kampfes mit den Eisbären. Ein Stich, der nach diesem Gemälde von Biard angefertigt wurde, zeigt sogar statt des zweiten Bootes weitere Eisbären, die sich dem untergehenden Boot nähern, wodurch der Tod der Seeleute wohl unvermeidlich erscheint.

Nur wenige Jahre nach der Reise Gaimards und Biards verließen am 19. Mai 1845 die Schiffe HMS Erebus und HMS Terror mit 129 Mann Besatzung unter Führung von Sir John Franklin England zur vermeintlich endgültigen Auffindung einer Nordwest-Passage (→ Kapitel Kulturgeschichte). Die Schiffe verschwanden jedoch spurlos, und mehrere Suchexpeditionen blieben erfolglos. Erst 1859 gelang es Francis Leopold McClintock (1819-1907), das Schicksal John Franklins endgültig aufzuklären, als Mitglieder der Besatzung der Dampfyacht Fox mithilfe von Hundeschlitten King William Island erreichten. Hier fand man endlich in einem Steinmal das entscheidende Schriftstück, das vom Tod Franklins berichtete, und im weiteren Verlauf der Nach-

!70 Degrees North", Frederick Judd Waugh (1861-1940)

forschungen kamen zusätzliche Zeugnisse für das Scheitern der Expedition zutage. Zu den Fundstücken gehörte auch ein Boot mit zwei Leichen, Lebensmitteln und weiteren Gegenständen, die von dem traurigen Schicksal der so hoffnungsvoll gestarteten Expedition zeugten. McClintock fertigte sofort nach seiner Rückkehr nach England einen Bericht über seine Reise und ihre Ergebnisse an, die im gleichen Jahr als Buch erschienen.

Es war wohl dieser Bericht von McClintock, der den englischen Maler und Bildhauer Sir Edwin Henry Landseer (1802-1873), Hofmaler von Queen Victoria, zu einem der ungewöhnlichsten Gemälde des 19. Jahrhunderts anregte, das bis heute die Gemüter vieler Leute bewegt: „Man Proposes God Disposes - Der Mensch denkt, doch Gott lenkt". Das Gemälde zeigt eine Szene, in der sich zwei Eisbären über einem Bootswrack im Packeis befinden und offensichtlich nach Nahrung suchen. Der eine Bär hat gerade einen Knochen aus einem Skelett gerissen, während der andere ein rotes Stück Stoff zerreißt, das vermutlich zu einer englischen Flagge gehört und an einem Mast befestigt ist. Am linken unteren Bildrand ist der Rest eines Gewehres zu sehen, ein Hinweis darauf, dass es sich um ein Boot von Europäern handelt, denn zu dieser Zeit jagten die Inuit der Zentralarktis noch nicht mit Schusswaffen. Als das Gemälde 1864 zum ersten Mal der Öffentlichkeit präsentiert wurde, befand sich angeblich auch Lady Franklin im Haus, sie soll aber den Raum, in dem das Bild von Landseer gezeigt wurde, nicht betreten haben. Heute befindet sich das Gemälde im Besitz des Royal Holloway College der Londoner Universität und wird aus Gründen der Pietät nur zu speziellen Anlässen öffentlich gezeigt. Ansonsten ist es durch einen großen Union Jack, die englische Flagge, verhüllt. Es fällt noch heute, nach 165 Jahren, vielen Engländern schwer, das Ende der Franklinexpedition als tragisches Scheitern der Suche nach der Nordwest-Passage zu akzeptieren.

Frederick Judd Waugh (1861-1940) ist ein anderer Maler, der sich

238

an das schwierige Motiv des Eisbären in der arktischen Landschaft traute. Waugh war ein bekannter Maler maritimer Landschaften. Sein bevorzugtes Thema waren Wellen in der Brandung an felsiger Küste. Insofern ist das Gemälde *70 Degreees North*, das einen auf einem Eisberg stehenden Eisbären zeigt, eine ungewöhnliche Ausnahme, obwohl Waugh auch hier das schäumende Meer als verbindendes Element zwischen den Eisbergen zeigt und somit bei seinem eigentlichen Thema bleibt. Wie kommt es, dass Eisbären im Gegensatz zu vielen anderen Tieren nicht zu den bevorzugten Motiven der Maler gehörten? Die Ursachen liegen vermutlich in den weitgehend unbekannten Lebensumständen der Eisbären und den hohen Kosten für die Reisen in die Arktis, die nötig waren, um sich mit der Umwelt der Tiere vertraut zu machen.

„Eisbärenfigur mit Schamanentrommel", Gemälde von Ullrich Wannhoff (geb. 1952)

In der zeitgenössischen Kunst gibt es wenige Maler, im Gegensatz zu Bildhauern und Fotografen, die sich mit der Problematik der Eisbären auseinandersetzen. Einen ganz anderen Weg als die Naturalisten des 19. Jahrhunderts ging der amerikanische Maler Jimmy Wright (1937-2008), der in vielen seiner Gemälde formatfüllende stilisierte Eisbärinnen platzierte, die fast igluförmig mit einem oder auch mehreren Jungbären das Bild dominieren. Im Hintergrund ordnete er dazu noch „Sonne, Mond und Sterne" auf farbig verschiedenen Himmeln an.

Ullrich Wannhoff (geb. 1952) ist ein deutscher Maler und Grafiker, aber auch Ornithologe und Reisender, der sich mit den östlichen Regionen Russlands, besonders mit den Beringinseln und Kamtschatka beschäftigt. Auf den Spuren von Georg Wilhelm Steller (1709-1746) und anderen Forschungsreisenden hat er bereits viele Monate in der Abgelegenheit und Wildnis des Fernen Ostens und Alaskas verbracht. Er verarbeitete seine Erlebnisse in Hunderten Zeichnungen, Collagen und Gemälden und als Autor von Büchern. In einer Serie von Bildern

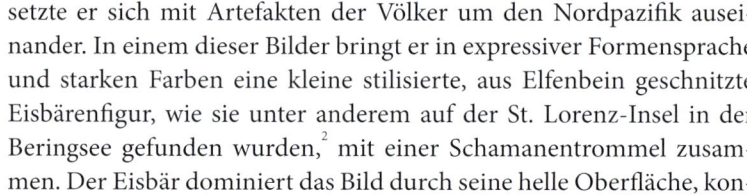

Rechte Seite:
Eisbären im öffentlichen Raum:
Hamburg: Eingang Hagenbeck
Kiel: Hans Martin Rudolph
Winnipeg: Robert Holland
Unten: Chelsea Lehmann:
Couplet, 2011

setzte er sich mit Artefakten der Völker um den Nordpazifik auseinander. In einem dieser Bilder bringt er in expressiver Formensprache und starken Farben eine kleine stilisierte, aus Elfenbein geschnitzte Eisbärenfigur, wie sie unter anderem auf der St. Lorenz-Insel in der Beringsee gefunden wurden,[2] mit einer Schamanentrommel zusammen. Der Eisbär dominiert das Bild durch seine helle Oberfläche, kontrastiert durch die Farbigkeit der Trommel und den ins Abstrakte aufgelösten Hintergrund. Eine ungewöhnliche Darstellung, wenn man bedenkt, wie klein die geschnitzten Figuren eigentlich sind.

Die australische Malerin Chelsea Lehmann stellt auf ihrem Gemälde *Couplet* von 2011 ein Aktmodell zwischen die ausgestreckten Vorderbeine eines aufrecht stehenden präparierten Eisbären, wie man ihn aus Museen kennt. Man kann wohl davon ausgehen, dass die Malerin die erotischen Darstellungen von leicht bekleideten Damen auf Eisbärfellen kennt, wie sie auf vielen Postkarten und amerikanischen Pin-ups zu sehen sind. Anders als bei diesen zeigt Chelsea Lehmann einen vollständigen Eisbären und stellt damit, ohne auf die Erotik der Szene zu verzichten die Würde des Tieres wieder her. Mit der Illustration von Büchern zum Thema Arktis und Eisbär haben sich viele Künstler beschäftigt. Waren es im 19. Jahrhundert zumeist Stiche nach Gemälden und fruhen Fotografien, wurden später freie Grafiken verwendet. Je nach Inhalt der Bücher waren das dramatische Szenen der Auseinandersetzung von Mensch und Tier, die Darstellung von Eisbären in der arktischen Natur oder auch karikierende Grafiken – bis hin zu Comics (Zur Buchillustration → auch weiter unten, Literatur).

Eisbär-Skulpturen im öffentlichen Raum

Es ist verständlich, dass im Umfeld von Tiergärten und Zoos Skulpturen der dort präsentierten Tiere aufgestellt werden. So befindet sich im Zoologischen Garten in Berlin ein Brunnen mit einer Eisbärengruppe des Bildhauers Hansjörg Wagner (1930-2013). Die zweigeteilte Skulptur besteht aus einem einzeln stehenden männlichen Bären und einer Bärin mit zwei Jungtieren. Erst vor kurzem wurde am Eisbärengehege des Zoos eine weitere, aber deutlich kleinere Plastik aufgestellt, die an den hier verstorbenen Eisbären Knut erinnert.

Im Hamburger Stadtpark sind zwei ältere Eisbären-Skulpturen aus grauem Stein zu sehen, die eine stammt von Hans Martin Ruwoldt (1891-1961) und die andere von Ludwig Kunstmann (1877-1961). Allerdings sind beide schon etwas ramponiert und werden immer wieder durch Graffiti „verschönt". Auch in Kiel steht eine Eisbärenskulptur von Hans Martin Ruwoldt in einem Park, sie ist jedoch aus Bronze und deshalb weniger „störanfällig". Die Anregung und Inspiration für ihre Plastiken hatten sich Ruwoldt und Kunstmann vermutlich im Eismeer-Panorama des Tierparks Hagenbeck in Hamburg geholt. Dort befindet sich auch das weltbekannte Jugendstil-Eingangstor, dessen linken Teil zwei Eisbären zieren, die von dem bekannten Tierbildhauer Josef Pallenberg (1882-1946) geschaffen wurden.

Eine der bedeutenden Eisbären-Skulpturen der europäischen Moderne ist im Pariser Musée d'Orsay zu sehen. Der lebensgroße Eisbär aus weißem Marmor ist ein Werk von François Pompon (1855-1933), einem bekannten französischen Bildhauer, der zunächst für andere Bildhauer als Assistent gearbeitet hatte, unter anderen für Auguste Rodin und Camille Claudel, und erst 1922 mit diesem Eisbären öffentliche Anerkennung als eigenständiger Künstler erfuhr. Die formal einfach gehaltene Figur, die vollständig ohne Details auskommt, bringt gerade durch ihre helle, schattenlose und glänzende Oberfläche die Kraft und die Schönheit der Eisbären exemplarisch zum Ausdruck. Viele Skulpturen von Inuit-Künstlern sind in einer ähnlichen Formensprache gearbeitet. Eine zweite Fassung des Bären von Pompon befindet sich im New Yorker Museum of

Modern Art, was allein schon ein Ausweis der künstlerischen Qualität dieser Skulptur und der Bedeutung Pompons als Bildhauer ist.

Immer wieder kommen Eisbärenskulpturen in Performances zum Einsatz, um auf die Bedrohung der Bären durch die Erwärmung der Arktis aufmerksam zu machen. Dabei werden üblicherweise Eisbären in „Leichtbauweise" eingesetzt, ganz selten jedoch auch tonnenschwere Skulpturen, wie im Januar/Februar 2013 am Londoner Sloane Square, wo für vier Wochen der lebensgroße, aufrecht stehende, weiße Eisbär *Boris* des Bildhauers Adam Binder (geb. 1970) an die schwierige Situation der Eisbären erinnerte. Die Skulptur ist nach dem Londoner Bürgermeister Boris Johnson benannt, dessen Vater, ein bekannter Umweltschützer, die Skulptur am Sloane Square mitten im Zentrum Londons enthüllt hatte.

Bereits 2009 war eine schwimmfähige Skulptur, ein Eisberg mit zwei gestrandeten Eisbären, eine Mutter mit ihrem Jungen darstellend, auf der Londoner Themse in Bewegung gesetzt worden. Sie sollte, während sie durch das Stadtzentrum trieb, auf einen neuen Fernsehkanal aufmerksam machen, der sich besonders aktuellen Umweltthemen widmet.

Eine ungewöhnliche Verwendung fand eine Eisbärenskulptur des Bildhauers Leon Hermant (1866-1936) auf einem Friedhof in Troy, Michigan, USA. Sie soll an die in Nordrussland gefallenen Soldaten der sogenannten Polar Bear Expedition erinnern, die Ende des 1. Weltkrieges als Korps der alliierten Truppen gegen die Rote Armee im Einsatz war.

Die Skulptur „Eisbär" von François Pompon im Pariser Louvre, „Boris" von Adam Binder in London

242

Fotografie und Film

Mit der Verbreitung der Fotografie gelangten ab Mitte des 19. Jahrhunderts auch professionelle Fotografen in die Arktis und mit ihnen Plattenkameras. Bedingt durch die langen Belichtungszeiten konnten mit dieser Technik nur ruhende Objekte fotografiert werden. Die belichteten Platten mussten so schnell wie möglich entwickelt werden, um die Aufnahmen haltbar zu machen. Erst mit tragbaren Kameras und dem seit 1890 vermarkteten Rollfilm wurde es möglich, auf solchen Reisen auch bewegte Objekte zu fotografieren. Die belichteten Filme konnten dann später im Labor entwickelt werden. So verwundert es nicht, dass die ältesten Fotografien von Eisbären zumeist erlegte Tiere oder deren Felle zeigen – ob als Kleidungsstück in der Arktis oder als Kaminvorleger in den Herrenzimmern im Süden.

William Bradford: „After the hunt", 1869. Wahrscheinlich eine der ersten Fotografien von Eisbären in der Arktis

Knut Frænkel und Nils Strind-berg neben einem erlegten Eisbären, fotografiert von Salomon August Andrée 1897

Vermutlich sind die Aufnahmen von auf dem Eis laufenden Eisbären und auch von Jagdtrophäen aus dem Jahr 1869 – entstanden während der Expedition des bekannten Landschaftsmalers William Bradford nach Grönland – die ältesten Fotografien von Eisbären in der Arktis. Bradford wurde auf dieser Reise von den beiden Fotografen John L. Dunmore und George Critcherson begleitet. Bedingt durch die komplizierte Handhabung der fotografischen Apparatur dürfte es sich bei diesen Aufnahmen um eine echte Kollektivarbeit gehandelt haben. Veröffentlicht wurden sie neben vielen anderen Fotografien in dem vermutlich ersten Bildband zum Thema Arktis *The Arctic regions*, der 1873 in nur 300 Exemplaren in London erschienen ist und heute eine kaum bezahlbare antiquarische Rarität darstellt. Glücklicherweise gibt es seit kurzem eine preiswerte Neuausgabe dieses Bildbandes.

Viel bekannter als die Aufnahmen von der Bradford-Expedition ist die Fotografie eines toten Eisbären, die während der Andrée-Expedition im Jahr 1897 entstanden ist. Sie zeigt die Expeditionsteilnehmer

Knut Frænkel und Nils Strindberg neben einem erlegten Bären und wurde vom Expeditionsleiter Salomon August Andrée (1854-1897) aufgenommen. Wie viele andere Expeditionen vor und nach ihr scheiterte auch sie an den unvorhersehbaren Risiken einer Arktisreise in jener Zeit. Andrée und seine Kollegen hatten versucht, mit einem Ballon den Nordpol zu erreichen. Nach einem mühevollen Start auf der Insel Danskøya im Nordwesten Spitzbergens verschwand der Ballon, die Reisenden wurden nie mehr lebendig gesehen. Erst 33 Jahre später konnte das Schicksal der Expedition aufgeklärt werden, als man die Leichen und Reste der Expeditionsausrüstung, unter anderem Andreés Tagebuch und viele Negative, auf der Insel Kvitøya östlich von Spitzbergen fand. Zur allgemeinen Überraschung der Experten konnte mehr als ein Drittel der Aufnahmen restauriert werden, unter ihnen auch die mit dem erlegten Eisbären. Mit Trichinen verseuchtes Eisbärfleisch gilt heute als ursächlich für den Tod der drei Schweden (→ auch Kapitel Reisen zu Nanook).

Robert Edwin Peary in Eisbären-fellhose, 1909

Das bekannte Foto von Robert Edwin Peary in Fellkleidung mit der typischen Hose aus Eisbärfell stammt aus dem Jahr 1909, dem Jahr, in dem Peary angeblich als erster Mensch den Nordpol erreicht hatte. Wie sich später herausstellte, war wohl sein Assistent, der Afroamerikaner Matthew Henson, als erster an diesem imaginären Ort, der zudem viele Kilometer vom wirklichen Pol entfernt lag. Vielleicht waren es ja auch die Peary begleitenden Inuit, denen der Ruhm gebührt hätte, den bis dahin nördlichsten Punkt erreicht zu haben? Nach damaligem allgemeinen Verständnis kamen jedoch diese „primitiven" Naturmenschen ebenso wenig wie Henson für einen Eintrag in das *Buch der Rekorde* in Frage.

In der heutigen Zeit widmen sich bekannte Tierfotografen dem Thema Eisbär. Die meisten von ihnen nutzen die Möglichkeiten im Bereich der Hudson Bay in Kanada. Der Ort Churchill bietet ihnen beste Infrastruktur und eine hohe Sicherheit beim Auffinden geeigneter Motive. Einen ungewöhnlichen Weg geht der in der Arktis aufgewachsene Kanadier Paul Nicklen, der mit Inuit-Guide und Assistent unterwegs ist. Der studierte Biologe kennt die Arktis aus seiner Kindheit und aus jahrelanger Feldarbeit bis ins Detail, er spricht Inuktitut, und vor allem ist er ein mutiger Mann und ein exzellenter Fotograf. Unterwasseraufnahmen, die von vielen anderen Fotografen in Zoos und Aquarien gemacht werden, schießt er bei seinen langen Tauchgängen im eisigen Wasser von Arktis und Antarktis. Viele seiner Fotografien

Escena de "S. O. S. Iceberg".

Foto Universal

FILMS SELECTOS

sind preisgekrönt. Eines der bekanntesten Fotos ist das von einem unter dem Eis des Admiralty Inlets im kanadischen Archipel tauchenden Eisbären. Zwischen dem Eis und dem Bären sieht man deutlich dessen „auf dem Rücken schwimmende" Spiegelung, wobei der Bär direkt in die Kamera des Fotografen blickt. Eine unwirkliche Szenerie, die den immensen Adrenalinschub für den nur wenige Meter entfernt tauchenden Fotografen deutlich nachvollziehbar macht. Das Foto ist der Titel von Nicklens Buch *Polar Obsession* und leicht im Internet zu finden. Zu den weltweit bekannten Arktisfotografen gehören auch die beiden Deutschen Norbert Rosing und Florian Schulz, die regelmäßig mit ihren Vorträgen in Deutschland unterwegs sind und immer auch zahlreiche Fotos von Eisbären zeigen.

Einer der ersten Filmemacher, der Eisbären zu Darstellern seiner Dokumentarfilme machte, war der deutschstämmige Frank E. Kleinschmidt, der im Auftrag des Carnegie-Museums in Pittsburgh zu Filmaufnahmen nach Alaska reiste. Es entstanden die Dokumentarfilme *Die Alaska-Sibirien Expedition* (1912) und *Kapitän F. E. Kleinschmidts arktische Jagd* (1914). Kleinschmidt dokumentierte darin das Leben der Inuit in Alaska und die arktische Landschaft und Tierwelt. Er zeigte auch die Jagd auf Eisbären aus der sicheren Distanz vom Deck eines Schiffes – eine Jagdtechnik, die den Bären keine echte Chance zum Überleben ließ, ganz anders als die damalige Jagdmethode der Inuit, bei der auch die Jäger ein gehöriges Risiko eingingen. In einer dramatischen Szenenfolge drehte Kleinschmidt den Versuch, ein Bärenjunges einzufangen, das bereits ein Seil um den Hals hat, während das Muttertier sich mühte, das Junge wieder aus der Schlinge zu befreien. Die Bärin greift dabei sogar das Schiff an, bis es ihr endlich gelingt, das Seil zu lösen und Mutter und Kind eilig davon schwimmen. Ob die beiden Bären, wie im Film gezeigt, wirklich überlebt haben oder wegen der Felle und des Fleisches erschossen wurden, lässt sich nicht mehr feststellen. Diese Filmaufnahmen von Kleinschmidt, die vor über 100 Jahren in der frühen Stummfilmzeit entstanden sind, dürften zu den ersten Aufnahmen von wildlebenden Eisbären überhaupt gehören.

1926 und 1927 entstand unter Leitung von Georgi Asagarow und Bernhard Villinger der UFA-Film *Milak, der Grönlandjäger*, der hauptsächlich auf Spitzbergen und in Ostgrönland gedreht wurde. Es ist ein Spielfilm mit Dokumentarteilen, der tatsächliche Expeditionsereignisse ins Spielfilmformat umsetzte. Wie auch in dem weit bekannteren Universal-Spielfilm *SOS Eisberg* (1932/1933) des Regisseurs Dr. Arnold Fanck wurde nicht mit wildlebenden Tieren gedreht, sondern mit Eisbären, die aus dem Tierpark Hagenbeck stammten und mit großem Aufwand in die Arktis gebracht worden waren. Da man die Bären nach Abschluss der Filmarbeiten nicht auswildern konnte, – sie waren zu sehr an den Umgang mit Menschen gewöhnt –, wurden sie erschossen. Sie hatten ihre Schuldigkeit als „Schauspieler" getan.

Auch in dem Film *Palos Brautfahrt* des Regisseurs Dr. Friedrich Dalsheim von 1933, nach einem Drehbuch von Knud Rasmussen (1879-1933) in Grönland gedreht, gibt es Szenen mit einem Eisbären. Anders als *SOS Eisberg*, dessen Hauptdarstellerin Leni Riefenstahl sich in der Folge der Nazi-Filmindustrie angedient hatte, wie auch, mehr

Filmplakat zu „Palos Brautfahrt", 1933

247

oder weniger freiwillig, ihr Regisseur Fanck und wichtige Kameraleute, verschwand *Palos Brautfahrt* für Jahrzehnte in der Versenkung, denn Dalsheim war Jude; er nahm sich 1936 in der Schweiz das Leben, weil es in Deutschland für ihn keine Arbeitsmöglichkeiten mehr gab.

1961 entstand der Hollywood-Film *The Big Show*, der im Zirkus-Milieu spielte und Szenen mit Eisbären enthielt. Die Dompteurin, gespielt von Esther Williams, wurde durch die bekannte Eisbär-Dompteurin Doris Arndt gedoubelt (→ Kapitel Eisbären in Zoo und Zirkus).

Heute sieht man davon ab, Eisbären als Schauspieler zu engagieren, nicht nur weil sie schwer zu dressieren sind, sondern auch, weil der Schutz der Tiere und die Sicherheit der Crews es gebieten. Allenfalls die Verwendung von Dokumentaraufnahmen und Computertechnik macht den Auftritt von Eisbären im Spielfilm noch möglich. Wie weit heute die Animationstechnik vorangeschritten ist, konnte man an dem Erfolgsfilm *Life of Pi: Schiffbruch mit Tiger* von Regisseur Ang Lee nach dem Roman des kanadischen Autors Yan Martell sehen. Der Film wurde besonders für seine visuellen Effekte gerühmt, für die er einen Oscar erhielt. Es ist also sicher nur eine Frage der Zeit, eines ausreichenden Budgets und eines geeigneten Drehbuches, bis sich die Filmindustrie dem Thema „Eisbären unter den Bedingungen einer bedrohten Arktis" widmen wird.

Im Dokumentarfilm wurde diese Problematik schon vielfach behandelt: Die Imax-Produktion *To the Arctic* (2012) von Regisseur Greg MacGillivray oder der kanadische Dokumentarfilm aus der CBC-Serie *The Nature of Things* von David Suzuki über einen jungen Eisbären in der Hudson Bay *Polar Bears: A Summer Odyssey* (2012) zeigen in beeindruckenden Aufnahmen, im Falle von *To the Arctic* sogar in 3D, das schwierige Überleben der Eisbären in einer vom Klimawandel bedrohten Arktis.

Der „kleine Eisbär" Lars aus den Kinderbüchern des niederländischen Autors Hans de Beer hat es durch seinen überraschenden und umfassenden Erfolg bei den Kindern sogar auf deutsche und Schweizer Briefmarken, ins Fernsehen und in zwei abendfüllende Zeichentrickfilme geschafft. Auch wenn die Handlung nicht immer der realen Lebensweise der Eisbären entspricht, haben die gezeichneten Geschichten um Lars hunderttausende Kinder und Erwachsene so begeistert, dass diese Schwärmerei für Eisbären auch den realen Knut des Berliner Zoos einschließen konnte.

Für die größeren Kinder (und Erwachsene) entstand 1991 der norwegische Märchenfilm *Der Eisbärkönig* nach Motiven des Märchens *Östlich von der Sonne und westlich vom Mond* aus einer Sammlung norwegischer Märchen von Peter Christen Asbjørnsen (1812-1885) und Jørgen Moe (1813-1882). Europaweit bekannt wurde das Märchen schon vor hundert Jahren, als es mit den phantasievollen Jugendstil-Illustrationen des dänischen Grafikers Kay Nielsen (1886-1957) erschienen war. Und selbst in Computerspielen, zum Beispiel in *Crash Bash*, haben Eisbären inzwischen Einzug gehalten.

„Der kleine Eisbär" auf einer deutschen Briefmarke von 1999

Linke Seite:
Doris Arndt und Esther Williams bei den Dreharbeiten zu dem Film „The Big Show", 1961 (oben)
Filmszene aus dem Film „The Big Show" (Archiv Arndt-Schaaff)

Eisbären in der Literatur

Weiße Bären und Eisbären sind in den nördlichen Kulturen Gegenstand von Märchen und Mythen, Reise- und Expeditionsberichten, Gedichten, Erzählungen und Romanen, auf die bereits im Kapitel zur Kulturgeschichte des Eisbären eingegangen wurde. Gelegentlich findet man jedoch Eisbären auch in literarischen Werken der Neuzeit, in denen man sie zunächst nicht erwarten würde. Selbst bei Heinrich Heine (1797-1856), den man wohl eher mit „Denk ich an Deutschland in der Nacht ..." oder Liebeslyrik, aber kaum mit Themen der Arktis und des Nordens in Verbindung bringen würde, gibt es einen Verweis auf einen Eisbären, der dort nicht nur als König die Arktis regiert, sondern als Herrscher über die ganze Welt im „Sternenzelte" thront:

> …
>
> *Droben in dem Sternenzelte,*
> *Auf dem goldnen Herrscherstuhle,*
> *Weltregierend, majestätisch,*
> *Sitzt ein kolossaler Eisbär.*
> *Fleckenlos und schneeweiß glänzend*
> *Ist sein Pelz; es schmückt sein Haupt*
> *Eine Kron' von Diamanten,*
> *Die durch alle Himmel leuchtet.*
> *In dem Antlitz Harmonie*
> *Und des Denkens stumme Taten;*
> *Mit dem Zepter winkt er nur,*
> *Und die Sphären klingen, singen*
>
> …

Der Abschnitt stammt aus Heines romantischen Versepos *Atta Troll. Ein Sommernachtstraum*, das 1841 entstand und von den Erlebnissen des Tanzbären Atta Troll berichtet, der sich von seiner Kette reißt, um in die Freiheit zu fliehen. Bei der Flucht muss er allerdings Mumma, seine Bärenfrau, zurücklassen. In seiner Höhle angekommen, philosophiert Atta Troll über eine gerechtere Welt, die er selbst jedoch nicht mehr erleben soll, denn er wird von einem stotternden Bärentöter erschossen. Trolls Pelz endet als Bettvorleger in einem Haushalt in Paris. Seine so geliebte Bärenfrau, die sich nicht, wie von Atta Troll erhofft, nach ihm verzehrt hat, lebt nun im Pariser Botanischen Garten mit einem „schneeweißhaarigen" sibirischen Bären zusammen – einem Eisbären? Und über allem herrscht und wacht – laut Heine – der göttliche Eisbär im Himmelszelt. Schon diese stark verkürzte Zusammenfassung lässt Heines ironischen und sarkastischen Humor voller fantastischer Einfälle und Anspielungen erkennen.

Die „Magie" des Eisbärenfells

Wie schon das Bärenfell bei Heines Atta Troll, in diesem Fall vermutlich das von einem Braunbären, spielen im Alltag um 1900 besonders Felle von Eisbären eine gewisse Rolle. Mancher strahlend lächelnde Säugling wurde damals im gutbürgerlichen Haushalt auf einem Eisbärenfell posierend fotografiert. Die Beliebtheit dieses Motivs hatte sicherlich mehrere Gründe. Einer davon könnte der scharfe Kontrast gewesen sein, der zwischen einem unschuldigen Baby und dem Fell eines wilden und gefährlichen Tieres bestand. Zudem war das Eisbärenfell wohl auch ein typisch männliches Symbol, das für einen „richtigen Kerl", einen mutigen Jäger oder für einen finanziell potenten Herrn stand; denn nur wenige fuhren damals selber auf Bärenjagd in die Arktis. Es war hingegen ungefährlich, wenn auch ziemlich kostspielig, sich das Fell bei einem Händler zu kaufen und damit anzugeben. Wegen der sich in jener Zeit stark verbreitenden kleineren, leicht zu handhabenden Rollfilm-Kameras fanden viele Fotografien leicht bekleideter Damen und auch von Paaren, die es sich auf Eisbärenfellen gut gehen ließen, ihren Weg in die Sammelalben.

Eisbärenfelle dienten also zur Projektion erotischer Fantasien und tauchten damit gelegentlich auch in der „guten" Literatur auf. Bei Richard Dehmel (1863-1920) findet sich in seinem Roman in Romanzen *Zwei Menschen* von 1903 zum Beispiel folgende Sequenz: „ ... Kaminfeuer und blauer Tag liebkosen ein hohes Damengemach, die Wärme scheint schier frühlingshell; zwei Menschen ruhn auf einem Eisbärfell ... Er schlägt das weisse Fell um sie und sich, zwei Menschen freun sich königlich ..." In Joseph Roths (1894-1939) Roman „Das Spinnennetz" kann man lesen: „... Theodor liegt auf dem warmen, weichen Eisbärfell, und neben ihm atmet schwer und laut der Prinz Heinrich. Der Prinz beißt in Theodors Fleisch ..." Selbst Thomas Mann (1875-1955) bemühte in *Wälsungenblut* ein Eisbärenfell als Schauplatz des inzestuösen Miteinanders der Zwillinge Siegmund und Sieglinde.

Explorer in Prosa

Ganz anders als obige Literaten schrieben Reisende und Forscher wie Peter Freuchen (1886-1957), Knud Rasmussen oder auch Vilhjalmur Stefansson (1879-1962) in ihrer Prosa über die Inuit, ihre Lebensweise und ihr Verhältnis zu Eisbären. Im Gegensatz zu vielen Schriftstellern, die Eisbären nur aus Zirkus und Zoo kannten, haben sie jahrelang in der Arktis gelebt. Sie reisten tausende Kilometer mit Hundegespannen und lebten mit den sie begleitenden Inuit eng zusammen, das heißt immer auch an deren Lebensweise angepasst. Dazu gehörte, von der Jagd zu leben, traditionelle Fellkleidung zu tragen und gelegentlich das nächtliche Lager mit einer Inuit-Frau zu teilen. Wie auch schon andere Reisende vor ihnen zeugten sie Kinder, die in der Arktis aufwuchsen und das Leben der Inuit führten. Allerdings bekannte sich nur Freuchen zu seinen Kindern und stellte sie sogar seinen Eltern in Dänemark vor. Rasmussen, Sohn einer Grönländerin mit dänischen und Inuit-Vorfahren, veranlasste die Mutter eines gemeinsamen Kindes, es zur Adoption wegzugeben. Man muss allerdings wissen, dass es unter Inuit eine selbstverständliche Praxis war, Kinder in andere Familien zu geben und Kinder anderer Eltern zu adoptieren, wenn es die Situation erforderte. Peter Freuchen schrieb mehrere spannende Romane und

„The biggest picture ever made": Metro-Goldwyn-Mayer-Plakat für den Film „Eskimo" (1933) nach Peter Freuchens Romanen „Der Eskimo" und „Die Flucht ins weiße Land"

Erzählungen, die sowohl in Grönland als auch in Kanada spielen und noch heute lesenswert sind, und in denen auch immer wieder Eisbären eine Rolle spielen. Sein bekanntester und erfolgreichster Roman *Der Eskimo* (1928) wurde 1933 sogar mit ihm selbst in einer der Hauptrollen verfilmt. Knud Rasmussen erlangte höchste Anerkennung für die Sammlung alter Geschichten und Mythen der arktischen Völker, die er in mühevoller und zeitaufwändiger Kleinarbeit erfragte und notierte, wobei ihm seine profunden Kenntnisse der Inuit-Sprache zugute kamen. Ohne ihn wären wohl viele dieser Geschichten, von denen manche natürlich auch von Eisbären handeln, verloren gegangen. Von Vilhjalmur Stefansson gibt es das Kinderbuch *Kak, the Copper Eskimo* von 1924, das allerdings nur in englischer Sprache verlegt wurde. Es handelt von dem kleinen Jungen Kak aus dem Volk der Copper-Inuit und seinen Erlebnissen mit einem Polarforscher aus dem Süden. Kak ist mit seinem Cousin spielend im Packeis unterwegs, als plötzlich ein riesiger, hungriger, alter Eisbär auftaucht. In allerletzter Sekunde wird der Bär von einem herbeieilenden Forscher erschossen, der mit Waffe und Kamera auf der Suche nach jagdbarem Wild oder einem schönen Fotomotiv im Eis unterwegs ist. Das Buch entstand wohl in Erinnerung an das Zusammenleben mit seinem kleinen Sohn Alex und der Verarbeitung gemeinsamer Erlebnisse. Stefansson sah jedoch seinen Sohn nie wieder, nachdem er krankheitsbedingt in den Süden fahren musste und nicht wieder in die Arktis zurückkehrte. Es ist bis heute unklar, warum er sich später kaum noch um sein Kind kümmerte. Da Alex Nachkommen hatte, ist der Name Stefansson immer noch in der Arktis verbreitet. Die Reste einer Blockhütte, in der Stefansson mit seiner Inuit-Gefährtin Pannigabluk gelebt hatte, sind noch heute vorhanden.

Kak, der Copper-Eskimo, trifft mit seinem Cousin auf einen Eisbären, Illustration von George Richards zu einem Roman von Vilhjalmur Stefansson, 1924

Neuere Prosa

Eine ganz erstaunliche Geschichte aus dem Blickwinkel des Eisbären, Isbjörn, schrieb 1955 der bekannte Reise- und Kinderbuchautor Erich Wustmann (1907-1994), dessen Bücher heute nur noch antiquarisch erhältlich sind. In *Isbjörn* ist der Eisbär nicht Objekt, sondern Subjekt der Handlung. Wustmann beschreibt den letztendlich erfolgreichen Überlebenskampf eines jungen Eisbären gegen die raue Natur und eine Gruppe von weißen Jägern aus dem Süden. Es ist beachtenswert,

wie genau und detailliert Wustmann verstand, sich in die Lebensgewohnheiten der Eisbären und ihre „Psyche" einzudenken. Neben vielen Fotos enthält das Buch übrigens sehr schöne Illustrationen von Erik Mailik (1907-1990). Vielleicht findet sich ja gerade jetzt – Stichwort: Erwärmung der Arktis – ein Verlag, der dieses außergewöhnliche und schön gestaltete Buch wieder auflegt. Außer Mailik gibt es viele andere bekannte Künstler, die sich der Illustration von Büchern über Tiere gewidmet haben. Dazu gehört auch Heinz Rammelt (1912-2004), der als Illustrator für viele Bücher und Magazine tätig war. Rammelt arbeitete eng mit dem Berliner Tierpark und dem Leipziger Zoo zusammen.

Aus dem Jahr 1994 stammt der Roman *Die Farben des Eises* von Audrey Schulman (geb. 1963). Ihr Roman beschreibt die Erlebnisse einer Fotografin in Churchill, Manitoba, die als Mitglied eines kleinen Expeditionsteams Eisbären fotografieren und filmen soll. Um den Bären möglichst nahezukommen, fährt die Gruppe mit einem Spezialfahrzeug unter Leitung eines Inuit-Guides in die weitere Umgebung Churchills. Dort sollen Fotografin und Kameramann in einem metallenen Käfig die Reaktionen der Eisbären auf die Eindringlinge studieren und für ein Fotomagazin dokumentieren. Bereits in Churchill wird die Fotografin nachts von einem Bären angefallen und überlebt nur knapp durch einen höchst dramatisch-komischen Zufall. Als die Gruppe den Einsatzort erreicht, scheint zunächst alles wie geplant abzulaufen. Trotz der extremen Witterungsbedingungen werden erste spektakuläre Begegnungen mit Eisbären dokumentiert, bis plötzlich die Stromversorgung des Spezialfahrzeuges zusammenbricht. Die Temperatur in der Kabine erreicht bereits nach kurzer Zeit den Gefrierpunkt und mit dem Funkgerät lässt sich nur noch ein kurzer Spruch absetzen, der jedoch von den Empfängern, die nicht im nahen Chuchill, sondern im hunderte Kilometer weit entfernten Neufundland sitzen, nicht als Notruf ernst genommen wird. Der Gruppe bleibt nur der Versuch, trotz der umherstreunenden Eisbären zu Fuß Churchill zu erreichen. Das gelingt letztendlich nur der Fotografin, dank der selbstlosen Aufopferung des erfahrenen Guides, der selbst nur wenige Kilometer vor Churchill verletzt zurückbleiben muss.

Der Eisbär in der Musik

Sogar in Rocksongs tauchen gelegentlich Eisbären auf. Das bekannteste Beispiel dürfte das Lied *Eisbär* der Schweizer Neue Deutsche Welle-Band Grauzone aus dem Jahr 1980 sein. In dem „sinnigen" Text wird erklärt, dass man doch gern ein Eisbär wäre, denn die müssten ja nie weinen. Auch von der englischen Gruppe Queen gibt es einen Song mit dem Titel *Polar Bear*, in dem ein Eisbär in ein Schaufenster gesetzt wurde, vermutlich um mit seinem Lächeln Kinder anzulocken – denn er ist nicht verkäuflich.

Die isländische Sängerin Björk ist für ihr besonderes Verhältnis zu Eisbären bekannt. In dem Video zu ihrem Song *Hunter* von der CD *Homogenic* verwandelt sich die barhäuptige Björk teil- und zeitweise in einen computeranimierten Eisbären. Diese Verwandlungsszenen erinnern an die Transformationen zwischen Mensch und Eisbär, wie sie aus der Mythologie der Inuit bekannt und häufiger Gegenstand ihrer Kunst sind. Der Fotograf John Baptiste Mondino porträtierte Björk einmal in einem weißen Kleid vor einem aufgerichteten ausgestopften Eisbären stehend. Beide strecken ihre Arme, Finger beziehungsweise Krallen weit von sich. Björk hat den Mund zu einem lautlosen Schrei aufgerissen, der Bär dagegen zeigt seine scharfen Zähne.

Es gibt sogar Bands mit dem *Polar Bear* im Namen, auch verschiedene Songs, die ähnlich wie bei Grauzone die Aktualität des Themas Eisbär nutzen, ohne jedoch damit relevante Aufmerksamkeit zu erreichen. In einigen Kinderfilmen und TV-Shows wurden wenig sinn- und gehaltvolle Lieder zum Thema Eisbär gesungen, von der zumeist niveaulosen Gebrauchsmusik in der Werbung mit Eisbären ganz zu schweigen. Es gäbe eigentlich ein großes Betätigungsfeld für Musiker und Komponisten, um Kinder (und Erwachsene) für die Arktiserwärmung und die Gefahren für Mensch und Tier musikalisch zu sensibilisieren!

„Ich möchte ein Eisbär sein": Plattencover der Schweizer Band „Grauzone", 1980

Linke Seite:
Illustration von Erik Mailik in dem Buch „Isbjörn" von Erich Wustmann (oben)
Lithographie von Heinz Rammelt

Kapitel 7
Eisbären in Werbung und Kampagnen

Eisbären müssen für einiges
herhalten: Bierkiste einer
kanadischen Biermarke

Eisbären in Werbung und Kampagnen

Es ist schwer zu sagen, wann die Vereinnahmung der Eisbären für menschliche Interessen begann. Vermutlich bereits bei den ersten Kontakten der Europäer mit den „weißen Riesen": Die Bären, oder auch ihr Fell, waren ein nobles Geschenk für kirchliche und weltliche Fürsten; die Präsentation von Eisbären vor Publikum diente der Demonstration von Macht, der Befriedigung von Neugier und später auch von anderen Gelüsten (→ unten). Das alles hatte natürlich nichts mit der Achtung vor dem Eisbären als „König der Arktis" zu tun, auch nichts mit dem Schutz seiner natürlichen Umgebung oder der Erhaltung seiner Art, sondern es diente allein den politischen und monetären Interessen einer Minderheit.

Eisbären in der Werbung

Wir Menschen verhalten uns oft egozentrisch und ignorieren, dass wir nur ein Teil der Natur sind. Wir halten uns für berechtigt, die natürlichen Ressourcen für unsere eigenen Bedürfnisse ausnutzen und ausbeuten zu können. Die negativen Folgen für die Natur und damit auch für uns werden nicht erkannt, verdrängt oder heruntergespielt. Vielen scheint der Zusammenhang von Ursache und Wirkung nicht geläufig zu sein. Diese Sorglosmentalität spiegelt sich auch in der Werbung wider, die sich den Eisbären zu Nutze macht. Je nach Zielgruppe und Zweck soll er den Verkauf einer Vielzahl von sehr unterschiedlichen Produkten befördern und wird dabei als Symbol für den Norden und die Arktis, für Eis und Schnee eingesetzt. Oft stellt man die Bären verniedlicht und vermenschlicht dar und verschweigt ihre Wildheit, denn nur sehr selten werden Bären mit blutigem Fell beim Fressen gezeigt. Besonders fragwürdig ist es, wenn Energiekonzerne, die großen Anteil an der Zerstörung der natürlichen Umwelt dieser Tiere haben, mit

Grußpostkarte: „Bonne Année" (oben) Rechte Seite: Gordon Mackay, General catalog no. 60 (1922): Ein Eisbär wirbt für Handschuhe

Eisbären für günstige Gaspreise werben. Peinlich berührt es, wenn ein Getränkekonzern auf einem Kinderspielplatz im Berliner Tierpark mit der großflächigen Abbildung eines Eisbären auf einem Automaten für ungesunde und überteuerte Getränke wirbt. Geradezu dümmlich sind die Werbespots des gleichen Konzerns, bei denen Eisbären und Pinguine, deren Lebensräume in Arktis und Antarktis denkbar weit auseinanderliegen, gemeinsam am gleichen Ort auftreten, um für Getränke zu werben. Als Geste an den Umweltschutz wurde in dieser Werbung wenigstens darauf verzichtet, Getränke in Büchsen anzupreisen, die natürlich trotzdem im Angebot sind. Den Kronkorken der Flasche bekommt dann ein Schneemann als Nase verpasst – was lustig sein soll, aber die Frage aufwirft, was damit eigentlich geschieht, wenn der Schneemann geschmolzen ist.

Beispiele für gedankenarme Werbung mit Eisbären gibt es zuhauf: für Eiscreme, für alkoholische und nicht-alkoholische Getränke, auch für sogenannte „bärenstarke" Geldanlagen – dies mit gratis Stoffeisbären; und selbst für Gebäudetrocknung und Schimmelsanierung wirbt eine Firma in Österreich mit dem Namen Eisbär. Fast genauso einfallslos ist die Werbung mit Abbildungen von Eisbären für Reisen ins Hochgebirge, für einen Eishockeyklub oder für das Winterbaden; sehr weit hergeholt die Werbung mit Eisbären für Eistee oder Hustenbonbons; und selbst für BHs wurde aus unerfindlichen Gründen schon mit Eisbären geworben.

Als Beispiel für die manchmal unbegrenzte Gedanken- und Ideenlosigkeit gewisser Werbetexter mag die folgende Werbung für Speiseeis dienen, unter dem Motto „Mittwoch gewinnt". Kommentare zu diesem Schwachsinn erübrigen sich:

Getränkeautomaten im Tierpark Berlin

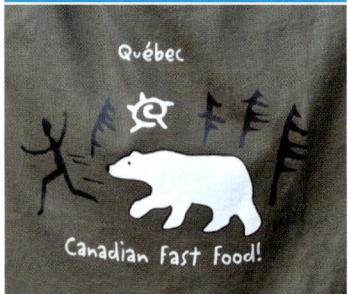

Québec

Canadian Fast Food!

Canadian Polar Bear in Snow Storm

Beispiele kanadischer Eisbärvermarktung:
T-Shirt-Aufdruck (oben)
Kühlschrankmagnet

Heute zu gewinnen: Das „Tag des Eisbären"-Paket

Liebe Polarfüchsinnen und Polarfüchse, heute feiern wir das größte an Land lebende Raubtier! US-amerikanische Zoos haben diesen Feiertag im Jahr 2004 ins Leben gerufen, die weißen Riesen werden heute so richtig verwöhnt und genau das haben wir auch mit euch vor:

Statt einer Extraportion Fisch, gibt es heute ein „…….. Baked Alaska"-Schlemmerpaket, mit acht großen Packungen „…….. Ice Cream", zu gewinnen.

Wer noch nie Eisbären gesehen hat, nimmt dieses Eis zur Hand. Und verleibt sich die Vanille Eiscreme mit Marshmallow Sauce und knackigen, weißen Polarbären ein.

Und so funktioniert es: Schickt uns einfach eine Mail mit einer kurzen Begründung, warum gerade ihr diese Köstlichkeit gewinnen müsst…..

Kaum gehaltvoller ist eine riesige Anzahl von Büchern für Kinder und Erwachsene, die auf der jeweils aktuellen „Eisbären-Welle" reiten und einen einzigen Zweck verfolgen: Profit. Diese Bücher liegen gemeinsam mit Kartenspielen, Postkarten und lieblos zusammengestellten Kalendern mit Eisbärenmotiven in Andenkenläden, Museums-Shops und Zeitungskiosken herum. Zu einer ähnlichen Kategorie gehören Abzeichen, Aufkleber, Kühlschrankmagnete, Kitschpostkarten und auch manche Briefmarken; witzig und intelligent gemachte Eisbär-Objekte sind deutlich in der Minderheit.

Immerhin gibt es auch Bücher, Kalender usw., die sich informativ und mit ästhetischem Anspruch mit der Natur und dem Schutz der Eisbären und ihres Lebensraumes auseinandersetzen. Auch ein Spielzeug-Eisbär kann natürlich ein sinnvolles Objekt für Kinder sein und von der Vielfalt unserer Welt erzählen – die Grenze zum kitschigen Vorgaukeln einer romantischen Welt, die es nie gegeben hat, ist aber schnell überschritten.

Politische Propaganda?

Selbst für politische Propaganda bediente man sich des Eisbären. Die französische Organisation von „Freiwilligen gegen den Bolschewismus" (*Légion des Volontaires français contre le bolchévisme*), die von den Nazis im Zweiten Weltkrieg an der Ostfront eingesetzt wurde, benutzte die Abbildung eines Eisbären auf einer Briefmarke, um das Ziel

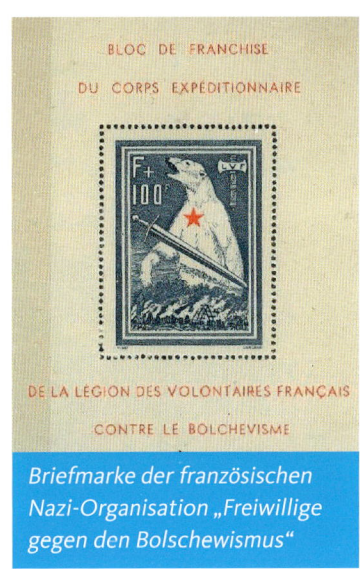

5

Коба - счастье народное!
(125-летию Сосо посвящается)

Coco·Коба

Satirische Internet-Kampagne zum 125. Geburtstag von Stalin und Coca-Cola

BLOC DE FRANCHISE
DU CORPS EXPÉDITIONNAIRE

F+ 100

DE LA LÉGION DES VOLONTAIRES FRANÇAIS
CONTRE LE BOLCHEVISME

Briefmarke der französischen Nazi-Organisation „Freiwillige gegen den Bolschewismus"

ihrer Angriffe kenntlich zu machen. Genau am Ort des Herzens befindet sich ein roter Stern als Zielmarke. Allerdings ist der „russische Bär" bekanntermaßen ein Braunbär und kein Eisbär.

Eine russische Anzeige, die vermutlich die Gedankenwelt der Werbeindustrie und ihre Methoden satirisch aufs Korn nimmt, spielt mit den jeweils 125. Geburtstagen von Stalin und Coca-Cola. Ein Eisbär mit den Gesichtszügen Stalins und in dessen bekannter weißer Uniform mit den unvermeidlichen Orden und Ehrenzeichen, hält ein Schild mit den Symbolen der untergegangenen Weltmacht „Hammer und Sichel" und der Inschrift Coco-Коба hoch. Es handelt sich hier um ein Wortspiel mit dem Namen des Getränkes, denn die Transliteration der kyrillischen Buchstaben, ergibt den Spitznamen Stalins als Kind, Soso, und seinen Tarnnamen in der Illegalität, Koba. Damit es auch der letzte Russe versteht, enthält die Anzeige noch zwei erläuternde Sätze: „Коба - счастье народное!" (Koba – Glück des Volkes!) und „125 летию Сосо посвящается" (125 Jahre Hingabe an Soso). Eine ungewöhnliche Grafik, denn der Diktator Stalin ist bekanntlich für den Tod von mehreren Millionen Menschen verantwortlich.

Das Phänomen Knut

Was macht eigentlich den ungeheuren medialen Erfolg des kleinen Eisbären aus, oder besser gesagt, wer alles benutzte das „süße" kleine Bärenjunge Knut, um mit seiner Vermarktung kommerziellen Erfolg zu haben? Der Berliner Zoologische Garten begann zunächst mit der üblichen Verteilung von Fotos des am 5.12.2006 geborenen Eisbären an die Presse. Im Februar 2007 hatte die wöchentliche Berichterstattung in den lokalen Medien bereits begonnen, obwohl man sich noch nicht darüber im Klaren war, welche ungeheure Marketingmaschinerie bald über ganz Deutschland rollen würde. Dann bemächtigte sich die einschlägige „Yellow Press" des Themas und versorgte die Öffentlichkeit fast täglich mit mehr oder weniger aufregenden Geschichten um den niedlichen Knut und seinen Pfleger, denn selbst dieser wurde zu einem Medienstar gemacht, als man merkte, dass sich die Geschichten um den kleinen Bären und seinen großen „Freund" besonders gut verkaufen ließen.

Zur offiziellen Vorstellung Knuts durch den damaligen Umweltminister Gabriel und den Zoodirektor am 23.3.2007 waren angeblich 500 Medienvertreter aus dem In- und Ausland angereist. Was für ein gigantischer Aufwand für einen kleinen Bären! Die ganze Sache wurde zu einem Selbstläufer. Am Tag nach der ersten Vorstellung Knuts stürmten die Berliner zu Tausenden den Zoo. Innerhalb weniger Tage verdoppelten sich die Besucherzahlen, und selbst der Kurs der Zooaktie stieg um 80%, obwohl die Namensaktien des Berliner Zoos zur Spekulation wahrlich nicht geeignet und schon gar nicht dafür gedacht sind. Sogar die Post gab einen Ersttagsbrief heraus, um mitzuverdienen.

Die Verkaufszahlen der Printmedien dürften mit jeder Fotogeschichte und jedem Stimmungsbericht über Knut weit über das übliche Maß angestiegen sein. Und nicht nur das: Schon in der ersten Aprilwoche 2007 gab es kleine kuschelige Eisbären mit Zoo- und Knut-Logo zu kaufen. Die Markenrechte hatte sich der Zoo klugerweise längst gesichert und verdiente mit. Es folgten die üblichen Merchandising-Podukte wie Ansichtskarten, Tassen, T-Shirts, Sticker, Bücher, DVDs, Gummibärchen usw. Die Volksbank gab EC-Karten mit einem Bild von Knut heraus, und man konnte Logos, Bilder und Klingeltöne aufs Handy laden, obwohl der Smartphone-Boom damals gerade erst begann. Jeder wollte mitverdienen – und mancher tut das heute noch, obwohl der Eisbär schon lange nicht mehr am Leben ist.

Der Medienstar Knut wurde sogar von der berühmten US-amerikanischen Fotografin Annie Leibovitz fotografiert, und er schaffte es immerhin gemeinsam mit dem Schauspieler Leonardo DiCaprio auf den Titel des New Yorker Magazins Vanity Fair. Hier standen die beiden scheinbar gemeinsam auf einer Eisscholle in der Arktis. Das war allerdings eine Fotomontage, denn Knut hatte Berlin nie verlassen, und der Schauspieler war an der Gletscherlagune Jökulsárlón im Süden Is-

Kampagne der Tierschutzorganisation PETA

Nr. 080401 FIRST DAY COVER ETABO

Ersttagsausgabe einer Briefmarke mit Knut-Abbildung

lands fotografiert worden – nicht gerade im realen Lebensumfeld von Eisbären.

Jeder wollte mit dem kleinen Eisbären sein Geschäft machen, alle wollten mitverdienen oder anderweitig Nutzen daraus ziehen: der Zoo, die Medien, die Merchandising-Industrie, die Politik, die Klimaschützer und auch die Tierrechtler. Wenn es nicht um direkte Umsätze ging, waren zumindest Spenden und Wählerstimmen willkommen.

Die einschlägige Industrie war begeistert von den Verkaufserfolgen und die Kinder von dem niedlichen, kuscheligen, kleinen Bären, der den Pferden, Katzen, Hunden oder anderen Tieren den Rang ablief. Überraschend jedoch war der hohe Anteil an enthusiastischen Frauen, teilweise im fortgeschrittenen Alter, unter den Menschen, die sich allein oder in Gruppen am Gehege Knuts aufhielten und jede Aktivität von Eisbär und Betreuer kommentierten, fotografierten und natürlich auch filmten. Man kann dieses besondere Interesse vielleicht mit der erfolgreichen „Teamarbeit" von Mann und Tier erklären: Der sympathische Pfleger Thomas Dörflein mit Bart und gelegentlichem Zopf

Todes-Anzeige

Der Medienrummel um Knut hatte einen Vorgänger. Schon vor über 100 Jahren gab es eine ähnliche mediale Aufregung. Der Frankfurter Zoo hatte 1880 zwei Eisbären erworben, von denen der eine bald starb, wohingegen der andere noch das neue Jahrhundert erlebte. Mit diesem Bären war es zu einem tragischen Unfall gekommen, als sich eine junge Frau, Karoline Wolf, am 23. Juni 1891 ihrer Sachen entledigte und sich in das Eisbärengehege hinunterließ. Der Bär zögerte nicht lange und tötete den unerwünschten Eindringling, die Wärter waren machtlos. Als der Eisbär 12 Jahre später starb, veröffentlichten „Spaßvögel" eine makabre Postkarte.

„Ausstopfung in aller Stille"

schien die Herzen mancher Frauen erobert zu haben; die entsprechende reißerische Berichterstattung der Medien, besonders nach dem plötzlichen tragischen Tod des Pflegers im September 2008, scheint diese Vermutung zu bestätigen (→ Kapitel Eisbären in Zoo und Zirkus).

Das Interesse an Knut ging etwas zurück, als aus dem niedlichen Baby ein fast ausgewachsener Eisbär geworden war. Erst mit seinem unerwarteten Tod und der bald darauf verkündeten Entscheidung, ihn als eine sogenannte Dermoplastik mit echtem Fell und Glasaugen im Berliner Naturkundemuseum auszustellen, rollte eine neue Welle der Berichterstattung und erregter Kommentare durch die Medien. Ihren Höhepunkt erreichte sie mit der fast sakralen Präsentation der Skulptur hinter Glas im Foyer des Museums im Februar 2013.

Autonummernschild in Nunavut

Gibt es eine positive Vereinnahmung?

Niemand wird es befremdlich finden, wenn Inuit ihr Leben in der Arktis symbolisch mit Eisbären verbinden und deshalb Bilder dieser Tiere in ihren Zeitungen, Plakaten, auf den Flugzeugen ihrer Airlines, auf den Nummernschildern ihrer Autos usw. verwenden. Auch als Symbol für Forderungen von Inuit, Umweltschutzorganisationen und Wissenschaftlern zum besseren Schutz der arktischen Natur oder von Tierrechtlern und Tierschutzorganisationen zur Intensivierung des Artenschutzes dürften Abbildungen von Eisbären kaum Widerspruch erregen, nicht einmal, wenn Inuit für ihre Jagdrechte eintreten. und mit Eisbären werben, denn auch dies hat einen direkten Bezug zu ihrem Anliegen. In ihrer Kampagne sagen die Eisbären „We're ok!" (Uns geht es gut!), die Inuit sind nämlich der Auffassung, dass die Populationen gar nicht geschwächt sind, sondern sich in einem exzellenten Zustand befinden.

Eisbären-Motive auf Münzen und Briefmarken führen kaum zu Kontroversen, wenn sie auf die Situation der Eisbären in der sich erwärmenden Arktis aufmerksam machen – obwohl die Herausgabe von Eisbären-Briefmarken durch Nationen wie Mali, Benin und der Mongolei kaum andere als kommerzielle Absichten verraten.

Fragwürdig erscheinen uns auch manche Kampagnen der Tierschutzorganisation PETA, so zum Beispiel, wenn sich eine Fernsehprominente gemeinsam mit einer Eisbärenattrappe und dem Spruch „Wenn ich könnte, würde ich Eisbären aus dem Zoo tragen!" abbilden lässt. Denn es bleibt die Frage: wohin denn dann mit den Eisbären? Wer sich mit der Lebensweise der Eisbären beschäftigt, weiß genau, dass man diese Tiere nicht auswildern kann. Es bleibt unklar, welche Aussage hier transportiert werden sollte, und man gewinnt den Eindruck, dass PETA hier nur auf der Knut-Welle mitschwimmen wollte.

Biber oder Eisbär? Der Streit um das nationale Symbol Kanadas

Vor zwei Jahren machte die kanadische Senatorin Nicole Eaton Schlagzeilen, als sie öffentlich vorschlug, den Biber, das „Nationaltier" Kanadas, durch den Eisbären zu ersetzen. Schließlich sei der Biber ein unschönes und zudem lästiges Tier, das nur Schaden verursache; der Eisbär hingegen ein großartiges, majestätisches Tier, seit Jahrtausenden als König der Arktis bekannt und berühmt, voller Kraft, Einfallsreichtum und Würde. Als Repräsentant für das Ethos der Nation sei er viel besser geeignet.

Natürlich gab es in der Öffentlichkeit sogleich ein Für und Wider. Erst 1975 war der Biber zum offiziellen Symboltier Kanadas ernannt worden. Seine Verteidiger führten an, dass Kanadas Geschichte in den letzten Jahrhunderten ohne den Biber völlig anders verlaufen wäre. Man erinnerte an die bärtigen Männer in Fellkleidung, die mithilfe ihrer Kanus in die nahezu undurchdringliche Wildnis gelangten, ihre Fallen aufstellten und dann Kanuladungen voller Pelze zu den Handelsposten der Hudson's Bay Company brachten. Es war tatsächlich vor allem die in Europa bestehende Nachfrage nach Biberpelzen, die schließlich zur Erkundung und Erforschung des Binnenlandes, und zu seiner Öffnung und Besiedlung durch Einwanderer aus Europa führte: Kanada als Nation, die sich auf den Pelzhandel gründet. Der dichte, wasserabweisende Unterpelz der Biber wurde als Material vor allem für Hüte geschätzt, und in Europa waren diese Tiere schon seit dem 16. Jahrhundert nur noch in einigen isolierten Gebieten zu finden. Als nun bis zu zweihunderttausend Pelze jährlich aus Nordamerika importiert wurden, verschwand auch dort der Biber aus vielen Regionen.

Vielleicht ist es der jungen Mohawk-Indianerin Gertrude Bernhard, genannt Anahareo, zu verdanken, dass er nicht völlig ausgerottet wurde. Die zweite Frau des berühmten Fallenstellers Grey Owl (eigentlich Archibald Stansfeld Belaney) zog 1928 zwei verwaiste Biber auf. Damit leitete sie nicht nur eine Wende für den Beruf ihres Mannes ein, der schließlich die Biberjagd aufgab und zum aktiven Naturschützer wurde; vielleicht ist es letztendlich ihren Impulsen zu verdanken, dass der Biber nicht mehr nur als jagdbares und gute Erträge bringendes Tier betrachtet wurde, sondern auch als erhaltenswerte Spezies, und dass in Kanada vielerorts wirksame Schutzmaßnahmen eingeleitet wurden.

Was nicht heißt, dass alle Kanadier die Biber lieben; besonders Farmer beklagen bibergemachte Schäden wie überflutete Wiesen und Äcker; Waldeigentümer empören sich über von Bibern gefällte Bäume … Doch die seriöse Wissenschaft hat mittlerweile analysiert, dass die sogenannten „Schäden" eigentlich Nutzen bringen: Denn die Biber tragen dazu bei, die Auswirkungen von Trockenperioden abzumildern, und ihre „Arbeit" bringt auch Vorteile für den Grundwasserhaushalt. Das Biberfell ist immer noch ein beliebter Handelsartikel. Allein 2010 wurden in Kanada fast 140.000 Felle abgeliefert und damit ein Umsatz von insgesamt mehr als 2 Millionen Dollar erzielt.

Wie aber steht es damit beim Eisbären? Der von der Senatorin Eaton erwünschte Repräsentant der kanadischen Nation ist in diesem Land ebenfalls Jagdobjekt; er wurde im gleichen Jahr zwar „nur" 259 mal getötet; die Felle erbrachten ca. 665.000 Dollar, d. h. pro Pelz rund 2.500 Dollar, wobei die Spitzenwerte im fünfstelligen Bereich liegen. Wie sieht die Zukunft des Eisbären aus? Der Zustand der Populationen und die Perspektive der Spezies werden ebenfalls äußerst kontrovers diskutiert, nicht nur in der Politik, sondern auch unter den Inuit und den Wissenschaftlern. Was wäre aber, wenn Eatons Kanada-Symbol aufgrund der dramatischen Umweltveränderungen gerade in der Arktis bereits innerhalb weniger Jahrzehnte oder gar Jahre aussterben würde? Offensichtlich besteht für die kanadische Politik akuter Handlungsbedarf eher darin, den König der Arktis und sein Habitat tatsächlich und nachhaltig zu schützen, als ihn mit leeren Worten hochzustilisieren.

Statussymbol, Frivoles und Amouröses

War es nicht schon traurig genug, als Kaminvorleger in einem europäischen Mittelstands-Haushalt zu enden, der von nichts anderem kündete, als von der Gedankenlosigkeit seines Besitzers und bestenfalls als Statussymbol geeignet war? Nein, das war nicht genug, denn diese „armen" Eisbären dienten bei manchen Leuten zur Projektion seltsamer sexueller Fantasien. Es lassen sich im Internet viele Postkarten mit Darstellungen von mehr oder weniger bekleideten Damen auf Eisbärenfellen und mit etwas größerem Aufwand auch noch freiere Darstellungen finden. Über die Liebhaber dieser Bilder lässt sich nur spekulieren; vielleicht waren es gutbürgerliche Herren aus puritanischem Milieu, oder solche mit sehr speziellen Vorlieben? Eine andere Zielgruppe dürften pubertierende männliche Jugendliche gewesen sein, denn auf diesen Postkarten und Fotografien posierten nicht nur unbekannte Damen, sondern auch Schauspielerinnen, Sängerinnen oder Mannequins, wie Joan Collins in einem roten Kimono auf einem Bärenfell liegend, Carroll Baker einen mächtigen Eisbärenschädel umarmend, Marlene Dietrich im goldenen Abendkleid und auch Marilyn Monroe, die sich auf einem Eisbärenfell liegend in einem Geschäft für Tierfelle und -präparate ablichten ließ. Selbst Stars aus jüngerer Zeit, wie Jane Birkin und Kate Moss, zögerten nicht, sich mit Eisbärenfellen fotografieren zu lassen, obwohl der Schutz gefährdeter Tierarten längst auf der Tagesordnung stand. Das Bild des österreichischen Graphikers Robert Sedlacek zeigt einen speziellen Aspekt: Es ist der „männliche" Blick eines Herrn im Frack auf seinen Besitz: Eine leicht bekleidete Dame, die sich, ein Eisbärenfell umarmend, provozierend auf dem Fußboden rekelt. Macht und Gier gingen hier eine merkwürdige Allianz ein – auf Kosten des Eisbären.

„Brumme nicht!"

Kapitel 8
Reisen zu Nanook

Mit dem niederländischen Schoner Noorderlicht nach Spitzbergen

Reisen zu Nanook

Beginn des Arktis-Tourismus

Die ersten touristischen Reisen in die Arktis im frühen 19. Jahrhundert fanden aus Interesse an der Jagd, der arktischen Natur oder der Entdeckungsgeschichte statt. Nur wenige Reisende waren in der Lage, eigene touristische Expeditionen auszustatten, die meisten schlossen sich gegen Kostenbeteiligung oder unentgeltliche Arbeitsleistung den Mannschaften von Walfängern oder anderen Schiffen an. Als erster Spitzbergen-Tourist gilt Barto von Löwenigh, Bürgermeister aus Burtscheid bei Aachen, der 1827 eine Reise nach Spitzbergen unternahm und darüber 1830 sogar ein Buch veröffentlichte. Er charterte in Hammerfest das Schiff des russischen Konsuls und fuhr nach einem Stopp auf der Bäreninsel nach Spitzbergen. Mehrfach traf die Besatzung auf Siedlungen russischer Altgläubiger, die laut von Löwenigh die eigentlichen Bewohner Spitzbergens waren, denn anders als die holländischen Walfänger überwinterten sie dort sogar. Sie jagten hauptsächlich Walrosse und Robben, aber auch Rentiere, Füchse und Eisbären. Von Löwenighs Mitreisender, der bekannte norwegische Geologe Baltazar Mathias Keilhau, verfasste einen bis heute viel beachteten wissenschaftlichen Reisebericht. Ein auf Spitzbergen erjagter Eisbär wurde später dem Museum der Universität von Kristiania (Oslo) übergeben.

Es war der Wismarer Wilhelm Bade (1843-1903), der als erster das Potential von Spitzbergen als touristisches Reiseziel erkannte. Bade hatte nach eigenen Angaben schon als junger Mann Arktiserfahrungen gesammelt und dann 1869/70 an der *Zweiten Deutschen Nordpolexpedition* unter Leitung von Carl Koldewey (1837-1908) teilgenommen. Bade fuhr damals als Zweiter Offizier unter Kapitän He-

„Reise nach Spitzbergen" von Barto Löwenigh, Buchtitel von 1830

gemann auf der *Hansa*, die bald von der *Germania* und Koldewey getrennt und am 19.10.1869 vom Eis zerdrückt wurde. Die Mannschaft konnte sich auf eine Eisscholle retten und trieb dann fast acht Monate mit dem Eis entlang der Ostküste Grönlands in Richtung Süden, bis sie bei der Missionsstation der Herrnhuter Brüdergemeine in Friedrichstal wieder festen Boden erreichte. Die gesamte Mannschaft hatte diese lebensgefährliche Reise überlebt.[1]

Von Wilhelm Bade auf seinen Spitzbergenreisen zur Verfügung gestellte Postkarte, 1898

Bade, der ein ausführliches Tagebuch verfasst hatte, ging nach seiner Rückkehr in Deutschland zunächst auf Vortragsreisen, um über die Ereignisse der Expedition zu berichten, bis er wieder zur See fuhr. 20 Jahre nach der gescheiterten Grönland-Expedition reiste Bade als Expeditionsleiter der Württembergischen Spitzbergen Expedition nach Spitzbergen, um gemeinsam mit Wissenschaftlern und Seeleuten das wirtschaftliche Potential der Inselgruppe zu erkunden. Ganz anders als ursprünglich beabsichtigt, ist ihm wohl auf dieser Reise die Idee zur Gründung eines touristischen Unternehmens gekommen: „Reisen nach Norwegen und Spitzbergen mit dem Polarfahrer Capt. Wilhelm Bade". Von 1893 bis 1902 führte Bade dann Spitzbergen-Expeditionen für zahlungskräftige und teilweise auch illustre Kunden durch. Zweck der Reisen war nicht nur das Erleben der arktischen Natur, sondern auch die Jagd und der Besuch von Walfangstationen. An der ersten Reise 1893 mit dem Dampfer Admiral nahmen immerhin siebzig Passagiere teil. Für die Fahrt mit der Erling Jarl im Jahr 1896 warb Bade mit dem geplanten Ballonflug der Schweden Andrée, Ekholm und Strindberg, die von Spitzbergen aus den Nordpol erreichen wollten. Der Start musste allerdings infolge ungünstiger Windverhältnisse auf das folgende Jahr verschoben werden (→ Kapitel Eisbären in der Kunst).

Einer der Mitreisenden war der Schweizer Landschaftsmaler Hans Beat Wieland (1867-1945), der im Auftrag der *Leipziger Illustrirten Zeitung* den Abflug Andrées dokumentieren sollte. Von Wieland stammt eine Reihe von Gemälden und Aquarellen der Landschaften des Archipels. Eines seiner Aquarelle vom Smeerenburg-Gletscher im Nordwesten Spitzbergens mit einem Eisbären auf einer Eisscholle im Vordergrund nutzte Wilhelm Bade seit 1897 auf einer Postkarte zur Werbung für seine Reisen. Schon die 1896 verwendete Postkarte hatte die Abbildung eines Eisbären gezeigt. Wilhelm Bade stellte für seine Touristen auch spezielle Vignetten, allerdings ohne Eisbär-Motiv, und Positionsstempel der angesteuerten Örtlichkeiten zur Verfügung. Die sogenannten „Bade-Karten" samt Vignetten und Stempeln gehören heute zu den gesuchten Zeugnissen der frühen Polarpost und werden für mehrere hundert Euro gehandelt. Es ist aber nicht allein der Preis dieser Karten, der ihre Bedeutung ausmacht, sondern auch der Umstand, dass mit ihrer Hilfe die Details der frühen touristischen Spitzbergenfahrten rekonstruiert werden konnten.[2]

Hans Beat Wieland fuhr auch 1897 wieder mit Bade nach Spitzbergen in der Hoffnung, diesmal mehr Glück mit seinem Dokumentationsauftrag zu haben, doch erreichte das Schiff die Virgo Bay auf Danskøya zu spät, um noch den Abflug von Andrées Ballon beobachten zu können. Die Touristen erfuhren nicht, dass der Ballon Andrées inzwischen abgestürzt war. Andrée, und seine beiden Mitreisenden hatten den Absturz zunächst überlebt und dann versucht, sich über das Eis in Richtung Süden zu retten. Auf diesem Marsch kamen sie dann zu Tode. Erst 33 Jahre später fand man ihre Leichname auf einer kleinen Insel im Nordosten Spitzbergens.

Im Vordergrund der Arktisreisen Bades standen damals noch nicht die Eisbären als „Könige der Arktis"; sie wurden „nur" als jagdbares, wenn auch für den Menschen gefährliches Wild und vor allem als Trophäe angesehen. Dass die Jagd im 20. Jahrhundert fast zur Ausrottung der Eisbären in Nordeuropa führte, war noch nicht abzusehen. Eisbären zu jagen war etwas so Selbstverständliches, dass Bades Mitreisende nur wenig über das Zusammentreffen mit Eisbären berichteten. Im Jahr 1900 fuhr Wilhelm Bade mit einer Reisegesellschaft zum ersten Mal nach Franz-Josef-Land, einem Archipel östlich von Spitzbergen, der erst 1873, also nur wenige Jahre zuvor, entdeckt worden war. Über diese Exkursion gibt es einen Brief eines Mitreisenden, der auch von Zusammentreffen mit Eisbären berichtet, das für diese tödlich endete:

... Am 25.d.M. hatte ich vor Fr.Jos.Land auf dem Eis das Glück, meinen ersten Eisbären zu schießen. Ich hoffe, ihn Ihnen bei Gelegenheit zu zeigen, wenn er ausgestopft ist ... Gestern abend fiel Bär Nr. 2, geschossen von einem Italiener ... So sind wir jetzt auf dem Weg nach Spitzbergen, Hopen-Insel und hoffen dort weitere Bären zu schießen und Rentiere ...[3]

Es gibt einige Reiseberichte von Teilnehmern an Bades Spitzbergen-Fahrten[4]. Diesen Büchern ist zu entnehmen, dass nur selten Eisbären beobachtet werden konnten, da sie sich im Sommer auf das Packeis im Norden und Osten Spitzbergens zurückgezogen hatten. Im Ge-

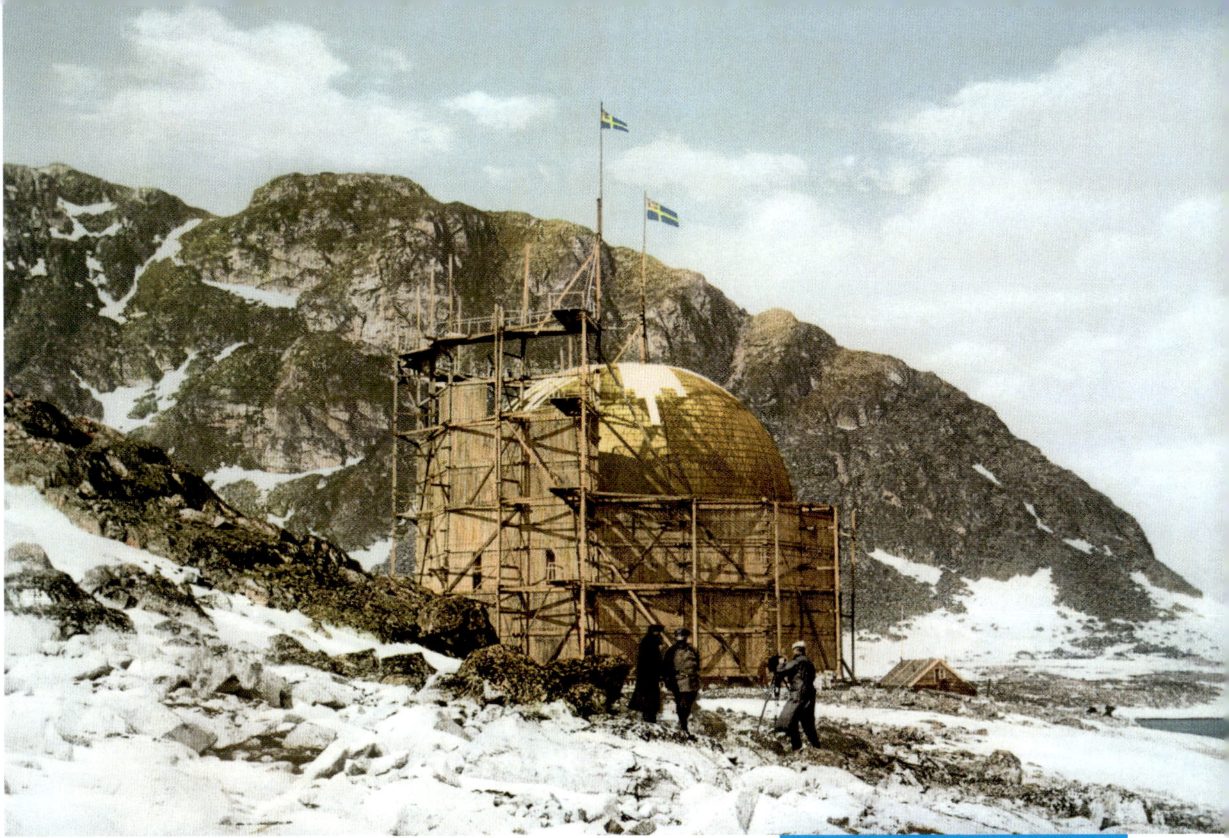

Andrées Ballonstation auf Danskøya, Spitzbergen, 1897
Unten: Vignette „Arktische Post, Cap. W. Bade“

gensatz dazu berichtete Ludwig Amadeus von Savoyen, Herzog der Abruzzen, in seinem Bericht über eine Expedition nach Franz-Josef-Land und zum Nordpol – *Die Stella Polare im Eismeer*, Leipzig, Brockhaus 1903 – über vielfache „Jagderfolge“: „Die Bärenjagd ist sehr leicht ... Kein Bär konnte uns entgehen ... Wir schossen viele Bärinnen, oft mit zwei Jungen ... Im Sommer in der Mehrzahl Weibchen, im Winter Männchen ...“ Das Buch enthält viele Fotografien – auch von einigen toten Eisbären!

Als Wilhelm Bade 1903 in Rostock überraschend starb, wurden das Unternehmen und die Reisen in den Norden von seinen Söhnen noch bis 1908 fortgeführt. In der Zwischenzeit waren die Bades aber längst nicht mehr alleiniger Anbieter von Norwegen- und Spitzbergen-Reisen. Andere Unternehmen, wie die Hamburg-Amerikanische Packetfahrt-Actien-Gesellschaft (HAPAG) oder der Norddeutsche Lloyd aus Bremen, hatten die Bedeutung des Marktes erkannt und warben um Kunden für Arktisreisen – und tun das im Gegensatz zur Familie Bade bis heute, wenn auch jetzt unter der Firmierung Hapag-Lloyd.

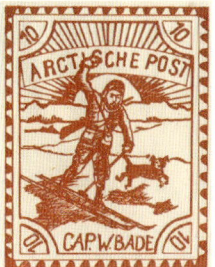

Mit Beginn des Ersten Weltkrieges war der Spitzbergen-Tourismus zunächst einmal beendet, kehrte aber gegen Ende der 1920er Jahre in Form von Kreuzfahrten auf der Route „Norwegen-Island-Spitzbergen" zurück. Grönland war mangels Infrastruktur nur für wenige Jagdtouristen und einige Wissenschaftler interessant, außerdem unterband die Kolonialmacht Dänemark bis auf wenige Ausnahmen Reisen nach Grönland. Der bekannte österreichische Architekt Rudolf Kmunke gehörte zu den Privilegierten, die zur Jagd nach Ostgrönland reisen konnten. Über seinen Aufenthalt im Jahr 1909 veröffentlichte er einen Bericht, der auch seine Erlebnisse auf Spitzbergen enthält.[5] Erst 1953 öffnete sich Grönland dem internationalen Tourismus, und es dauerte einige Jahrzehnte, bis sich genügend Interessierte fanden, um Reiseveranstalter zu entsprechenden Angeboten zu motivieren. Allerdings hatten sich die Eisbären mangels Nahrung und infolge des Zivilisationsdruckes längst aus den einfach zugänglichen Regionen Südwestgrönlands zurückgezogen. Man muss heute schon weit in den Norden oder nach Ostgrönland fahren, um Eisbären zu Gesicht zu bekommen.

Touristische Angebote für Fahrten in die russische Arktis gibt es erst seit jüngster Zeit. In der Sowjetunion scheiterten Wünsche nach solchen Touren an politisch-militärischen Vorbehalten des Staates und am Kalten Krieg. Heutige Reiseziele in der russischen Arktis sind Franz-Josef-Land, die Wrangel-Insel und Tschukotka. Da diese Regionen für Touristen fast nur per Schiff zu erreichen sind, ist die Anzahl der Reisenden limitiert, denn die Plätze auf arktistauglichen Kreuzfahrtschiffen sind begrenzt und deshalb sehr teuer. In Alaska ist es kaum anders, auch wenn es hier weniger an der Staatsmacht als an mangelnder Infrastruktur liegt, dass die Touristenzahlen niedrig sind. Finanziell potente Trophäen-Jäger fanden aber immer ihren Weg in die Arktis, um Eisbären zu schießen, bis der Import von Eisbären, Fellen und dergleichen in die USA aus Artenschutzgründen verboten wurde. Heute ist die Jagd von Eisbären in Alaska nur noch den indigenen Völkern erlaubt. Seit kurzem gibt es hier erste vorsichtige Versuche, eine neue Form des sanften ökologischen Tourismus zu etablieren: „Polar bear watching" (→ unten).

Mit der Kamera nach Spitzbergen

Für diejenigen, denen die Eisbären in den europäischen Tiergärten und Zoos zu wenig naturnah untergebracht sind und die sich gern auf die Suche nach wirklich weißen und wildlebenden Eisbären in der arktischen Natur begeben möchten, führt der kürzeste und preiswerteste Weg unweigerlich nach Spitzbergen. Geografisch exakt heißt die Inselgruppe Svalbard, nur die westliche Insel trägt den Namen Spitzbergen, der im deutschen Sprachraum aber oft für die ganze Inselgruppe verwendet wird.

Obwohl die Jagd auf Eisbären auf Spitzbergen seit 1973 streng verboten ist, haben sich die Bedingungen für ihre Beobachtung noch nicht verbessert. Die Chance, sie im Sommer entlang der üblichen Route der Schiffe an der Westküste zu entdecken, ist gering. Diese Erfahrung mussten auch wir bei einer Segeltour machen, obwohl wir uns gerade durch die Wahl eines relativ kleinen und leisen Fahrzeuges, des holländischen Zweimast-Schoners Noorderlicht, gewisse Hoffnungen gemacht hatten, dem König der Arktis einmal ohne die im Tierpark vorhandenen Schutzzäune und sonstigen Einschränkungen, aber natürlich trotzdem aus sicherem Abstand zu begegnen.

Linke Seite:
Luxuriöse Ausgabe von „Tagebuchblättern" im Reliefdruck, 1910

277

Aus dem Reisetagebuch

Unser Schiff verlässt Longyearbyen, den größten Ort auf Spitzbergen, und sofort dominiert die Natur, vor allem die sogenannte „unbelebte". Vom Wasser aus ist von den wenigen Tieren und Pflanzen der Insel nichts zu sehen, mit Ausnahme der Seevögel. Stattdessen wird unsere Wahrnehmung von den Linien der Berge, die den Fjord einrahmen, und den Farben der Gesteine, des Schnees und des Eises bestimmt. Das Land wirkt unnahbar.

Der Isfjorden ist links und rechts von Bergen eingerahmt, unter ihnen auch einige schneebedeckte Gipfel, dazwischen tiefe Einschnitte. Die meisten der graubraunen Berge wurden einst durch Gletscher flach geschliffen. Das Schiff ist nun von Eissturmvögeln, Möwen und Papageientauchern umgeben, auch eine Robbe taucht hin und wieder auf. Durch den Forlandsundet treiben hier und da Eisschollen, die Berge spiegeln sich im eisdurchwirkten Wasser, die schabenden, knirschenden Stöße an den Schiffsrumpf nehmen zu – Eis wird zum ständigen Begleiter unserer Segelfahrt.

Ein abendlicher Landausflug bringt uns auf die Kaffiøyra, die Kaffee-Ebene, die ihren Namen der Kaffeepause einer kartographischen Expedition verdankt. Dazu müssen wir uns zunächst mal warm anziehen: lange Thermounterwäsche, Fleece-Jacke, Windjacke, Handschuhe, Mütze, dicke Socken und Gummistiefel. Wir legen die Schwimmwesten an, und der Zodiac, ein flaches Boot mit festem Boden und Schlauchwülsten als Wände, bringt uns an Land, wo wir zuerst noch eine Barriere aus Eis überklettern müssen. Unser Begleiter mit dem Gewehr bittet darum, uns allerhöchstens fünfzig Meter zu entfernen, da er uns sonst nicht vor Eisbären schützen kann.

Die ersten Meter am Strand zeigen keinerlei Vegetation, aber Reste tierischer Exis-

Longyearbyen, 1906 als Bergarbeiterstadt von einem amerikanischen Unternehmer namens Longyear gegründet, heute „Hauptstadt" Svalbards

tenzen: alte, abgewitterte Walknochen. Weiter landeinwärts wachsen hier und da Moose und Rentierflechten, und schließlich setzt sich die typische Tundra-Vegetation durch: verschiedene Blütenpflanzen und sogar „Bäume", nämlich Polarweiden, die hier eine Höhe von ganzen fünf Zentimetern erreichen. Außer einigen Vögeln sehen wir zwar keine Tiere, aber Hinweise auf ihre Anwesenheit: von Rentieren frisch abgeweidete Flechten.

Da es völlig windstill ist, ziehen wir Mütze und Handschuhe bald aus und können sogar die Jacke öffnen. Der Permafrostboden lässt kein Wasser in die Tiefe dringen, dadurch ist der Boden schlickig, und stellenweise muss man aufpassen, dass die Gummistiefel nicht steckenbleiben. Es ist hilfreich, auf die Steine zu treten, die zumeist in Oktogonen angeordnet liegen; so sinkt man nicht so tief ein.

Rechts von der Ebene, landeinwärts, begleitet uns eine Bergkette, deren Gipfel bald auseinander treten und einem Gletscher, dem Aavatsmarkbreen, Platz machen. Wir besteigen die Seitenmoräne. Am Meer erblicken wir eine Hütte. Als wir uns nähern, erweist sie sich als polnische Forschungsstation. Die Glaziologen sind jedoch nicht zu Hause, die Tür ist verschlossen – und wegen der Eisbären zusätzlich mit einer quer davor gesteckten Schaufel gesichert!

Im Laufe der Nacht wird die Eissituation kritisch. Es schabt und schrammt und stößt am Schiffsrumpf, dass uns Hören und Sehen vergeht. Als wir die Meerenge Saarstangen erreichen, klettert der Käpt'n auf den Mast, um zu schauen und zu überlegen. Schließlich entscheidet er, dass wir umkehren müssen. Das Manövrieren durch die Eisschollenfelder dauert jedoch noch Stunden. Wir schlafen nicht viel in dieser Nacht. Aus dem Forlandsundet schippern wir in südlicher Richtung heraus, um das Prins-Karls-Forland westlich zu umfahren. Irgendwann gegen Morgen haben wir dann die offene See erreicht, das Schiff rammt jetzt keine Eisschollen mehr. Das Meer ist ruhig, und ein kalter Wind beißt an den Ohren, während sich das Schiff ohne Segel, mit Motorkraft, stetig weiter nach Norden vorarbeitet. Am Abend, nach dem Essen, erreichen wir den Magdalenenfjord. An Land besichtigen wir ein Gräberfeld aus dem 16.-18. Jahrhundert – eigentlich ein Trümmerfeld aus flechtenbesetzten großen Steinen, in dem man die Grabstätten nur noch erahnen kann – und wandern dann zum Gletscher Gullybreen. Wir laufen auf einem abgespaltenen Stück Gletschereis, das aus länglichen, schmalen, senkrechten Kristallprismen besteht, die in Form und Anordnung an Riesen-Bündel von aufrecht stehenden sechseckigen Bleistiften erinnern. Dabei stören wir mehrere Paare von Weißwangengänsen, eine Schmarotzerraubmöve und einige Seeschwalben. Draußen auf dem Fjord treibt unbeeindruckt eine Robbe auf einer Eisscholle vorbei.

Die Nacht über liegt das Schiff im Magdalenenfjord vor Anker, am Morgen passieren wir den mächtigen Waggonwaybreen, dann geht es wieder hinaus aufs Meer. Die Zahl der Eisschollen nimmt zu, und die Mannschaft hat gut zu tun, um das Schiff hindurch zu manövrieren: nordwärts, nordwärts, nordwärts. Plötzlich stoppt die Maschine. Das Schiff treibt fast lautlos und nähert sich einer Eisscholle, auf der ein großes Walross mit einem Jungtier liegt. Doch irgendwann ist die Fluchtdistanz erreicht, und die Tiere lassen sich hinabgleiten und tauchen unter. Das Schiff nimmt wieder Fahrt auf. Das Treibeis verdichtet sich, der Steuermann sucht nach Kanälen zwischen fast geschlossenen Flächen. Noch ist der 80. Breitengrad nicht erreicht, als das Schiff stoppt – es gibt kein Durchkommen mehr. Wir fahren zurück und gleichzeitig näher an die Küste heran. Hier gibt es auf einmal wieder einen offenen Kanal, und nun steuern wir gen Nordost.

Am Abend erreichen wir dann doch noch den 80. Breitengrad! Alle versammeln sich an Deck, und die Stimmung erreicht den Höhepunkt, als nun auch noch die Sonne herauskommt. Die vielfältig geformten und gefärbten Eisschollen und geschlossenen Eisflächen, unterbrochen von schmalen Wasserkanälen mit nur wenig Strömung, erzeugen im Licht der tief stehenden Sonne geradezu märchenhafte Farb- und Lichteffekte.

In der zweiten Nachthälfte ziehen Wolken auf, und ein recht unfreundlicher Himmel begrüßt uns am Morgen, als wir die Insel Ytre Norskøyane erreichen. Der Strand ist sehr steinig, zudem mit einer Eisbarriere versehen, die wir überklettern müssen. Weiter landeinwärts wächst feuchtes Moos zwischen den Steinen. Wir bewegen uns rasch hügelan, hier gibt es nur noch große Granitbrocken, die mit schwarzen Flechten gesprenkelt sind.

Ein Hügel wird von einem Metallkreuz überragt; das gleiche Kreuz ist auf einem Foto im Spitzbergen-Buch von Fridtjof Nansen zu sehen. Hier soll ein alter Aussichtspunkt für Walfänger gewesen sein. Bis zum Nordpol, gerade mal 1.200 km entfernt, gibt es nun nur noch Wasser und Eis. Wir schlagen einen Bogen über die Hügel hin zum Strand. Ein steiler Schneehang führt den Hügel hinab. Unser Guide entdeckt im Schnee die Spuren eines Eisbären, sie scheinen allerdings nicht sehr frisch zu sein. Der Bär ist offenbar auf seinem Hinterteil Schlitten gefahren, um hinunter an den Strand zu gelangen. Wir tun es ihm gleich, laufen dann noch ein wenig am Strand umher, beobachten Wasservögel und finden eine Stelle, wo Walfänger früher Tran gekocht haben. Auch die Grabstätten von Walfängern sehen wir: senkrecht stehende Bretter in Kastenform, Reste von Särgen ohne Deckel, nur mit Steinen abgedeckt. Dann nimmt uns der Zodiac wieder an Bord.

Der Schoner nimmt Kurs in den Raudfjord, der sich als nur etwa zur Hälfte befahrbar erweist, der Rest steckt voller Packeis ohne Durchfahrtsmöglichkeiten, das Schiff muss umkehren. An der Ostseite des Raudfjords geht es nordwärts; es ist bewölkt, aber trocken. Der Steuermann meint einen Eisbären gesichtet zu haben. Als wir näher kommen, ist kein Bär mehr zu sehen. War es vielleicht nur ein heller Felsen?

Am nächsten Morgen fahren wir zur Amsterdam-Insel (Amsterdamøya). Plötzlich stoppt die Maschine, denn eine auf einer Eisscholle treibende Robbe wurde gesichtet. Sie ist verwundet, deutlich ist Blut zu erkennen – wahrscheinlich ist sie von einem Eisbären verletzt worden. Auf der Insel treffen wir auf eine Gruppe von Kajakfahrern aus Schweden. Ihre Bärenflinte sieht etwas kräftiger aus als unsere; sie erzählen, dass sie erst vor wenigen Tagen am Kongsfjord Eisbären gesichtet haben. Wir spazieren den Strand entlang und finden zwei nicht gar zu alte Tier-Skelette mit einigen wenigen Fleischresten. Hier sind zwei Rentiere daran gestorben, dass ihre Geweihe sich ineinander verhakt haben. Sie kamen nicht mehr auseinander und wurden dann wohl ein leichtes Opfer für einen Eisbären.

*Smeerenburg Breen (oben)
Das Metallkreuz auf Ytre
Norskøyane, unten an der
Küste die Noorderlicht*

Eine sechsstündige Wanderung führt uns quer über die Nachbarinsel Danskøya, den Ausgangspunkt für die Ballonfahrt von Andrée. Wir müssen zwei ziemlich steile Hügel erklimmen. Hier bekommen wir eine ungefähre Vorstellung davon, was Fußmärsche auf Spitzbergen für Ansprüche an die Kondition stellen und was einem so passieren kann: „Fußbäder" bis zum Knie im Schlamm; Schneefelder, in denen man plötzlich bis zur Hüfte einsinkt; verborgene Spalten zwischen Steinen, die mit Schnee überdeckt zur Falle werden können – nicht immer kann man sich allein wieder befreien. Ein Fuß im Gummistiefel, in die Spalte gerutscht und dort eingeklemmt, lässt sich nicht einfach wieder senkrecht hinausziehen. Leichter würde es gehen, wenn man den Gummistiefel drin lässt und den Fuß allein herausholt ... Wir haben allerhand davon ausgekostet; zum Schluss hat wohl keiner mehr trockene Füße – trotz des besten wettergerechten Schuhwerkes.

Die Fauna von Danskøya hält sich jedoch vor unserer zwanzigköpfigen Gruppe verborgen, nur ein flüchtendes Rentier wird gesichtet; außerdem sehen wir Spuren von Polarfüchsen im Schnee. Eisbären sind nirgends zu entdecken.

Die Noorderlicht fährt in den folgenden Stunden unter Segeln an Gletscherzungen entlang nach Süden. Wir besuchen in den nächsten Tagen noch manchen Fjord, wandern über Ödland und Blumenwiesen, besteigen Hügel und Gletscher, von Eisbären sehen wir nicht einmal mehr Spuren. Als Kameramotiv bleibt ganz zum Schluss nur noch der ausgestopfte Eisbär im Flughafen von Longyearbyen.

Ein Eisbär vor der Küste Spitzbergens schaut einem Schiff nach

Wie auch schon die Berichte aus dem 19. und dem frühen 20. Jahrhundert zeigen, kann man bei einem Besuch von Spitzbergen nicht sicher sein, Eisbären zu sehen. Am größten ist die Wahrscheinlichkeit im Frühsommer. Das heißt jedoch auch, dass man auf einem größeren eistüchtigen Schiff unterwegs sein wird, also kaum in einer Kleingruppe auf einem Segelschiff wie der *Noorderlicht*. Die Chance, Eisbären um Svalbard zu begegnen, ist im Osten und Norden wesentlich größer als im Westen. Das bedeutet allerdings eine längere Tour von mindestens zwei Wochen Dauer, da man den Osten und den Norden nur bei einer Umfahrung Svalbards erreichen kann, was natürlich mit höheren Kosten verbunden ist. Wer aber schon vom „Arktis-Virus" gepackt ist, kann sowieso nicht genug davon bekommen und wird, so wie wir, spätestens bei der Rückfahrt mit der Planung für eine nächste Reise beginnen. Für solche Reisende, die immer nur eine zusätzliche Region in der langen Liste der möglichen Reiseziele abhaken wollen, ist Spitzbergen kaum der richtige Ort, denn zur Arktis gehören auch Sturm, Nebel, Regen, Schnee und Kälte – und wer will das schon im Sommerurlaub erleben?

Eine andere Möglichkeit Spitzbergen zu erleben ist eine Treckingtour, die aber nicht nur wunderbare Naturerlebnisse bietet, sondern auch nicht unerhebliche Anstrengungen und gewisse Gefahren bereit hält. Das können Probleme sein, die von Eisbären ausgehen wie auch unvorhersehbare schwierige Witterungsverhältnisse. Es gibt mehrere sehr erfahrene Anbieter solcher Touren. Bevor man bucht, sollte man jedoch unbedingt seine eigenen physischen und psychischen Fähigkeiten und vor allem seine Teamfähigkeit selbstkritisch überdenken.

Kanada – Das Hauptziel der Eisbär-Touristen

Die Hauptstadt der Eisbären

Seit einigen Jahren hat sich Churchill (Manitoba) in Kanada zur Hauptstadt des Eisbär-Tourismus entwickelt. Das liegt nicht an einem erfolgreichen Marketingcoup, sondern daran, dass sich Eisbären häufig in unmittelbarer Nähe aufhalten – und leider kommen sie sogar in die Stadt selbst. Das tun sie vor allem im späten Herbst, wenn sie nach den Monaten die sie südlich der Hudson Bay in der Tundra verbracht haben, sehnsüchtig auf das sich neu bildende Packeis der Hudson Bay warten, um endlich wieder ihre Hauptnahrung, die Robben, jagen zu können (→ Kapitel Biologisches – Fakten und Forschung).

   Es gibt einige Versuche zu erklären, warum sich gerade hier im Südwesten der Hudson Bay um Churchill so viele Eisbären einfinden. Eine Ursache ist die immer spätere Eisbildung im Herbst, die zu einem regelrechten Stau wartender und vor allem hungriger Bären führt. Zum anderen ist der Ort mit seinen Müll- und Essensgerüchen, für sie nach einer langen Fastenzeit äußerst attraktiv. Dazu kommt die erhebliche Neugier der Eisbären, die grundsätzlich vor nichts halt macht – ob essbar oder nicht. Selbst Autoreifen, Plastikabfälle oder Farbkanister werden untersucht, zerstört und teilweise gefressen. Auch die veränderten Jagdgesetze spielen eine Rolle und sind nicht zu unterschätzen. Noch vor wenigen Jahrzehnten wurde jeder hier beobachtete Eisbär gejagt und wenn möglich auch abgeschossen. Jeder hatte das Recht dazu, nicht nur die Ureinwohner, sondern auch die weißen Siedler, Saisonbeschäftigte

Das Ortsschild von Churchill, Manitoba, verkündet, dass hier Wildtier-Management betrieben wird, davor Bob Wilson von Polar Bears International

Eisbären zeigen sich sehr interessiert an Tundra Buggys – und ihren Insassen

und das Militär. Mit der Regulierung der Jagd erholten sich die Bestände allmählich. Ende der sechziger Jahre begannen die Bären, auch die Gemeinde Churchill aufzusuchen. Es gab sogar Tote und die Stadt musste sich auf die veränderten Bedingungen einstellen und Maßnahmen zum Schutz der Bevölkerung, aber auch der Eisbären ergreifen (→ Kapitel Auf dünnem Eis).

Einige Jahre später setzte der bis heute ungebrochene Strom von Filmteams, Fotografen und Reportern aus aller Herren Länder nach Churchill ein, die über die nirgendwo anders so einfach zu beobachtenden Eisbären berichten wollten. Die Stadt baute sogar ein „Gefängnis" für die Eisbären, die sich nicht aus der Umgebung der Stadt vertreiben ließen. Von dort wurden sie nach einiger Zeit mit Hubschraubern in die weitere Umgebung geflogen und wieder frei gelassen. Eine aufregende medienwirksame Geschichte, die weitere Journalisten anzog. 1980 wurde aus einem alten Schulbus der erste

„Tundra Buggy" gefertigt, mit dem man Ausflüge zu den Eisbären der Umgebung unternahm. Bis heute sind die inzwischen komfortableren und in Serie gefertigten hochbeinigen Fahrzeuge mit den großen Rädern, den breiten Fenstern und den offenen Heckplattformen für die Touristen das Markenzeichen der Eisbär-Beobachtungen von Churchill.

Die Fahrt hierher zu den Eisbären ist für Europäer keine billige Angelegenheit, denn zu den Kosten der Touren kommen ja noch die der Flüge von Europa nach Winnipeg und weiter nach Churchill beziehungsweise der Eisenbahnfahrt Winnipeg-Churchill und zurück. Im Gegenzug erhält man die nahezu hundertprozentige Sicherheit, wild lebende Eisbären in der Tundra beobachten zu können. Allerdings lässt der Aufenthalt in einem Buggy den Gedanken aufkommen, man befände sich in einem invertierten Tierpark, in dem der Mensch eingesperrt ist und die Eisbären sich frei bewegen können. Für einen Bruchteil der Kosten könnte man auch eine Tour durch die Tiergärten Deutschlands machen! Aber das muss jeder für sich selbst entscheiden. Auf jeden Fall sind die Tundra-Buggys auch eine exzellente Plattform für Wissenschaftler zum Studium der Eisbären.

Einem neuen Konzept folgen die Betreiber der sogenannten Öko-Lodges, die ihren Gästen optimale Beobachtungsmöglichkeiten von Eisbären weit entfernt vom „Massentourismus" in Churchill bei maximaler Sicherheit versprechen. Die Nanuk Polar Bear Lodge verfügt zum Beispiel über ein eingezäuntes und rund um die Uhr bewachtes Gelände, das die Eisbären von zu engen Kontakten mit den Menschen abhält. Die Gäste dagegen haben die Möglichkeit, Eisbären, die sich in der Nähe der Zäune aufhalten, aus kurzem, aber sicherem Abstand zu beobachten, was übrigens auch von Aussichtstürmen aus möglich ist. Die Lodge bietet darüber hinaus geführte Touren in die Tundra an, die von bewaffneten Guides begleitet werden. Wie groß die Wahrscheinlichkeit ist, einen der ungefähr tausend Eisbären, die zur Population der westlichen Hudson Bay gehören, tatsächlich zu Gesicht zu bekommen, bleibt natürlich ungewiss. Vor allem hängt es von der Jahreszeit ab, denn außerhalb der Migrationszeiten befinden sich die Eisbären auf dem Eis zum Jagen; die weiblichen Tiere mit ihren Neugeborenen verbringen die Wintermonate in den Geburtshöhlen. Zur Sicherheit bleibt aber noch eine Tour mit einem Tundra-Buggy in Churchill, um zu den wichtigen „Beweisfotos" zu kommen. Der Gerechtigkeit halber soll erwähnt werden, dass es außer den Eisbären natürlich auch andere

In der Tundra lassen sich auch andere interessante Tiere beobachten (von oben nach unten): Polarfuchs, Schneehuhn, Polarwolf

äußerst sehenswerte Tiere im Bereich der Hudson Bay gibt, wie Schwarzbären, Belugas, Füchse, Wölfe, Karibus und viele Vögel.

Es versteht sich von selbst, dass die Preise für einen einwöchigen Aufenthalt in einer solchen Lodge weit über denen für einen Pauschalurlaub am Strand irgendwo in Europa liegen. Inzwischen wird auch in Inuit-Gemeinden wie z. B. Arviat über einen eigenen Öko-Tourismus zum Beobachten von Eisbären nachgedacht.

Das Basecamp in den Torngat Mountains

Obwohl Labrador auf vielfache Weise mit der europäischen Geschichte verbunden ist, blieb es den meisten Europäern bis heute eine Terra incognita. Die ersten Europäer, die vor mehr als 1000 Jahren hierher kamen, waren Isländer, angeführt von Leif Eriksson (ca. 970-1020), der heute als der europäische Entdecker Amerikas gilt. Die Wikinger erreichten vermutlich erst Baffin Island und segelten dann entlang der bergigen Küste Nordlabradors, den Torngat und Kaumajet Mountains, bis nach Neufundland, wo sie in L'Anse aux Meadows die erste europäische Siedlung Amerikas errichteten. Erst ungefähr 450 Jahre später, nachdem die Wikinger Nordamerika längst wieder verlassen hatten, kamen vermutlich Schiffe mit den beiden deutschen Kapitänen Didrik Pining (um 1428-1490/91) und Hans Pothorst (ca. 1440-1490) aus Hildesheim und dem Steuermann Johannes Scolvus (1435-1484) bis nach Labrador. Auch wenn es bisher, anders als bei den Wikingern, keine eindeutigen Beweise für die Anwesenheit dieser Seeleute in Nordamerika gibt, gehen viele Historiker doch mit gewisser Wahrscheinlichkeit davon aus. Dass Pining eine bedeutende historische Persönlichkeit war, ist unumstritten, denn der Deutsche wurde nach seiner Zeit als Admiral, von 1482 bis 1490, Statthalter Dänemarks auf Island.

Die Missionare der Herrnhuter Brüdergemeine aus der Oberlausitz waren die nächsten Europäer, die einen bis heute wirkenden Einfluss auf die Entwicklung Labradors nahmen. Von 1771 bis in die Mitte des 20. Jahrhunderts, also fast 200 Jahre lang, unterhielten sie Missionsstationen besonders im Norden Labradors, dessen Küste lange als die „Moravian Coast" bezeichnet wurde, nach der englischen Bezeichnung für die ursprünglich aus Mähren (lat. Moravia) stammende Brüdergemeine „Moravian Church". Sie gründeten zwischen 1771 und 1904 acht Siedlungen entlang der Küste Nordost-Labradors, von denen heute nur noch Nain, Hopedale und Makkovik existieren. Hier siedelten sich dann auch Inuit an, die bis dahin halbnomadisch gelebt hatten. Bis heute gibt es im Norden Labradors sowohl Eisbären als auch Schwarzbären, so dass man hier beide Bärenarten in unmittelbarer Nachbarschaft beobachten kann. Die Herrnhuter berichteten sogar, dass die Inuit in Labrador auch Grizzlys jagten, was lange angezweifelt wurde, bis man 1975 in einer Hausruine auf Okak Island einen Grizzly-Schädel fand und eindeutig bestimmen konnte. Seit ca. 100 Jahren wurden jedoch keine Grizzlys mehr in Labrador gesichtet, während Schwarz- und Eisbären regelmäßig beobachtet

Nachvak Fjord im Torngat Mountains National Park

und beide (Eisbären nur von den Inuit entsprechend der erlaubten Quote) gejagt werden.

Da die einst nördlich von Nain liegenden Siedlungen Okak, Hebron, Ramah und Killinek nicht mehr bestehen, dient heute zumeist Nain als Ausgangspunkt für Reisen in den Norden Labradors und in die Torngat Mountains. Torngat bedeutet im Inuktitut der Labrador-Inuit „Geist", die Torngat Mountains sind demzufolge die Geisterberge. Sie wurden erst jüngst zum National Park Reserve erklärt. Die Inuit fahren natürlich regelmäßig mit Booten und Schneemobilen nach Norden, um zu jagen, zu fischen oder einfach nur um die früheren Siedlungsplätze ihrer Familien und Vorfahren zu besuchen. Für Touristen gibt es keinen „Linienverkehr", sie sind auf Reiseveranstalter angewiesen, es sei denn, sie bewegen sich mit Muskelkraft per Kajak oder eigenem Boot und Flugzeug nach Norden. Seit einigen Jahren wird Labrador von Kreuzfahrtschiffen angefahren. Die kleineren von ihnen begeben sich auch in die Fjorde der Torngat Mountains und besuchen die ehemalige Missionsstation in Hebron, dazu kommen meist auch Stopps in Nain, Hopedale oder Makkovik. Auf diesen Küstenfahrten ist die Wahrscheinlichkeit Eisbären zu sehen hoch (→ Kapitel Erste Erlebnisse).

Wenn es die Witterungsbedingungen erlauben, werden Landgänge für Wanderungen entlang der Fjorde angeboten. Zum Schutz vor Eisbären begleiten bewaffnete *Polar Bear Guards* (das sind im Umgang mit Eisbären ausgebildete und erfahrene Personen) die Gruppen bei den Landgängen. Im Torngat Mountains National Park ist das Tragen von Waffen generell nur den Inuit gestattet.

Seit 2007 wird in den Sommermonaten ein sogenanntes Basecamp für Besucher des Torngat Mountains National Parks aufgebaut. Es befindet sich am Eingang des Saglek Fjords in der Nähe einer Landebahn für Kleinflugzeuge. Hier werden Zelte mit unterschiedlichem Komfort angeboten: die isolierte und beheizte Luxusvariante, die auch über bequeme Betten und Stromanschluss verfügt, das klassische nichtisolierte Inuit-Zelt mit einem Holzofen und Betten sowie das einfache Wanderzelt, in dem man im eigenen Schlafsack übernachten kann. Es gibt eine zentrale Essensversorgung, Duschen, Toiletten und sogar Waschmaschinen. Das ganze Gelände ist mit einem elektrischen Zaun gegen das Eindringen von Eisbären gesichert und rund um die Uhr bewacht. Für die Ausflüge der Touristen stehen stabile Schlauchboote, größere Boote und ein Helikopter zur Verfügung. Das Camp bietet medizinische Betreuung an und unterhält sogar einen Souvenirladen.

Außer für die guten Chancen, Schwarz- und Eisbären, Karibus, Robben und Wale zu sehen, sind die Torngat Mountains für ihre tiefen Fjorde bekannt, deren Flanken direkt von der Meeresoberfläche auf über 1000 m ü. NN ansteigen, für ihre schnee- und gletscherbedeckten Bergmassive sowie für die mehr als 5000 Jahre alte Kultur- und Besiedlungsgeschichte. Da das Camp überwiegend von den hiesigen Inuit betrieben wird, kann man einen Eindruck von ihrer Lebensweise und

Country Food

ihrer besonderen Verbundenheit mit dem Land ihrer Vorfahren gewinnen. Trommeltanz, Kehlgesang und die traditionelle Nahrung, das *Country Food*, zu dem Karibu- und Robbenfleisch sowie der äußerst schmackhafte Seesaibling (Arctic Char, Salvelinus alpinus) gehören, wird man nicht so schnell vergessen. Auf Grund der Abgelegenheit des Camps sind die Preise für einen Aufenthalt hoch und mit denen der Eco-Lodges an der Hudson Bay vergleichbar. Wegen der besonderen Schönheit der Torngat Mountains, der vielen historischen Bezüge und Relikte und des engen Kontakts zu den Inuit ist das Basecamp als ein außergewöhnliches Reiseziel unbedingt zu empfehlen.

Aus dem Reisetagebuch

Mit der Lyubov Orlova, einem kleinen russischen Kreuzfahrtschiff mit Eisklasse, fuhren wir im Nachvak-Fjord am Südufer entlang in Richtung Atlantik. Unsere bereits am frühen Morgen begonnene Wanderung im Tal des Palmer Rivers war von der Expeditionsleitung überraschend abgebrochen worden, als plötzlich zwei neugierige Eisbären in der Nähe des Schiffes aufgetaucht waren. Wir liefen gerade durch hohes Gestrüpp am mäandernden Fluss entlang und hatten Wolfsspuren entdeckt, die parallel zu unserer geplanten Wanderroute verliefen. Sie waren frisch, denn man konnte sie im feinen feuchten Sand des Flussufers deutlich erkennen. Da wir noch nie freilebende Wölfe gesehen hatten, fotografierten wir die Spuren zunächst aus allen Richtungen. Als wir, gerade in der Hoffnung, noch einen Blick auf die Tiere werfen zu können, weitergehen wollten, stürmte einer unserer Guides in Richtung der am Ufer zurückgelassenen Schlauchboote davon. Wir hatten zwar erregte Stimmen aus einem Funkgerät gehört, jedoch keine Erklärung für seinen Sturmlauf. Nach wenigen Minuten kehrte er atemlos zurück, und bedeutete uns, dass wir nicht weiter könnten. Eine Erklärung dafür gab es zunächst nicht. Erst als wir uns alle wieder am Ufer bei den Schlauchbooten eingefunden hatten, sickerten die Hinweise auf die Eisbären durch, die sich inzwischen aber an das gegenüberliegende Ufer zurückgezogen hatten und nur noch mit dem Fernglas zu erkennen waren. Einer von ihnen hatte von einem Crewmitglied mit dem Schlauchboot vertrieben werden müssen, weil er sich schwimmend unserem Anlegeplatz genähert hatte. Die Lage hatte sich inzwischen wieder beruhigt, am Ufer zog gerade eine unserer Inuit-Begleiterinnen einen fetten Seesaibling an Land, und wurde dabei von aufgeregten „Kameraleuten" gefilmt. Für eine Fortsetzung der Wanderung war es jetzt aber zu spät, und alle kehrten zum Schiff zurück, das den Fjord anschließend verließ. Noch während des folgenden Frühstücks stoppte die Lyu-

Ein ansehnlicher Seesaibling wird aus dem Fjordwasser gefischt und abgelichtet

bov Orlova; denn auf einer kleinen felsigen Halbinsel auf der Steuerbordseite wanderten zwei kräftige Eisbären umher. Nach der Aufregung am Morgen wurde uns nun eine gemütliche Beobachtungsfahrt mit den Schlauchbooten angeboten. Wir gehörten zur ersten Gruppe, glücklicherweise, denn man weiß ja nie, wie lange Eisbären willig sind, sich fotografieren und studieren zu lassen.

Es war uns schon etwas mulmig zumute, als wir uns jetzt, das erste Mal ohne einen schützenden Zaun, Eisbären näherten. Diese Tiere sind schließlich sehr schnell und auch gute Schwimmer. Würde unser Schlauchboot rasch genug wenden können, falls der Bär auf die Idee käme, uns näher in Augenschein zu nehmen? Wie dick ist eigentlich so eine Gummiwulst? Es beruhigte uns etwas, dass unser Bootsführer einer der erfahrensten Guides war. Wir umkurvten die Halbinsel und sahen uns nach den Eisbären um. Glücklicherweise war der Abstand zu dem ersten Bären recht groß, etwa 30-40 Meter. Wie relativ sind doch Entfernungen! Der andere Eisbär war nicht zu sehen, er war noch hinter dem Hügel – besser so. Langsam entspannten wir uns. Links und rechts von uns klickten die Kameras. Die langen Super-Zooms wurden ausgefahren. Da konnten wir leider nicht mithalten. Der Eisbär stand auf der Hügelkuppe und beobachtete uns. Ob er schon mal Menschen gesehen hatte? Angst zeigte er jedenfalls nicht, denn er legte sich gemütlich nieder. Es sah

Im Nachvak Fjord

so aus, als ob er sogar die Augen schloss. Das passte uns nun auch wieder nicht. Unser Guide gab mehr Gas im Leerlauf bis der Motor aufheulte, um den Bären zu mehr Aktivität zu ermuntern. Viel half es nicht. Inzwischen hatten auch wir unsere Fotos geschossen. Die anderen Schlauchboote näherten sich und beanspruchten unsere günstige Position. Wir drehten bei und fuhren zurück zur Lyubov Orlova. Als wir auf die andere Seite der Halbinsel kamen, sahen wir den zweiten Eisbären. Er schlief inzwischen, den Kopf auf die Vorderbeine gelegt. Es war ihm wohl in der hellen Mittagssonne zu warm geworden.

Arctic Safari in Hudson Strait und Hudson Bay

Nicht überall ist die arktische Natur so verschwenderisch wie im Bereich der Hudson Strait und der Hudson Bay. Nicht ohne Grund werden Touren in diese Regionen häufig als Safaris angekündigt. Obwohl die Region südlich des Polarkreises liegt, hält sich das Eis an manchen Stellen bis in den Sommer. Große Eisberge werden von den Winden und Strömungen aus der Davis Strait in die Hudson Strait getrieben, wo sie dann langsam abschmelzen. Reste von Packeis setzen sich in den Fjorden und zwischen den vielen kleinen Inseln fest. Dort finden sich dann Robben und auch Eisbären ein. Auf Walrus Island im Westen der Hudson Bay lagern im Sommer hunderte Walrosse. Die Vogelfelsen auf Akpatok Island in der Ungava Bay sind von hunderttausenden Vögeln, besonders Dickschnabellummen und Gryllteisten, besiedelt. Am Strand, zu Füßen der steilen und bis zu 200 Meter hohen Klippen, patrouillieren manchmal hungrige Eisbären auf der Suche nach abgestürzten Vögeln. Auf dem Festland kann man vereinzelt

auch Karibus sehen, und auf Diana Island gibt es sogar eine Herde von Moschusochsen, die sonst viel weiter im Norden anzutreffen sind.

Für die meisten Touristen, wenn sie nicht gerade spezialisierte *Birders* (das sind „Vogelverrückte", die möglichst viele verschiedene Vogelarten beobachten und „abhaken" wollen) oder Blumen- und Pflanzenfreunde sind, ist eine Arktisreise nur dann erfolgreich, wenn man zumindest Eisberge, Eisbären, Walrosse und Wale beobachten und fotografieren kann. Wegen der vielen Eisberge, die mit dem kalten Labradorstrom nach Süden ziehen, und den Packeisresten des vergangenen Winters, die aus den Fjorden von Baffin Island in die Davis Strait treiben, halten sich in diesem Gebiet der östlichen Hudson Strait auch im Sommer besonders viele Eisbären auf. An einem Tag im Juli 2010 haben wir dort allein zehn Exemplare gesehen.

Die Eisbären bleiben hier nicht nur in der Nähe der Wasserlinie, sondern wandern auch durch das felsige Bergland, vermutlich auf der Suche nach Nahrung und nicht nur aus reiner Wanderlust, und sie besteigen sogar Vogelfelsen, um an Eier und Jungvögel heranzukommen, ein eher ungewöhnliches Verhalten, denn Eisbären kalkulieren gewöhnlich genau, ob sich eine körperliche Anstrengungen lohnt, um

an die ins Auge gefasste Nahrung zu kommen. Es gibt hin und wieder Berichte von Inuit, die sogar in großer Entfernung vom Meer, mitten im Gebirge, auf Eisbären gestoßen sind. Tivi Etok, ein Inuit Elder, erzählte uns an Bord der Lyubov Orlova von einem sogenannten Eisbär-Korridor quer durch die Torngat Mountains, durch den die Eisbären zwischen dem Atlantik und der Ungava Bay wechselten, immerhin eine Entfernung von ungefähr fünfzig Kilometern.

Ein guter Ort, um Eisbären zu beobachten, sind die Lower Savage Islands an der Südspitze von Baffin Island. Die Inselgruppe wird von den meisten Veranstaltern, die Touren im Bereich Süd-Grönland, Hudson Bay und Labrador anbieten, angefahren. Allein schon die vegetationslosen Inseln, die sich direkt aus dem Meer bis in beachtliche Höhen erheben, sind sehenswert. Das Gestein ist rotbraun, manchmal auch grauschwarz, und vulkanischen Ursprungs. Unweit von hier befindet sich Hantzsch Island, ein Vogelschutzgebiet, benannt nach dem Dresdner Ornithologen Bernhard Hantzsch, der 1911 nach dem Verzehr von trichinösem Eisbärfleisch an der Ostküste Baffin Islands gestorben war (→ Kapitel Exkurs in die Kulturgeschichte des Eisbären).

Mit dem Schlauchboot durch die Lower Savage Islands

Mit mehreren Schlauchbooten begeben wir uns zwischen die Inseln der Lower Savage Islands und folgen den gewundenen Wasserwegen, immer in Spannung, hinter welcher der Kurven der erste Eisbär auftauchen wird. Noch von Bord des Schiffes aus haben wir zwei Bären beobachtet, der eine ist eine steile Felswand bis ganz nach oben, ca. 100 Meter hoch, hinaufgeklettert, wo er sich wie in einem Ausguck niedergelegt hat. Der andere Bär ist kurz darauf um einen Vorsprung geschwommen und der Uferlinie gefolgt, bis er wieder aus unserer Sicht verschwunden ist.

Wir fahren an kleineren blau-weiß schimmernden Eisbergen vorbei, die die Gezeiten an den Ufern abgelegt haben. Raben umfliegen laut krächzend die Hügel und Bergspitzen und künden von den ungewöhnlichen Gästen auf den schwarzen Gummibooten. Das erste stoppt in einer kleinen Bucht. Nicht weit vom Ufer entfernt liegt ein wohlgenährter Eisbär etwas verschlafen im Geröll. Die Schlauchboote mit den vielen Touristen machen ihn offensichtlich nicht nervös, selbst das Geklicke der vielen Kameras bringt ihn nicht aus der Ruhe. Er hat offensichtlich vor nicht allzu langer Zeit gespeist, denn auf seinem Fell ist noch ein blutiger Fleck zu erkennen. Gelegentlich hebt er den Kopf, sieht sich um und schnuppert, der Benzingeruch ist wohl gewöhnungsbedürftig. Auch in den nächsten Minuten passiert nicht viel, der Bär lässt sich nicht aus der Ruhe bringen. Einige hundert Meter hinter ihm sehen wir dann eine Bärin, die mit zwei Jungtieren die Felsen herunter klettert. Sie wittert in unsere Richtung, dann sieht sie auch den liegenden Bären und entscheidet sich umgehend, in die entgegengesetzte Richtung abzubiegen – binnen Sekunden ist sie wieder verschwunden. Da „unser" Eisbär immer noch keine Anstalten macht, sich zu bewegen,

Ein ruhender Eisbär wird auf unser Schlauchboot aufmerksam

294

fahren wir erst einmal weiter, um nach anderen Tieren Ausschau zu halten. Wir nähern uns einer Robbe, die sich auf einer treibenden Eisscholle ausruht und uns wenig interessiert beäugt. Plötzlich sehen wir, wie das uns folgende Boot umdreht und mit erhöhtem Tempo zurückfährt. Irgendetwas muss geschehen sein, wir folgen ihm sofort. Als wir wieder in die Bucht einbiegen, wo wir den ruhenden Bär gesehen hatten, steht dieser jetzt auf der gegenüberliegenden Klippe und beobachtet die Boote. Wir sind nur etwa 15 Meter von ihm entfernt. Er wendet immer wie-

Eisbär mit Robbenflosse im Maul auf den Lower Salvage Islands

der seinen Kopf zwischen unseren Booten und einer Stelle hinter einigen Felsen. Langsam läuft er an der Felswand hin und her, lässt uns nicht aus dem Blick. Der Benzingeruch scheint ihm nicht zu behagen. Er wirkt unschlüssig, als ob er überlegt, ob ihn unsere Anwesenheit beunruhigen sollte oder nicht. Es ist ein schönes großes männliches Tier, nicht sehr fett, aber auch nicht mager. Wir sind ziemlich nah an ihm dran. Man kann sogar die Insekten sehen, die um seinen Kopf kreisen. Alle Kameras sind jetzt auf ihn gerichtet, jeder wartet auf eine interessante Pose oder Bewegung. Der Bär steigt etwas höher, wohl um bessere Übersicht zu haben. Dann taucht er hinter einem Felsen ab. Als er wieder hervorkommt, hat er etwas schwarzes im Maul. Nur mit dem Fernglas erkennen wir die Flosse einer Robbe. Aha, daher also der blutige Fleck in seinem Fell! Während er sich immer wieder nach uns umsieht, steigt er gemächlich höher, bis er – nach einem abschließenden Rundblick – endgültig hinter dem Felsgrat verschwindet. Wir schauen uns begeistert an: welch ein Glück! Wir haben kaum bemerkt, dass wir fast eine Stunde in unmittelbarer Nähe dieses wunderbaren Tieres verbracht haben. Die Anspannung verlässt uns nur langsam; wieder an Bord, sichern wir sofort die Fotos auf unseren Notebooks. Beim Mittagessen gibt es dann nur noch ein Thema – die Eisbären von den Lower Savage Islands.

Der Kanadische Archipel und die Nordwest-Passage

Wer sich intensiv mit der Arktis beschäftigt, kommt um das Phänomen der jahrhundertelangen Suche nach einem kurzen Seeweg von Europa nach Asien zu den Reichtümern Chinas und Indiens nicht herum (→ auch Kapitel Exkurs in die Kulturgeschichte des Eisbären).

Mit der Erwärmung der Arktis verändern sich die Bedingungen für den Schiffsverkehr entlang der sogenannten Nordwest-Passage. Es gibt allerdings nicht nur einen Weg durch den Kanadischen Archipel, sondern mindestens sieben Varianten, je nachdem, welcher der Teilabschnitte, zumeist in Abhängigkeit von den jeweils aktuellen Eisverhältnissen, gewählt wird. Seit mindestens 30 Jahren nimmt die sommerliche Eisbedeckung im Arktischen Ozean ab. Das Meereisminimum unterliegt zwar von Jahr zu Jahr Schwankungen, die u. a. durch Sonneneinstrahlung, Winde und Strömungen bedingt sind, im statistischen Mittel hat sich die Fläche aber um etwa acht Prozent pro Dekade reduziert. Dazu kommt, dass auch die Meereisdicke und damit das durchschnittliche Volumen zurückgeht, da sich immer weniger mehrjähriges Eis bildet. Dass diese sich verändernden Bedingungen den Schiffsverkehr in der Arktis beeinflussen, ist leicht einzusehen. Welche Effekte das aber auf die Lebensbedingungen der Eisbären hat, ist Gegenstand erregter Auseinandersetzungen (→ Kapitel Auf dünnem Eis).

Eine Fahrt entlang der Nordwest-Passage ist natürlich ein besonderes Erlebnis, kann man doch auf dieser Route die unbekannte und großartige arktische Natur erleben, einen Einblick in die Lebensbedingungen der Inuit und ein besseres Verständnis der historischen Zusammenhänge von Entdeckung und Besiedelung der Arktis gewinnen. Ein wichtiges Kriterium für die Auswahl des Reiseveranstalters sollten Besuche von Inuit-Siedlungen sein, denn nur durch persönliche Kontakte zu den Inuit erhält man Einblicke in ihre heutigen Lebensverhältnisse und kann sich ein umfassendes Bild machen. Dass dazu eine einzige Reise kaum ausreicht, ist leicht einzusehen. Eine solche kann aber der Anfang einer intensiveren Beschäftigung mit dem Gegenstand Arktis sein – was sehr zu empfehlen ist, denn die sich schnell ändernden Klimabedingungen in der Arktis haben auch einen bedeutenden Einfluss auf die Entwicklung in Europa.

Eine vollständige Befahrung der Nordwest-Passage ist für Schiffe ohne Unterstützung durch Eisbrecher derzeit nur innerhalb weniger Wochen zwischen Mitte August und Mitte September möglich. Die jeweiligen Eisverhältnisse zwingen die Veranstalter gelegentlich zu drastischen Änderungen ihrer Pläne. Aus einer „Meisterung" der Nordwest-Passage wird für manche da nur ein Schnupperkurs. Aber das sind nun einmal die wetterbedingten Risiken einer Fahrt in die Arktis, bei der sich Reisepläne nur sehr selten mit der von manchen Touristen geforderten Präzision umsetzen lassen. Die Tourenpläne der Veranstalter sind aus gutem Grund oft vage und die Allgemeinen Geschäftsbedingungen entsprechend verfeinert, um juristischen Auseinandersetzungen mit enttäuschten Touristen aus dem Wege zu gehen. Die Verantwortung für ein bleibendes Erlebnis liegt also zu einem Gutteil bei den Touristen selbst. Man sollte sich vorher gut überlegen, mit welchen Erwartungen man auf die Reise geht. Wer eine solche

Hauptrouten der Nordwest-passage

Schiffsreise mit ihren nicht vorhersehbaren Witterungsbedingungen wirklich will, muss sich auf die Unwägbarkeiten einstellen können. Gelegenheiten für unvergessliche Naturerlebnisse wird es auf jeden Fall geben.

Der Spätsommer 2012 bot beste Voraussetzungen für eine erfolgreiche Nordwest-Passage, auch wenn man eine solche Reise heute nicht mehr mit den Herausforderungen der letzten Jahrhunderte vergleichen kann. Trotz gewisser Routenänderungen infolge von undurchdringlichem Packeis waren die Erlebnisse und Eindrücke selbst Monate später noch präsent. Dort, wo einst die Franklin-Expedition scheiterte, fanden wir einen völlig eisfreien Ozean vor! Ein Jahr später, 2013, sah das schon wieder ganz anders aus.

Wir konnten fast alles sehen, was man sich von einer solchen Reise erhofft: Eisberge, Packeis, Wale, Walrosse, Moschusochsen, Polarfüchse – und natürlich Eisbären. Wir besuchten drei Inuit-Gemeinden und überquerten in der Nares Strait sogar den 80. Breitengrad. Kurz davor hatten wir noch auf einer Eisscholle einen großen Eisbären beobachten können. Auch wenn es keine Garantie dafür gibt, ist die Wahrscheinlichkeit, während einer Nordwest-Passage Eisbären zu sehen, relativ hoch, und die Veranstalter werden sich immer bemühen, den Touristen auch die Könige der Arktis zu zeigen.

Zwischen Bellot Strait und Coningham Bay

Zwei Erlebnisse haben sich uns besonders eingeprägt, weil sie beide ungewöhnlich waren. Nach einer Fahrt im Nebel durch die Franklin Strait zwischen Boothia Peninsula und Prince of Wales Island erreichten wir die Bellot Strait, die Somerset Island von der Boothia Peninsula mit dem nördlichsten Punkt des amerikanischen Festlandes trennt. Die Fahrt führt an steilen Felswänden vorbei direkt Richtung Osten. Die Bellot Strait ist eine recht schmale Wasserstraße, deren Einfahrten in den Zeiten vor der GPS-Navigation von vielen Schiffen nicht erkannt und deshalb verpasst wurden. Das hatte dann lange Umwege um Somerset Island herum zur Folge, wenn die Eisbedingungen überhaupt mitspielten.

Da sich das Wetter inzwischen deutlich verbessert hatte, fanden sich viele Touristen auf Deck ein, um diesen historisch bedeutenden Teil der Nordwest-Passage zu würdigen und fotografisch festzuhalten. Die Bellot Strait wird auch von vielen Tieren zur Passage genutzt, so konnten wir schon nach wenigen Minuten Narwale und Belugas an Backbord ausmachen, die in unmittelbarer Nähe der Küstenlinie wie unser Schiff nach Osten strebten. Plötzlich erreichte uns der Ruf: „Eisbären!" Direkt über den Narwalen versuchte gerade eine Bärin mit ihren Jungen die Felswand herunterzuklettern, um das Wasser und damit die Narwale zu erreichen. Unser Biologe an Bord erzählte, dass bereits Eisbären beobachtet wurden, die von oben auf einen Wal gesprungen sind, um ihn zu töten und dann an Land oder auf das Eis zu ziehen. Ob die von uns beobachtete Eisbärin genau das vorhatte, als sie so zielsicher die Felsen herab eilte? In diesem Fall waren die Wale aber schneller, und die Bärin hatte das Nachsehen.

Dass Eisbären clevere Jäger sind, konnten wir in der Coningham Bay auf Prince of Wales Island beobachten. Die kleine Bucht im Südosten der Insel ist im hinteren Teil sehr flach und dort durch eine lange Sandbank zweigeteilt. Bei Ebbe ist es sogar für die flachen Schlauch-

Die schmale Bellot Strait ist ohne GPS-Ausrüstung nicht leicht zu finden

boote schwierig, die Sandbank zu überqueren. Belugas suchen im Sommer gern flache steinige Buchten auf, um sich die Haut abzurubbeln und dies ist wohl der Grund, dass sie häufig in der Coningham Bay anzutreffen sind. Wenn die Ebbe besonders niedrig ist, stranden die Belugas oder sind in ihrer Bewegung eingeschränkt. Normalerweise ist das kein Problem, sie warten dann einfach auf die Flut. Nur scheint sich das bei den Eisbären herumgesprochen zu haben. Als

Gegenseitige Musterung

wir uns dem Strand näherten, sahen wir schon von weitem zwei Eisbären. Während der eine hinter einem Hügel verschwand, blieb der andere, ein wohlgenährter, gesunder und kräftiger Eisbär-Mann, inmitten von Walknochen sitzen. Obwohl die Knochen schon abgenagt waren, schien er noch immer etwas zu finden, was ihm schmeckte. Als die Zodiacs sich dem Strand näherten, nahm er keineswegs Reißaus, sondern kam sogar zum Ufer hinunter und demonstrierte, dass er weder Angst vor uns hatte, noch bereit war, sich von uns seine Nahrung streitig machen zu lassen. So beobachteten wir uns mehrere Minuten gegenseitig, und wir schossen Unmengen Fotos, denn wann hat man schon einmal die Gelegenheit, in der freien Natur so dicht an einen prächtigen Eisbären zu kommen?

Der Eisbär musterte uns als ihm unbekannte Wesen und überlegte vermutlich, ob wir als Nahrung in Frage kämen. Als er dann immer näher kam und gerade im Begriff war, auch noch ins Wasser zu steigen, drehten wir doch lieber ab und fuhren zum Schiff zurück. Es war auch höchste Zeit, denn die Sandbank, die wir vorher noch ohne Mühe überqueren konnten, hielt jetzt zwei der Zodiacs fest, und wir mussten uns erst in Schlängellinien unseren Weg durch die flachen, sandigen, aber mit Felsen durchsetzten Stellen suchen. Hier sollte man besser nicht stecken bleiben, wenn man einen Eisbären im Rücken hat! Wieder an Bord, erfuhren wir, dass man bei anderen Gelegenheiten an der gleichen Stelle schon bis zu 20 Bären zwischen Walkadavern gesehen hatte.

Eisbär-Touren in Alaska und Russland

Mit dem Verbot der Jagd auf Eisbären und des Imports von Eisbär-Produkten in den USA sank zunächst das Interesse von US-amerikanischen Tourveranstaltern an Reisen zu Eisbären, und die Trophäenjäger suchten sich nun andere Ziele. Weil sich an manchen Plätzen in Alaska, speziell in Kaktovik, zu bestimmten Zeiten Eisbären versammelten, entstand eine neue Form des ökologischen Tourismus, der sich allein auf die Beobachtung der Tiere und die Fotografie beschränkt.

Das verstärkte Auftreten der Eisbären in Kaktovik, in der Nähe der Grenze zu Kanada gelegen, hängt einerseits mit den Klimaänderungen in der Arktis zusammen, vor allem aber damit, dass die Inupiat, eine der Inuitgruppen der Westarktis, seit einigen Jahren wieder ihre traditionelle Waljagd aufgenommen haben. Da sich das Eis im Sommer infolge der Arktiserwärmung immer weiter in den Norden zurückzieht, verringert sich auch das Nahrungsangebot für die Eisbären. Das führt auch in Nordalaska dazu, dass sie sich vermehrt in der Nähe der wenigen Siedlungen aufhalten. Die von den Inupiat gejagten Wale werden am Strand in der Nähe von Kaktovik zerlegt. Dabei bleiben na-

Nahe der Nordküste Alaskas: der Anaktuvuk River

türlich beträchtliche Reste am Strand zurück, die ein Festmahl für die Eisbären bieten. Es ist erstaunlich, wie schnell sich die Kunde von diesem Nahrungsangebot unter den Eisbären verbreitet. Bereits nach wenigen Stunden versammeln sich manchmal zwanzig oder mehr Tiere, die friedlich gemeinsam speisen und von den Einwohnern der Gemeinde und von den Touristen aus unmittelbarer Nähe beobachtet werden können. Da schon allein die Anreise nach Kaktovik sehr aufwen-

Filmaufnahmen auf der Wrangel-Insel

dig ist, sind auch diese Tourangebote nicht billig, auf jedem Fall aber ihren Preis wert, wenn man bedenkt, dass man sich den Eisbären nur in Kleinstgruppen nähert und – zumindest bis heute – keine Tundra-Buggys im Einsatz sind.

In der russischen Arktis ist der Tourismus bisher nicht besonders entwickelt, so dass man schon selbst aktiv werden muss, wenn man dort Eisbären beobachten möchte. Ein spezielles Erlebnis ist der Besuch von Franz-Josef-Land, dem Archipel am 80. Breitengrad, wo man mit hoher Wahrscheinlichkeit auf Eisbären trifft. Allerdings ist die Anzahl der Reisen dorthin beschränkt, da das Ziel sehr abgelegen ist, und preiswert ist die Reise dorthin auch nicht. Ohne Frage bietet sie jedoch Höhepunkte für ambitionierte, an der Arktis interessierte Touristen. Neuerdings werden auch Reisen zur Wrangel-Insel und nach Tschukotka angeboten. Besonders die Wrangel-Insel und die benachbarte Herald-Insel sind für die Eisbären-Population in der Beaufort-See von immenser Bedeutung, da sich hier die meisten Geburtszonen befinden. Seit vielen Jahren werden im dortigen Nationalpark durch sowjetische beziehungsweise russische Biologen intensive Studien zum Verhalten der Eisbären durchgeführt. Sie haben bedeutende Erkenntnisse über Eisbären geliefert, die für die Zukunft dieser Tiere und ihre Überlebenschancen in einer sich erwärmenden Arktis sehr wichtig sind (→ Kapitel Biologisches – Fakten und Forschung).

Eine russische Briefmarke mit arktischem Motiv

Kapitel 9
Auf dünnem Eis – Gefahren für Nanook

Der von den Eisbären bevorzugte Lebensraum droht durch den Klimawandel zu verschwinden

Auf dünnem Eis – Gefahren für Nanook

Situation der Eisbären heute

Das stärkste und kraftvollste Raubtier der Arktis, das dazu noch clever und anpassungsfähig ist und in einer von Menschen fast unberührten Landschaft lebt, soll durch die Menschheit gefährdet sein? Obgleich es doch wirksame Schutzmaßnahmen gibt, die die Jagd erheblich einschränken? Und haben sich die Bestände nicht deutlich erholt?

Diese Fragen sind es, an denen sich die Geister scheiden. Bei den Recherchen für dieses Buch haben wir Pro und Kontra dazu gefunden – und auch viele unstrittige Tatsachen kennengelernt, die für sich sprechen.

Auf den ersten Blick scheint der Status der Eisbären sicher zu sein: Der Gesamtbestand hat in den letzten dreißig Jahren nicht ab-, sondern eher zugenommen, sie halten sich noch immer gut verteilt auf dem scheinbar unendlich großen Eismeer auf und haben kaum etwas von ihrem ursprünglichen Habitat an die Menschen abgeben müssen – ganz anders als etwa Tiger, Orang Utan und andere gefährdete Tierarten. Aber gerade die im Verlauf ihrer Evolution so erfolgreiche Anpassung der Eisbären an die extremen Lebensbedingungen im arktischen Eis, ihre hohe Spezialisierung, macht sie auch enorm abhängig von Ausdehnung und Zustand eben dieses Eises. Sie brauchen eine stabile Eisdecke zur Jagd auf Robben und für die Aufzucht ihrer Jungtiere, und sie brauchen ausreichend Schnee für die Geburtshöhlen. Sie haben nur begrenzte Möglichkeiten, auf die Veränderungen zu reagieren, die die globale Erwärmung mit sich bringt. Ein sich über zehntausende Jahre abspielender Anpassungs- und Spezialisierungsprozess kann nicht im Laufe weniger Jahrzehnte wieder rückgängig gemacht werden.[1]

Perfekt angepasst an extreme Lebensbedingungen

Die Rote Liste

Auf der Roten Liste der Weltnaturschutzorganisation IUCN wurde der Eisbär gemäß den Ergebnissen jahrelanger Studien als „verletzlich" klassifiziert, d. h. das Risiko seines Aussterbens in der Natur in unmittelbarer Zukunft wird als hoch angesehen. Oberhalb dieser Stufe gibt es allerdings noch „stark gefährdet" – sehr hohes Risiko, und „vom Aussterben bedroht" – extrem hohes Risiko.

Ausschlaggebend für die Einstufung war die Einschätzung, dass der Bestand an Eisbären, derzeit geschätzt auf 20.000 bis 25.000 Tiere, sich innerhalb von drei Generationen (in diesem Fall 45 Jahren) um mehr als 30 % reduzieren wird.

Die Hauptbedrohungen für Nanook sind:
- Klimaänderungen in der Arktis im Zusammenhang mit der globalen Erwärmung
- Verschmutzung und Giftbelastung der Umwelt
- Schiffsverkehr und Tourismus
- Erforschung und Ausbeutung von Ölvorkommen und anderen Bodenschätzen
- übermäßige Jagd und Wilderei

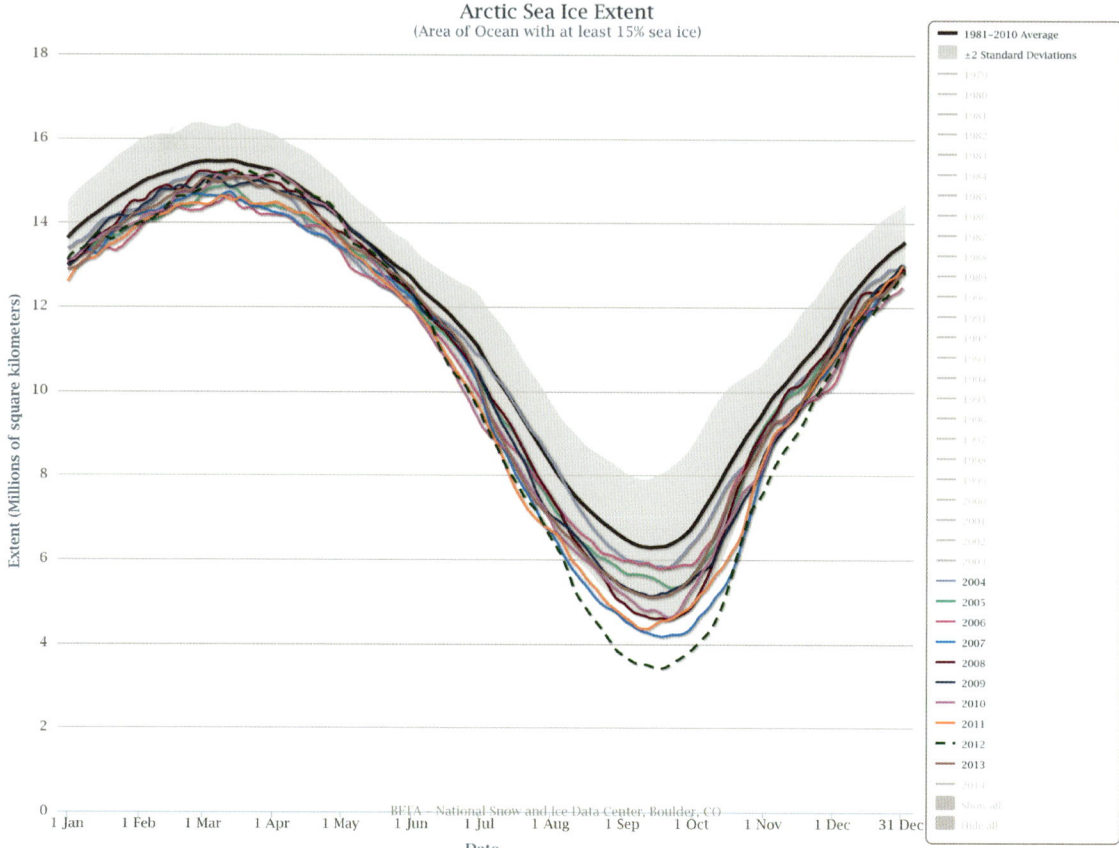

Arctic Sea Ice Extent
(Area of Ocean with at least 15% sea ice)

BETA – National Snow and Ice Data Center, Boulder, CO

Globale Erwärmung

Die wesentlichste Bedrohung für die Eisbären ist die Einschränkung ihres Habitats schlicht durch dessen Abschmelzen infolge des Klimawandels; ihr Wohlergehen hängt fast völlig vom Meereis ab. Modelle für die Entwicklung von Umfang und Dicke des arktischen Meereises sowie für die zeitlichen Schwankungen der Meereisbedeckung sagen für die nächsten 50-100 Jahre dramatische Veränderungen voraus. Selbst konservative Studien prognostizieren bis zum Jahr 2100 eine Gesamtabnahme des Meereises zwischen 10 und 50 %, wobei sich das Sommereis wenigstens auf die Hälfte reduziert oder gar ganz verschwindet. Die meisten Forschungsinstitute gehen davon aus, dass es 2070 oder spätestens 2100 keine ständige polare Eiskappe mehr geben wird. 2004 wurde festgestellt, dass sich innerhalb von nur dreißig Jahren, also seit 1974, die durchschnittliche Dicke des Meereises halbiert hat! Die Messungen der letzten Jahre haben leider gezeigt, dass das Eis noch schneller abgenommen hat, als es die pessimistischsten Schätzungen vorausgesagt hatten.

Natürlich verläuft dieser Prozess nicht gleichförmig und wirkt sich regional unterschiedlich aus, zudem unterliegt er Schwankungen – Jahren mit stärkerem Eisrückgang können Jahre mit schwachem Eisrückgang folgen etc. Aber trotz aller Abweichungen weist der Langzeittrend auf eine wesentliche Reduzierung der Eisbedeckung insgesamt hin, und auch der Zeitraum, in dem in bestimmten Regionen kein Sommereis mehr vorhanden ist, nimmt deutlich zu.

Eisbären haben eine sehr niedrige Reproduktionsrate (→ Kapitel Biologisches ...), und damit ist das Szenario einer Anpassung an eine so schnell und so deutlich reduzierte Eisdecke sehr unwahrscheinlich. Zwar haben sich die Tiere vor Jahrtausenden auch an wärmere Klimaperioden anpassen

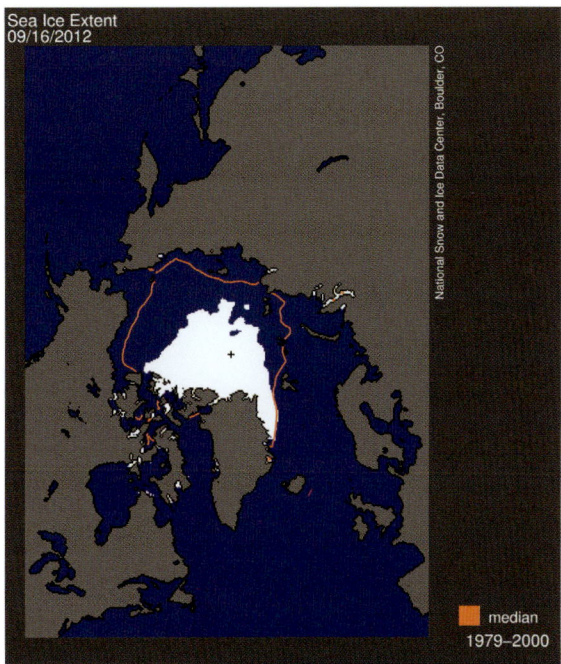

Sea Ice Extent
09/16/2012

National Snow and Ice Data Center, Boulder, CO

median
1979–2000

Das Meereis-Minimum in der Arktis im September 2012 – die geringste Ausdehnung seit Beginn der Satelliten-Aufzeichnungen. Die orange-farbene Linie zeigt die mittlere Ausdehnung der Jahre 1979–2000. Quelle: National Snow and Ice Data Center, University of Colorado, Boulder (USA)

können, der derzeitige Erwärmungsprozess verläuft aber anscheinend viel zu schnell, weshalb die Mehrheit der Eisbär-Forscher ein Szenario in Betracht zieht, bei dem die Spezies binnen hundert Jahren in den meisten Bereichen der Arktis nicht mehr existieren wird, sollte sich die Erwärmung im gleichen Tempo fortsetzen.

Der Verlust des Habitats führt direkt zu Ernährungsproblemen. Das Eis ist die wichtigste Plattform der Eisbären für das Erbeuten von Nahrung. Deren Hauptbestandteil sind Ringelrobben, die für die Bären am leichtesten erreichbare Beute (→ Kapitel Biologisches ...). Allerdings sind für die ausreichende Ernährung von 20.000 bis 25.000 Eisbären auch Millionen von Ringelrobben erforderlich. Doch auch die sind bei der Aufzucht ihrer Jungen vom Meereis und seiner Qualität abhängig. Es konnte nachgewiesen werden, dass eine frühere Eisschmelze Ringelrobben in ihrer Reproduktion beeinträchtigt. Wissenschaftler haben beispielsweise beobachtet, wie durch plötzliche Regenfälle – anstelle von Schneefällen – die schützenden Höhlen neugeborener Robbenbabys einfach weggespült wurden, was nur wenige der Kleinen überlebt haben. Es kommen nicht viele Tierarten in Frage, die ge-

nügend Individuen zählen, um als Ersatz für Ringelrobben dienen zu können, so etwa Bartrobben, Sattelrobben und Belugawale. Für die Eisbärenpopulationen in der sogenannten *Seasonal Ice Ecoregion*, deren Habitat durch das vollständige Abschmelzen der Eisdecke im Sommer gekennzeichnet ist – dazu gehören Baffin Bay, Davis Strait, Foxe Basins und Hudson Bay – sind die Änderungen am gravierendsten. Für diese Bären ist es lebenswichtig, sich zwischen dem Ausgang des Winters und dem Frühsommer – also in der Zeit, in der es Robben im Überfluss gibt und sie samt ihrem Nachwuchs am leichtesten zu jagen sind – ausreichende Fettvorräte anzufressen. Nur so können sie die Fastenzeit im Spätsommer und Herbst überstehen, bis das Wasser wieder zufriert und die Robbenjagd auf dem Eis erneut beginnen kann.

Ein Beispiel: die Situation in der westlichen Hudson Bay

Die Eisbären-Population der westlichen Hudson Bay ist aufgrund ihrer geografischen Lage (Kosten und Logistik für einen Aufenthalt von Wissenschaftlern nahe Churchill sind wesentlich günstiger als anderswo in der Arktis) über mehr als 25 Jahre sehr gründlich erforscht worden. Daher gibt es hier robuste, sehr verlässliche Daten mit unstrittigen Feststellungen:

Dadurch, dass die beste Futterperiode wegen des verfrühten Eisauf-

bruchs verkürzt ist, verschlechterte sich der körperliche Zustand sowohl männlicher als auch weiblicher Eisbären deutlich.

Das Körpergewicht in dieser Population hat zwischen 1980 und 2007 im Durchschnitt um mehr als 50 kg abgenommen. Dabei ergibt sich erschwerend eine sogenannte positive Rückkopplung. Die schlechter genährten Eisbären, die nun früher als gewöhnlich – derzeit manchmal bereits Anfang bis Mitte Juli – an Land kommen, um hier den Sommer fastend zu verbringen, sind nun gezwungen, länger als gewöhnlich ohne Nahrung auszuhalten, bis sich endlich die Eisdecke im November wieder aufbaut. Das hat dazu geführt, dass die jährliche Überlebensrate signifikant gesunken ist. Die Sterblichkeitsrate bei den Neugeborenen und Jungtieren ist besonders hoch, da ihre Mütter offensichtlich keine ausreichenden Fettreserven aufgebaut haben, um sich selbst und den Nachwuchs versorgen zu können. Zusätzlich musste man feststellen, dass die durchschnittliche Wurfgröße abgenommen hat; Mütter mit zwei Jungen sind hier nun viel seltener zu sehen als vor zwanzig Jahren, Mütter mit drei Jungen so gut wie nie. Junge Eisbären haben im Durchschnitt eine geringere Körpergröße und ein niedrigeres Gewicht als noch vor Jahren. Die Population der westlichen Hudson Bay ist in den letzten zehn Jahren von 1200 auf ca. 1000 Tiere gesunken, und ausgehend vom Trend des ständig weiter abnehmenden Körpergewichts befürchten die Wissenschaftler, dass bei der weiteren Erwärmung der Arktis ein großer Teil der erwachsenen Eisbären dieser Population überhaupt nicht mehr zur Reproduktion fähig sein wird.[2]

Eisbären-Gefängnis und Problembären

Im späten Herbst, wenn die Eisbären hungrig auf das Zufrieren der Hudson Bay warten, kommen sie vermehrt an die Mündung des Churchill River, weil sich dort wegen des höheren Süßwassergehalts zuerst Eis bildet. Dabei nähern sie sich auch dem Ort Churchill, einer Gemeinde mit etwas über 800 Einwohnern.

Neugierige und hungrige Bären, wohl vor allem durch interessante Gerüche nach Essbarem angelockt, lungern vermehrt um den Ort herum. Nachts streifen sie direkt zwischen den Häusern umher und interessieren sich für die Mülltonnen. Die Behörden haben mit dem *Polar Bear Alert Program* auf diese Situation reagiert. Es richtet sich zuerst an die Menschen – sie werden aufgeklärt und angehalten, ihr Verhalten und ihre Einstellungen zu ändern und nicht aggressiv auf die Bären zu reagieren (noch vor etwa vierzig Jahren wurden die Eisbären einfach erschossen, wenn sie sich zeigten). Das Programm wurde per „Versuch und Irrtum" entwickelt und zielt auf eine friedliche Koexistenz mit den Eisbären. Eine Liste von Verhaltensmaßregeln, Warnschilder am Ortsrand und eine Notrufnummer gehören dazu, ebenso wie mit Köder bestückte Bärenfallen im Umkreis der Stadt. Die offene Mülldeponie wurde durch ein geschlossenes Gelände ersetzt.

Eine „Eisbärenpolizei", die *Polar Bear Patrol*, versucht, im Ort auftauchende Eisbären mit Schreckschussmunition zu verjagen. Wenn das nicht hilft, wird der Eisbär mit einer Spritze betäubt – falls er nicht wegen Gefahr für Leib und Leben eines Menschen erschossen werden muss.

Die in die Fallen geratenen oder anderswo aufgegriffenen Eisbären werden betäubt, markiert und in die *Polar Bear Holding Facility*, das „Eisbären-Gefängnis" gebracht, eine graue mit Wellblech verkleidete Lagerhalle am Flughafen, in der mehr als zwanzig Eisbären Platz finden. Im Sommer werden fünf Zellen mit Klimaanlage genutzt, aber auch eine beheizbare Zelle für verwaiste Eisbärenbabys ist vorhanden. Die Halle ist gut gesichert, nicht nur, um die Eisbären darinnen zu behalten, sondern auch, um neugierige Touristen, die sich selbst in Gefahr bringen könnten, davon fernzuhalten. Die Tiere erhalten nichts als Wasser, denn wenn sie hier Futter bekämen, würden sie sich das gut merken! Eisbären haben ein hervorragendes Gedächtnis; man hofft, dass sie diesen Ort in schlechter Erinnerung behalten und in Zukunft vermeiden, Churchill zu besuchen.

Ins Bärengefängnis (oben)
Die gefangenen Bären werden ausgeflogen

310

Nach höchstens dreißig Tagen werden die Tiere schließlich befreit. Dazu werden sie betäubt und anschließend in einem Netz von einem Helikopter ausgeflogen. In etwa vierzig bis fünfzig Kilometer Entfernung in Richtung Norden werden sie abgeladen. Vorher vergewissert man sich, dass keine anderen Eisbären in der Nähe sind, die ihnen gefährlich werden könnten, denn sie sind erst etwa zwei Stunden nach der Betäubung wieder vollständig mobil. Mit dem verfrühten Eisaufbruch hat die Anzahl der Eisbären zugenommen, die in Churchill eingefangen und entfernt werden mussten; bis 1985 waren es jährlich zwischen fünfzig und hundert, inzwischen sind es ca. 180.

Die gelandeten Bären werden für ihre Freilassung vorbereitet

Leider zählt man auch immer mehr „Problembären", die sich nicht abschrecken lassen und aggressiv reagieren. Das hat damit zu tun, dass sich Mensch und Eisbär häufiger begegnen – infolge wachsender Einwohnerzahlen, der verstärkten Anwesenheit zeitweiliger Besucher, der wachsenden Mobilität der Menschen und der Zunahme der touristischen Möglichkeiten. Man sollte nie vergessen: All das, was Menschen in die Arktis mitbringen, riecht sehr interessant, zumindest aus der Perspektive des Eisbären, und kann unerwünschte Begegnungen nach sich ziehen.

Der Status der anderen Populationen

Auch in den Populationen von Foxe Basin, Davis Strait und Baffin Bay gibt es Hinweise auf ähnliche Entwicklungen wie in der westlichen Hudson Bay: auffällig viele dünnere und leichtere Eisbären. Die hier unzureichende Datenlage erlaubt jedoch nicht, diesen Trend und den Zusammenhang mit der globalen Erwärmung zuverlässig zu belegen, zumal die Populationen der Davis Strait und des Foxe Basin derzeit zahlenmäßig stabil sind. Die Populationsgröße in der Baffin Bay nimmt ab, und da sich die Davis Strait gerade überdurchschnittlich erwärmt, kann man auch dort letztendlich einen Niedergang der Population erwarten.[3]

In der südlichen Beaufort-See haben ungewöhnliche warme Sommer seit 2004 dafür gesorgt, dass die sommerliche Südgrenze des Packeises in den letzten Jahren den Bereich des Kontinentalschelfs verlassen hat und viel weiter im Norden lag: in Regionen, in denen aufgrund des viel tieferen Wassers die Häufigkeit von Robben stark abnimmt. In der Folge wurde beobachtet, dass die Überlebensrate weiblicher Eisbären in dieser Region stark zurückging. Die Eisbär-Forscher rechnen mit einem drastischen Rückgang der Population, sollte es vor den Küsten Alaskas und der kanadischen Northwest Territories weiterhin so viele Sommer mit offenem Wasser geben.

Für die Eisbären der Tschuktschen-See, Laptev-See und Kara-See sind vergleichbare Daten nicht vorhanden. Die Eissituation dort gleicht jedoch stark der in der südlichen Beaufort-See, so dass es um den Zustand der Tiere und ihre Zukunftsaussichten ähnlich bestellt sein wird.

In Spitzbergen (Barentsee-Population) entfernt sich die sommerliche Packeisgrenze tendenziell immer mehr und für immer längere Zeit vom Land, so dass es für Eisbärinnen schwierig sein kann, die üblichen Geburtszonen aufzusuchen.

Die Situation der Populationen im kanadischen Archipel ist etwas anders. Obgleich auch hier das Eis weniger und der Zeitraum mit offenem Wasser länger wird, gibt es anstelle des dickeren mehrjährigen vielerorts wenigstens noch einjähriges Eis. Wegen mangelnder Forschungsdaten sind hier eindeutige Prognosen schwer möglich. Aber es wird immer eine Polarnacht ohne Sonne geben, und demzufolge in jedem Winter neues Eis. Die hier vorherrschenden Strömungen und Winde könnten wie bisher dieses Eis so zusammendrücken, dass davon auch im Sommer noch etwas erhalten bleibt.[4] Dass das Eis auch hier eines Tages zu dünn für Eisbären werden könnte, ist zunächst Spekulation; vielleicht könnte hier das letzte Refugium der überlebenden Spezies sein?

Alle Argumente und Erfolgsberichte über ein Anwachsen von Eisbärenpopulationen infolge der seit den siebziger Jahren eingerichteten Schutzmaßnahmen werden von den führenden Eisbär-Wissenschaftlern als verfrühter Optimismus angesehen; sie setzen eine einzige simple Tatsache dagegen:

„Was in der Vergangenheit geschah, ist irrelevant. Durch die globale Erwärmung verschwindet das Habitat der Eisbären. Selbst die sorgfältigsten Regulierungsmaßnahmen vor Ort nützen nichts, wenn den Eisbären ihr erforderliches Habitat nicht zur Verfügung steht".[5]

Die Grafik „Trends in den Eisbären-Populationen" im Anhang veranschaulicht die Verteilung der Populationen und den Trend der Bestandsentwicklung.

Verschmutzung und Giftbelastung der Umwelt

Es ist eine traurige Tatsache, dass Eisbären unter Schadstoffen leiden müssen, die durch Sorglosigkeit und Gleichgültigkeit der Menschen ihren Weg in die Arktis gefunden haben.

Obwohl viele schädliche Chemikalien und Umweltgifte inzwischen offiziell verboten sind, und trotz der gewaltigen Entfernung der Arktis von den Industriegebieten im Süden sind hier langlebige organische Schadstoffe wie PCB, Dioxine, Furane und Pestizide wie DDT, Dieldrin und Lindan verbreitet. Auch Schwermetalle wie Quecksilber, Blei, Cadmium, Selen sowie radioaktive Materialien sind in der Arktis zu finden. Vorkommen und Konzentration der belastenden Stoffe unterscheiden sich in den einzelnen Regionen der Arktis sehr. In bestimmten Gebieten, wie in Nordostgrönland, der Barentssee und der Karasee wurden besonders hohe Belastungen nachgewiesen.

Ein guter Teil der Umweltgifte wird durch Meeres- und Luftströmungen in die Arktis getragen, andere über die großen Flüsse, die ins Eismeer münden, und manchmal werden sie auch durch wandernde Tiere wie Zugvögel transportiert. Und nicht zuletzt sind es die Menschen, die sie auf direktem Weg in die Arktis bringen. Selbst wenn es durch gezielte Untersuchungen möglich wäre, die Stoffe zu quantifizieren, ihre Quellen zu lokalisieren und ihre Freisetzung durch gezielte Maßnahmen zu reduzieren, würde das nur auf sehr lange Sicht zu Ergebnissen führen.

Durch ihren Platz am Ende der Nahrungskette in der Arktis – von der Alge bis zur Robbe – sind die Eisbären durch die Akkumulation von Schadstoffen besonders gefährdet. Diese Gifte werden bereits von Lebewesen am Anfang der Nahrungskette aufgenommen, ohne dabei verarbeitet oder zerstört zu werden, und sie werden über Plankton, Fische bis hin zu Robben und Walen immer mehr angereichert. Untersuchungen haben gezeigt, dass bei der Belastung mit Quecksilber Ringelrobben und Narwale gleichermaßen betroffen sind. Bei einem Fünftel der untersuchten Tiere stellte man eine erhöhte Quecksilber-Konzentration fest. Manche Schadstoffe werden aufgrund ihrer chemischen Eigenschaften in den Fettmolekülen der Tiere abgelagert, und der Fettfresser Eisbär bekommt sie somit auf direktem Wege in seinen Körper. Untersuchungen von Eisbären in den verschiedensten Regionen führten zur Schlussfolgerung, dass es wohl nirgendwo mehr in der Arktis Eisbären gibt, die nicht durch Chemikalien belastet sind.[6]

Selbst ein Eisbär mit hoher Schadstoffbelastung kann auf den ersten Blick sehr gesund aussehen. Die Wirkungen dieser schleichenden Vergiftungen sind nicht so augenfällig wie die Auswirkungen des Klimawandels. Erst systematische Untersuchungen an Organproben von den durch Inuit gejagten Eisbären zeigten den Wissenschaftlern die Art der Folgen. Langlebige

Noch gesund: Eisbären der Hudson-Bay-Population balgen sich

organische Schadstoffe wie PCB, die sich in hoher Konzentration im Körper des Eisbären anreichern, bilden ein Risiko für Veränderungen des Immunsystems und erschweren die Abwehr von Infektionskrankheiten und Parasiten. Bei Untersuchungen von stark mit PCB belasteten Eisbären wurden viel weniger Antikörper im Blut festgestellt als bei nicht so stark betroffenen Tieren. Ein derart vergifteter Eisbär übersteht möglicherweise nicht einmal eine harmlose Infektionskrankheit.

Durch bestimmte Schadstoffe kann die Struktur der Schilddrüse verändert oder der Hormonhaushalt beeinflusst werden. In einigen Gebieten enthält die fettreiche Milch der Eisbärinnen sehr hohe Konzentrationen an Schadstoffen, die direkt in die Körper der Jungtiere geraten und mitverantwortlich für verzögertes Wachstum, Entwicklungsstörungen und eine höhere Sterberate sind. Vermutlich infolge von Hormonveränderungen durch längere Schadstoffeinwirkung zeigten sich Veränderungen in der Knochenstruktur und auch eine Verkleinerung von Geschlechtsorganen. Auf Spitzbergen wurde ein kleiner Prozentsatz von weiblichen Eisbären mit veränderten sekundären Geschlechtsmerkmalen aufgefunden, sogenannte Pseudo-Hermaphroditen.

Schwermetalle wie Quecksilber, Blei, Selen und Cadmium wurden bereits in den Körpern von Eisbären nachgewiesen. Die Wirkungen auf die Tiere sind noch nicht ausreichend erforscht, doch ist zu vermuten, dass sie, wie beim Menschen, Leber und Nieren sowie das Zentralnervensystem angreifen.

Über die radioaktive Belastung in der Arktis und ihre Folgen gibt es bisher mehr Vermutungen als wissenschaftliche Daten. Jedoch wurde von Novaja Semlja, wo in der Nähe von Eisbär-Geburtszonen nukleare Waffen getestet worden waren, über Eisbären mit verkürzten Hinterbeinen und braunen Flecken im Fell berichtet.

Schifffahrt und Tourismus

Dass die Zunahme der Schifffahrt in der Arktis Eisbären stressen kann, liegt auf der Hand. Das beginnt schon bei dem kleinen Motorboot der Inuit-Robbenjäger, wenn auch der Druck bei einer solchen Begegnung nur im Ausweichen auf den nächstbesten Jagdgrund besteht. Auch Segeljachten dürften kein großes Problem darstellen, solange sich ihre Zahl in übersichtlichen Grenzen hält. Anders sieht es schon aus, wenn große Frachtschiffe oder Kreuzfahrtschiffe den Weg eines schwimmenden Eisbären kreuzen. Gesunde und wohlgenährte Eisbären sind zwar gute Schwimmer; einem riesigen Schiffskörper schnell genug auszuweichen, ist für sie jedoch schwierig. Noch hält sich der Schiffsverkehr in der kanadischen Arktis in Grenzen, doch infolge der veränderten Eisverhältnisse hat er in den letzten Jahren deutlich zugenommen. Nach einem erfolgreichen Testlauf mit der *Nordic Orion* im September 2013 bereitet eine dänische Reederei regelmäßigen Sommer-Frachtverkehr vor, und andere werden nachziehen.

Der zunehmende Tourismus in der Arktis führt zu immer mehr Begegnungen von Eisbären und Menschen – und zu einer höheren Wahrscheinlichkeit von gewaltsamen Zwischenfällen. Eisbärenbeobachtungen an Land oder auf dem Eis entsprechen leider nicht immer den Grundsätzen des schonenden Ökotourismus (→ Kapitel Reisen zu Nanook). Gegen gute Bezahlung werden ethische Leitbilder manchmal beiseite geschoben. Obwohl es gegen das Gesetz verstößt, werden Eisbären mitunter gezielt angelockt und gefüttert, um Touristen den garantierten „Schuss" mit der Kamera zu ermöglichen.

Hat ein Eisbär gelernt, dass in der Nähe von Menschen Futter zu bekommen ist, wird er auch Jägern nicht mehr ausweichen oder gar Menschen in den Siedlungen gefährden; beide Situationen können ihn das Leben kosten. Wie beim Schwarzbären oder beim Grizzly gilt auch hier: „Ein gefütterter Bär ist (bald) ein toter Bär".

Rohstofferschließung und Siedlungsdruck

Off-Shore-Öl- und Gasförderung vor den Küsten des Polarmeers haben in den letzten Jahren stark zugenommen. Am intensivsten ist die Ausbeutung der Lagerstätten in den flacheren Gewässern in Küstennähe – ein Bereich, den auch Eisbären bevorzugen. Der Anblick, die Klänge und Gerüche, die von Ölplattformen ausgehen, bieten für die neugierigen Eisbären eine Attraktion. Zudem werden durch Eisbrecher und durch die Arbeiten an den Plattformen Eisaufbrüche geschaffen, die anziehend auf Robben wirken – und damit auf Eisbären.

Bisher mussten glücklicherweise noch nicht viele Eisbären wegen Gefährdung von Ölarbeitern erschossen werden. Die größere Gefahr für sie besteht in Verunreinigungen durch Rohöl. Selbst wenn sie nur ihr ölverschmutztes Fell ablecken, hat das direkte Schädigungen der Nieren, der Lunge, der Leber und des Hirns zur Folge. Schon eine ganz kleine Ölmenge kann einen schleichenden Vergiftungsprozess einleiten. Eine größerere Havarie bei der Ölförderung wäre eine Katastrophe – man muss sich nur bildlich vorstellen, wie ölverschmierte Eisbären ölverschmierte Robben fressen ...

Derzeit gibt es noch keine erprobte und wirksame Methode, im Eis oder in vereisten Gewässern einen Ölteppich zu beseitigen oder einen Ölausbruch unter Kontrolle zu bringen, schon gar nicht unter den in der Arktis vorherrschenden schwierigen Witterungsbedingungen. Man fragt sich dann natürlich, wie es sein kann, dass Regierungen überhaupt Genehmigungen zur Erkundung und Förderung von Öl in solchen Regionen erteilen. Off-Shore-Ölfördereinrichtungen in der Nahe von Eisbär-Geburtszonen können ebenfalls Probleme hervorrufen, insbesondere wenn durch sie der Weg der jungen Bärenfamilie zum Eis versperrt wird oder die werdenden Mütter sich davon abhalten lassen, die Geburtshöhle überhaupt aufzusuchen; und es ist möglich, dass junge Eisbärenmütter sich derart gestört fühlen, dass sie ihre Jungen in den Höhlen zurücklassen und flüchten.

Auch die Erschließung und Förderung von Bodenschätzen an Land und die damit verbundene Infrastruktur bringen Gefahren für die Eisbären mit sich. In der Arktis liegen Diamanten, Gold, Uran und andere Mineralien. Giftige Abfälle und Nebenprodukte des Bergbaus sind ein Risikofaktor für Eisbären. Temporäre Straßen sind eine Versuchung für die Tiere, in tief verschneiter Landschaft einen leichter begehbaren Weg zu wählen. Verschiedentlich wurden von den hier zeitweise verkehrenden schweren Trucks schon Eisbären angefahren oder überfahren. Zum anderen leiten solche Wege die Eisbären manchmal direkt ins Camp – und damit zur Konfrontation mit den Menschen.

Jede temporär genutzte Einrichtung in der Arktis, ob Forschungscamp, Jagdhütte, Touristenlodge oder Containersiedlung, kann auf ihre Weise den Siedlungsdruck auf die Eisbären erhöhen. Der Transportlärm und weitere menschlichen Aktivitäten, seien es Bodenerkundungen, Vermessungen, wissenschaftliche Untersuchungen, militärische Übungen, Tourismus oder Jagd, können die Eisbären beeinflussen und stören – und umgekehrt. Hier sind Umsichtigkeit und Verantwortungsbewusstsein gefragt, um negative Folgen für die Eisbären zu vermeiden.

Jagd und Überjagung

Mit dem *Agreement on Conservation of Polar Bears* von 1973 (→ Kapitel Biologisches – Fakten und Forschung) sollte das beliebige und unregulierte Abschießen der Eisbären Geschichte sein. Die Jagd mit Selbstschussanlagen an mit Ködern bestückten Fallen wurde verboten, ebenso die Jagd aus Flugzeugen und von Schiffen. Nur in Notwehr, oder aber wenn „Problembären" den Menschen bedrohlich werden, darf man Eisbären erschießen. Auch das früher übliche Einfangen von Jungtieren für Zoo und Zirkus ist nicht mehr gestattet; nur wenige verwaiste Eisbären, die ansonsten keine Überlebenschance hätten, werden noch in Zoos überführt.

Die Jagd auf Eisbären ist lediglich Angehörigen der indigenen Völker zur Selbstversorgung (Subsistenzjagd) gemäß den Prinzipien des Abkommens erlaubt.

Wie wir gesehen haben (→ Kapitel Bewohner der Arktis), spielt die Jagd auf Eisbären für die Völker der Arktis auch heute noch eine wichtige kulturelle Rolle und stellt zudem einen wichtigen Einkommensfaktor dar.

Jagd auf Eisbären, Illustration in Emil Bessels Buch „Die amerikanische Nordpolexpedition", Leizig 1879

Die im *Agreement* und den darauf beruhenden nationalen Regelwerken verwendete Vokabel „harvest" anstelle von „hunting", also „ernten" anstelle von „jagen", drückt bereits aus, dass der Nachhaltigkeitsgedanke hier eine Rolle spielt. Als bestandserhaltend angesehen wird eine jährliche „Ernte" von 500 bis 700 Tieren, also 2-3 % der Weltpopulation. Da den Jägern nahegelegt wird, nach Möglichkeit weibliche Tiere zu verschonen, um die Reproduktion zu sichern, sind geschätzte 60–70 % der erjagten Tiere männlich.

Umstrittene Jagdquoten

Dem überwiegenden Teil der kanadischen Inuitgemeinden mit jährlich festgesetzten Quoten (→ Kapitel Bewohner der Arktis) stehen Gebiete gegenüber, für die administrative Beschränkungen fehlen, wie etwa Grönland, wo Quoten nur Empfehlungscharakter haben.

Auch für die Eisbärenpopulation der Tschuktschensee, die sich nördlich der Beringstraße zwischen Ostsibirien und Westalaska erstreckt, ist bisher noch keine gesetzliche Quote durchgesetzt. Den vorliegenden Daten zufolge wäre derzeit eine jährliche „Ernte" von 58 Eisbären nachhaltig. Regionale Behörden und die betroffenen Jäger in beiden Ländern arbeiten neuerdings gemeinsam an einer „Kooperation für Nachhaltigkeit", um Jagdquoten für die Gemeinden zu erarbeiten, die keinen der Partner benachteiligen – hoffentlich auch die Eisbären nicht. Vor kurzem hat die Regierung in Moskau den Tschuktschen erstmals seit dem Jagdverbot von 1957 eine Quote von jährlich 29 Eisbären bewilligt.

Dass die Gruppierungen der betroffenen indigenen Völker die jeweiligen Abschussquoten untereinander aushandeln und sich dabei auf die durch wissenschaftliche Untersuchungen ermittelten Populationsgrößen stützen, ist der Idealfall. Vielerorts aber fordern sie, weil sie immer mehr Eisbären sichten, eine Erhöhung der Quoten; oder es wird, wie im Falle der Cree, Innu und Inuit an der südlichen Hudson Bay, eine Quotenregelung gänzlich in Frage gestellt (→ Polarisierende Polarbären).

Vor allem große, gesunde Bären sind attraktiv für die Trophäenjäger

Die Jagdquoten werden neuerdings kaum mehr unterschritten, denn die derzeit stark ansteigende Nachfrage nach guten Pelzen bietet einen Anreiz für die Jäger. Bei den Auktionen in Kanada und auch anderswo sind die Preise durch immer mehr Neukunden, die vor allem aus China und Russland kommen, gewaltig nach oben getrieben worden. 2013 wurden für einzelne Felle bis zu 22.000 Dollar bezahlt, Anfang 2014 ging ein Bericht über den Diebstahl eines Eisbärenpelzes im Wert von 30.000 Dollar durch die Presse. Gerüchten zufolge vervielfältigt sich der Preis beim Weiterverkauf in China, wo für Wohlhabende ein Fell oder ein ausgestopfter Eisbär im Wohnzimmer neuerdings ein „Muss" zu sein scheint.

In New Jersey beschlagnahmte Trophäe, US Fish and Wildlife Service Northeast Region

Solche Sensationsmeldungen machen unter Inuit-Jägern die Runde – kein Problem mehr beim Erfahrungsaustausch via Internet – und wecken nicht selten überzogene Erwartungen bezüglich erzielbarer Erlöse für unbehandelte Häute.

Wilderei und illegaler Handel

Bei der dramatisch steigenden Nachfrage nach Eisbärfellen darf man sich nicht darüber wundern, dass auch die Anzahl der erschossenen Eisbären zunimmt. 2012 erlegten Jäger in Kanada 740 Eisbären – 77 mehr als im Durchschnitt der letzten fünf Jahre. Zum möglichen Risiko einer Überjagung wegen zu hoch angesetzter oder nicht vorhandener Quoten kommt noch die Wilderei. In Kanada und Alaska kann man davon ausgehen, dass die offiziellen Zahlen erlegter Eisbären nicht allzu sehr von der Realität abweichen. Da man aufgrund der mangelnden Infrastruktur mit einem erlegten Eisbären eigentlich immer in irgendeine Gemeinde zurückkommen muss, lässt sich ein Abschuss kaum verheimlichen, es sei denn, die ganze Gemeinde trägt es mit. Die Wissenschaftler sind aber besorgt über die Verhältnisse in Russland, obwohl dort die Jagd auf Eisbären bereits seit 1956 verboten und erst seit kurzem für die indigenen Völker wieder offiziell erlaubt ist. Das Auseinanderfallen der Sowjetunion hat eine gewisse „Gesetzlosigkeit" mit sich gebracht, die von Wilderern ausgenutzt wurde und wird. Dadurch hat sich ein florierender illegaler Markt entwickelt. Man schätzt

Eisbärenmutter mit Jungem: Wenn die Reproduktionsrate sinkt, ist schnell eine kritische Beständsgröße erreicht, die keine Erholung aus eigener Kraft mehr erlaubt

auf der Grundlage von Beobachtungen des verdeckten Handels, dass zurzeit allein auf Tschukotka bis zu 200 Eisbären jährlich illegal getötet werden; ihre Felle gelangen häufig mit gefälschten kanadischen CITES-Papieren in den offiziellen Handel. Über eventuelle Wilderei in der Kara-See- und der Laptev-See-Population gibt es keine Angaben, für die Barentssee-Population kann sie derzeit ausgeschlossen werden.

In den USA wurde vor einigen Jahren der Handel mit Eisbärenfellen verboten. Das sorgte dafür, dass die meisten Trophäenjäger aus den USA die Eisbärenjagd in Kanadas Arktis aufgegeben haben. Dennoch gibt es von Zeit zu Zeit Versuche, solche Trophäen illegal einzuführen, wie Kontrollen durch den *U.S. Fish and Wildlife Service* enthüllen, der an den wichtigsten Flughäfen, Seehäfen und Grenzübergängen tätig ist.

Internationale Naturschutzorganisationen und die USA beantragten, den Handel mit Eisbär-Teilen durch Änderung des internationalen Artenschutzabkommens (CITES), vollständig zu verbieten (bisher bewirkt die Listung des Eisbären als „gefährdet" lediglich, dass der Handel „kontrolliert" ist). Der Antrag scheiterte zuletzt 2013 an der Haltung Kanadas, Europas und der meisten anderen Staaten.

Ist die Jagd heute noch eine Gefahr für den Eisbärenbestand?

Addiert man zu den 2012 in Kanada offiziell erjagten 740 Eisbären noch die in Alaska erlegten und die 200 in Russland illegal geschossenen sowie noch eine plausible Dunkelziffer, ist man bei etwa 1000 Eisbären – das heißt, 4–5 % des Weltbestandes. „Das kann nachhaltig sein oder auch nicht", formuliert Andrew Derocher, einer von Kanadas führenden Eisbär-Wissenschaftlern, etwas salomonisch, fügt aber hinzu: „Es ist leicht, Eisbären zu überjagen, und eine exzessive „Ernte" führt zum Abnehmen der Population.[7]

Eine schwache Eisbärpopulation kann sehr schnell eine kritische Größe erreichen, bei der die Reproduktionsrate drastisch absinkt. Wenn die Eisbären sich nur sehr dünn über ein großes Gebiet verteilen, wird das Aufeinandertreffen von paarungsbereiten weiblichen und männlichen Tieren immer unwahrscheinlicher, insbesondere wenn, wie derzeit üblich, vorwiegend männliche Tiere abgeschossen werden, und von diesen auch noch bevorzugt die größten und stärksten, weil sie die besten Trophäen abgeben. Es tritt also der in Modellrechnungen berücksichtige „Allee-Effekt" ein,[8] der dazu führt, dass die Population sich selbst dann nur noch schwer oder gar nicht mehr erholen kann, wenn die Jagd vollständig eingestellt wird.

Wie Derocher schreibt, kooperieren die Inuit-Gemeinden in Kanada zwar normalerweise, wenn eine Überjagung festgestellt wird, und setzen die Jagd aus, bis der Bestand sich wieder erholt hat – doch dies ist immer ein sensibles Thema, da es um Eingriffe in ihre Rechte und um kulturelle Traditionen geht.

Grundsätzlich aber – so betonen die Wissenschaftler – ist die Zukunft der Eisbären nicht durch eine minimale, nachhaltige Jagd bedroht, sondern durch die globale Erwärmung. Was passiert aber, wenn junge Inuit nicht mehr gemäß den traditionellen Grundsätzen handeln?

Polarisierende Polarbären: der Streit um die Wissenschaft

Die Sprache der Fakten ist unmissverständlich – solange nicht die Fakten selbst umstritten sind. Das aber ist bei den wissenschaftlichen Daten über Eisbären der Fall. Ein großes Problem besteht darin, dass noch zu wenige Daten existieren, da niemand bereit ist, die sehr aufwendigen Forschungen für riesige und unzugängliche Gebiete zu finanzieren. Und Schlussfolgerungen aus den

für einige Regionen aussagekräftigen Daten pauschal auf andere Regionen zu übertragen, ist unzulässig und anfechtbar. Ein weiteres Problem besteht in der unterschiedlichen Bewertung von systematischen, oft regionenübergreifenden Langzeitstudien und den darauf basierenden Modellrechnungen, da ihre Ergebnisse im scheinbaren Widerspruch zu kurzzeitigen und lokal begrenzten Phänomenen stehen können.

Wissenschaftler und Inuit

Seitens der Inuit gibt es hin und wieder recht aggressive Reaktionen auf die Äußerungen der Wissenschaftler über die Eisbären-Bestände. Eine generelle Skepsis gegenüber der Herangehensweise der Wissenschaft – die Eisbären würden nur als Objekt angesehen, mit Spritzen betäubt, nummeriert, mit Ohrmarken und Senderhalsbändern etiket-

tiert, anstatt sie, wie das Inuit tun, als Subjekt, als Partner wahrzunehmen – wird befeuert durch das Phänomen, dass in der Nähe bestimmter Siedlungen Eisbären immer häufiger zu sehen sind. Was die einen (die Wissenschaftler) mit veränderten Eisverhältnissen erklären, ist für die anderen (die Inuit) der Beweis, dass die durch Quoten kontrollierte Jagd zu einer deutlichen Erholung der Bestände geführt haben müsse, weswegen eine Erhöhung der Jagdquoten nötig sei. In offenen und – weitaus mehr – versteckten Debatten wird offenbar, dass viele Inuit bestimmte Aussagen der führenden Eisbär-Forscher nicht für glaubwürdig halten. „Eure wissenschaftlichen Fakten sind falsch! ... wir haben unsere Wildbestände seit Tausenden von Jahren gepflegt und erhalten, WIR sind die Experten für unsere Umwelt!" „Eisbären sind clever und werden immer einen Weg finden, sich anzupassen."

Die Inuit wissen, dass sie mit den Lebensbedingungen im Norden weit besser zurechtkommen als die Weißen, die dort oft nur zeitweise

323

leben oder sich nur auf Besuch aufhalten, und sind sehr selbstbewusst. Verbreitet ist eine reservierte oder gar skeptische Haltung gegenüber den Leuten „aus dem Süden", insbesondere solchen, die ihnen Vorschläge oder gar Vorschriften machen wollen.

„Manchmal nennen sie dich ‚kabloona‘, eigentlich zu übersetzen als ‚weiße Person‘, aber im üblichen Jargon kann es auch ‚Arschloch‘ bedeuten",[9] war die sarkastische Bemerkung eines Journalisten, der für eine Reportage mehrere Wochen in der Arktis recherchiert hatte.

Terry Audla, seit 2012 Präsident der ITK (*Inuit Tapirit Kanatami*, Kanadas nationaler Inuit-Organisation), vertritt die Auffassung, dass das Eisbärenmanagement in Kanada eine Erfolgsgeschichte ist – der Bestand der Tiere sei „gesund und stabil". Er meint, dass die Regulierung der Jagd in Kanada keinesfalls durch den Markt oder den Handel beeinflusst sei, sondern auf Prinzipien des Artenschutzes beruhe und die Notwendigkeiten der Subsistenzjagd anerkenne. Audla meint auch, dass es auf der Welt nicht einen einzigen Wissenschaftler gäbe, der sich einen tatsächlichen Nutzen für den Schutz der Eisbären erhoffe, wenn diese auf die Handelsverbotsliste von CITES kämen; viele würden sogar dagegen argumentieren: Ein Handelsverbot sei nur ein Alibi, eine Ablenkung davon, dass der Staat die tatsächlich notwendigen und wirksamen Maßnahmen zum Klimaschutz unterlasse. Die Kosten dieser Ablenkung aber hätten in jedem Fall die Inuit zu tragen.[10]

Tatsache ist, dass einige Inuit-Gemeinden zeitweise von Eisbären belagert werden (→ Kasten rechts). Könnte es aber sein, dass die Schlussfolgerungen Audlas dennoch nicht die richtigen sind? Sind den Inuit die komplexen Auswirkungen des Klimawandels auf die Zukunft der Eisbären bewusst? Die Inuit verspüren den Klimawandel weit deutlicher als wir „im Süden", denn er beeinflusst ihr Alltagsleben: Instabiles Eis und eine veränderte Schneequalität erschweren die Jagd und den Transport mit Motorschlitten; und sie registrieren auch die Folgen für Eisbären, wenn Schneemangel ihnen das Anlegen von Geburtshöhlen erschwert und der Mangel an Eis sie an Land treibt.[11]

Als man allerdings erfahrene Jäger nach Ursachen für den Rückgang der Eisbärenzahl im Viscount Melville Sound fragte, war die erste Erklärung, dass die großen Wanderungsbewegungen der Tiere dafür verantwortlich seien; sie seien wohl gerade anderswo. Erst an zweiter Stelle wurde eine zu hohe Abschussquote als Ursache erwogen. Die Veränderungen der Schnee- und Eisverhältnisse sowie Störungen der Geburtszonen durch Menschen wurden als dritte Ursache anerkannt.[12] Und die Schlussfolgerung der Jäger? Aus unserer Perspektive ist sie verblüffend: Eisbären müssten kontinuierlich weiter gejagt werden, damit die damit verbundenen Fertigkeiten und das Wissen der Inuit über sie von Generation zu Generation weitergegeben werden könnten; das Fleisch müsse weiterhin geteilt und gegessen werden, damit die kulturelle Bedeutung der Eisbären nicht verlorengehe – denn leider sei das traditionelle Wissen bei der mittleren und jungen Generation der Inuit-Jäger auf dem Rückzug.[13] Wenn damit gemeint ist, dass manche der jungen Inuit keinen Respekt mehr vor Eisbären haben, dass sie die Tiere nur aus kommerziellen Erwägungen jagen oder gar die Trophäenjäger nachahmen, könnte diese Überlegung ihre Berechtigung haben.

324

Gemeinde im Belagerungszustand: Arviat 2013

Arviat (früher: Eskimo Point) im Nordwesten der Hudson Bay ist mit etwa 2.300 Einwohnern, davon 90 % Inuit, eine der etwas größeren Arktisgemeinden. Im Juli 2013 wurde der Ort in Alarmbereitschaft versetzt: Rundherum tummelten sich Eisbären. Die Situation war nicht ganz neu – schon in den Jahren zuvor waren ab Ende August viele Bären bei ihrer Wanderung entlang der Küste in die Nähe gekommen. Am schlimmsten wurde es immer ab Oktober, bevor die Hudson Bay wieder zugefroren war.

Diesmal also schon im Juli. Glücklicherweise gab es gerade sehr viele Fische und damit auch Robben am Ufer der Bay, so dass die Eisbären zunächst nicht in den Ort hinein kamen. Dafür bekamen die Fischer Konkurrenz und hatten viel zu tun, um ihre von den Bären geplünderten und zerstörten Netze wieder in Ordnung zu bringen.

Die Bewohner Arviats verließen den Ort nur noch mit geladenem Gewehr. Die Gemeindeverwaltung rief zu erhöhter Aufmerksamkeit auf, insbesondere als sich im Herbst die Eisbären auch bei den

Häusern am Ortsrand zeigten. Kinder können sehr leicht Opfer der Eisbären werden, daher wurden die Eltern aufgefordert, Kinder nicht mehr ohne Aufsicht und nach Einbruch der Dunkelheit gar nicht mehr draußen spielen zu lassen.

Zum Schutz der Menschen und der Eisbären voreinander entwickelten der WWF, die Naturschutzbehörde Nunavuts und die Gemeinde gemeinsam ein Programm, das seit 2011 praktiziert wird. Die Gemeinde stellte bärensichere Stahlbehälter zur Aufbewahrung von *Country Food* und Hundefutter sowie zusätzliche Elektrozäune für die Schlittenhundegehege zur Verfügung. Dazu kam der Einsatz eines *Polar Bear Monitors* von Oktober bis Dezember zwischen Mitternacht und acht Uhr morgens. Dieser, Leo Ikakhik, ist ein erfahrener Jäger, der die Arbeit der Naturschutzbeamten im Notfall auch tagsüber unterstützt. Bei seiner Arbeit zum Schutz der Eisbären setzt er vor allem Scheinwerfer und Knallkörper ein, um sie von Besuchen im Ort abzuhalten und sie zu verjagen, wenn sie sich zwischen den Häusern aufhalten. Nachdem 2010 in Arviat acht Eisbären erschossen werden mussten, um Menschenleben zu verteidigen, waren es dank dieser Maßnahmen 2011 nur noch drei, und 2012 gar keine.

2013 war hier das Jahr mit den meisten Eisbären überhaupt. Im Oktober und November gab es innerhalb von 24 Stunden durchschnittlich sieben Mal Bärenalarm – nicht nur nachts, sondern auch am Tage. Zwei weitere *Polar Bear Monitors* wurden eingestellt. Regelmäßig wurden die Bewohner mehrmals in der Nacht durch Knallkörper geweckt. Schließlich mussten in kritischen Situationen doch zwei Eisbären erschossen werden. Als es immer schlimmer wurde, testete man eine völlig neue Lösung, um die Eisbären von der Stadt fernzuhalten: die „ablenkende Fütterung". Man kaufte von den Jägern aus der Gemeinde Karibus, Robben und Fische. An zwei Stellen mehrere Kilometer östlich und nördlich der Gemeinde wurden „Futterplätze" eingerichtet, und zwar in Tonnen, Käfigen oder in gefrorenen Eisblöcken, so dass die Eisbären nicht einfach daran fressen konnten, sondern erst einmal richtig zu tun bekamen, um an das Futter heranzukommen.

Die Gemeindemitglieder haben übrigens beschlossen, von den zur Verfügung stehenden Jagdlizenzen (2013 waren es neun) keine an Touristikunternehmen zur Trophäenjagd zu verkaufen, sondern den lokalen Jägern zu überlassen! Sie hoffen, weiter so jagen und den Bestand unter Kontrolle halten zu können, wie in der Vergangenheit.

Häufig sind es die nach der Trennung von der Mutter noch unerfahren jungen Bären, die den Siedlungen zu nahe kommen

Wissenschaft, Presse und Politik

Nicht nur viele Inuit stellen die Resultate der Eisbären-Wissenschaftler und ihre Methoden in Frage. Verfolgt man die Berichterstattung in der Presse, stößt man häufig auf Polemiken, die führende Eisbären-Forscher als Schwarzseher abstempeln. Umstritten sind immer wieder die Bestandszahlen und die Zuverlässigkeit der Zählmethoden, die Angaben zum Gesundheitszustand der Tiere, aber auch die globale Erwärmung und die Anpassungsfähigkeit der Eisbären sind Streitthemen.

Die Stoßrichtungen sind dabei ganz verschieden. Oft geht es darum, die globale Erwärmung zu verharmlosen; oder man versucht Umwelt- und Naturschutzorganisationen zu diskreditieren, indem man ihnen unterstellt, sie würden den Eisbären benutzen und die Probleme aufbauschen, nur um mehr Spendengelder einzusammeln. „Große Zweifel sind angebracht, ob es wirklich so schlimm um den Eisbären steht", konnte man etwa im Juli 2013 in der Schweizer „Weltwoche"[14] in einem Artikel lesen, der unter der Überschrift „Schmelzende Argumente" Stimmen aus Kanada zum Thema Eisbären und Klimaentwicklung resümierte.

Ein Problem in den meisten derartigen Presseartikeln ist, dass viele Journalisten sich dabei zumeist auf hier und da erfahrene Meinungen und Anekdoten und bestenfalls auf selbst erlebte Episoden stützen, nicht aber auf belastbare Langzeitdaten. Selbst wenn ein Journalist sich für Wochen oder länger in der Arktis aufhält und hier mit tatsächlich Betroffenen spricht, wertet er danach zumeist nur sein empirisches Material aus – und kann somit zu Aussagen kommen, die im Widerspruch zu den Resultaten der Wissenschaft stehen[15].

Ganz unübersichtlich wird es, wenn bestimmte Interessenvertreter „wissenschaftliche" Quellen zitieren, die den Daten und bisherigen Erkenntnissen der Eisbären-Feldforscher völlig konträr gegenüberstehen. Obwohl sich bei näherer Betrachtung herausstellte, dass die Urheber einer solchen Quelle gar keine Eisbärenforscher, sondern „Experten" mit akademischen Graden in Astrophysik, Ökonomie und Marketing sind, argumentierten bestimmte kanadische Politiker mit solchem Material, anstatt sich auf Unterlagen der eigenen Umweltbehörde zu stützen. Auch von der Presse werden gelegentlich solche Zitate unkritisch übernommen. Inzwischen mischen sich auch einzelne Biologen unter die Fraktion derartiger „Experten". Die dabei verwendeten Argumentationslinien spielen stets die Gefahren der globalen Erwärmung herunter. Hier drängt sich die Frage auf, ob bestimmte „Wissenschaftler" von der Rohstofflobby bezahlt werden, um die anderen zu diskreditieren und eine industrie-unfreundliche Politik zu verhindern.

Vertrauen wieder herstellen

Obwohl eine wissenschaftsgestützte Regulierung der Jagd zur Vermeidung der Überjagung nötig ist, sind auch die meisten Eisbärenforscher inzwischen der Auffassung, dass ein absolutes Jagdverbot, das auch die Inuit einschließt, negative Folgen für deren kulturelle Identität und damit für ihr tradiertes ökologisches Denken hätte. Solange die Inuit sich noch als „Wächter" der sie umgebenden Natur verstehen – im gegenwärtigen ökonomischen Klima und kulturellen Umbruch vielleicht nicht mehr lange – setzen auch die führenden Eisbärenforscher und -schützer darauf, dass das Zusammenführen von wissenschaftlichen Daten mit dem traditionellen Inuit-Wissen „unsere Entscheidungen, unsere Politik und unser Voranschreiten in Bezug auf den Schutz des großen weißen Bären leitet"[16]

Das Misstrauen wäre leichter zu überwinden, wenn die Inuit eigene Biologen mit wissenschaftlichem Profil hätten – doch dazu sind nicht nur Investitionen in die entsprechende Ausbildung erforderlich, sondern auch die Überwindung kultureller Schranken; das braucht bestimmt noch einige Zeit. Inzwischen wäre es der beste Weg, wenn die in der Arktis tätigen Wissenschaftler so eng wie möglich mit den Inuit vor Ort zusammenarbeiten – sowohl bei der Erforschung der Eisbären und der Schadstoffbelastungen als auch bei der nachhaltigen Entwicklung von Erschließungsmaßnahmen.

Dazu wurden erste Schritte unternommen – doch für dauerhaft effektive Forschungsmaßnahmen dieser Art fehlt in der Regel das Geld. Derzeit hat der WWF ein Projekt aufgesetzt, das bei der Erforschung der Eisbären-Geburtszonen im Gebiet der Foxe-Basin-Population die Inuit-Jäger mit ihren tradierten Kenntnissen einbezieht und „mitnimmt", im wahrsten Sinne des Wortes – ein Schritt, der hoffen lässt, dass ähnliche folgen werden.

Arktische Tierwelt im Wandel

Von den Veränderungen der Meereisdecke infolge der globalen Erwärmung sind nicht nur die Eisbären betroffen. In den letzten Jahren wurden seltene Phänomene beobachtet, deren Auswirkungen es noch zu erforschen gilt.

Eine der größten Kolonien von Dickschnabellummen auf Coats Island (nördliche Hudson Bay) wurde wiederholt von hungrigen Eisbären heimgesucht, die sich – mangels Meereis und Robben – ausgiebig an Vogeleiern bedienten. Zudem gab es hier plötzlich massenhaft Mücken, die den Vögeln soviel Blut aussaugten, dass viele daran verendeten. Ornithologen, die seit Jahrzehnten diese Kolonie erforschen, befürchten einen drastischen Rückgang des Lummenbestandes. Auch die Bestände anderer Vögel, wie Gerfalke, Wanderfalke, Schneehuhn, Schmarotzerraubmöve, Rosenmöve und Elfenbeinmöve, sind rückläufig. Wissenschaftler arbeiten an der Erforschung der Ursachen, die vielleicht mit dem Bestandsrückgang mancher Beutetiere, wie etwa Lemmingen, zu tun haben können, die zum Beispiel dadurch beeinträchtigt werden, dass immer häufiger Regen statt Schnee fällt.

Im Sommer 2013 meldeten Besatzungen von Forschungsflugzeugen, sie hätten an der Küste Alaskas bei Point Lay eine gewaltige Anzahl von Walrossen – man schätzte bis zu 10.000 – gesichtet. Normalerweise aber ruhen diese Tiere in den Sommermonaten zwischen ihren Tauchgängen stets auf dem Eis. Ähnliche Beobachtungen waren in den Jahren zuvor auf Tschukotka bei Vankarem und bei Ryrkaypiy gemacht worden, wo sich selbst im Dezember noch kein Wintereis gebildet hatte. Nie zuvor dagewesene, massenhafte Invasionen sogar von mehreren zehntausend Walrossen an der Küste hatten leider auch zur Folge, dass weit über tausend von ihnen einfach zu Tode gedrückt wurden (für die ausgehungerten Eisbären wiederum, die wegen des Eismangels an Land verbleiben mussten, erwiesen sich diese Mengen von Walrosskadavern als temporärer Glücksfall).

Eisbär schwimmt unter einer Brutkolonie von Dickschnabellummen

Die Orcas, denen die Bereiche des Packeises nicht zugänglich sind, wurden in den letzten Jahren in zunehmender Zahl immer weiter nördlich gesichtet; mit dem Rückgang des Eises rücken sie gewissermaßen auf. Als Robbenjäger werden sie dann auch zum Nahrungskonkurrenten der Eisbären.

Da durch die Eisschmelze die gesamte Nahrungskette beeinflusst wird, sind große Veränderungen für das Nahrungsangebot der Eisbären zu erwarten. Die Einzelheiten der komplizierten Zusammenhänge zwischen den „Kettengliedern" müssen jedoch erst erforscht werden, und Prognosen sind schwierig.

Dass Eisbären als die größten lebenden Fleischfresser ihre Nahrung aber nicht so einfach auf vorwiegend pflanzliche Kost und auf kleinere, weniger fettreiche Tiere umstellen könnten, wird besonders plausibel, wenn man in Betracht zieht, dass diejenigen ihrer Verwandten, die ebenfalls in arktischen Regionen leben – Grizzlys in Nordalaska und Schwarzbären in Labrador – im Vergleich zu ihren Artgenossen weiter südlich deutlich kleinwüchsiger sind, eine Folge des verhältnismäßig spärlichen Nahrungsangebotes im Norden.

329

Grizzlys auf Nordkurs

Es ist bekannt, dass Grizzlybären sich gut an ein Leben in der arktischen Tundra, etwa in Alaska und im Yukon, angepasst haben. Bis vor kurzem ging man davon aus, dass das nördlichste Vorkommen dieser Grizzlybären – der sogenannten „Barren-ground Grizzlys" – am Nordrand des amerikanischen Kontinents endet. Sichtungen weiter nördlich beschränkten sich auf sehr wenige Einzelfälle wahrscheinlich verirrter Tiere. Seit den neunziger Jahren jedoch wurden wiederholt Grizzlys auf verschiedenen Inseln des südlichen arktischen Archipels gesehen, so auf Banks Island und auf King William Island, wie auch auf dem Meereis sowohl der Hudson Bay als auch der Beaufort-See. Und seit 2003 wurden Grizzlybären sogar wiederholt auf Melville Island, d.h. nördlich des 75. Breitengrades, beobachtet! DNA-Proben bestätigten die richtige Identifizierung der Spezies.

Die Grizzlybären sind möglicherweise bei der Verfolgung von Karibu-Herden über das Eis auf die Inseln geraten. Die Zunahme der Sichtungen deutet darauf hin, dass dies nicht nur vereinzelte verirrte Bären sind, sondern Tiere, die – vielleicht dem Siedlungsdruck nachgebend – neue Jagdgebiete suchen und aufgrund der Klimaveränderungen mit der Umwelt und dem Nahrungsangebot im Norden immer besser zurechtkommen. Man hat bereits Grizzlys beobachten können, die im Frühjahr auf dem Eis von Atemloch zu Atemloch gingen und schließlich erfolgreich Robben fingen. 2013 wurde vom vermehrten Auftauchen von Grizzlys in der Nähe der Gemeinden Gjoa Haven, Cambridge Bay und Kugluktuk berichtet, und man schätzt, dass der Gesamtbestand an Grizzlys in Nunavut mittlerweile auf 1.500–2.000 Individuen angestiegen ist, die vor allem auf dem Festland in der Kivalliq-Region, aber zunehmend auch auf den Inseln weiter nördlich zu finden sind.

Auf der anderen Seite bringen Eisbären neuerdings wegen des fehlenden Meereises viel längere Zeit an Land zu und laufen auf der Suche nach Nahrung auch weit ins Landesinnere.

Beides sind Gründe dafür, dass sich beide Bärenarten häufiger begegnen. Damit werden Auseinandersetzungen um Raum und Nahrung wahrscheinlicher. Mögliche Szenarien sind Kämpfe oder Attacken auf den Nachwuchs in der Grizzly-Höhle im hohen Norden durch den winteraktiven Eisbären. Die Inuit konnten bereits mehrfach beobachten, wie sich beide Bärenarten an Walkadavern in der Nähe von Kaktivik (Alaska) begegneten; obwohl vom Körperbau her kleiner und schlanker, dominierten die Grizzlys hier die Eisbären – vielleicht, weil diese weibliche Tiere mit Jungen waren, die es generell bevorzugen, Konfrontationen auszuweichen.

Hybrid zwischen Eis- und Braunbär im Osnabrücker Zoo

Grolar, Pizzly oder Akhak-Nanuk – Hybridbären

Denkbar ist auch, dass Grizzlys und Eisbären sich häufiger paaren. Nicht nur in Gefangenschaft – wie im Zoo von Osnabrück – kam es bereits zur Liaison der beiden Spezies mit Nachwuchs. Im April 2006 wurde im Süden von Banks Island ein seltsam aussehender Bär erschossen, der sich nach einem DNA-Test als Hybrid einer Eisbärmutter und eines männlichen Grizzlybären erwies. Eine gehäufte Paarung halten Biologen jedoch vorerst noch für wenig wahrscheinlich, schon weil die Grizzlys in der Paarungszeit der Eisbären noch Winterschlaf halten, und außerdem die Eisbären zu dieser Zeit weit draußen auf dem Eis sind. Dennoch wurden von Inuit bereits weitere Fälle von Hybriden berichtet, für die man Namen wie „Grolar Bears" oder auch „Pizzlies" erfand; bei den Inuit werden sie akhak-nanuk (Grizzly-Eisbär) genannt, und Wildschutzbehörden schlagen den Namen „nanulak" vor – ein Kunstwort aus *nanuk* und *akhak*.

Ein 2010 auf Victoria Island geschossener Bär soll der Nachwuchs einer Hybridbärin und eines Grizzlys gewesen sein, also ein Hybridbär zweiter Generation. In privaten und öffentlichen Diskussionen zu diesem Thema wird die Möglichkeit erwogen, dass durch das Überjagen männlicher Eisbären eine Situation entstehen kann, in der Grizzlybären als Paarungspartner gewissermaßen „einspringen" könnten, jedoch gibt es dafür keinerlei wissenschaftliche Datengrundlage. Auch ein Zusammenhang mit den Klimaveränderungen lässt sich bisher nicht bestätigen.

Bis Juli 2012 betrug die Gesamtzahl der bestätigten Sichtungen von Hybridbären in der Arktis ganze fünf; bei der Größe der betreffenden Fläche eine verschwindende Zahl. Dass hier etwa eine Zukunft der Entwicklung beider Spezies liegen könnte, ist also reine Spekulation – zumal es für die Hybridbären bisher keinerlei Jagdregulierungen gibt und damit zu rechnen ist, dass kein Jäger zögern würde, sie zu erschießen.

Schnelle Anpassung nicht möglich

Wer eine mögliche Vermischung der Spezies Eisbär und Braunbär (in diesem Falle Grizzly) als Anpassungsleistung des Eisbären interpretiert, um daraus abzuleiten, dass man gar nichts gegen die globale Erwärmung zu unternehmen bräuchte – denn die Natur würde sich ja selbst helfen – sitzt einem Irrtum auf. In dem kurzen Zeitraum, in dem die radikale Erwärmung der Arktis derzeit stattfindet, können nicht Millionen Jahre Evolutionsgeschichte ungeschehen gemacht werden. Die neuesten Erkenntnisse zur Datierung der Evolution der Eisbären (→ Kapitel Biologisches ...) haben den Mythos von der Anpassungsfähigkeit der Eisbären in Frage gestellt. Das Fehlen ihrer genetischen Vielfalt weist darauf hin, dass sie offenbar beim Durchlaufen von früheren Warmphasen sehr stark dezimiert worden sind. Wahrscheinlich ist, dass sie schon früher kurz vor dem Aussterben standen und nur „gerade so" davongekommen sind.

Aussichten für Nanook?

Krisenmanagement

Eine Phase der Erwärmung der Arktis, wie wir sie mit hoher Wahrscheinlichkeit in den nächsten hundert Jahren zu erwarten haben, zusammen mit den anderen von Menschen verursachten Stressfaktoren, wie Siedlungsdruck, Anreicherung von toxischen Substanzen in der Nahrungskette etc. stellt eine tiefgreifende Bedrohung für das Überleben von Eisbären dar. Was ist zu tun, angesichts der Aussicht, dass 2050 vielleicht zwei Drittel der Eisbären verschwunden sein werden?

Da in bestimmten ungünstigen (d. h. besonders eisarmen) Jahren die Auswirkungen der Klimaentwicklung nicht nur allmähliche, sondern auch drastische Auswirkungen auf das Überleben der Eisbären haben könnten, ziehen die Wissenschaftler aktive Eingriffe zur Rettung der Spezies in Erwägung – nicht punktuelle blinde Aktionen, sondern mit Augenmaß geplante, langfristig wirkende und mit den Beteiligten in den Arktisländern abgestimmte Maßnahmen. Letzte – und traurige – Optionen zur Rettung der Spezies könnten eines Tages auch kurzzeitige Lösungen sein, die momentan noch völlig verrückt klingen, wie etwa eine ergänzende Fütterung der Eisbären über mehrere Wochen oder Monate, um sie vor dem Verhungern zu retten, oder eine Umsiedlung von Tieren aus südlichen Populationen in die Hocharktis.[17]

Aktivisten und Organisationen

Für das Wohlergehen und Überleben der Eisbären machen sich verschiedene internationale Organisationen wie auch einzelne Aktivisten stark (→ Interview mit Hannes Jaenicke).

Tierschutzorganisationen wie IFAW (Internationaler Tierschutzfonds), Oceancare, Pro Wildlife oder PETA verfolgen jeweils unterschiedliche Ansätze. Während manche in erster Linie die Zoohaltung der Tiere attackieren, legen andere den Schwerpunkt auf die Bekämpfung der Eisbärenjagd; wieder andere sehen die Lebensbedingungen der Eisbären im Gesamtzusammenhang und werden entsprechend aktiv, wie etwa der WWF, der verschiedene aufwendige Forschungsprojekte für die Eisbären betreibt.

Eine der wichtigsten Organisationen, die sich auf streng wissenschaftlicher Grundlage für den Schutz und den Erhalt der Spezies Eisbär einsetzt, ist Polar Bears International. In dieser Organisation, die den Klimaschutz ins Zentrum der Maßnahmen zum Schutz des Eisbären stellt, wirken einige der angesehensten internationalen Eisbärenforscher mit.

Die Aktionen und Kampagnen von Greenpeace richten sich ebenfalls auf den Umwelt- und Klimaschutz. Der Eisbär steht dabei symbolhaft für viele Arten, deren Überleben durch die Auswirkungen von Klimawandel und Umweltverschmutzung bedroht ist. Für die Greenpeace-Kampagne „Schützt die Arktis", die vor allem die Ölindustrie, zum Beispiel Shell, im Fokus hat, wurde der Eisbär zum Maskottchen – er grüßte von zahllosen Plakaten, Transparenten, Aufklebern etc.

Einer der Höhepunkte der Kampagne war eine Parade durch die Londoner City am 15.9.2013 mit einer tonnenschweren Eisbären-Marionette von der Größe eines Doppelstockbusses. Der handgearbeitete Eisbär, genannt Aurora, besteht aus Stahl, Holz und Segeltuch. Er wurde von innen von 15 Puppenspielern gesteuert und von außen von dreißig Freiwilligen mit Hilfe von Seilen gelenkt. Aurora ist wahrscheinlich der weltgrößte „Eisbär" – er wurde auf seinem Marsch von tausenden Menschen begleitet und hat so sicherlich die gewünschte Aufmerksamkeit auf die Aktivitäten des Shell-Konzerns in der Arktis und die Folgen für die Klimaentwicklung gelenkt.

Aktionen im Rahmen der Greenpeace-Kampagne „Schützt die Arktis" in London (oben) und Hamburg

Was wir tun können

Nachdenkliche Menschen haben bereits begriffen, dass zum Klimaschutz jeder seinen Teil nicht nur beitragen kann, sondern sogar muss, anstatt sich auf andere oder auf Regierungen und Behörden zu verlassen, zum Beispiel:

Die persönliche CO_2-Bilanz reduzieren:

- unnötigen Verbrauch von Strom und Heizungsenergie vermeiden
- Geräte nicht im Standy-Modus betreiben, sondern ausschalten
- den Energieanbieter wechseln und Strom aus nachhaltiger Produktion beziehen
- im Auto bei längeren Haltezeiten den Motor abstellen
- überflüssige Autofahrten vermeiden – Laufen, Fahrradfahren, den öffentlichen Nahverkehr nutzen, Fahrgemeinschaften bilden

Die persönliche Schadstoff-Bilanz reduzieren:

- bewusst einkaufen und schadstoffreiche Produkte durch umweltfreundliche Produkte ersetzen, z. B. bei Putz- und Reinigungsmitteln, Kosmetik und Kleidung
- Plastikprodukte, -behältnisse und -verpackungen vermeiden
- langlebige Produkte anstatt Wegwerf-Artikel benutzen
- Recycling (Mülltrennung)
- Upcycling (intelligente Weiter- und Wiederverwendung von nutzbaren Stoffen)

Bewusst mit Lebensmitteln umgehen

- Lebensmittel aus regionaler und nachhaltiger Produktion kaufen
- abgepackte und Fertigprodukte sowie Verpackungsmüll vermeiden
- keine Lebensmittel wegwerfen

Engagement

- An öffentlichen Diskussionen zur Meinungsbildung und an demokratischen Prozessen teilhaben und sich an Wahlen beteiligen
- Natur- und Umweltschutzorganisationen aktiv oder finanziell unterstützen

Was noch nötig ist

Forschung

Es ist noch mehr Forschung notwendig, um die Daten über den Zustand der Eisbären und die Folgen der globalen Erwärmung, der Schadstoffbelastungen, der Veränderungen des Ökosystems etc. und damit die Grundlagen für nachhaltige und wirksame Entscheidungen und Maßnahmen zu verbessern. Wissenschaftler stehen in ausreichender Zahl zur Verfügung – woran es fehlt, ist das Geld, und der politische Wille.

Internationale Zusammenarbeit und Einbeziehung indigener Völker

Beim Treffen der Regierungsvertreter der „Eisbärenländer" mit Spezialisten im Dezember 2013 in Moskau einigte man sich auf Maßnahmen zur Überwachung des Handels und zur Verhinderung der Wilderei, auf die bessere Einbeziehung des traditionellen Wissens der indigenen Völker sowie auf die baldige Entwicklung eines „Zirkumpolaren Aktionsplans für Eisbären" mit grenzüberschreitendem Bestands- und Konflikt-Monitoring einschließlich der Vernetzung der Behörden und Gemeinden vor Ort. Das klingt wunderbar, den Worten müssen allerdings auch Taten folgen.

Interaktionen Mensch-Eisbär vermeiden

Dazu gehören kluge Maßnahmen in den nördlichen Gemeinden, um Eisbären nicht anzulocken, genauso wie ein umsichtiger und ethisch gehandhabter Ökotourismus und eine verantwortungsvolle Entwicklung der Rohstoffförderung, bei der im Zweifelsfall dem Schutz von Natur und Umwelt Priorität gegenüber ökonomischen Zielen eingeräumt werden muss.

Jagdregulierung mit den Inuit

Ein einsichtsvolles Miteinander von Wissenschaftlern und Inuit, damit das ständige Nachjustieren bestehender Jagdregelungen zugunsten der Eisbärenpopulationen und ein Ausschließen der Trophäenjagd den Inuit selbst zum Bedürfnis wird – wie es beispielsweise bei den First Nations in British Columbia mit Grizzlybären der Fall ist. Die Inuit müssen andere Möglichkeiten bekommen, ein vernünftiges Einkommen zu erzielen – warum nicht mit staatlicher Anschubförderung für wirklich sanften Tourismus und mit vergüteter Beteiligung an der Forschung?

Klimaziele einhalten

Um die globale Erwärmung zu verlangsamen und das Abschmelzen der arktischen Polkappe zu verhindern, braucht es Anstrengungen und Entscheidungen – aber nicht nur der nationalen und internationalen Politiker. Offenbar sind die gesetzgebenden Körperschaften, die über die entsprechende Macht verfügen, durch den Einfluss von Wettbewerbsinteressen, Lobbyismus und ignoranten „Klimaleugnern" weitgehend handlungsunfähig. Also muss jeder einzelne von uns tätig werden! (→ Kasten Was wir tun können).

Aus einem Interview mit Hannes Jaenicke

Wir haben Gelegenheit, mit Hannes Jaenicke zu sprechen. Er ist Umweltaktivist, Schauspieler, Filmemacher und Autor der Bücher „Wut allein reicht nicht. Wie wir die Erde vor uns schützen können", Gütersloh 2010, und „Die große Volksverarsche. Wie Industrie und Medien uns zum Narren halten", Gütersloh 2013. In Zusammenarbeit mit dem ZDF drehte er Dokumentationen über das bedrohte Leben gefährdeter Tierarten wie Orang-Utans, Haie und Eisbären.

F: Wie bist du mit dem Thema Eisbären in Kontakt gekommen?
A: Relativ einfach, wir haben eine Reihe beim ZDF, wo ich am Beispiel aussterbender Tiere Umweltkatastrophen illustriere: der erste Beitrag „Orang Utans" – Regenwaldvernichtung, Palmöl und ähnliches, der zweite Film „Eisbären" – Polkappenschmelze, CO_2-Ausstoß, der dritte Teil „Haie", Meeresüberfischung, Meeresverschmutzung und der vierte „Gorilla" – Kongobecken, Bürgerkrieg, Coltan, Holzkohle und ähnliches. Den nächsten Film machen wir über Elfenbeinhandel und Elefanten. Mir war der Eisbärenfilm insofern wichtig, weil es kein Tier gibt, was so eindeutig von uns „entsorgt" wird wie der Eisbär. Bei dieser ganzen Knut-Hysterie hat kein Mensch darüber nachgedacht, dass wir diesem Tier die Lebensgrundlage wegheizen. Daher kam die Idee für den Film.

F: Das heißt, Kernthema ist eigentlich der Klimawandel und darin eingebettet der Tierschutz?
A: Als Filmemacher will man ein Publikum erreichen. Wenn ich einen abstrakten Film mache über CO_2-Ausstoß und Polkappenschmelze, lande ich, wenn ich Glück habe und überhaupt einen Sender finde, nach Mitternacht. Kombiniere ich das mit einem beliebten Tier, habe ich da bessere Karten.

F: Wo hast du Eisbären gesehen, in Churchill oder auch anderswo?
A: Also zuerst als Kind im Frankfurter Zoo, entsetzlich. Der Zoodirektor Manfred Niekisch hat ja Gott sei Dank sein Eisbärengehege dort dichtgemacht, weil er sagte, ich kann diese Tiere nicht artgerecht halten. Also, meine erste Erfahrung mit Eisbären war natürlich im Zoo, und ich war mehrfach in Alaska und in Kanada. Den europäischen Eisbären hab ich nie gesehen, sprich den grönländischen, ich kenne sie also nur aus der US-/kanadischen Arktis.

F: Die Verhältnisse sind ja in den einzelnen Regionen ein bisschen unterschiedlich ...
A: Das glaub ich nicht, gerade weil die Inuit ihre Jagdlizenzen an Großwildjäger weiterverkaufen, ist das Problem überall ziemlich ähnlich.

F: Speziell in Russland ist die Jagd generell verboten, es gibt sicherlich illegale Jagd ...
auch auf Spitzbergen ist die Jagd verboten ...
A: Aber Elfenbeinhandel ist auch verboten und Aphrodisiaka aus Tierprodukten sind auch ver-

boten, oder? Ich glaub´, nichts wird so sehr mit Füßen getreten wie Tier-schutzgesetze und Fangquoten. Deshalb bin ich ehrlich gesagt ein biss-chen zynisch.

F: Hast du, als du in der Arktis warst, auch mit Inuit, speziell mit Inuit-Jägern über das Thema sprechen können?
A: Ja. Also da bin ich immer sehr vorsichtig, mich dazu überhaupt zu äußern, weil ich nicht möchte, dass man auf einer ethnischen Gruppie-rung herumhackt. Aber das Problem ist, dass sie ihre Jagdlizenz für 1500 kanadische Dollar kriegen und weiterverkaufen, letztendlich bezahlt der Jagd-Kunde 40.000 Euro für das Gesamtpaket. Das machen nicht alle, das machen wenige, aber das ist natürlich ein Problem. Es gibt diese Jagdmesse in Dortmund – im Film ist es zu sehen, dieses Magazin „Jagd und Hund" – und da werden offiziell von verschiedenen Jagdreiseveran-staltern Eisbärenjagden mit Abschussgarantie verkauft. Ganz ehrlich, mehr muss man, glaube ich, nicht erzählen.

Hannes Jaenicke (2009)

F: Wie haben die Inuit-Jäger denn reagiert? Wir versuchen schon seit längerer Zeit, mit den Leu-ten, die wir dort kennen und die auch selbst Eisbären jagen, darüber zu sprechen.
A: Das Hauptargument ist immer: „Ihr habt Kühe, Ihr habt leicht reden, wir haben keine Kühe, und wir haben nur den Eisbären". Dann kommen die berühmten Behauptungen, es gäbe ja ge-nug, und der Bestand wäre stabil und würde sich sogar vermehren. Da wird natürlich auch ge-logen wie gedruckt. Ich möchte um Gottes Willen nicht alle Inuit in einen Topf werfen oder über einen Kamm scheren, aber da gibt es zu viele, die sich meines Erachtens mit dem Nachhaltigkeits-gedanken noch nicht wirklich angefreundet haben.

F: Hast du denn die Erfahrung gemacht, dass die Leute vor der Kamera anders reden?
A: Also die Inuit, die wir gesprochen haben, waren eigentlich relativ offen. Es waren große Un-terschiede zwischen alten Inuit und jungen Inuit, das fand ich sehr interessant, es gibt ein echtes Generationsproblem. Also mein Musterfall war ein großartiger alter Inuit, der bei minus 30 Grad im Flanellhemd und T-Shirt herumlief, seine beiden Söhne in fetten Daunenjacken und Moon-boots (Schneestiefel), und er hat sich ständig lustig gemacht über seine beiden weichgekochten Schlappschwänze von Söhnen, das war echt lustig. Und der lebte auch noch weitestgehend tradi-tionell und war auch der Meinung, dass Touristenjäger da nichts verloren haben, verteidigte die traditionelle Inuit-Eisbärenjagd, lehnte aber die Sportjagd oder Großwildjagd ab, und bei den Söhnen sah das total anders aus.
Also das ist ein ganz komplexes Thema, und ich bin da wahnsinnig vorsichtig, weil wir diesen Minderheiten genug Schlimmes angetan haben, und ich möchte mich jetzt nicht hinstellen und sie schon wieder kritisieren.

F: Denkst du, dass man über Bildung etwas erreichen kann, also über Dokumentarfilme oder ähnliches, oder hast du auch den Eindruck, dass die Kritik, die von Weißen kommt, generell abgeschmettert wird?

A: Die sind mit Recht sehr skeptisch gegenüber weißer Kritik. Das Hauptproblem aber ist der Markt. Und der Markt besteht nicht aus jagdwütigen Inuit, der Markt besteht aus jagdwütigen reichen Deutschen, Österreichern, neuerdings auch Osteuropäern. Die Amerikaner jagen keine Eisbären mehr, die dürfen die Trophäe nicht mehr mitnehmen. Die Amerikaner haben das Schlaueste gemacht, sie haben die Trophäe verboten, so dass der amerikanische Jagdtourismus dort oben weitestgehend kollabiert ist.

Leider kann sich die EU zu einer solchen Bestimmung nicht durchringen, warum? Weil Dänemark eine Gegenstimme hat, das heißt sie haben die Hoheit über Grönland und dort wird weiter gejagt. Ich habe Sigmar Gabriel seinerzeit interviewt, der sagte, es scheitert immer wieder an der Gegenstimme der Dänen. Leider muss fast alles in der EU einstimmig durchgewunken werden, daran scheitert das Trophäenverbot und damit das Jagdverbot.

Also ich glaube, man muss den Jagdtourismus austrocknen. Ich glaube, die Inuit haben selber kein Rieseninteresse daran, Eisbären zu jagen. Das Interesse besteht nur darin, dass sie damit Geld verdienen können. Man muss den besuchenden Großwildjägern das Handwerk legen. Das ist, glaube ich, der Punkt.

F: Hast du welche getroffen?

A: Wie du im Film gesehen hast, habe ich darin einen reichen deutschen Großwildjäger interviewt, der mit leuchtenden Augen erzählt hat, was das für ein fantastisches Abenteuer war, in der Arktis einen Eisbären zu schießen. Der hat da tatsächlich vor laufender Kamera gesagt, wie großartig das war. Ich war ihm sehr dankbar dafür, das war ein kluger, gebildeter Industrieller vom Niederrhein, er hat sehr offen vor der Kamera geredet, und auch wirklich mit glühender Begeisterung, und es war mir natürlich als Filmemacher wichtig, ihn im Film zu haben.

F: Du beschreibst, dass du im Lager eines Trophäenhändlers warst, wie fühlt man sich dort?

A: Das war in Winnipeg. Das war ein zauberhafter alter Herr, der den Betrieb in der dritten Generation führte, der sich strengstens an die CITES-Bestimmungen hielt. Die Kürschnerei ist ein wirklich uraltes Handwerk, und er hat das als Kürschner vom alten Schlag betrieben. Er sagt, jede Trophäe, die ich habe, hat ein CITES-Zertifikat, also der hält sich zumindest an die Gesetze. Der war ein wirklich erstaunlicher, kluger Mann, er sagte, sobald das mit den Fellen verboten wird, hört er sofort damit auf.

F: Nun zu den gegensätzlichen Positionen von Inuit und Wissenschaftlern: Gibt es genug, gibt es nicht genug Eisbären, um die Populationen zu erhalten? Wer hat recht? Die eher kritischen Wissenschaftler, oder die Inuit mit ihrer Präsenz vor Ort und ihrer Erfahrung?

A: Die Wissenschaftler scheinen sich überhaupt nicht für Eisbären zu interessieren. Ich habe Ian Stirling interviewt, den führenden kanadischen Eisbärenforscher, denen ist das völlig egal, die forschen halt. Aber das ist nicht so wichtig, es gibt die Fakten, nachweisbar, dass die Polkappe schmilzt. Man kann jedes Jahr die Satellitenfotos angucken, man kann Herrn Schellnhuber fragen, Herrn Rahmstorf, jeder Klimaforscher der Welt weiß, dass die Polkappe verschwindet. Jeder Mensch, der ernsthaft behauptet, der Eisbär hätte eine Überlebenschance, den halte ich – wahlweise – für verlogen oder ahnungslos.

F: Hat sich deine sehr konsequente Auffassung zu diesem Thema im Laufe der Filmrecherchen entwickelt, oder warst Du schon vorher ähnlicher Meinung?
A: Ich wusste wahnsinnig wenig über Eisbären, ich meine, mir war klar, dass die Polkappe dünner wird, die Sommer da immer heißer und die Winter immer kürzer werden, aber mein Halbwissen stammt ausschließlich von der Filmrecherche und von den Reisen dort hin.
Wir haben eine Reihe von Biologen interviewt, einer war im Film, Mathias Breiter. Wir haben eine Reihe von anderen Wissenschaftlern interviewt, auch Klimaforscher, und auch Leute, die nicht im Film gelandet sind, und es ist ein Fakt, dass die Polkappe verschwindet. Und die meisten Menschen wissen ja nicht einmal, dass der Eisbär nur an der Nordpolkappe lebt. Es gibt auch ernsthaft Vorschläge, den umzutopfen in die Antarktis. Und das zweite Problem ist natürlich die Überfischung, weil die Bestände der Ringelrobbe, die Hauptnahrungsquelle der Eisbären, ja auch noch durch die Überfischung des Nordmeeres, des Polarmeeres, dezimiert werden. Also wir tun wirklich alles, damit die sogenannten signatory species, wie Orang-Utans, Eisbären, Gorillas, Raubkatzen aller Art verschwinden. Aber das ist den Leuten offensichtlich egal.
Es sei eine evolutionäre Selbstverständlichkeit, man sagt, na ja, Tiere sind immer ausgestorben, die Dinosaurier sind ja auch ausgestorben. Was die Leute nicht verstehen, ist, dass es kein natürlicher evolutionärer Vorgang ist, sondern ein menschengemachter Vorgang, das wollen sie aber nicht hören.

F: Ich möchte noch mal auf den Konflikt zwischen den Inuit und den Wissenschaftlern zurückkommen: Der Filmemacher Zacharias Kunuk, bekannt durch den Film „Atanarjuat", hat den Dokumentarfilm „Inuit Knowledge and Climate Change" gedreht. Darin plädiert er dafür, dass die Forscher den älteren Inuit zuhören sollten: was die zu erzählen haben, welche Erfahrungen und Beobachtungen sie über die Jahre gemacht haben: dass der Schnee später fällt und eher taut…; und er fordert die Wissenschaft auf: „Nehmt uns zur Kenntnis, wir sind schon viel länger in der Arktis und können Euch ganz viel Wichtiges erzählen". Der Film ist vor zwei oder drei Jahren herausgekommen und wohl noch nicht im deutschsprachigen Raum gezeigt worden.
A: Das halte ich für absolut richtig, denn die Leute leben dort seit Jahrtausenden; das hat ja einen Grund, dass die da oben gelandet sind, natürlich wissen die mehr über ihren eigenen Lebensraum als wir. Ich glaube, die Kombination muss sein: wissenschaftliche Erkenntnisse über den CO_2-Ausstoß, den Klimawandel und die Weisheit dieser Menschen. Ich glaube, das muss Hand in

Hand gehen. Die Wissenschaft muss die Inuit in ihre Forschung einbeziehen, das finde ich ganz wichtig.

F: Bestärkt durch diesen Film gibt es jetzt aber Inuit, die sagen: Dann hört auch auf uns, wenn wir Euch erzählen, wo die Eisbären sind und wie viele es gibt. Uns haben Inuit erzählt, dass sie viel mehr Eisbären sehen, als sie früher gesehen haben, und wir sagen ihnen: Wahrscheinlich seht Ihr jetzt viel mehr Eisbären, weil die jetzt an Land bleiben müssen und nicht aufs Eis können, weil es nicht da ist.

A: Ich weiß es von anderen Tierarten, es ist fast ein Ding der Unmöglichkeit, präzise Zählungen vorzunehmen. Das geht weder bei Flachland-Gorillas noch bei Orang-Utans, es gibt immer nur Schätzungen. Die Arktis ist ein so gut wie unbegehbarer Raum, auch für die Inuit. Eisbären leben über die gesamte Arktis verteilt. Es ist ein Ding der Unmöglichkeit, in Borneo tatsächlich zu zählen, wie viele Orang-Utans es gibt, weil die jeden Tag umziehen, jede Nacht ein neues Nest bauen; und da wo sie bauen, ist es absolut unzugänglich; also ich halte alle Zahlen, Schätzungen für relativ.

Aber Fakt ist, und das ist wissenschaftlich nachgewiesen, dass die Lebenserwartung von Eisbären zurückgegangen ist, dass die Sterblichkeit angestiegen ist, sie zunehmend unterernährt sind, die Weibchen nicht mehr genug Milch produzieren, dass die Milch zunehmend vergiftet ist; das gilt für alle Tiere, die die Arktis bewohnen; allen voran Orcas, die auch mittlerweile schwimmende Giftmülldeponien sind – was so weit führt, dass in British Columbia in Kanada die Orca-Kadaver zum Teil von der Coast Guard auf Giftmülldeponien entsorgt werden. Bei Eisbären ist es nicht besser. Also zu sagen, dass der Eisbärenbestand sich erholt, das halte ich ehrlich gesagt für fragwürdig.

Ich verlass mich da jetzt auf die Klimaforscher, an der TU in München hat eine Professorin mal eine Statistik erstellt, wie viel Prozent der weltweit tätigen Klimaforscher der Meinung sind, dass die Polkappe schmilzt und dass das menschengemacht ist, und da kam die doch stolze Zahl von 96% raus. Alle von denen sagen das Gleiche, ob das Schellnhuber ist, Hansen, Rahmstorf, da gibt es eine ganze Armee von Leuten. Und die Meinung dieser Leute und die Forschungsergebnisse decken sich weitestgehend. Die Politik tut ja immer so, als wäre sie schlauer als die Wissenschaft, das halte ich für ziemlich dumm.

F: Können wir auf die Macht der Konsumenten hoffen?

A: Es gibt ja immer diesen tragischen Dreisatz von: Die Politik müsste was tun, die Industrie müsste was tun, und der Konsument müsste was tun. Und da ich Politik und Industrie nur sehr schwer beeinflussen kann, kann ich nur sagen, ich muss vor der eigenen Haustür kehren. Und mein Haushalt ist halt zu 99% plastikfrei. Ich esse weder Fisch noch Fleisch. Ich fahr ein Umweltauto. Ich tu was ich kann, auch wenn es bestimmt nicht genug ist. Jeder kann mehr tun als er denkt, darin liegt meines Erachtens der Schlüssel: 70 % der Deutschen sind gegen Atomkraft. 7% beziehen Ökostrom. Die Diskrepanz muss mir bitte mal jemand erklären!

Schlussbemerkung

Die Frage nach der Zukunft der Eisbären in einer sich stark verändernden Lebensumwelt kann dieses Buch nicht beantworten. Manche Leute zucken mit den Achseln, sagen: Das ist halt Evolution, die Dinosaurier sind ja auch ausgestorben. Geht es denn nicht ohne Eisbären? Hier in Mitteleuropa haben wir ja auch keine Bären mehr; und wozu brauchen wir die Wölfe? Wem fehlen sie denn? Was geht uns wirklich verloren, wenn es eines Tages keine Eisbären mehr gibt? Wäre es nicht schlimmer, wenn die Heizkosten unaufhörlich steigen und das Benzin knapp wird? Warum soll das Erdöl im Norden nicht genutzt werden?

Solche Fragen muss sich natürlich jeder selbst beantworten. Aber wir sollten nicht vergessen, dass wir als *human animal*, als menschliches Tier, abhängig von der Natur und ihren Gesetzen sind, die unabhängig von uns und notfalls auch ohne uns existieren – die Gesetze der Wirtschaft hingegen wurden von den Menschen entwickelt, gestaltet und in Kraft gesetzt, sind also auch durch sie veränderbar.

Kein Lebewesen auf der Erde existiert isoliert, jedes Lebewesen hat seinen Platz und steht im Zusammenhang mit den anderen Naturwesen. Eingriffe in komplexe Ökosysteme und die Reduzierung der Artenvielfalt können dramatische Folgen haben, die nicht einfach berechenbar sind und auch unsere Lebensgrundlagen an unerwarteter Stelle beeinflussen können.

Und ganz ähnlich wie die Eisbären sind auch wir selbst von der Verschmutzung der Ozeane, der Überfischung, der Anreicherung toxischer Stoffe in Tieren und Pflanzen betroffen – es geht nicht nur um die Zukunft der Eisbären, sondern auch um unsere eigene.

Vermutlich werden Eisbären in der Erinnerung der Menschen, wie auch in der Kunst überdauern, vielleicht als Ikone in der Werbeindustrie einen Platz behalten und möglicherweise auch im Zoo eine Zukunft haben.

Dass ihr Überleben auch in der freien Natur von einer Vielfalt komplex ineinandergreifender Bedingungen abhängig ist, auf deren Gestaltung jeder einzelne in gewissem Maß einwirken kann, hoffen wir, in diesem Buch gezeigt zu haben. „Jeder kann mehr tun als er denkt", diese scheinbar simple Äußerung unseres Gesprächspartners Hannes Jaenicke bringt es auf den Punkt: Die Zukunft der Eisbären (und aller anderen gefährdeten Lebewesen) zu sichern, ist nicht Aufgabe der Inuit, der Wissenschaftler oder der Politiker allein, sondern erfordert die Anstrengung von uns allen – ob wir es einsehen und wollen oder nicht!

Anmerkungen

Kapitel 2 – Exkurs in die Kulturgeschichte

1 Allan und Cecilia Klynne: Das Buch der antiken Rekorde, C.H. Beck 2007
2 Fred Bruemmer: World of the Polar Bar, Bloomsbury, London 1989
3 Maria Leach: The Beginning – Creation myths around the world, New York 1956
4 C. M. Frähn: Ib-Foszlan's und anderer Araber Berichte, St. Petersburg 1823
5 Friedrich Wilcken: Die Geschichte der Kreuzzüge, aus Jahrbücher der Literatur, 54. Band, Wien 1831
6 T. J. Oleson: Polar Bears in the Middle Ages, Canadian Historical Review, Volume 31, issue 1, 1950
7 Hakluyt's Voyages, III, 27, hier zitiert nach: The American Naturalist – Band 20, 1886, S. 655 ff.
8 Friederich Martens: Spitzbergische oder Groenlandische Reise Beschreibung gethan 1671, www.e-rara.ch/zut/content/pageview/4813960
9 Huw Lewis-Jones: Nelson and the bear – the making of an Arctic myth, Scott Polar Research Institute, University of Cambridge 2005
10 George Cartwright: A Journal of Transactions and Events, During a Residence of Nearly Sixteen Years on the Coast of Labrador, Newark, England: Allin and Ridge 1792
11 Farley Mowat, Sea of Slaughter, Douglas & McIntyre, Vancouver 1984
12 Bericht von Jens Haven vom 11.08.1771 (zitiert nach J. Garth Taylor: Labrador Eskimo Settlements of the Early Contact Period, Ottawa 1974, S. 49)
13 Tagebuch Okak vom 26.08.1783 (zitiert nach Taylor, Ebenda)
14 Ernest T. Seton: Lives of Game Animals, Garden City, N.Y.: Doubleday, Doran & Company, 1925-1928
15 Mowat, Ebenda
16 nicht zu verwechseln mit Wrangell Island in Alaska, dem ehemaligen Russisch-Amerika
17 Frank William Peter Dougherty (Hrsg.): The Correspondence of Johann Friedrich Blumenbach. Revised, Augmented and Edited by Norbert Klatt. Klatt, Göttingen 2006–2012

Kapitel 3 – Eisbären in Zoo und Zirkus

1 Siegfried Blütchen, Ursula Böttcher: Kleine Frau, bärenstark. Ursula Böttcher erzählt aus ihrem Leben. Das Neue Berlin 1999

Kapitel 4 – Bewohner der Arktis

1 Den Begriff „Thule-Eskimo" prägte der dänische Archäologe und Anthropologe Therkel Mathiassen, der Mitglied der Expeditionen von Knud Rasmussen war und 1922 die erste wissenschaftliche Ausgrabung in der kanadischen Arktis durchführte: in Naujaat in der nordwestlichen Hudson Bay. Dort grub er die zweite bis dahin bekannte Thule-Siedlung aus. Den Namen entlehnte Mathiassen der von Rasmussen 1910 in Nordgrönland erbauten Handelsstation Thule, in deren Nähe 1916 die erste Siedlung dieser Kultur „Comer's Midden" ausgegraben worden war.
2 Zitiert mit freundlicher Genehmigung von Moki Kokoris, Quelle: http://www.polarbearsinternational.org/news-room/scientists-and-explorers-blog/observing-indigenous-wisdom-way-flying-bear
3 Vgl. Inuit Qaujimaningit Nanurnut – Inuit Knowledge of Polar Bears, Gjoa Haven Hunters' and Trappers Organisation, 2005 [im Folgenden abgekürzt mit „IQ"], S. 35, 47 ff.
4 Vgl. Ebenda S. 70
5 Hinweise zur Bedeutung des Eisbären für die indigenen Völker in kultureller und spiritueller Hinsicht sind in den verschiedenen Legenden und Märchen dieser Völker enthalten, die allerdings immer nur mündlich weitergegeben wurden. Schriftliches Material dazu ist ziemlich selten, es findet sich teilweise in Aufzeichnungen einiger Forscher und Anthropologen wie Knud Rasmussen, Peter Freuchen, Franz Boas und anderen, die auch manche der Märchen und Legenden aufschrieben.
Neuere Arbeiten dazu, auf die sich wesentliche Teile unseres Textes im folgenden Abschnitt stützen, lieferte Moki Kokoris, die eine umfangreiche Sammlung zu traditionellen Beziehungen zwischen Eis-

bären und indigenen Völkern, ihren Mythen, Ritualen und Zeremonien angelegt hat. Einiges davon findet man in ihren Artikeln online: http://www.polarbearsinternational.org/about-polar-bears/essentials/inuits-and-polar-bears, http://www.polarbearsinternational.org/news-room/scientists-and-explorers-blog/observing-indigenous-wisdom-way-flying-bear, http://www.polarbearsinternational.org/news-room/scientists-and-explorers-blog/flying-bear-spirit-part-two; einige andere der hier verwendeten Informationen stammen aus unserer Korrespondenz mit Moki Kokoris. Einige Äußerungen heute lebender Inuit zu diesem Thema sowie auch Referenzen auf Rasmussen und andere kann man nachlesen in: IQ

6 Vgl. IQ, S. 91 ff.

7 Zitiert nach Moki Kokoris, http://www.polarbearsinternational.org/news-room/scientists-and-explorers-blog/flying-bear-spirit-part-two

8 Vgl. Ingo und Dieter Hessel: Inuit Art. An Introduction, London: British Museum Press, 1998, S. 57, http://www.unipka.ca

9 nach: E. W. Nelson: The Eskimo about Bering Strait (Annual Report of American Ethnology, Vol. XVIII/1, Washington 1896/97

10 Vgl. „Inuit Health, Education and Country Food", Fact Sheet, Statistics Canada http://www.statcan.gc.ca/pub/89-637-x/2008004/art/art1-eng.htm

11 Zitiert nach www.polarbearsinternational.org/news-room/scientists-and-explorers-blog/polar-bear-hunting-viewed-through-indigenous-crosshairs, mit freundlicher Genehmigung von Moki Kokoris

12 https://www.itk.ca/about-itk/dept-environment-and-wildlife/polar-bears/inuit-and-polar-bears

13 Das Buch „Inuit Qaujimaningit Nanurnut – Inuit Knowledge of Polar Bears, Gjoa Haven Hunters' and Trappers Organisation" (2005) ist eine erste Ausnahme.

14 IQ S. 14

15 CITES Convention on International Trade in Endangered Species of Wild Fauna and Flora (Übereinkommen über den internationalen Handel mit gefährdeten Arten freilebender Tiere und Pflanzen, kurz: Washingtoner Artenschutzübereinkommen)

16 http://switchboard.nrdc.org/blogs/awetzler/on_international_polar_bear_da.html

17 http://westfalia-jagdreisen.de/angebote2012/Kanada_Baer_Resolute.pdf

18 Vgl. auch diverse Verlautbarungen von Terry Audla, Präsident des ITK, u.a. in Above and Beyond. Canada's Arctic Journal, November/December 2012, S. 53, und May/June 2013, S. 58

19 Originalzitat: „With social challenges facing most Arctic communities in modern times, many of these traditions are being forgotten and some even lost, but their legacy nevertheless carries on as persevering reminders of an existence in which natural order and sustainable practices were a way of life and man respected this balance. The most important lesson we can learn from all indigenous peoples is that human beings are not distinct from nature, but are a part of it." Zitiert mit freundlicher Genehmigung von Moki Kokoris, Quelle: http://www.polarbearsinternational.org/

Kapitel 5 – Biologisches – Fakten und Forschung

1 Ursus Vol. 22, (1) April 2011, S. 84-90, sowie Informationen von Professor Yoshikazu Sato an die Autoren. Vgl. auch http://www.bioone.org/doi/abs/10.2192/URSUS-D-10-00017.1?journalCode=ursu

2 C. Lindqvist et al. Complete mitochondrial genome of a Pleistocene jawbone unveils the origin of polar bear. Proceedings of the National Academy of Sciences, Vol. 107, March 16, 2010, p. 5053. http://www.pnas.org/content/107/11/5053.full?sid=fd526be3-2b47-4116-b6bd-05ceec2626e0 Siehe auch: http://sciencenews.org/view/generic/id/332192

3 C.J. Edwards et al. Ancient hybridization and an Irish Origin for the modern polar bear matriline. Current Biology, Vol. 21, August 9, 2011. Published online July 7, 2011

4 Studie einer Forschungsgruppe am deutschen Zentrum für Biodiversität und Klimaforschung in Frankfurt: Nuclear Genomic Sequences Reveal that Polar Bears Are an Old and Distinct Bear Lineage. Frank Hailer, Verena E. Kutschera, Björn M. Hallström, Denise Klassert, Steven R. Fain, Jennifer A. Leonard, Ulfur Arnason, Qxel Janke. Science 20 April 2012: Vol. 336 no. 6079 pp. 344-347

5 gemäß einer Studie der University of California Santa Cruz, in PLOS Genetics, www.plosgenetics.org - March 2013, Volume 9, | Issue 3 | e1003345 Cahill JA, Green RE, Fulton TL, Stiller M, Jay F, et al. (2013) Genomic Evidence for Island Population Conversion Resolves Conflicting Theories of Polar Bear Evolution. PLoS Genet 9(3): e1003345. doi:10.1371/journal.pgen.1003345

6 Vgl. Derocher S. 33 ff., Stirling

7 Vgl. Ralph A. Lewin & Phillpi T. Robinson: The greening of polar bears in zoos, Nature 278, 445 - 447 (29 March 1979); doi:10.1038/278445a0

8 Derocher S. 18 f.

9 Stirling S. 89

10 Vgl. Derocher S. 194

11 Sawwa Uspenski: Heimat der Eisbären, Brockhaus Leipzig, 1979

12 Derocher S. 51

13 Journal of Mammalogy, May 14, 1939. S. 86 ff.

14 Vgl. Geptner, V.G. und N.P. Naumov: Die Säugetiere der Sowjetunion, G. Fischer Jena 1974, S. 454 – Hier wird über Beobachtungen von Eisbären im Ochotskischen Meer, an der Westküste Kamtschatkas (Dorf Tolbatschik im Rayon Milkovo), an der Ola-Insel in der Taui-Bay, in der Nähe von Ochotsk, und sogar im äußersten Nordteil des japanischen Meeres an der Anlagestelle Majatschnaja geschrieben.

15 Uspenski, S. 90 ff., Vgl. auch Honderich, James, Wildlife as a hazardous resource: an analysis of the historical interaction of humans and polar bears in the Canadian arctic. MA thesis, University of Waterloo, Ontario 1991

16 Vgl. Stirling S. 96

17 Vgl. auch Ovsyanikov, Nikita: Polar Bears. Living with the White Bear. Swanhill Press, Shrewsbury, 1996

18 Vgl. Stirling S. 215, Ovsyanikov S. 71 ff.

19 Vgl. Derocher S. 92 ff.

20 Vgl. Ebenda S. 139

21 Vgl. Stirling S. 112 ff., Derocher S. 174

22 Weitere Geburtskolonien der Eisbären: Nordseite der Southampton Insel am Foxe Basin, auf Gateshead Island im McClintock-Channel, auf der Nord- und Ostseite der Simpson-Halbinsel am Golf von Boothia, an der Agu Bay nahe der Fury-and-Hecla Strait auf Baffin Island und an der Ostküste von Ellesmere Island (alles Nunavut), auf White Bear Island (Labrador) und an der West- und Nordküste von Banks Island (Northwest Territories).

23 Vgl. Lennox, Alanda R., Goodship AE, Polar bears (Ursus maritimus), the most evolutionary advanced hibernators, avoid significant bone loss during hibernation. Comp Biochem Physiol A Mol Integr Physiol. 2008 Feb; 149(2): 203-8. Vgl. auch http://www.ncbi.nlm.nih.gov/pubmed/18249018

24 Derocher S. 180

25 Vgl. Ebenda S. 139

26 Der Film „Polar bear: Spy on the Ice" im Internet: http://animal.discovery.com/tv-shows/animal-planet-presents/videos/polar-bear-spy-on-the-ice-polar-bear-spy-cameras.htm

27 UpHere (Magazine), Vol. 29, January 2013, S. 60, 65, 71

28 Übersetzung durch die Autoren, zitiert nach: Ovsyanikov S. 46

29 Zitiert nach dem Blog von Tom Armbom, einem schwedischen Biologen, der beim WWF-Eisbärprojekt in Vankarem, Sibirien, half – http://wwf.panda.org/what_we_do/where_we_work/arctic/what_we_do/climate/climatewitness2/expedition_diary.cfm

30 Vgl. Inuit Qaujimaningit Nanurnut, Inuit Knowledge about Polar Bears, Gjoa Havens Hunters' and Trappers' Organization, 2005, S. 86 ff.

Kapitel 6 – Eisbären in der Kunst

1 Cribbage ist ein Kartenspiel für ursprünglich zwei Personen (es gibt auch Varianten für 3 und 4), bei dem die Spieler ihre Punkte mit Hilfe zweier Stifte auf einem Brett zählen.

2 siehe Hans-Georg Bandi: Die Kunst der Eskimos auf der St. Lorenz-Insel in Alaska, Hallwag Verlag Berun und Stuttgart 1977

Kapitel 8 – Reisen zu Nanook

1 R.A. Krause: Zweihundert Tage im Packeis, Hamburg 1997
2 Uwe Rüppel: Kapitän Wilhelm Bades Touristikfahrten nach Norwegen, Spitzbergen und ins europäische Nordmeer in polarphilatelistischer Hinsicht, Bielefeld 2004
3 Ebenda S.96
4 U. a.: Leo Cremer: Ein Ausflug nach Spitzbergen, Berlin, 1892 (mit einem Porträtfoto von Wilhelm Bade); Georg Wegener: Zum ewigen Eise, Berlin, 1897; Dr. Max Graf von Zeppelin: Reisebilder aus Spitzbergen, Stuttgart 1892; Dr. Hermann Guttmann: Führer für Spitzbergen, Eigenverlag Berlin 1899
4 R. Kmunke: Auf Eisbären und Moschusochsen, Jagderlebnisse in Ostgrönland, Wien 1910

Kapitel 9 – Auf dünnem Eis – Gefahren für Nanook

1 Vgl. Stirling S. 277
2 Vgl. Ebenda S. 284 ff.
3 Vgl. Ebenda S. 290
4 Vgl. Ebenda S. 296
5 Dr. Steven C. Armstrup, Leitender Wissenschaftler des Eisbärenprojekts der United States Geological Survey, http://www.polarbearsinternational.org/about-polar-bears/what-scientists-say/are-polar-bear-populations-booming
6 Derocher S. 208 ff.
7 Vgl. Ebenda S. 203
8 Wikipedia über den Allee-Effekt: Die Auswirkungen eines starken Allee-Effekts auf eine Population können dramatisch sein und intuitiv völlig unerwartete Resultate bewirken. Der untere Schwellenwert, bei dem das Wachstum gerade Null erreicht, ist ein instabiler Gleichgewichtspunkt (im Gegensatz zu dem oberen Schwellenwert mit Wachstum Null, dem Tragfähigkeitswert, dieser ist ein stabiler Gleichgewichtspunkt). Das bedeutet: Eine Population kann sich auf diesem Punkt nicht dauerhaft halten. ... Bei jedem minimalen Absinken wird sie, mit immer stärkerer Beschleunigung, bis zum Populationswert Null, d.h. dem Aussterben, absinken. Dies bedeutet: Ist ein starker Allee-Effekt wirksam, ist das Aussterben einer Population unterhalb eines gewissen Schwellenwerts unausweichlich, auch wenn noch eine gewisse Restpopulation eine Zeitlang am Leben ist: Ihr Aussterben ist bereits besiegelt. Text unter der Creative-Commons-Lizenz cc by sa verfügbar.
9 Ian Brown: The Magnetic North, Globe and Mail, 17.01.2014
10 Above and Beyond: Canada's Arctic Journal, November/December 2012, S. 53
11 Siehe Dokumentarfilm: „Inuit Knowledge and Climate Change" (Zacharias Kunuk/ Ian Mauro), www.isuma.tv/en/inuit-knowledge-and-climate-change; vgl. auch IQ S. 105, S. 123 ff.
12 Ebenda S. 137 ff.
13 Ebenda S. 147
14 http://www.weltwoche.ch/ausgaben/2013-27/schmelzende-argumente-die-weltwoche-ausgabe-272013.html
15 Unter Überschriften wie „The Polar Bears Are Doing Just Fine" oder „The Truth about Polar Bears" erschienen 2013 mehrere längere Artikel, die ein durch Anekdoten „bewiesenes" Bild zeichnen, das aber im Gegensatz zu allen verfügbaren wissenschaftlichen Daten steht.
16 Moki Kokoris, http://www.polarbearsinternational.org/news-room/scientists-and-explorers-blog/flying-bear-spirit-part-two
17 Vgl. Rapid ecosystem change and polar bear conservation, Andrew E. Derocher u.a., Conservation Letters, Volume 6, Issue 5, pages 368–375, September/October 2013

Register

Polar Bears International (PBI) ...

... ist die in der Welt führende Organisation zum Schutz der Eisbären und engagiert sich zum Erhalt dieser Tiere für die Sicherung ihres Habitats, des Meereises. Im Mittelpunkt stehen dabei Forschung, Information und Aufklärung; dazu kommt eine Vielzahl von Kampagnen. Die Wissenschaftler von PBI betonen, dass es nicht zu spät ist, die Eisbären zu retten, wenn wir alle endlich aktiv werden und die Belastung durch Treibhausgase drastisch reduzieren. Wenn Sie wissen wollen, was Sie persönlich tun können, besuchen Sie PBI im Internet: www.polarbearsinternational.org.

Trends in Polar Bear Subpopulations

Subpopulation size

No. of Bears

- · <200
- ● 200-500
- ● 500-1000
- ● 1000-1500
- ● 1500-2000
- ● 2000-2500
- ● 2500-3000
- ⑦ Unknown

Population Trend (2013)

- ■ Stable
- ■ Increasing
- ■ Declining
- ■ Data deficient

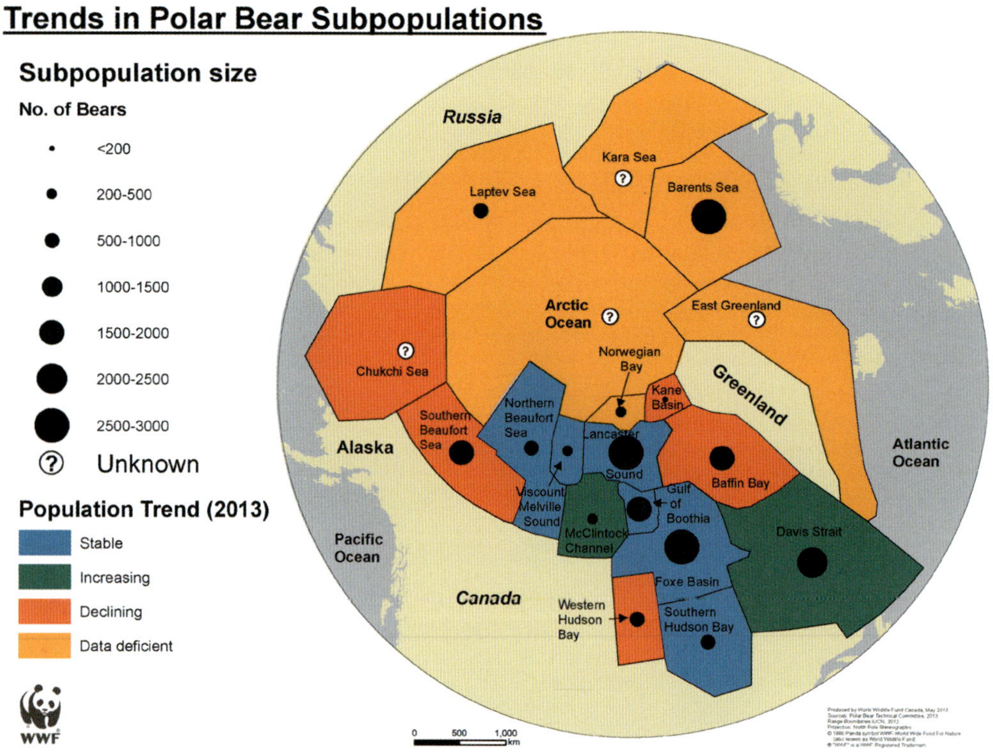

Entwicklungstendenzen der Eisbärenpopulationen, Stand 2013, Quelle: WWF
Blau: stabil; Grün: zunehmend; Rot: abnehmend; Orange: Keine Daten

350

Bildnachweis

Titelbild: Shoshanah Jacobs
Archiv Arndt-Schaaf: 4 (3. v. o.), 64, 91 (2x), 248 (2x) / Petra Glardon: 4 (o.), 5, 14, 148, 174, 189, 205 (r.), 282, 308, 320 / Frank E. Kleinschmidt: 4 (4. v. o.), 94 / Wolfgang Opel: 6 (2. v. o.), 7, 16, 17, 18, 19, 20, 21, 30, 37, 40, 50, 52, 53, 63, 79, 85, 93, 96, 99, 101, 103, 104, 107, 108 (2x), 109, 113, 126, 129, 130, 144, 146, 147, 151, 175, 191 (o.), 193, 217, 234 (2x), 235 (m., u.), 241 (o., u.), 256, 260 (3x), 262, 263, 264, 265 (u.), 266 (3x u. l.), 270, 275 (u.), 281 (2x), 289, 290, 291, 292, 294, 295, 298, 299 / Sebastian Menze: 7, 162, 302 / Shoshanah Jacobs: 13, 150, 318, 326, 329 / N. Popescu: 22, 23 / Katja Neumann: 26 / Marie-Lan Nguyen: 28 / Jonathan Cardy: 36 / Ditlevsen Mikkelsen: 57 / Sammlung Dr. Dietz: 61, 124 (o.) / Oceanographisches Museum Monaco: 63 / Museumslandschaft Hessen Kassel: 69 / Zirkus-Archiv Winkler: 75, 76, 81, 83, 86, 87 / Olaf Rammelt: 78, 254 / Zoo Rostock: 78 / Norwegisches Polarinstitut: 97 / Bob Wilson, Polar Bears International: 98 (u.), 99 (o.), 114, 141, 143, 155, 163, 165, 166, 168, 170 (o.), 173, 184, 185, 188, 195, 197, 198, 201, 205 (l.), 206 (2x), 210, 211, 226, 283, 284, 285 (m., u.), 304, 314, 322 / Henrik Egede-Lassen: 157, 164, 170 (u.), 215, 216, 219, 220, 229, 309, 310 (u.), 311 (2x) / Mechtild Opel: 101 (m., u.), 102 / Privatsammlung: 106 / Collection Judith Varney Burch: 106 / Harpers Weekly, D. Smith: 117 / www.isuma.tv/fastrunnertrilogy: 120 / Levi Nochasak: 135 / Roderick MacKinnon: 136, 288 / Klaus Pommerenke: 153 (o.) / Ininkari Brown Bear Cooperative Study: 153 (u.) / Dave Anderson: 159 / Zoo Gelsenkirchen: 160 / Peter Wilson: 161, 171, 213, 323 / Tivi Etok: 172 / NASA: 176 / Meereisportal des Alfred Wegener Instituts, Wilhelmshaven: 178 / Susan Travers: 179 / Michael Cameron, NOAA: 186, 191 (m.) / George Sirk: 191 (u.), 293, 310 (o.) / Jürgen Boldt nach Ian Stirling: 201 / Irina Yakshina: 222, 223 / Uwe Anders: 225, 228, 301 (o.) / Abraham Anghik Ruben: 232 / Museum of Civilization, Gatineau, Kanada: 233 / Neven Luck: 235 (o.) / Ullrich Wannhoff: 239 / Jan Petersen: 241 (m.) / Chelsea Lehmann: 240 / David Bridges: 242 (u.) / New Bedford Whaling Mueum: 243 / Deutsche Universal Film AG: 246 / Deutsche Post: 249 / George Richards: 253 / Erik Mailik: 254 / Stephan Eicher: 255 / National Snow and Ice Data Center, University of Colorado, Boulder (USA): 306, 307 / www.waka.libo.ru: 261 / PETA: 263 / Thomas Opel: 266 (2x o.), 278, 334 / Staatsbibliothek, Berlin: 272 / Sammlung Uwe Rüppel: 273, 276 / Siegfried Nicklas: 301 (u.) / US Fish and Wildlife Service Northeast Region: 319 / Lois Suluk-Locke: 325 / Thorsten Vaupel: 331 / Igor Delgado Martin: 334 / WWF: 350 **Creative Commons:** Tambako The Jaguar cc-by-nd: 9 / Nina Shigeako cc-by-sa: 12 / Nicola cc-by-sa: 79 / Jean-Luc 2005 cc-by-sa: 79 / Breninaglory cc-by-sa: 98 (o.) / Rogelio Bernal Andreo cc-by-sa: 105 / Ansgar Walk cc-by-sa: 127, 131, 133 / Emma Bishop cc-by-sa: 284 (o.), 285 (o.) / Juan Vidal Dias cc-by-nd: 187 / Leslie Philipp cc-by-sa: 227 / Paxson Woelber_cc-by-sa: 300 / Smudge9000 cc-by-sa: 305 / Jacob W. Frank cc-by: 330 / Franz Richter cc-by-sa: 337 **Gemeinfreie Bilder:** 4 (2. v. o.), 6, 24, 27, 29, 31, 38, 41, 42, 45, 46, 47, 49, 51, 54, 55, 56, 58, 59, 62 (2x), 66, 67, 68, 70, 72, 73 (2x), 74, 80, 82, 111 (2x), 116, 124, 155, 196, 230, 237, 238, 242 (o.), 243, 244, 245, 247, 251, 252, 258, 259, 261, 265 (o.), 269, 275 (o.), 287, 297, 317

Tabelle: Lebensmittelkosten - Vergleich zwischen dem südlichen Kanada und der kanadischen Arktis - Stand 2012

Artikel	Ottawa	Iqaluit (Nunavut)	Preis in abgelegenem Ort	
Kohlkopf 2,1 kg	$2,20	$5,79	$28,54	(Arctic Bay)
Milch 4 l	$4,40	$10,39	$12,99	(Pond Inlet)
Hackfleisch, tiefgefroren, 2 lbs.	$1,99	$16,39	$17,29	(Arctic Bay)
Frittiertes Hähnchen, tiefgefroren, höhere Qualität (2 kg)	$18,98	$45,99	$64,99	(Arctic Bay)
Ananas, ganz	$1,88	$8,59	$11,59	(Igloolik)
Wassermelone	$3,97	$14,99	$68,00	(Grise Fjord)
Äpfel im Beutel 5 lbs	$3,28	$8,79	$15,18	(Clyde River)
Erdbeeren 1,36 kg (3 pints)	$4,32	$16,47	$26,97	(Igloolik)
Saft aus Konzentrat, tiefgefroren, 8 Büchsen á 295 ml	$5,99	$34,99	$51,89	(Igloolik)
Käse Cheddar, Black Diamond, 300 g	$1,99	$8,29	$11,00	(Grise Fjord)
Chicken Noodle Soup, Büchse 540 ml	$1,49	$5,59	$11,39	(Pangnirtung)
Mehl 5 kg	$9,49	$25,78	$33,29	(Igloolik)
Zucker 4 kg	$3,76	$16,39	$19,99	(Pond Inlet)
Wasser 12 l (spring water - 1 Packung 24 Fl. á 500 ml)	$2,97	$42,99	$104,99	(Clyde River)
Corndogs – 8 Hotdogs im Maismantel	$11,99	$24,09	$44,80	(Pond Inlet)
Müsliriegel NutriGrain 8er Packung	$2,49	$6,99	$16,90	(Arctic Bay)
Ice Pops 100 x 20 ml	$2,49	$16,99	$42,79	(Pond Inlet)
Vanille-Waffeln 400 g	$1,29	$6,39	$11,39	(Pangnirtung)
Soda Pop Getränkebüchsen 24 x 335 ml	$5,97	$35,98	$160,00	(Grise Fjord)

Transportkosten mit Steuergeldern stark subventioniert
Transportkosten mit Steuergeldern schwach subventioniert
Transportkosten nicht subventioniert

Literaturempfehlungen

Aston, William George: Nihonshoki, London 1896

Baetke, Walter: Islands Besiedlung und älteste Geschichte, Düsseldorf 1967 (deutschsprachige Quelle für Landnámabók)

Blohm, Hans-L.: Die Stimme der Ureinwohner. Der kanadische Norden und Alaska, Wesel 2002

Blütchen, Siegfried: Kleine Frau, bärenstark (über Ursula Böttcher), Das Neue Berlin 1999

Bradford, William: The Arctic Regions, David R Godine 2013

Bruemmer, Fred: World of the Polar Bar, Bloomsbury, London 1989

Cartwright, George: A Journal of Transactions and Events. During a Residence of Nearly Sixteen Years on the Coast of Labrador, Newark, England: Allin and Ridge 1792

Derocher, Andrew A.: Polar Bears. A Complete Guide to their Biology and Behavior, Baltimore 2012

Fleming, Fergus: Barrow's Boys, marebuchverlag, Hamburg 2002

Frähn, C. M.: Ib-Foszlan's und anderer Araber Berichte, St. Petersburg 1823

Freiberg, Heinrich von: Das Schrätel und der Wasserbär, Internet: Projekt Gutenberg

Freuchen, Peter: Der Eskimo, Volksverband der Bücherfreunde, Berlin 1928

Hantzsch, Bernhard Adolph: My life among the Eskimos, Saskatoon 1977

Jaenicke, Hannes: Wut allein reicht nicht. Wie wir die Erde vor uns schützen können, Gütersloh 2010

Klynne, Allan und Cecilia: Das Buch der antiken Rekorde, C.H. Beck 2007

Kuenheim, Haug von: Carl Hagenbeck, Ellert & Richter 2009

Leach, Maria: The Beginning – Creation myths around the world, New York 1956

Lopez, Barry: Arktische Träume, Frankfurt 2007

McClintock, Francis Leopold: Die Reise der ‚Fox' im arktischen Eismeer, Edition Erdmann 2010

McMaster, Gerald: Inuit Modern, Art Gallery of Ontario, Toronto 2011

Miertsching, Johann August: Reise-Tagebuch, Gnadau 1855

Mowat, Farley: Sea of Slaughter, Douglas & McIntyre, Vancouver 1984

Muir, John: The cruise of the Corwin, Sumner Press 2011

Nansen, Fridtjof: Nebelheim, Brockhaus 1911

Ovsyanikov, Nikita: Polar Bears. Living with the White Bear. Stillwater 1996

Petrescu, Cezar: Fram der Eisbär, Bukarest 1960

Phipps, Constantine: A Voyage towards the North Pole undertaken by His Majesty's Command 1773, London 1774

Polo, Marco: Die Wunder der Welt, Insel Verlag

Rassmussen, Knud: Eskimo Folk-Tales, Gyldendal 1921

Rassmussen, Knud: Report of the Fifth Thule Expedition, 1921-24, Copenhagen 1929-32

Scoresby, William: The Arctic Region and the Northern Whale-Fishery 1820

Seton, Ernest Thompson: Lives of Game Animals, Garden City, N.Y.: Doubleday, Doran & Company 1925-1928

Stirling, Ian: Polar Bears. The Natural History of a Threatened Spezies, Markham/ON 2011

Uspenski, Sawwa: Heimat der Eisbären, Brockhaus Leipzig 1979

Walk, Ansgar: Der Polar Bear kam spät abends, Pendragon 2002